JN168255

口絵 1　干渉

身近な干渉の例．玉虫の羽が起こす光の干渉を実演しているところ．オパール（宝石）の輝く色彩も干渉によるものであるが，オパール原石は身近になかったので玉虫を用いた．干渉フィルターについては，第 5 章「マルチカラータイムラプス蛍光顕微鏡」を参照．

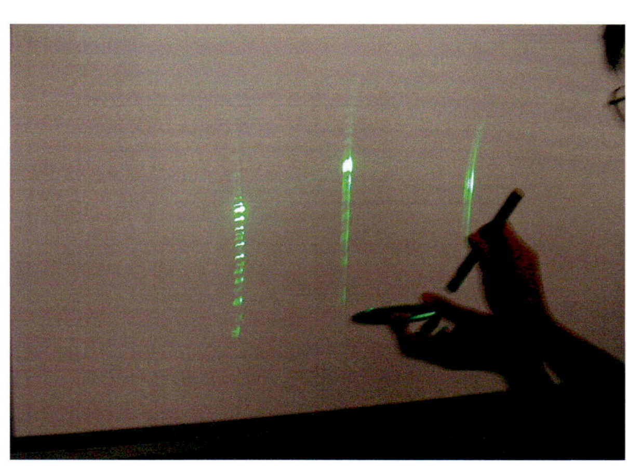

口絵 2　回折

身近な回折の例．レーザーポインターの光を CD の記録面に当てて回折が起こる様子を実演しているところ．回折格子については，第 8 章「光学顕微鏡の基礎」を参照．

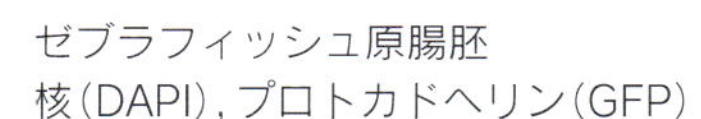

スペクトル unmix して自家蛍光部を除去

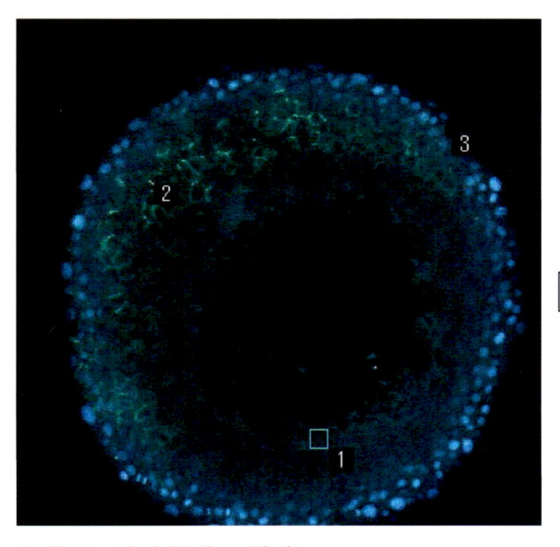

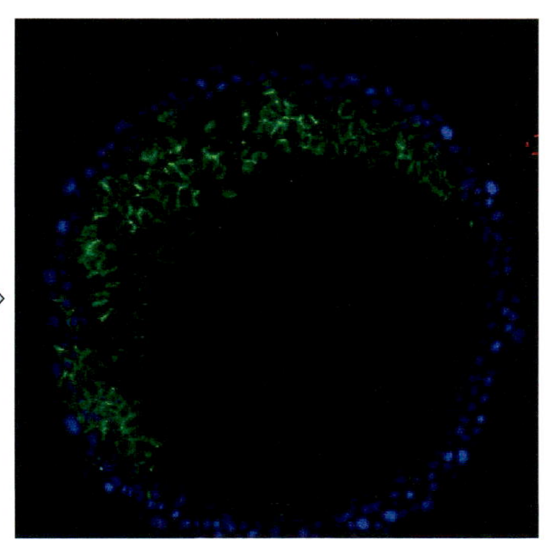

口絵 3　自家蛍光の除去

［村上 徹 博士（群馬大学大学院医学系研究科）提供］ ⇒ p. 47 参照

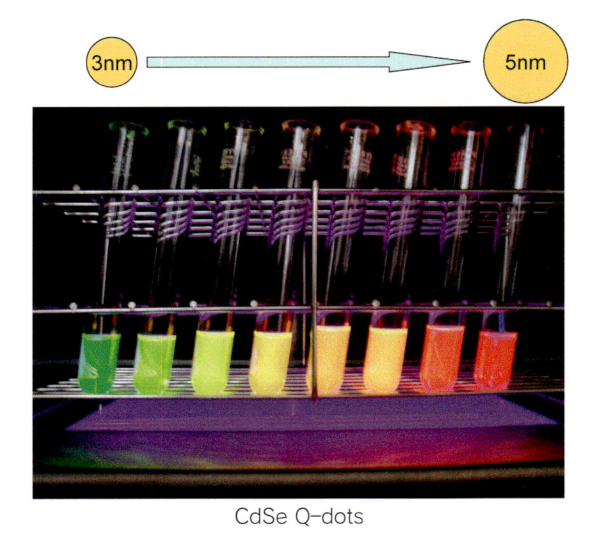

口絵 4　半導体ナノクリスタル
［神 隆 博士（理化学研究所 生命システムセンター）提供］
⇒ p. 109 参照

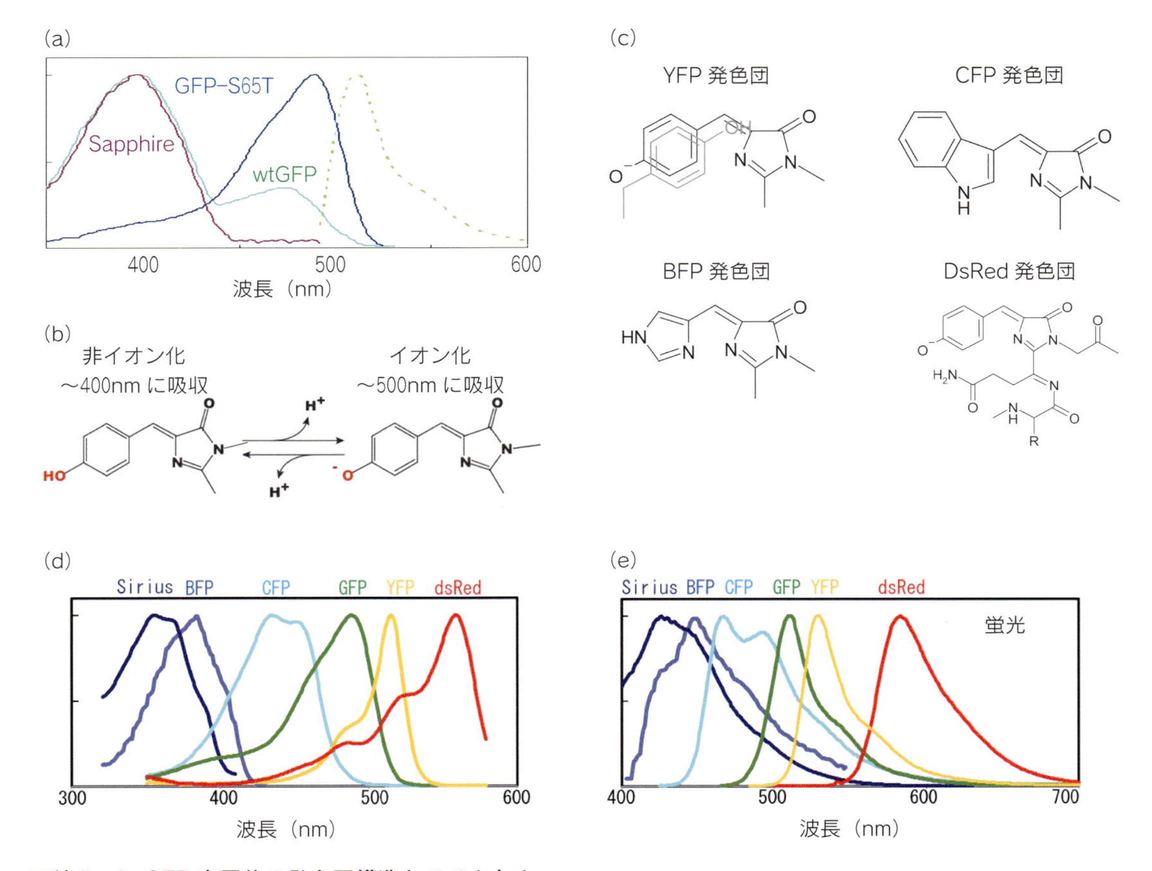

口絵 5　AqGFP 変異体の発色団構造とスペクトル
(a) wtGFP, GFP–S65T, Sapphire の励起スペクトル（実線）と蛍光スペクトル（破線）. (b) wtGFP 発色団の電荷状態と吸収波長の関係. (c) YFP, CFP, BFP, DsRed の発色団の化学構造. (d) おもな蛍光タンパク質の吸収スペクトル. (e) おもな蛍光タンパク質の発光スペクトル. ⇒ p. 115 参照

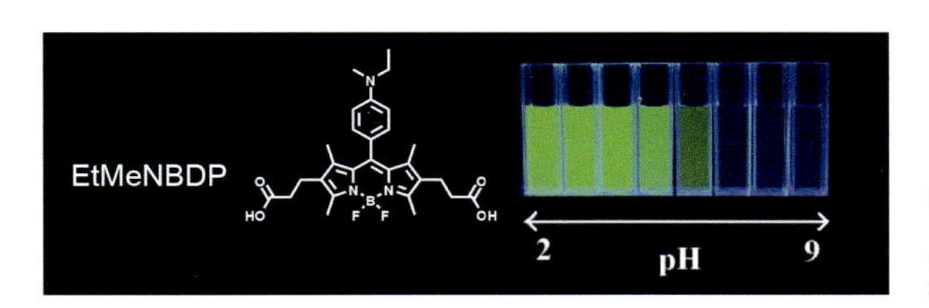

口絵 6　光誘起電子移動（PeT）を動作原理とする蛍光プローブ例
⇒ p. 131 参照

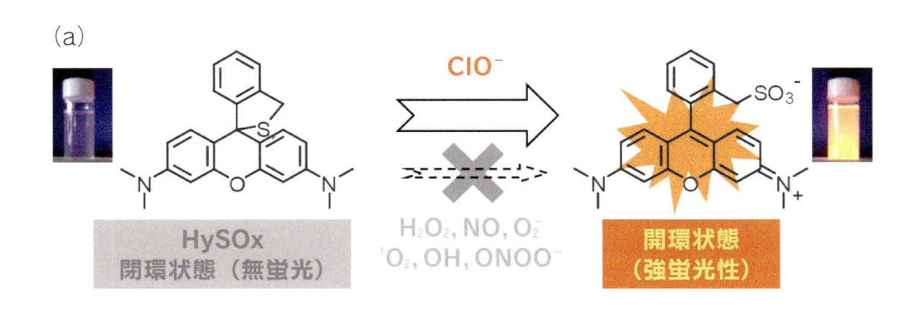

HySOx を用いた好中球貪食時次亜塩素酸生成のリアルタイム可視化

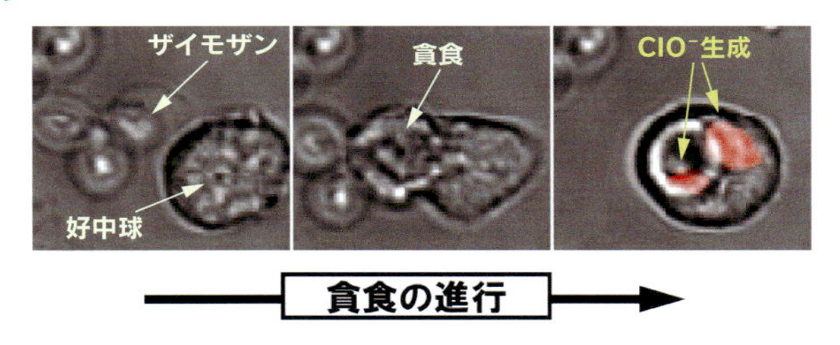

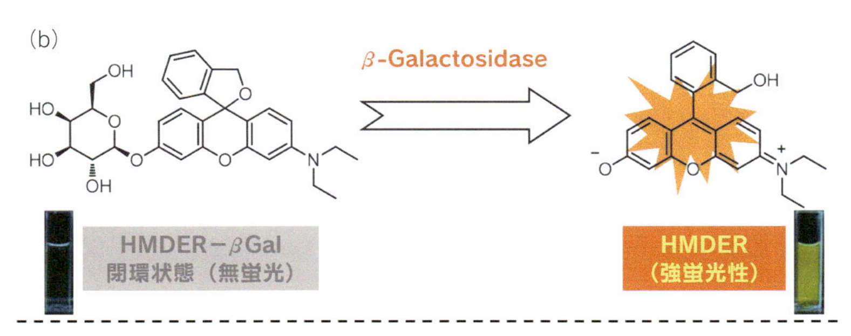

HMDER－βGal を用いたショウジョウバエ羽原基内 lacZ（＋）細胞のリアルタイム検出

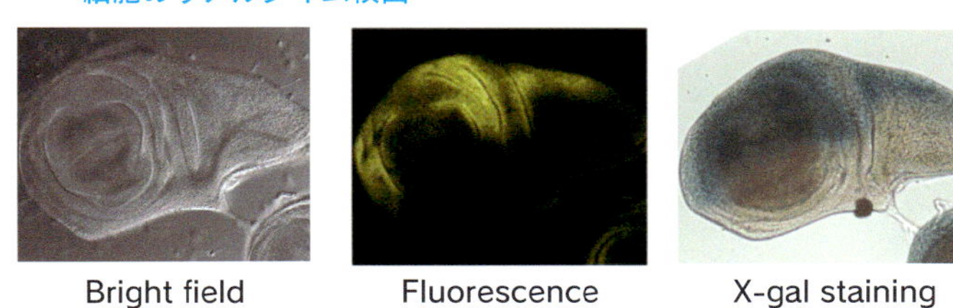

口絵 7　分子内スピロ環化平衡を活用した有機小分子蛍光プローブの開発とライブイメージングへの適用
⇒ p. 133 参照

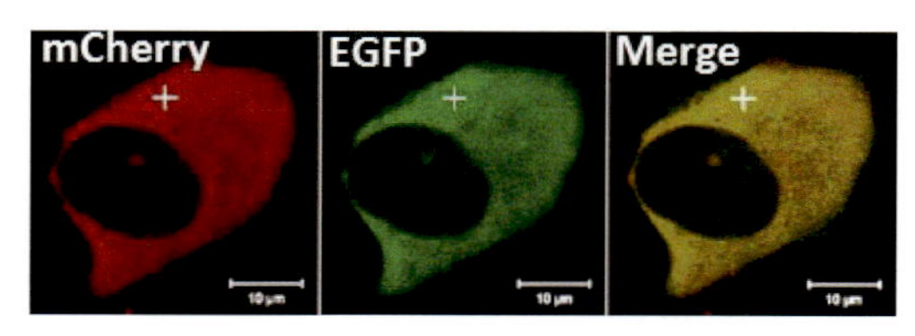

口絵 8　FCCS 測定例（結合反応の測定）

p50 の相互作用ドメインに mCherry のタンデム 2 量体（mCh_2）を融合させたタンパク質（p50–mCh_2）と p65 の相互作用ドメインに EGFP を融合させたタンパク質（p65–EGFP）を共発現した U2OS 細胞の共焦点蛍光画像．FCCS 測定点は＋で示す．スケールバーは 10 μm．クロストークの影響を少なくするために mCherry の蛍光強度が EGFP より強い細胞を選んで行った．⇒ p. 220 参照

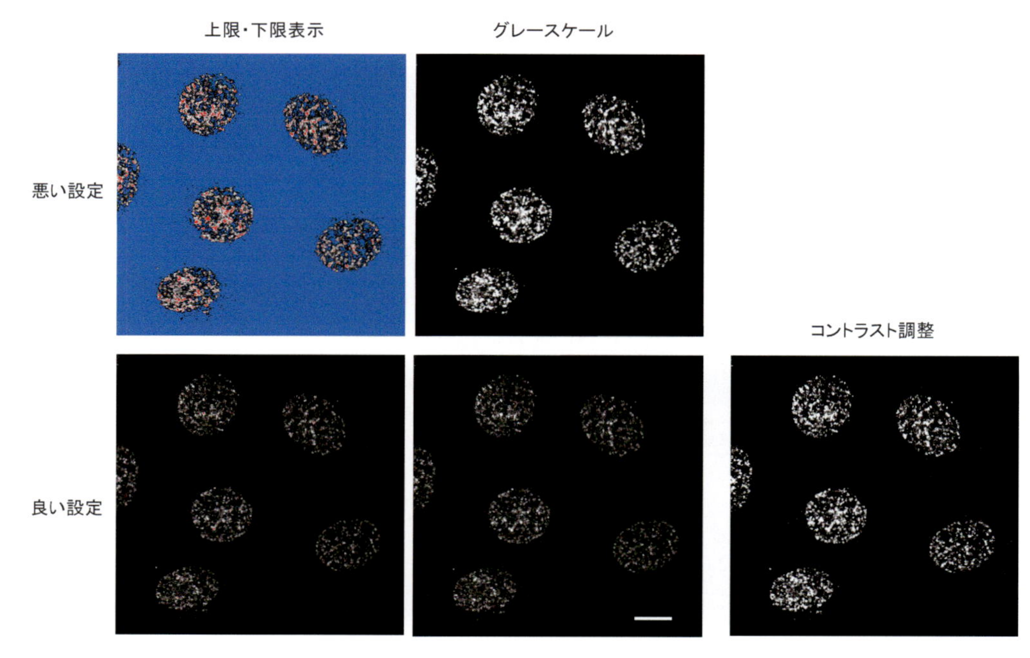

口絵 9　パラメータの設定例

階調の下限だと青，上限だと赤で表示されるような LUT を用いて，画像取得パラメータを設定する．上段のように，バックグラウンドを切った（青が出ている）条件やシグナルが飽和してしまった（赤が出ている）条件では，コントラストは高いが，サンプルの情報がすべて得られているわけではない．下段のような画像取得の設定だと，微弱なシグナルも拾うことができ，またほとんど飽和していないので，定量的解析を行うこともできる．もし，高いコントラストの画像がどうしても必要である場合，画像処理により，高コントラストの画像を得られる（下段，右）．C–Apochromat 40×/NA 1.2，W，Corr，512×512 pixels，pixel dwell time 6.4 マイクロ秒，ズーム 3×，Kalman 2．スケールバー：10 μm．⇒ p. 258 参照

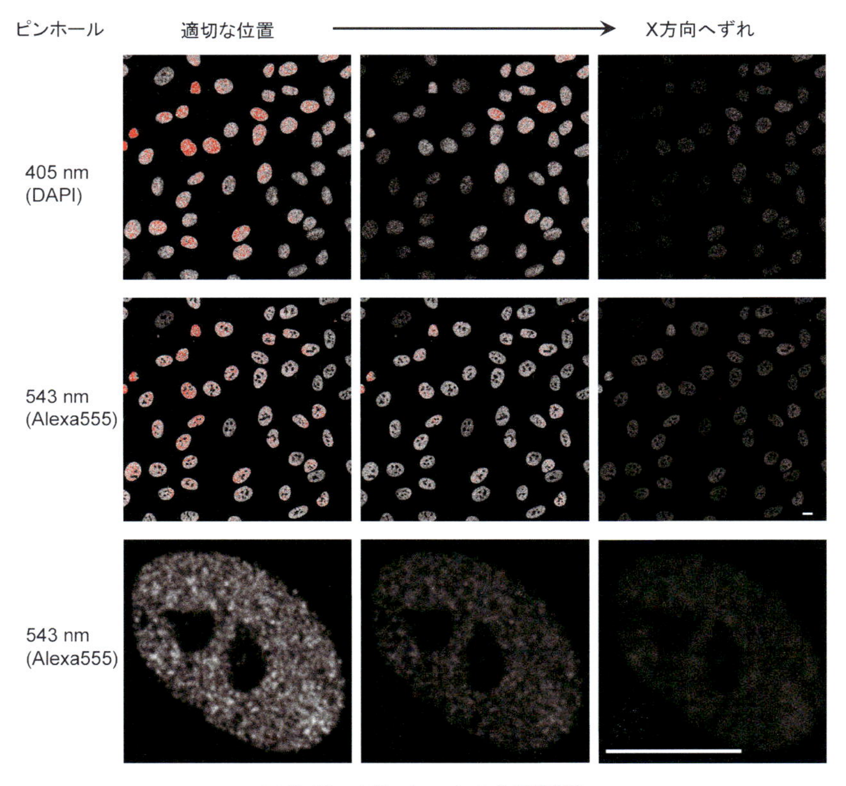

口絵 10　ピンホールの位置調整

ピンホールの調整は，多少飽和（赤）が出る条件で行うとわかりやすい．ピンホールの位置がずれると蛍光強度が弱くなるが，とくにずれている方向が明るくなる場合もある（上）．また，ピンホールがずれている場合，蛍光強度が弱くなるばかりか，解像度の劣化も招く（下）．C-Apochromat 40×/NA 1.2，W，Corr，512×512 pixels，pixel dwell time 6.4 マイクロ秒，ズーム 1×（上段と中段）または 8×（下段），Kalman 4（下段）．スケールバー：10 μm．⇒ p. 261 参照

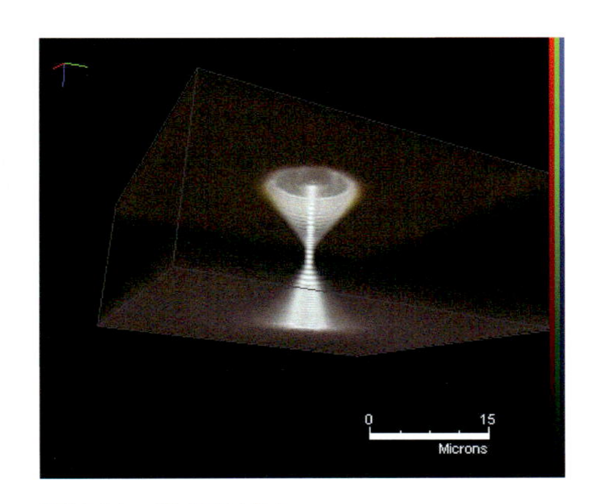

口絵 11　像の広がり

［蛍光ビーズ（直径 1 μm）全視野顕微鏡 Leica FW400-TZ，PlanApo 63×/NA 1.3，Gly］
⇒ p. 270 参照

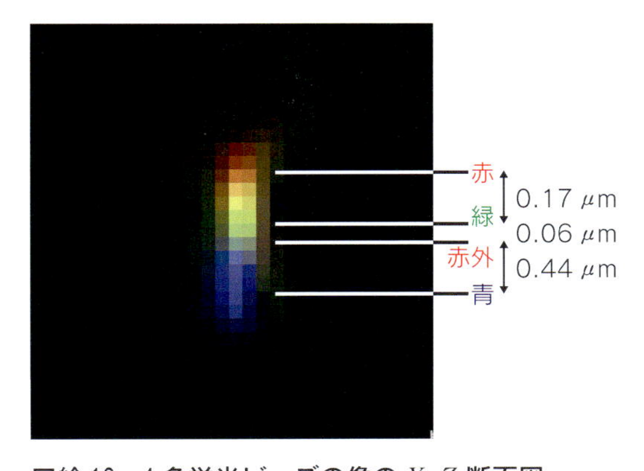

口絵 12　4 色蛍光ビーズの像の *X*–*Z* 断面図

⇒ p. 270 参照

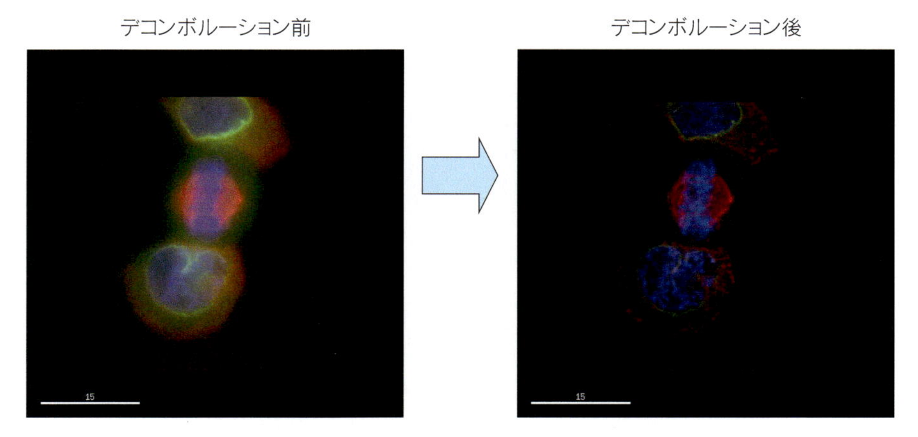

口絵 13　HeLa 固定細胞（画像処理前・処理後）

3 重染色：染色体（青），微小管（赤），核膜（緑）.
［全視野顕微鏡 DeltaVision，Olympus PlanApo 60×/NA 1.4，oil］ ⇒ p. 272 参照

口絵 14　蛍光ビーズの *X–Z* 断面図

［4 色蛍光ビーズ（0.2 μm） Leica PlanApo 63×/NA 1.4，oil，スケールバー：1 μm］ ⇒ p. 273 参照

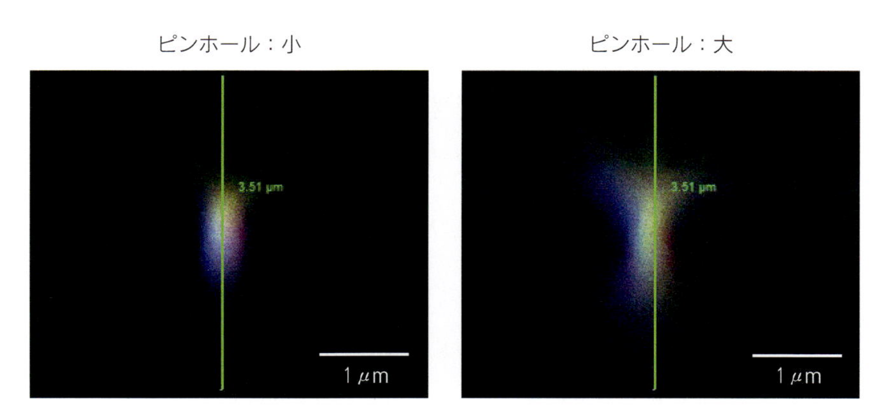

口絵 15　ピンホールの大きさと PSF

⇒ p. 274 参照

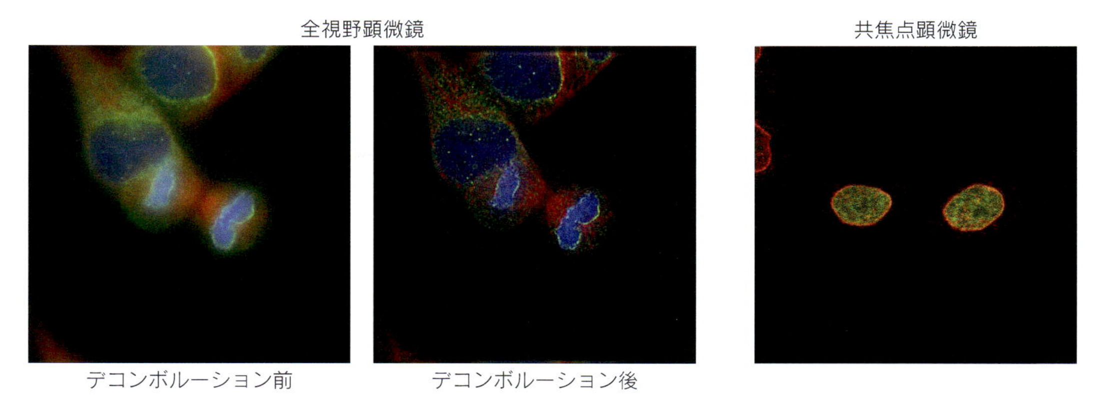

口絵 16　HeLa 固定細胞（二重染色）

染色体ヒストン H2B–GFP（緑），核膜抗ラミン B レセプター抗体/Alexa 594 標識 2 次抗体（赤）
［全視野顕微鏡 DeltaVision　Olympus PlanApo 40×/NA 1.4，oil］［共焦点顕微鏡 Zeiss LSM510，C–Apochromat 40×/NA 1.2，W，Corr］ ⇒ p. 276 参照

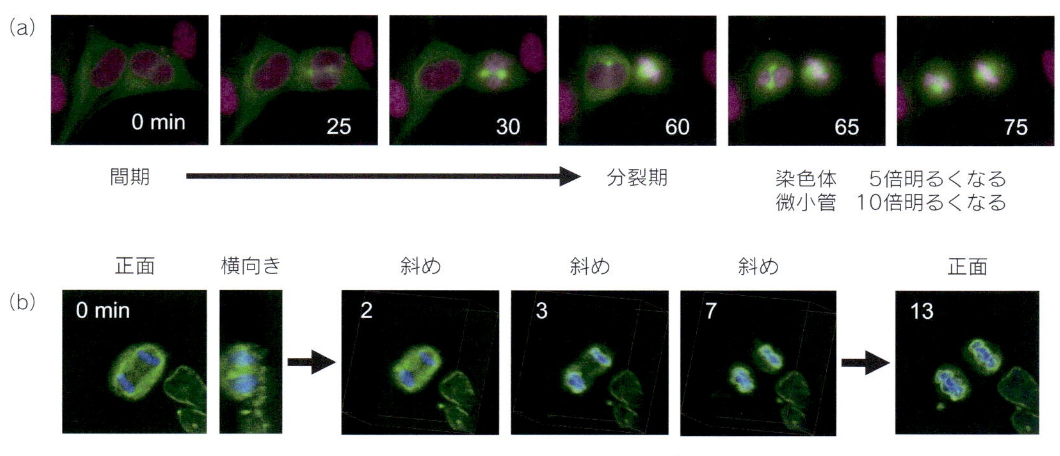

口絵 17　細胞分裂過程のタイムラプス観察

(A) DeltaVision を用いて分裂期前期から中期まで撮影．マゼンタは染色体（ヘキスト 33342），緑は微小管（YFP–チューブリン）．画像は，1 色ずつ 2 つの波長を連続して撮り，それを 1 分ごとにくり返したものである．撮影開始点を 0 分としたときの時間経過を右下に示した．分裂期には，染色体と微小管の形態と蛍光強度が変化することがわかる．

(B) Leica AS–MDW を用いて分裂後期から終期まで撮影．青は染色体（ヘキスト 33342），緑は核膜（YFP–ラミン B 受容体）．画像は，一揃いの 3 次元スタック（1 μm×29 枚）を 1 分ごとに撮影．ピエゾ素子を用いて焦点移動しているために，3 次元画像の取得が速い．撮影開始点を 0 分としたときの時間を左上に示した．左から，0 分の正面像と横向き像，斜めから見たときの 2 分，3 分，7 分後と，13 分後の正面図を示した．

⇒ p. 280 参照

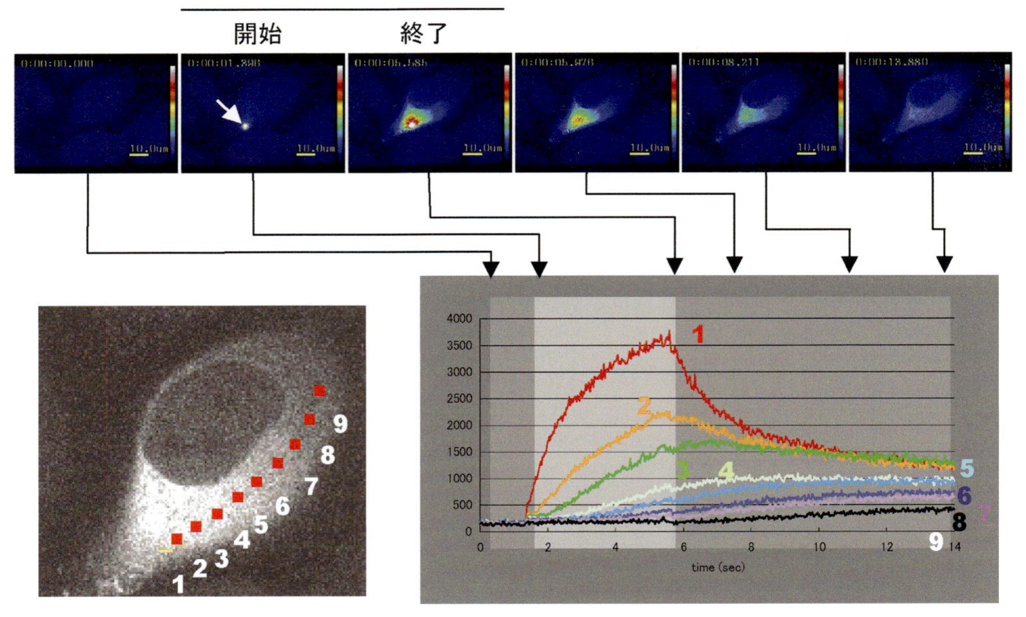

口絵 18　フォトアクティベーションの例

paGFP を発現する細胞を観察しながら，細胞質の一点を 405 nm レーザーで刺激した（ニコン TE2000，Plan Apochromat VC　100×/NA 1.40，oil；横河電気 CSU21；28 ミリ秒/frame）．光刺激に伴い，その領域の蛍光強度が増加することがわかる．また，活性化された PA-GFP が拡散していく様子もわかる．⇒ p. 298 参照

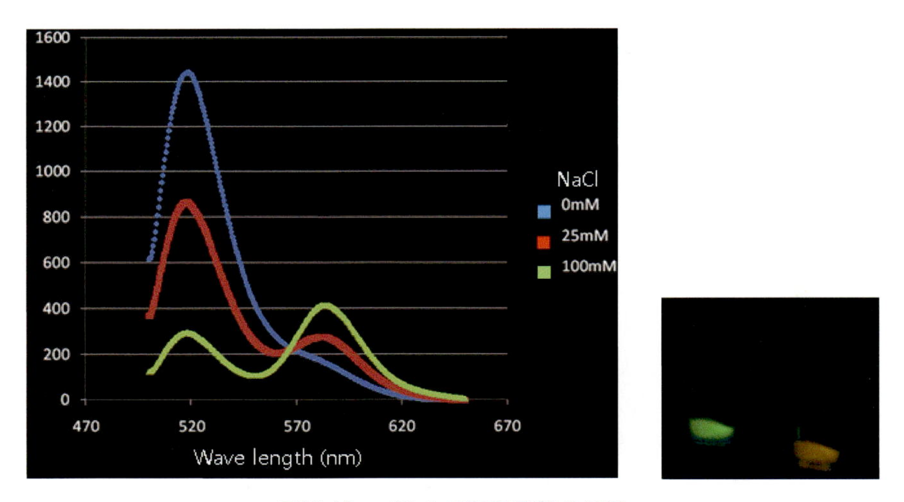

口絵 19　バルク FRET 計測の結果

（左）バルク FRET 計測による蛍光スペクトル．カチオン濃度の上昇に伴い FRET 効率が上昇する様子がわかる．また 570 nm 付近に等発光点が存在する．

（右）0 mM と 100 mM の NaCl が含まれたサンプルに UV を照射すると FRET 効率の変化が肉眼で観察できた．⇒ p. 331 参照

FLUORESCENCE IMAGING

新・生細胞
蛍光イメージング

原口徳子・木村　宏・平岡　泰 編

共立出版

[執筆者一覧]

伊東　克秀（いとうかつひで）　浜松ホトニクス株式会社　システム事業部
浦野　泰照（うらのやすてる）　東京大学大学院　薬学系研究科／同　医学系研究科
岡部　繁男（おかべしげお）　東京大学大学院　医学系研究科
北村　朗（きたむらあきら）　北海道大学大学院　先端生命科学研究院
木村　宏（きむらひろし）　東京工業大学大学院　生命理工学研究科
金城　政孝（きんじょうまさたか）　北海道大学大学院　先端生命科学研究院
小寺　一平（こてらいっぺい）　Department of Physics, University of Tronto, Canada
齊藤　健太（さいとうけんた）　東京医科歯科大学大学院　医歯学総合研究科
佐甲　靖志（さこうやすし）　理化学研究所　細胞情報研究室
佐々木　章（ささきあきら）　産業技術総合研究所　バイオメディカル研究部門
谷　知己（たにともみ）　Eugene Bell Center for Regenerative Biology and Tissue Engineering, Marine Biological Laboratory, USA
寺川　進（てらかわすすむ）　常葉大学　健康科学部
永井　健治（ながいたけはる）　大阪大学　産業科学研究所
長谷川　茂（はせがわしげる）　(株)ニコンインステック　バイオサイエンス営業本部
原口　徳子（はらぐちとくこ）　大阪大学大学院　生命機能研究科
日比野佳代（ひびのかよ）　国立遺伝学研究所　構造遺伝学研究センター
平岡　泰（ひらおかやすし）　大阪大学大学院　生命機能研究科
平野　泰弘（ひらのやすひろ）　大阪大学大学院　生命機能研究科
藤田　克昌（ふじたかつまさ）　大阪大学大学院　工学研究科
白　燦基（べくちゃんぎ）　Asan Institute for Life Sciences, Asan Medical Center, Korea
松田　厚志（まつだあつし）　情報通信研究機構　未来ICT研究所/大阪大学大学院　生命機能研究科
松田　知己（まつだともき）　大阪大学　産業科学研究所
丸野　正（まるのただし）　浜松ホトニクス株式会社　システム事業部
三國新太郎（みくにしんたろう）　北海道大学大学院　先端生命科学研究院
水野　秀昭（みずのひであき）　Department of Chemistry, KU Leuven, Belgium
武藤　秀樹（むとうひでき）　長崎大学医学部　共同利用研究センター
山中　真仁（やまなかまさひと）　名古屋大学大学院　工学研究科
山本条太郎（やまもとじょうたろう）　北海道大学大学院　先端生命科学研究院
和田　郁夫（わだいくお）　福島県立医科大学　医学部附属生体情報伝達研究所

新版のはじめに

生細胞蛍光イメージングは，いまや生命科学系の研究者にとって必須の研究ツールとなっている．しかし，実際に研究を行っている研究者は，その原理や正しい使い方が分からないまま使っていることも多く，十分な成果が挙げられないばかりか，やり方によっては間違った結論を出す可能性もあり，適切な教育が熱望されている．そのような状況から，2003年より，大学院博士課程の大学院生や若手の研究者を対象に，蛍光顕微鏡の原理や使い方を教える「細胞生物学ワークショップ」を開催してきた．そして開始から5年目となる2007年に，講師陣を中心にワークショップでの講義と実習の内容をまとめ，『講義と実習　生細胞蛍光イメージング』として出版し，教科書としてきた．

しかしそれから8年が経ち，その間に超解像顕微鏡法が開発され（2014年ノーベル化学賞），新しいイメージング法に適する蛍光プローブや新規の画像処理法が開発されるなど，この分野は日進月歩の勢いで進んできている．また，当時は発展過程にあったFRAP技術なども成熟してきた．そのような状況を鑑みて，最新の内容を加えて新版を作ることになった．新版の出版にあたって最もうれしいことは，過去のワークショップの受講生が執筆者に加わっていることである．

本書は，これから蛍光顕微鏡イメージングを行おうとする者に，基本から応用まで実践的な知識を与えることを目的に書かれている．そのために，顕微鏡装置やイメージング法の基本的知識を記述した講義編に加えて，試料の調製法や解析法について実践的な内容を実習編に記述した．これから蛍光イメージングをやってみようと思っている人，イメージングをやってみたがうまくいかなかった人，データ解析の方法が分からない人に必読の書であると確信している．実習編では，蛍光顕微鏡の講習会に必要な講義内容や試料の準備，実験の手順について再現しているので，これから同様の講習を行おうとする教師にとっても役に立つものになっている．この本が，これから蛍光顕微鏡法を学ぶ者にとって，また教える者にとって，道しるべとなることを願っている．

2015年10月

編者　原口徳子
木村　宏
平岡　泰

はじめに

蛍光顕微鏡イメージングは，いまや生命科学系の研究者にとって必須の研究ツールとなりつつある．しかし，実際にイメージングを行っている研究者は，その原理や正しい使い方がわからないまま使っていることも多く，十分な成果があげられないばかりか，やり方によっては間違った結論を出す可能性もあり，適切な教育が熱望されている．

そのような状況から，大阪大学大学院理学研究科 21 世紀 COE プログラムと北海道大学 21 世紀 COE プログラムは共同して，博士課程の大学院生や若手の研究者を対象に，蛍光顕微鏡の原理や使い方を教える「細胞生物学ワークショップ」を開催してきた．このワークショップは，1 年に 2 回，「大学院トレーニングコース 1 —基礎から中級—」と「大学院トレーニングコース 2 —中級から上級—」に分けて，それぞれ初心者向けと上級者向けに，講義と実機を用いた実習を行うものであり，4 年にわたって開催されてきた．蛍光イメージングの第一線で活躍する講師陣によるこれらの講義と実習は，生きた細胞での蛍光イメージングをめざす受講生にとって，研究に必要な実践的な知識と技能を得るのに大きく貢献してきた．

本書は，そのワークショップの講師陣を中心に，ワークショップで行った講義と実習の内容をまとめたものである．これから蛍光顕微鏡イメージングを行おうとする者に，基本から応用まで実践的な知識を与えることを目的に書かれている．そのために，顕微鏡装置やイメージング法の基本的知識を記述した講義編に加えて，試料の調製法や解析法について実践的な内容を実習編に記述した．実際のコースでは，講義編の内容を午前中に講義し，対応する実習編の内容を午後に実機講習，夜にデータ解析というプログラムを 5 日間くり返し，6 日目に受講生によるデータ発表をもってコース修了としている．プログラムの詳細は http://www-karc.nict.go.jp/w131103/CellMagic/meeting_n.html に公開している．

これから蛍光イメージングをやってみようと思っている人，イメージングをやってみたがうまくいかなかった人，データ解析の方法がわからない人に必読の書であると確信している．実習編では，蛍光顕微鏡の講習会に必要な講義内容や試料の準備，実験の手順について再現しているので，これから同様の講習を行おうとする教師にとっても役に立つものになっている．この本が，これから蛍光顕微鏡法を学ぶ，あるいは教える研究者にとってなんらかの「道しるべ」となることを願っている．

2007 年 9 月

編者　原口徳子
木村　宏
平岡　泰

目　次

■講義編

■実習編

略語

2D-SIM two-dimensional structured illumination microscopy；二次元縞（構造）照明顕微鏡
3D-SIM three-dimensional structured illumination microscopy；三次元縞（構造）照明顕微鏡
3D-STED three-dimensional stimulated emission depletion；三次元誘導放出抑制
AOBS acoustic optical beam splitter
AOM acoustic optical modulator
AOTF acoustic optical tunable filter
APD avalanche photodiode
AU Airy disk unit；エアリーディスク単位
BFP blue fluorescent protein
BiFC bimolecular fluorescence complementation
BV Biliverdin；ビリベルディン
C. A. confocal aperture
CALI chromophore-assisted laser inactivation
CCD charge-coupled device
CDS correlated double sampling；相関二重サンプリング法
CFP cyan fluorescent protein
COP coat protein complex
Corr correction ring；補正環
CPM count per molecule
CREB cAMP-responsive element binding protein
CS charge separation；電荷分離
D diffusion coefficient；拡散係数
DAB diaminobenzidine
DAPI 4′, 6-diamidino-2-phenylindole
DER *N,N*-diethylrhodol
$DiOC_6$ 3, 3′-dipentylaoxacarbocyanine iodide
DPSS diode pumped solid state laser
EGF epidermal growth factor
EGFP enhanced green fluorescent protein
EM-CCD electron multiplying CCD；電子増倍型 CCD
ER endoplasmic reticulum
FALI fluorophore-assisted light inactivation
FCCS fluorescence cross correlation spectroscopy；蛍光相互相関分光法
FCS fluorescence correlation spectroscopy；蛍光相関分光法
FDA floating diffusion amplifier
FFT-CCD full frame transfer CCD；フルフレームトランスファー CCD
FIONA fluorescence imaging with one nanometer accuracy
FITC fluorescein isothiocyanate
FlAsH-EDT2 fluorescein arsenical helix binder, bis-EDT adduct
FLIM fluorescence lifetime imaging microscopy
FLIP fluorescence loss in photobleaching；光退色蛍光減衰
FMN flavin mononucleotide
FRAP fluorescence recovery after photobleaching；光退色後蛍光回復
FRET Förster (fluorescence) resonance energy transfer；共鳴エネルギー移動
FT Fourier transform；フーリエ変換
FT-CCD frame transfer CCD；フレームトランスファー CCD
FWHM full width at half maximum；半値全幅
GaAsP Gallium arsenide phosphide；ガリウムヒ素リン酸
GFP green fluorescent protein
GFP-H2B GFP-histone H2B
GR glucocorticoid receptor；グルココルチコイドレセプター
GUVs giant unilamellar vesicles
HBSS+ Hanks' balanced salt solution containing calcium
HEPES *N*-(2-Hydroxyethyl) piperazine-*N*′-(2-ethanesulfonic acid)
HMDER hydroxymethyldiethylrhodol
HMSiR hydroxymethyl silylrhodamine
HOMO highest occupied molecular orbital
HPD hybrid photo-detector
HWHM half width at half maximum；半値半幅
IC integrated circuit；集積回路
ICT intramolecular charge transfer；分子内電荷移動
iFRAP inverse FRAP
ISM image scanning microscopy
Kd dissociation constant；解離定数
LSM laser scanning microscopy；共焦点顕微鏡
LUMO lowest unoccupied molecular orbital
LUT lookup table
miniSOG mini singlet oxygen generator
MP-CALI multiphoton excitation-evoked CALI
mRFP monomeric RFP
MSD mean square displacement；平均 2 乗変位
MW molecular weight；分子量
NA numerical aperture；開口数
ND neutral density
NLS nuclear localization signal
O. D. optical density；光学濃度
OTF optical transfer function；光学的伝達関数
ou optical unit；光学単位
PA-GFP photoactivatable GFP；光活性化 GFP
PALM photo activated localization microscopy
PD photodiode；フォトダイオード
PeT photoinduced electron transfer；光誘起電子移動
PI propidium iodide

PIPES piperazine-N,N'-bis(ethanesulfonic acid)
PMT photomultiplier tube：光電子増倍管
PSF point spread function；点像分布関数
Q-dot quantum dot；半導体ナノ粒子（量子ドット；半導体ナノクリスタル）
QE quantum efficiency
RCA relative cross amplitude
ReAsH-EDT2 resorufin arsenical helix binder, bis-EDT adduct
RESOLFT reversible saturable optical fluorescence transitions
RFP red fluorescent protein
RGB red, green and blue
rho6G rhodamine 6G；ローダミン 6G
ROS reactive oxygen species
S/N signal to noise
sCMOS scientific complementary metal-oxide semiconductor
SECFP super-enhanced CFP
SIM structured illumination microscopy；縞（構造）照明顕微鏡
SiR silylrhodamine；シリルローダミン
SLM single-molecule localization microscopy；単一分子局在顕微鏡
SP structure parameter
spFRET single-pair FRET
STED stimulated emission depletion；誘導放出抑制
STORM stochastic optical reconstruction microscopy；確率的光学再構築顕微鏡
TCSPC time-correlated single photon counting；時間相関単一光子計数法
TF transfer function；伝達関数
TIRF, TIR-FM total internal reflection fluorescence microscope；全反射蛍光顕微鏡
TMR tetramethylrhodamine；テトラメチルローダミン
W water
w/w weight per weight；質量比
wt wild type；野生型
YAG yttrium aluminium garnet
YFP yellow fluorescent protein

訳語

Abbe	アッベ
absorption cross section	吸収断面積
Airy disk	エアリーディスク
back focal plane	後焦点面
binning	ビニング
bilateral	バイラテラル
Boltzmann constant	ボルツマン定数
Brownian motion	ブラウン運動
Butterworth	バターワース
confocal	共焦点
convolution	コンボルーション（重畳積分；たたみかけ積分）
coverslip	カバーガラス（カバースリップ）
deconvolution	デコンボルーション
dipole orientation factor	配向因子
effective diffusion	実効拡散
Einstein–Stokes	アインシュタイン－ストークス
emission filter	バリアフィルター（吸収フィルター；エミッションフィルター）
empty magnification	馬鹿拡大（空倍率）
evanescent field	消失場
excitation filter	励起フィルター
extinction coefficient	吸光係数
first zero	第一暗点
fluorescein	フルオレセイン
fluorescence lifetime	蛍光寿命
Förster radius	フェルスタ距離
Franck–Condon principle	フランク・コンドンの原理
Gaussian	ガウスの
Hoechst33342	ヘキスト 33342
hydroxymethyl	ハイドロキシメチル
hydroxymethylrhodamine	ハイドロキシメチルローダミン
impact ionization	電離衝突
Jablonski diagram	ヤブロンスキーダイアグラム
Kohler illumination	ケーラー照明
kymograph	キモグラフ
lateral length in the optical unit	横方向光学単位
linear ummixing	線形分離法；アンミキシング
median	メディアン，中央値
Morse potential	モースポテンシャル
Nipkow disk	ニポーディスク
non–local mean	ノンローカルミーン
Nyquist sampling theorem	ナイキストのサンプリング定理
Pauli's exclusion principle	パウリの排他原理
photobleaching	光退色；蛍光退色；フォトブリーチング
photoconversion/photoswitching	光変換
pixel	画素
Planck's constant	プランク定数
posterior region	組織の後方部
quantum efficiency	量子効率
Rayleigh criterion	レイリーによる規範
reaction dominant	結合反応が律速となる

refractive index	屈折率
residence time	滞在時間
rhodamine	ローダミン
stimulated emission	誘導放出
structured illumination	縞照明
Stokes–Einstein	ストークス–アインシュタイン
Stokes' shift	ストークスシフト
time–lapse	タイムラプス
total variation	トータルバリエーション
triplet	三重項
triplet fraction	三重項成分
triplet time	三重項時間
uniform disk	均一な円盤
voxel	ボクセル
wave number	波数
wide–field	全視野
wing disc	将来羽になる組織

第1章
蛍光顕微鏡の基礎

見たいものだけを蛍光で色づけして観察するのが蛍光顕微鏡である．条件によっては，細胞内での分子の動きを，細胞が生きている状態で連続的に観察することができる．本章では，実用的な視点から，蛍光顕微鏡の構造的特徴について解説する．レンズやフィルターなど，自分で選ばなければならないものについては，一般的な特性と，その特性の表記法について記載した．蛍光顕微鏡の詳細な光学原理については，第8章「光学顕微鏡の基礎」に記載している．

I 蛍光顕微鏡の仕組み

分子内の電子が励起状態から基底状態に戻る過程で光を発するとき，これを蛍光という（第15章「蛍光の化学的理解」を参照）．蛍光分子が特定の波長の光を吸収することによって励起され，蛍光を発するとき，吸収したエネルギーより小さいエネルギーしか放出されないので，出てくる蛍光の波長は，必ず吸収した励起光の波長より長くなる（図1）．蛍光顕微鏡の光学系は，この波長の違いを利用して設計されている．

蛍光顕微鏡の光学系は，励起光が視野全体を照射する全視野蛍光顕微鏡（wide-field）とレーザーでピンポイントを励起してピンホールに結像させる共焦点蛍光顕微鏡（confocal）に大別できる．共焦点蛍光顕微鏡については第2章「共焦点顕微鏡の基礎」に記述するので，ここでは全視野蛍光顕微鏡の基本的な仕組みについて述べる．顕微鏡の部品交換や光路調整については，実習1「蛍光顕微鏡の調整・基本操作」で扱う．

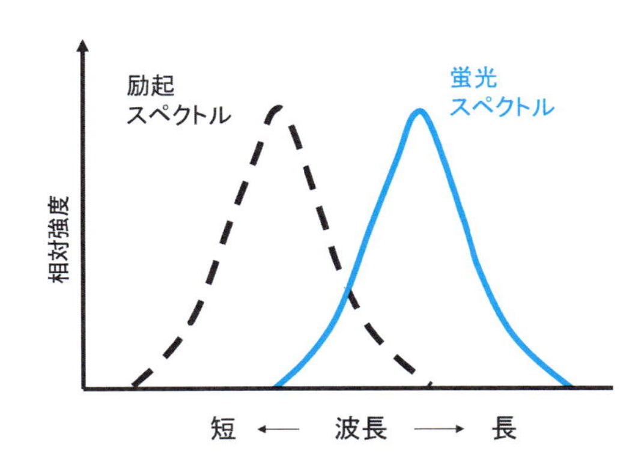

図1　励起光と蛍光のスペクトル

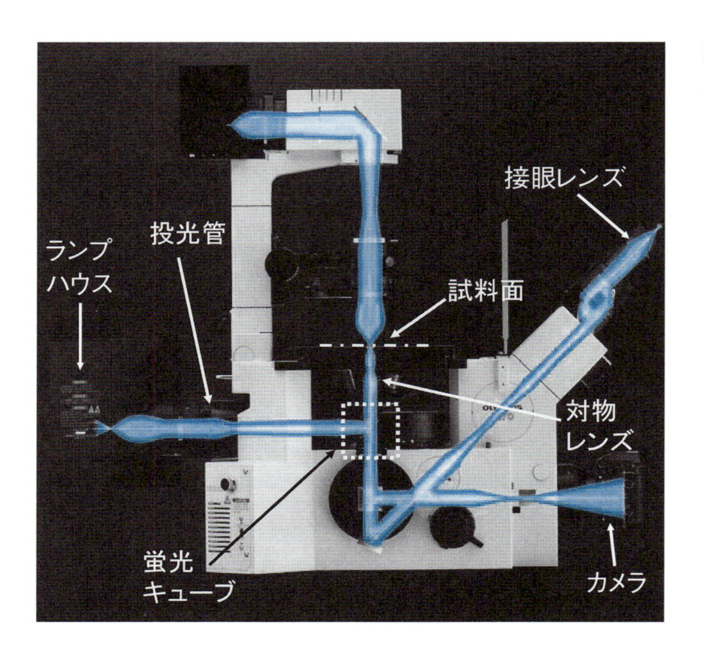

図 2　全視野顕微鏡の光路

［資料提供　オリンパス株式会社］

実際の蛍光顕微鏡の光路を図 2 に示す．現在の蛍光顕微鏡は，落射照明といって，対物レンズを通して励起光を試料に照射する．このとき，励起波長と蛍光波長の違いを利用して蛍光と励起光を分ける．そのための光学素子として，励起フィルター，ダイクロイックミラー，バリアフィルターの 3 枚の光学フィルターを組み合わせて用いる（図 2 の蛍光キューブ）．光源から出た光は投光管を通して照射され，蛍光キューブに到達する．光源から出るさまざまな波長を含む光から必要な波長の励起光を選び出すのが励起フィルターである．励起フィルターを透過した励起光は，45 度に傾けて配置したダイクロイックミラーに到達する．ここで，ダイクロイックミラーの透過率の波長特性を，励起光は反射し蛍光は透過するように作っておく（図 3）．そうしておくと，ダイクロイックミラーに到達した励起光は，ここで反射され，対物レンズを通して試料に集光される．一方，励起された蛍光分子が発した蛍光は，対物レンズを通ってダイクロイックミ

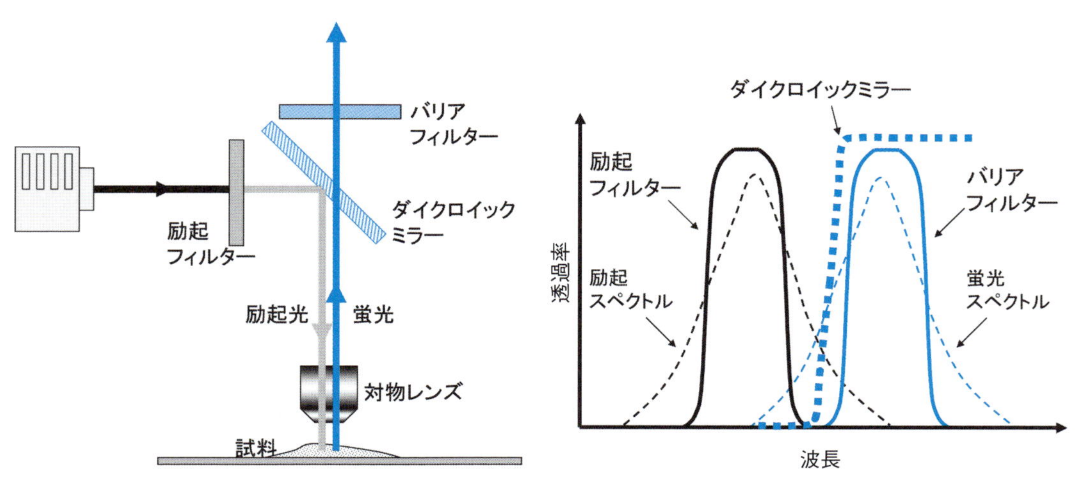

図 3　蛍光顕微鏡の仕組み

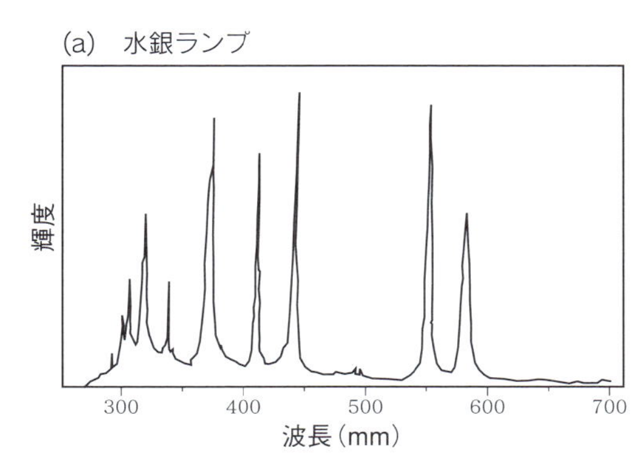

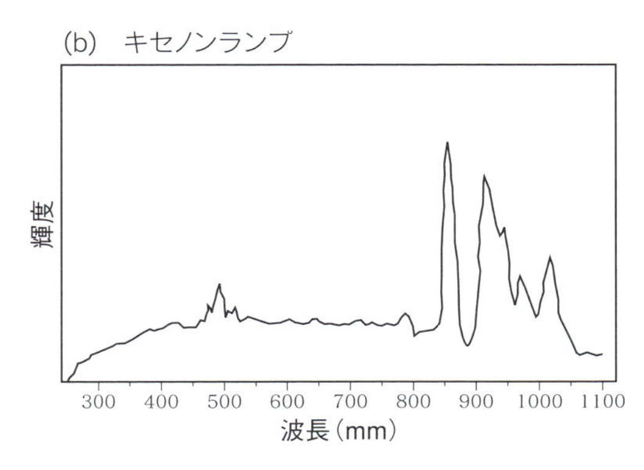

図4 光源の波長スペクトル

ラーに到達すると，これを透過してバリアフィルターに向かう．蛍光とともに対物レンズを通ってきた励起光の散乱はダイクロイックミラーでほとんど反射され排除される．ダイクロイックミラーを通り抜けた励起光を，蛍光の波長を選択的に透過するバリアフィルターで，さらに排除する．このようにして得られた蛍光像は，接眼レンズで観察するか，カメラで撮像する．

II 光源

全視野蛍光顕微鏡の場合，光源として水銀ランプを用いることが多いが，キセノンランプを用いることもある．図4に示すように，それぞれ特徴的な波長分布をもつ．キセノンランプが広い波長域で比較的一様な輝度をもつのに対し，水銀ランプは不連続な輝線をもち，その波長ではキセノンランプより明るい．水銀ランプは寿命が約200時間であり，使用に伴いだんだん暗くなる．実測した水銀ランプの明るさの時間変化を図5に示す．点灯回数にもよるが，200～300時間を目途に，暗くなってきたら交換し，光軸を調整する（実習1「蛍光顕微鏡の調整・基本操作」参照）．

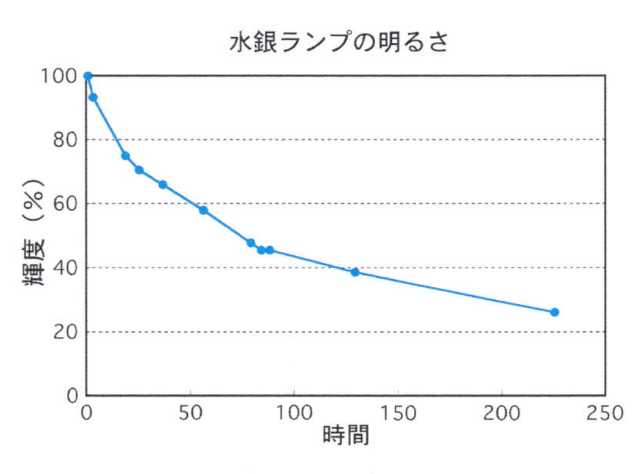

図5 水銀ランプの明るさ

DeltaVision® 蛍光顕微鏡装置を用いて光量計で計測．水銀ランプの光を光ファイバーで投光管に誘導し，対物レンズを抜いた状態で顕微鏡ステージ上の標本面で計測した．490 nm（青色）の励起フィルターで計測．実際に運用中の顕微鏡を用いて計測しているので，使用状況は一定していない．点灯頻度などの使用状況によって変動し，このとおりの減衰が常に再現されるものではない．

最近では，半導体光源が普及し，全視野蛍光顕微鏡にも用いられる．半導体光源は寿命が2000〜10000時間と長く，長時間にわたり一定の明るさで使用できる．半導体光源は単色光を発するため，必要な波長に対応するいくつかの光源を搭載する必要がある．

Ⅲ フィルターの選択

蛍光顕微鏡の光学フィルターには，ロングパスフィルターやバンドパスフィルターが使われる（図6）．ロングパスフィルターは，ある波長より長波長の光を透過する．バンドパスフィルターは，ある波長範囲だけを透過する．バンドパスフィルターには透過率が，ある波長をピークになだらかに山形を描くものと，ある波長帯を矩形に切り出すものがある（図6）．市販の蛍光顕微鏡についてくる標準のフィルターは山形透過率のバンドパスフィルターか，バリアフィルターの場合はロングパスフィルターも多い．汎用的でかつ廉価な組合せが標準的なフィルターとして用意されている．

蛍光観察にあたっては，染色に用いた蛍光色素の励起スペクトルと蛍光スペクトルに合わせて，適切な励起フィルター，ダイクロイックミラー，バリアフィルターを選択する．市販の顕微鏡で十分な性能が発揮できないとき，考えるべきことの1つは，光学フィルターの最適化である．用いている蛍光色素に最適の光学フィルターを用いることで，顕微鏡像の明るさは格段に改善する．また，ヒトの眼が緑に感度が高いのに対して，CCDカメラは赤から赤外にかけて感度が高いので，眼で見た明るさとCCDカメラで撮った明るさは一致しない．CCDで撮像するときは，感度特性を考慮して，蛍光色素とフィルターを選択する．また，多重染色の場合は，蛍光像が互いに混ざり合わないことが重要であり，明るさを犠牲にしても他の蛍光色を排除する光学フィルターの組合せを選択する．この場合，ほしい波長を効率よく透過して，いらない波長を排除するために，透過率の波長特性が山形よりは矩形のものが望ましい．透過率波長特性が矩形のものは，ある波長帯域だけを無駄なく透過するので，他の蛍光色を排除したうえで明るさが確保できる．多重染色の場合の留意点は，第5章「マルチカラータイムラプス蛍光顕微鏡」で詳述する．

Ⅳ 対物レンズの開口数

顕微鏡の性能は対物レンズの性能でほとんど決まると言っても過言ではなく，目的にかなう適

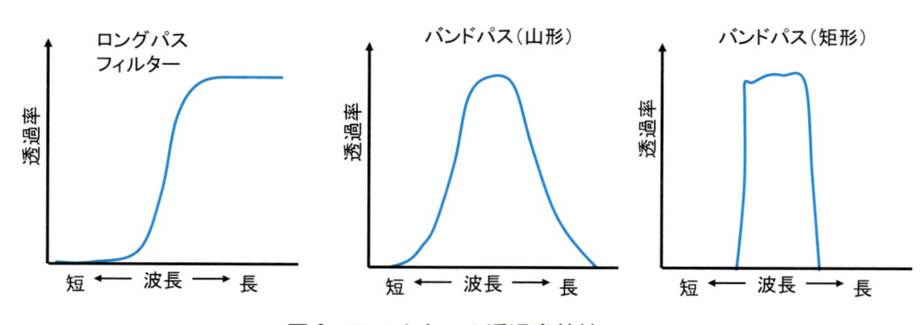

図6　フィルターの透過率特性

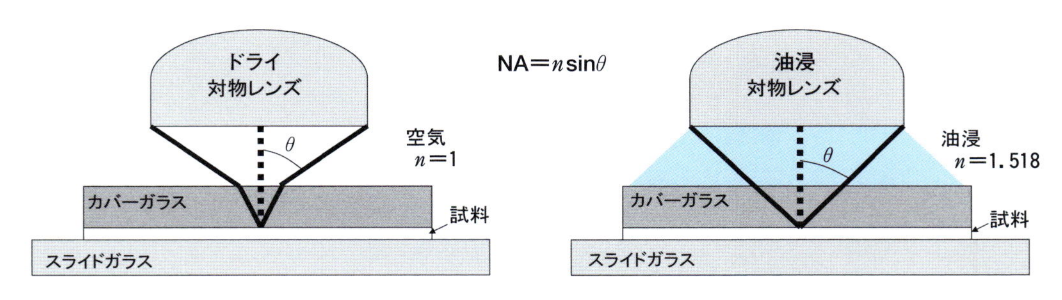

図 7　開口数（NA）

n は屈折率，θ は光軸からの最大角．

切な対物レンズを使用することは，最重要である．対物レンズの光学特性の指標として，まず開口数（numerical aperture；NA）を理解しておいてほしい．開口数は図 7 のように定義され，分解能や焦点深度，集光力に影響する．

1）開口数と分解能

対物レンズの間口（開口数）が広ければ広いほど分解能が高くなる．分解能は，見分けることのできる最小距離で表現するので，値が小さいほど高分解能である．分解能は，開口数に反比例して小さくなり（高分解能），波長に比例して大きくなる（低分解能）．開口数と分解能の関係は，回折格子で考えるとわかりやすい（第 8 章「光学顕微鏡の基礎」の図 7）．その光学原理については第 8 章「光学顕微鏡の基礎」に詳述する．

2）開口数と焦点深度

焦点深度は，光軸に沿った 2 点で同時に焦点が合う最大の距離である．開口数の 2 乗に反比例して小さくなる．開口数が大きいほど，焦点深度は浅い（焦点の合う領域が薄い）．開口数が小さければ，焦点深度は深い（焦点の合う領域が厚い）．

3）開口数と集光力

開口が大きいほど，より多くの光を集めることができ，集光力は開口数の 2 乗に比例して大きくなる．倍率が同じであれば，開口数の大きいレンズのほうが明るい．

V 対物レンズの選択

対物レンズの特性は，倍率や開口数のほか，収差補正や推奨のカバーガラス厚などが，レンズの側面に表示されている（図 8）．

1．収差補正

1）像面湾曲収差

試料中の同じ焦点面内にある点が，顕微鏡を通してそれぞれ焦点を結び，像面を作る．光学的に作られる像面が幾何学的な平面からどの程度ずれているかを示す指標が像面湾曲収差である．像面が平面を形成していれば，像面湾曲収差は補正されている．“Plan” と表示されている対物レンズは，視野の全域で像面湾曲収差が補正されている．一方，表示のない非 Plan

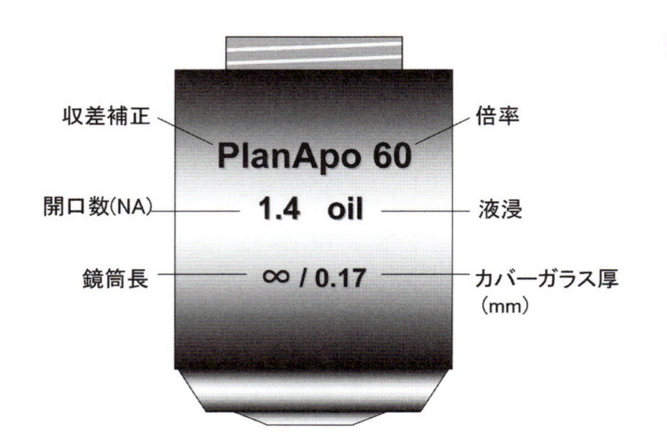

図 8　対物レンズの表示

の対物レンズでは，光軸に近い領域（中央）でだけ，像面湾曲収差が補正されており，周辺部では焦点位置が平面からずれている．これは，周辺部の像の歪みとして，接眼レンズを通して肉眼で容易に観察できる．広い視野で平面性が必要な場合は Plan レンズを用いる．カメラの視野が小さい場合など光軸付近しか必要ない場合は，非 Plan レンズでもよい．

2）**色収差**

色収差とは，試料中の 1 点から出た光が，波長によって，光軸方向にずれた位置に焦点を結ぶことをいう．いくつかの波長で同じ位置に焦点を結ぶように補正する．青と赤の 2 色で補正したものを Achromat とよび，“Ach” と表示される．紫・青・赤の 3 色で補正したものを Apochromat とよび，“Apo” と表示される．

図 8 の例では，“PlanApo” と表示されているので，この対物レンズは，視野の全域で像面湾曲収差が補正され，紫・青・赤の 3 色に対して色収差が補正されている．ただし，この補正は必ずしも完全ではないため，高精細なマルチカラー共局在解析を行う際には，蛍光ビーズを用いてあらかじめレンズの特性を知っておくことが望ましい（実習 3「3 次元マルチカラー（全視野顕微鏡）」参照）．

2．開口数（NA）

たいていの対物レンズでは開口数は固定されており，図 8 の例では 1.4 である．開口数を変えることのできる絞り（iris）付き対物レンズもあり，たとえば 0.6〜1.2 のように開口数の範囲が表示されている（図 9 a）．分解能は落ちても深い奥行きが必要なときは，絞りを絞る（開口数を小さくする）ことによって焦点深度を深くする．絞りを開ける（開口数を大きくする）ことによって焦点深度が浅く分解能の高い，明るい像が得られる．

3．液浸とカバーガラス厚

液浸の屈折率とカバーガラス厚は球面収差に影響する．球面収差は光軸の中心を通った光と周辺を通った光が，光軸上で一点に焦点を結ばないときに生じる．開口数の大きい対物レンズほど光軸との最大角が大きいので，球面収差が顕著に現れる．対物レンズに異なる角度で進入した光が同じ位置に焦点を結ぶように，球面収差は設計段階で補正されているが，観察条件によっても

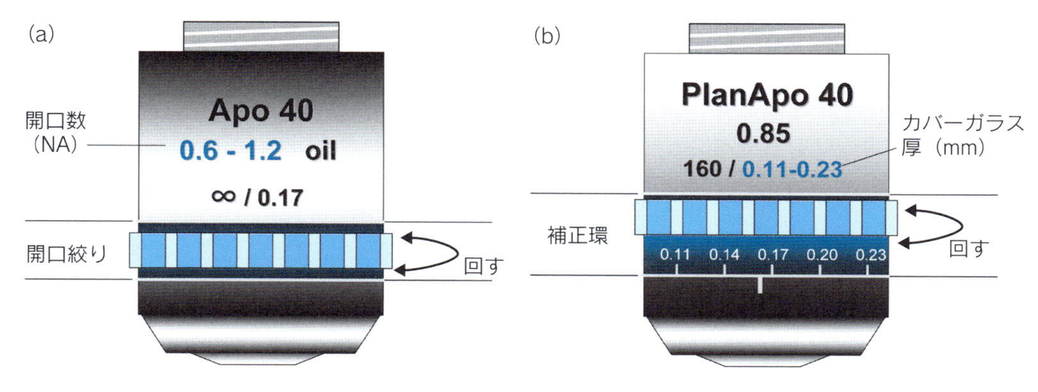

図 9　各種の対物レンズ

(a) 絞り付き対物レンズ，(b) 補正環付き対物レンズ.

球面収差が生じる.

対物レンズに液浸が指定されている場合，対物レンズとカバーガラスの間は，推奨される屈折率の液浸で満たさなければならない．図 8 の例では，Oil と表示されており，オイルで満たす油浸対物レンズである．水で満たす水浸対物レンズ（W と表示）や，グリセリンで満たすグリセリン浸対物レンズ（Gly と表示）などがある．表示がないものは，液浸をしない，いわゆるドライレンズである.

カバーガラスは対物レンズの一部ともいえる重要な光学部品であり，対物レンズの性能を最大限に発揮するには，指定の厚さのカバーガラスを用いることが大切である．用いるカバーガラスの厚さは対物レンズによって指定されており，ミリメートル単位で表示されている．図 8 の例では 0.17 mm であり，多くの対物レンズが 0.17 mm を指定している．一方，ガラスの厚さは JIS 規格で定められており，0.1 mm，0.15 mm，0.2 mm が標準である．かつては 0.17 mm のカバーガラスは特注であったが，今は標準品として入手できる.

イマージョンオイルの屈折率やカバーガラス厚が適正でないと，球面収差が生じる．しかし，注意して適正なものを用いていても，イマージョンオイルの屈折率は温度に依存するし，カバーガラスの厚さは規格内であっても 1 枚 1 枚ばらつきがある．それによって生じる球面収差は，たいていの顕微鏡観察では許容できる範囲であり，また許容しなければ日常的な観察はやりきれないかもしれない．一方，厳密に球面収差を補正したい場合には，補正環（Corr；correction ring）付き対物レンズを用いれば，個々の観察ごとに補正することができる．補正環付き対物レンズは，補正環を回すと対物レンズが前後して光路長が変わるようになっている（図 9 b）．補正環には目盛りがあり，たとえば，図 9 (b) の例のように，カバーガラスの厚さに換算した目盛り（0.11～0.23 など）が刻まれている．最近では，細胞の観察温度に応じて，オイルの屈折率を補正できるように，温度目盛りのついたものもある．補正環付き対物レンズは，正しい位置に補正環を合わせないと，かえって強い球面収差を生じさせる.

4．油浸レンズと水浸レンズ

対物レンズは，1) 正しい厚さのカバーガラスを使用し，2) 試料がカバーガラスの直近にあ

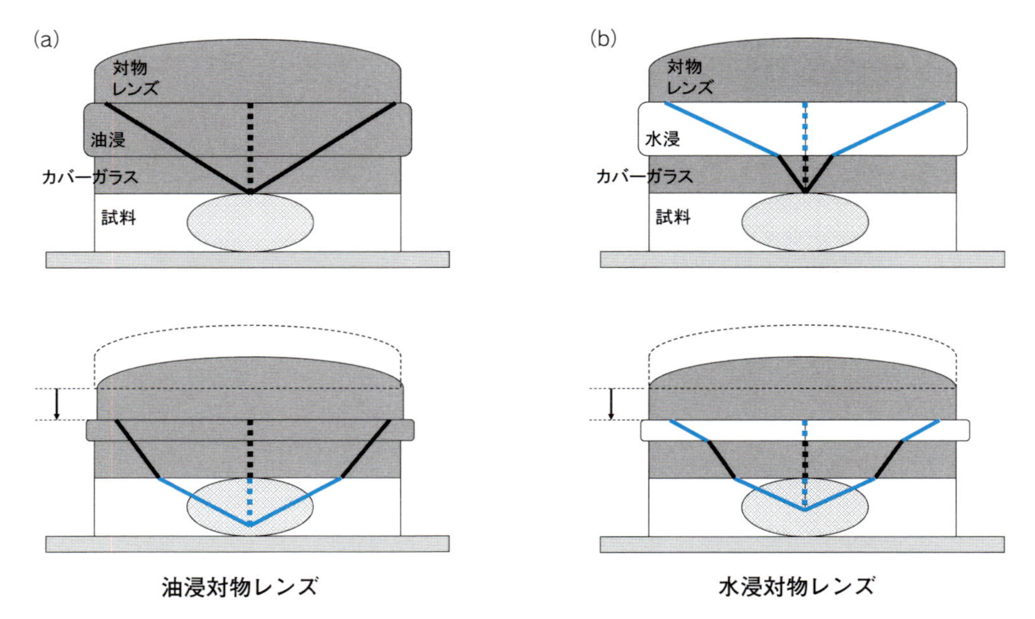

図 10　球面収差

(a) 油浸対物レンズ，(b) 水浸対物レンズ．いずれも，上図はカバーガラス直下に焦点を合わせたとき，下図は水溶液中に焦点を合わせたとき．

り，3) 正しい屈折率の液浸（水浸，グリセロール浸，油浸）をしたときに，球面収差がないように補正されている．細胞などの生物試料は培養液や水溶液中にマウントされていることが多い．試料が水溶液中にあるときに，油浸レンズを使うと，焦点面がカバーガラスから離れるにつれて，球面収差が大きくなる．対物レンズの球面収差は試料がカバーガラスの直近にあるときに，収差がなくなるように補正されている．球面収差がないというのは，対物レンズの中心（光軸上）を進む光と周辺を通る光が，光軸上で同じ位置に焦点を結ぶということである．油浸対物レンズでは，光が水の層を通過することは設計上，想定していない．水の層が厚くなるにつれ，想定の光路長からのずれが大きくなり，光軸上を進む光と周辺を通る光が光軸上で異なる位置に焦点を結ぶ（図 10 a）．対物レンズの開口数が大きいほど，光軸と大きな角度ができるため，球面収差の程度が大きくなる．高分解能の観察に用いられる開口数 1.3 程度の油浸対物レンズだと，カバーガラスから 20 μm くらいの深さが観察できる限界と心得ておかなければならない．これより深い位置を観察するときには，水浸対物レンズを用いなければならない．水浸対物レンズの場合は，カバーガラスの上下とも水である．焦点面がカバーガラスから離れていっても，水中を通る光路長の総和は変わらない（図 10 b）．光軸上を進む光でも周辺を通る光でも，試料がカバーガラス直近にあるときと同じ光路長が保たれるので，球面収差を増大させることはない．

［平岡 泰］

第2章

共焦点顕微鏡の基礎

共焦点顕微鏡は，焦点面と共役の位置にある小さな穴（ピンホール）を通ってくる光だけを捉えることにより，非焦点面からくる光（光学的なボケ）を除くことができる光学系である．この光学系を使うことにより，全視野顕微鏡より高い空間分解能が得られる．本章では，共焦点蛍光顕微鏡の原理と，それを使って得られる空間分解能，その利用法について解説する．

Ⅰ 共焦点顕微鏡の原理

共焦点顕微鏡は，ピンホールを用いて非焦点面からの光を排除し，焦点面からの光のみを検出する顕微鏡である．共焦点顕微鏡では，点光源（ピンホールを通った光，またはレーザー光）を用いて試料を照明する．そして，その点から発せられた蛍光は，結像面に置かれたピンホールを通過し“点の受光器”光電子増倍管（photomultiplier tube；PMT）で検出される（図 1）．したがって，共焦点顕微鏡では 2 次元像ではなく，試料の 1 点の像，言い換えると，試料の 1 点からの光の強度を観測することになる．試料の全面（2 次元像）を観察するためには，点光源（ピンホール 1）とピンホール 2 を同期して走査する必要がある．そのため，市販の共焦点顕微鏡は，ガルバノミラーの角度を（高速に）動かすことによって，点光源（ピンホール 1）とピンホール 2 を同期させつつ，測定点を（高速に）走査することが可能な装置となっている．図 1 の，点光源（ピンホール 1），試料に投影された点光源の像（ピンホール 1 の像），試料の像面（ピンホール 2）の 3 点は光学的に共役な関係にあり，結像系の光路中で正確に配置されている．この 3 点の共役関係を共焦点関係にあるという（図 1）．

このような光学的配置により，従来の光学顕微鏡に比較して共焦点顕微鏡は次のような特徴をもつ．1) 照明が点状であるため，試料の横方向からの迷光がない（高コントラスト），2) 焦点面以外からの光を遮断し（焦点の合った像のみを観察し）光学的断層像を観察できる，3) 理論的には従来の光学顕微鏡より分解能が高い．

Ⅱ 光源としてのレーザー

1．レーザーを使う理由

共焦顕微鏡の光源としては，高圧水銀ランプなどを使用したものもあるが，圧倒的にレーザーが使用されている．その要因として，以下の点をあげることができる．

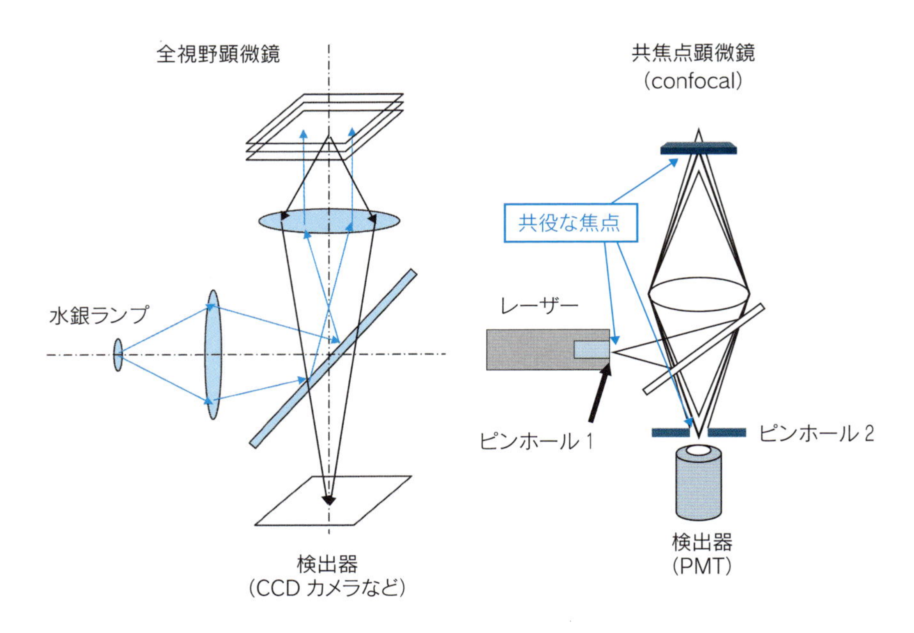

図 1　全視野顕微鏡と共焦点顕微鏡の構成の違い

全視野顕微鏡（左）の光源（水銀ランプ）は面光源で，この光源で試料全体を一様に照明する．照明された試料の像は CCD などの 2 次元検出器の上に結像されるが，図に示すように，試料の焦点の合っていない部分の像も検出器に結像されるため，全体としてはフレアのあるぼけた像として取得される．
共焦点顕微鏡（右）では，光源として点光源（ピンホール 1）を使用し，この点光源の像を試料面に投影することで試料を点状に照明する．試料の点状に照明された部分の像は検出器の前に置かれたピンホール 2 の上に結像される．焦点の合っていない部分からの光はピンホール 2 を通過できず，焦点の合った部分の光のみが検出器に入射する．結果として，焦点の合った試料の部分のみの輝度情報が得られる．この操作を試料面（*X*–*Y* の 2 次元）全体で行うことにより，焦点の合った部分のみの 2 次元像を構築することができる．こうして得られる像を光学断層像という．

1) 空間干渉性，指向性が高く，回折限界まで絞り込むことができる．この性質により光学分解能を限界まで高めることが可能となっている．
2) 輝度（単位面積あたりの光の強度）が水銀光源と比較して高い．この性質と前出の性質により，試料に対して非常に輝度の高い照明が可能となる．
3) 発振波長幅が非常に狭く，直線偏光している．この性質により特定の蛍光色素を選択的に励起しやすい．また，光学変調素子により高速に（マイクロ秒オーダーで）レーザー光の強度の制御が可能で，試料の指定領域だけを照射することが可能である．
4) 水銀ランプと比較して光出力ゆらぎ（つまり明るくなったり暗くなったりすること）が小さい．この性質により，より S/N 比（signal to noise ratio）の高い像が得られる．

2．レーザーの種類と波長

表 1 に，現在，共焦点顕微鏡で使用されているおもなレーザーの種類と波長をあげる．現在広く使用されているレーザーの種類には，固体レーザーとガスレーザーがあり，固体レーザーには半導体レーザー（diode laser）と DPSS レーザー（diode pumped solid state laser）がある．可視域励起用のレーザーとしては，アルゴンイオンガスレーザー（Ar レーザー）が，複数のレー

表1 共焦点顕微鏡で使用されているレーザー

レーザー波長（nm）	レーザーの種類	
	ガス	固体
351	水冷 Ar	
364		
405～408		LD
413	Kr	
440		LD
442	HeCd	
473		LD
491		DPSS
458	Ar	
477		
488		DPSS
496		
514		
488	Kr/Ar	
568		
647		
532		DPSS
543	HeNe	
559		LD
561		DPSS
594	HeNe	
633		
635～640		LD
655		LD

ザー波長を同時に発振しているために，広く使用されている．紫外励起用としては，水冷式の大型の Ar レーザー（351 nm，364 nm）が使用されてきたが，レーザー管の寿命も短く維持管理することが大変だった．最近では，固体レーザーの一種である半導体レーザーのブルーダイオードレーザー（blue diode laser）*1 がよく用いられている．ブルーダイオードレーザーは，メインテナンスフリー，小型，低消費電力（強制空冷が不要）なうえ，長寿命で扱いやすく，単なるイメージング用以外にも光刺激用光源*2 として広く使用されている．

Ⅲ 全視野顕微鏡における結像特性と分解能

光は波の性質をもつために，1点から出た光は，1点に結像するわけではなく，ある広がりをもった形で結像する．このことが光学顕微鏡の分解能に大きく影響を及ぼす．ここでは，まず全視野蛍光顕微鏡での結像特性（光の広がり方）と分解能について解説する．

＊1 DNA を染色する DAPI やヘキストの励起極大波長は 360 nm 付近であるが，405 nm のブルーダイオードレーザーでも励起することができる．

＊2 光刺激に関しては第 18 章を参照．

1．点像分布関数とは

点光源を対物レンズで焦点面に結像させたとき，その輝点は，数学的 1 点として結像されるのではなく，ある広がりをもった形で結像される．図 2 に示す例は，この広がりをもって収光された点光源の像である［1］．左側 2 つの画像は，光軸に垂直で焦点を通る平面（焦点面）で像を切って見た図である．これがエアリーディスク（Airy disk）といわれるものである．その像の強度分布は左側のグラフに示すように光軸部分で強度が最大となっており，光軸から外れると急速に強度が減衰する．強度がゼロとなる最初の点を第 1 暗点（first zero）という．図 2 の右下の画像は，点光源像の焦点面から上側を切り取って，斜め上から見た点光源像の立体的なイメージである．このように，エアリーディスクと呼ばれるものの全体は，実際は円盤ではなく，光軸に軸対称な明るいリングが光軸方向（Z 方向）にも分布し，全体としてこれらのリングが 2 つの円錐の頂点をつき合わせたような円錐状に並んでいる．このような，レンズを通して結像したときの光の広がりを示す関数を点像分布関数（point spread function；PSF）という（第 4 章「3 次元イメージング」，第 8 章「光学顕微鏡の基礎」にも関連内容）．

2．分解能の定義

光学分解能は，通常，Rayleigh criterion（Rayleigh による規範）で定義される（第 1 章「蛍光顕微鏡の基礎」参照）．図 2 の中央の図で示すように，点像が近接するとき，一方の点像のエアリーディスクの第 1 暗点の距離にもう 1 つの点像のピークがきたときの，2 つのエアリーディスクのピーク間距離 D（または，光軸から第 1 暗点までの距離）が光学分解能と定義される．図 2 のグラフの横軸は光軸からの距離を表しているが，単位は横方向光学単位（lateral length in the optical unit；ou）で表現されている．横方向光学単位の定義は，以下の (1) 式のように表される．

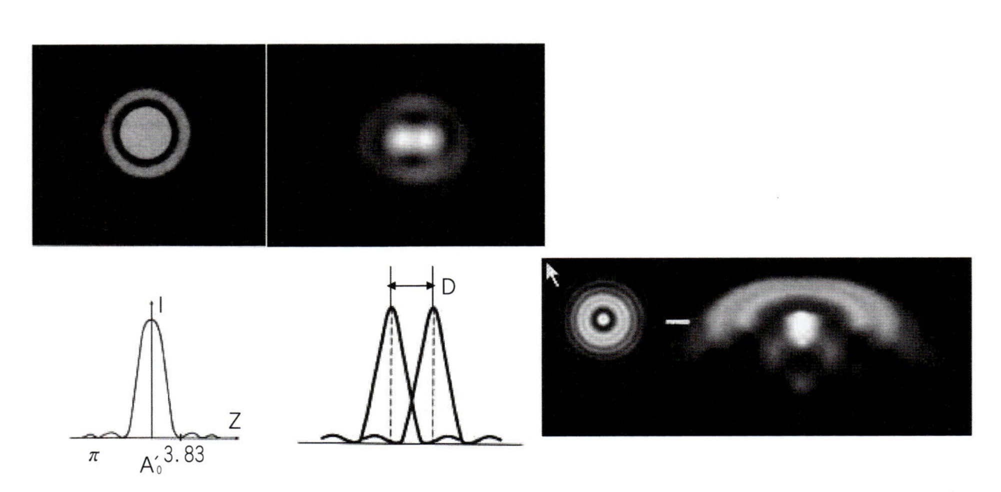

図 2　エアリーディスク（Airy disk）と横方向（X–Y 方向）分解能の定義

2 つの点像が接近するとき，一方のエアリーディスクの第 1 暗点（first zero）にもう 1 つの点像のピークがきたときの，2 つのエアリーディスクのピーク間距離 D（または，ピークから第 1 暗点までの距離）が，横方向（X–Y 方向）光学分解能と定義される．この定義を Rayleigh criterion という．
［左端の図と左端のグラフは文献 1 より転載］

ν は横方向光学単位，k は波数（wave number，$k = 2\pi/\lambda$），r は横方向距離（lateral length），NA はレンズの開口数（numerical aperture）を示す．

$$\nu = krNA \tag{1}$$

横方向光学単位は，実際の距離 r を波長 λ で割っているので，波長を単位とした無次元量となっている．図 2 のグラフより，エアリーディスクのピークと第 1 暗点の距離は 3.83（ou）であるので，分解能は，(1)式において $\nu = 3.83$ として，$0.61\lambda/NA$ となる（2 式）．

$$\begin{aligned} r &= \frac{\nu}{kNA} \\ &= \frac{3.83}{kNA} \\ &= \frac{3.83\lambda}{2\pi NA} \\ &= \frac{0.61\lambda}{NA} \end{aligned} \tag{2}$$

Ⅳ 共焦点顕微鏡の結像特性と分解能

一方，共焦点顕微鏡では，full width at half maximum（FWHM；半値全幅）という分解能の定義がよく用いられる．FWHM とは，強度分布の最大値の半分になる部分の全幅である（図 3）．全幅の半分は半幅といい，half width at half maximum（HWHM；半値半幅）と表される．このFWHM は，測定がしやすいという利点により広く光学で採用されているが，これを用いる利点はもう 1 つある．共焦点顕微鏡では，通常の顕微鏡よりも理論的に横方向分解能と光軸方向分解能(光学的切片厚）が向上するが，これは Rayleigh criterion では表現できず，この FWHM または HWHM を使うと表現可能となる．これは，共焦点顕微鏡の分解能が，数学的には前出の点像分布関数を 2 乗することで説明されるためである．点状光源の像が焦点面（試料）に結像されるときの点像分布関数を PSF_{source}，焦点面（試料）の点像が，共焦点ピンホール位置に結像されるときの点像分布関数を $PSF_{detector}$ とすると，共焦点顕微鏡の点像分布関数は $PSF_{confocal} = PSF_{source} \times PSF_{detector}$ と表現される．この演算を示したのが図 4 である．図 4 では，焦点面に形成される，点像分布関数の光軸

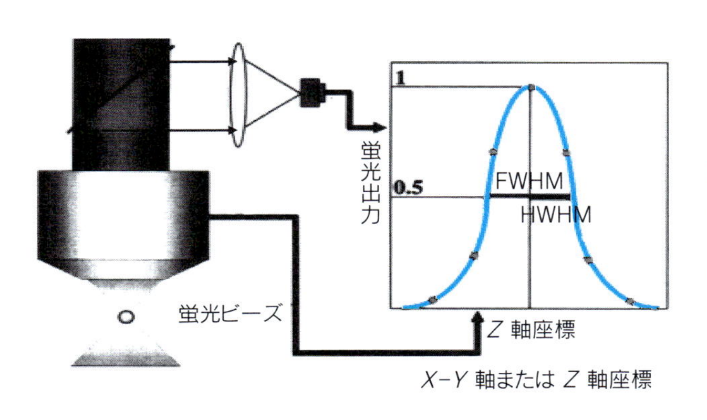

図 3　共焦点顕微鏡での分解能の定義
横方向（X–Y 方向），光軸方向（Z 方向）の両方の分解能の定義に適用される．full width at half maximum（FWHM；半値全幅）とは，強度分布の最大値の半分になる部分の全幅である．全幅の半分は半幅といい，half width at half maximum（HWHM；半値半幅）と表される．

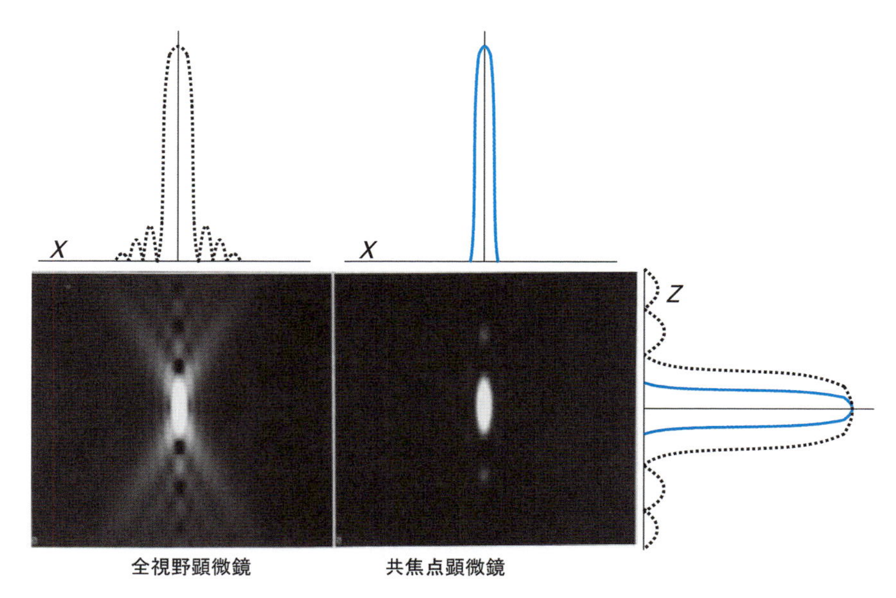

図 4　全視野顕微鏡と共焦点顕微鏡の光軸を含む断面の点像分布関数

共焦点顕微鏡の点像分布関数は，全視野顕微鏡の点像分布関数を 2 乗することで求めることができる．この 2 乗演算により共焦点顕微鏡の点像分布関数の大きさが小さくなって，結果として横方向（*X*–*Y* 方向）と光軸方向（*Z* 方向）の光学分解能が向上する．

を含む平面で切った断面の強度分布を示している．図 4 の左側が全視野顕微鏡の点像分布関数（PSF_{source} と同じ），右側が共焦点顕微鏡で観察される点像分布関数（$PSF_{confocal}$）である．共焦点の点像分布関数をよく見ると，左側の点像分布関数の周辺部の強度の弱い部分がほとんどなくなっており，また光軸および焦点面に近い，強度分布の高い部分の大きさも横方向，光軸方向ともに小さくなっていることがわかる．すなわち共焦点顕微鏡では，全視野顕微鏡に比べて，横方向，光軸方向ともに分解能が向上することを示している．共焦点顕微鏡では，図 4 の右の図のような，光軸方向に伸びたラグビーボール状のプローブを *X*–*Y* 方向に走査して画像化していることになる．

V ピンホール径と分解能

共焦点顕微鏡の最大の特徴は光学的切片像が取得できることである．光学切片の厚さ，すなわち光軸方向（*Z* 方向）の分解能と得られる光学切片像の明るさは，結像系で使用する波長，顕微鏡の対物レンズの開口数，および共焦点ピンホールの径に依存している．波長と対物レンズの開口数が固定であれば，光学切片厚と光学切片像の明るさは，受光器（PMT）の前におかれた共焦点ピンホールの径によって一義的に決まる．以下に，共焦点顕微鏡の分解能とピンホール径との関係を述べる．

1．横方向分解能

横方向分解能と共焦点ピンホール半径の関係を表しているのが図 5 のグラフである [2]．グラフの横軸は共焦点ピンホール半径（直径ではない）を横方向光学単位（ou）で示している．縦

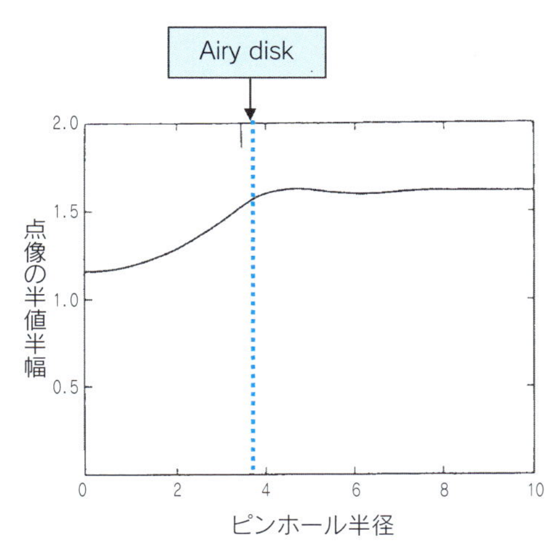

図5　共焦点ピンホール半径と横方向分解能（半値半幅）の関係

グラフの横軸は共焦点ピンホール半径を横方向光学単位（ou）で示している．縦軸は点像の横方向（X–Y 方向）半値半幅（HWHM）を横方向光学単位で示している．共焦点ピンホール半径がエアリーディスク半径（3.8 ou）より大きいところでは，横方向分解能は全視野顕微鏡の分解能と同じになる．小さいところでは分解能が向上する．
［文献2より転載・改変］

軸は横方向分解能の半値半幅（HWHM）を横方向光学単位で示している．このグラフを見ると，ピンホール半径約3.8（ou）あたりで折れ曲がっている．この3.8（ou）はちょうどエアリーディスク半径に相当する．この点より右側，すなわちピンホール半径がエアリーディスク半径より大きい領域では，横方向分解能はほとんど変化していない．つまり，エアリーディスクより大きくなるようなピンホール半径では，横方向分解能の半値半幅は通常の顕微鏡の横方向分解能と同じである．一方，ピンホール半径が3.8（ou）より小さい領域では，少し横方向分解能が向上している．ピンホール半径が無限小のときの横方向分解能の半値半幅は，全視野顕微鏡（または共焦点顕微鏡でピンホール半径をエアリーディスク以上に開けたとき）の横方向分解能の0.7倍（理論値では $1/\sqrt{2}$ 倍）になる．このときの横方向分解能（$r_{(\mathrm{FWHM})}$）は(3)式で与えられる．λ は波長，NA はレンズの開口数を表す．

$$r_{(\mathrm{FWHM})} = \frac{0.44\lambda}{NA} \tag{3}$$

全視野顕微鏡に対して得られる式(2)と比較すると，共焦点顕微鏡の横方向の分解能が高いことがわかる．

2．光軸方向分解能（光学切片厚）

次に，光軸方向分解能（光学切片厚）と共焦点ピンホール半径の関係を表しているのが図6のグラフである［2］．グラフの横軸は共焦点ピンホール半径（直径ではない）を横方向光学単位（ou）で示している．縦軸は光軸方向分解能（光学切片厚）の半値半幅（HWHM）を光軸方向光学単位で示している．このグラフを見ると，やはりエアリーディスク半径に相当するピンホール半径約3.8（ou）あたりで折れ曲がっている．この点より右側，すなわちピンホール半径がエアリーディスク半径より大きい領域では，ピンホール半径と光軸方向分解能（切片厚）はほぼ直線関係にある．一方，ピンホール半径が3.8（ou）より小さい領域では，光軸方向分解能（光学切片厚）はほぼ一定の値になっている．ピンホール半径が無限小のときの光軸方向分解能（光学切片厚；$z_{(\mathrm{FWHM})}$）は(4)式で与えられる．λ は波長，n は浸液（イマージョンオイルまたは水）の屈折率，NA はレンズの開口数を示す．

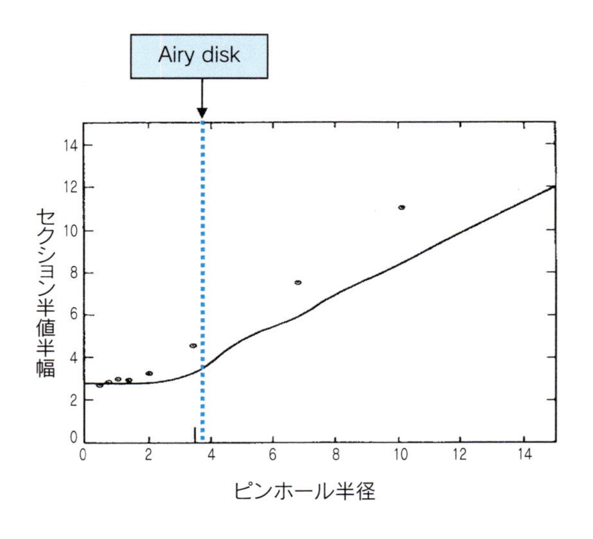

図6　共焦点ピンホール半径と光軸方向分解能（半値半幅）の関係

グラフの横軸は共焦点ピンホール半径を横方向光学単位（ou）で示している．縦軸は，点像の光軸方向（Z 方向）半値半幅（HWHM）を，光軸方向光学単位で示している．共焦点ピンホール半径がエアリーディスク半径より大きい領域では，ピンホール半径と光軸方向分解能（切片厚）はほぼ直線関係にある．一方，共焦点ピンホール半径が 3.8（ou）より小さい領域では，光軸方向分解能（光学切片厚）はほぼ一定の値になっている．
［文献 2 より転載・改変］

表2　分解能の比較

全視野顕微鏡の横方向分解能	
Rayleigh criterion	$r = 0.61\lambda/NA$
共焦点顕微鏡で共焦点ピンホールが極小時：	
横方向分解能（FWHM）	$r_{(\mathrm{FWHM})} = 0.44\lambda/NA$
光軸方向分解能（FWHM）	$z_{(\mathrm{FWHM})} = 2n\lambda/NA^2$

$$z_{(\mathrm{FWHM})} = \frac{2n\lambda}{NA^2} \tag{4}$$

これにより，全視野顕微鏡と比較して，共焦点顕微鏡の Z 軸方向の解像度が大幅に改善されるのがわかる．

表2に，今までに出てきた分解能の定義による横方向分解能と，共焦点ピンホールが極小時の横方向分解能と光軸方向分解能（光学切片厚）の式を要約した．

3．実際の共焦点顕微鏡での最適な共焦点ピンホール径

ここまでは共焦点ピンホール径と分解能の関係を考えてきたが，次に，共焦点ピンホール径と，焦点ピンホールの後ろに配置されている検出器（PMT）が受ける光量の関係を考える．図7は，共焦点ピンホール半径と PMT の受け取る光量の関係を示している［3］．図7の横軸は共焦点ピンホール半径（直径ではない）で横方向光学単位（ou），縦軸は光量の相対的強度を表現している．グラフを見ると，共焦点ピンホールの半径がエアリーディスク半径 3.8（ou）より小さいところで光量が急激に減少するのがわかる．エアリーディスク半径 3.8（ou）より大きいところでは，光量は，ピンホール半径を大きくしていくと漸増していく．

以上の共焦点ピンホール半径と，横方向分解能，光軸方向分解能（光学切片厚），光量の関係を総合的に見ると，共焦点ピンホール半径がエアリーディスク半径のときには，横方向分解能の

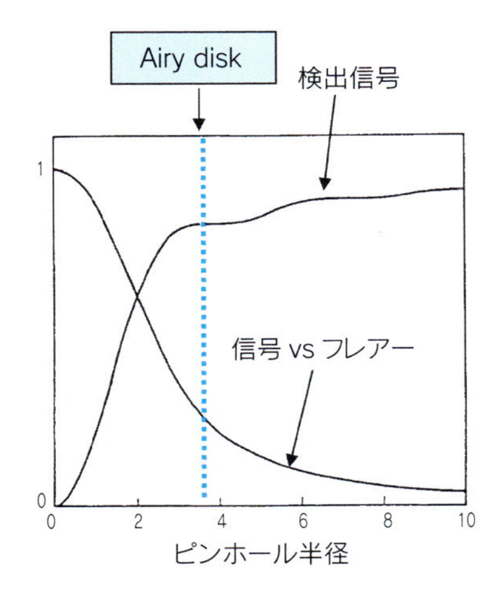

図7　共焦点ピンホール半径と受光器（PMT）が受光する信号強度，S/B 比の関係

グラフの横軸は，共焦点ピンホール半径を横方向光学単位（optical unit）で示している．縦軸は，信号強度と S/B 比（signal to background ratio）の相対的大きさを表している．信号強度に関しては，共焦点ピンホール半径がエアリーディスク半径（3.8 ou）より大きいところでは漸増しているが，小さいところでは急激に低下する．S/B 比に関しては，共焦点ピンホール半径を大きくするほど，フレアなどの焦点面以外の信号（バックグランド）が増加し，S/B 比が低下する．
［文献 3 より転載・改変］

向上は期待できず，全視野顕微鏡の横方向分解能とほぼ同じであるが，光軸方向分解能に関してはほぼ理論限界に近い値まで到達し，なおかつ光量においては 84% 程度まで確保できている．したがって，共焦点顕微鏡では共焦点ピンホール径（直径）の大きさを 1 AU（Airy disk unit）にして使用することが実用上推奨されている．

横方向光学単位の定義は (1) 式で表されるが，実際の共焦点顕微鏡では (5) 式で表される．ν は横方向光学単位，k は波数（$k = 2\pi/\lambda$），r は横方向距離（lateral length），NA はレンズの開口数を示す．

$$\nu = krNA/M \tag{5}$$

$$M = M_{\mathrm{sys}}\,(\text{system magnification}) \times M_{\mathrm{obj}}\,(\text{objective magnification})$$

(1) 式と異なる点は M が入っていることである．M は装置倍率 M_{sys}（system magnification）と対物レンズの倍率 M_{obj}（objective magnification）を掛けたもので，実際の共焦点顕微鏡の，共焦点ピンホールの位置に結像される，点光源の像のエアリーディスクの大きさを規定する倍率である．装置倍率 M_{sys} は各メーカーの共焦点顕微鏡の機種ごとに異なる値である．(6) 式に $\nu =$ 3.83 (ou) × 2（横方向光学単位でのエアリーディスク直径）を代入し式を変形して，共焦点顕微鏡の共焦点ピンホール位置でのエアリーディスク直径（ϕ）を求めると，(6) 式のようになる．

$$\phi = 1.22\,M_{\mathrm{sys}}\left(M_{\mathrm{obj}}\frac{\lambda}{NA}\right) \tag{6}$$

(6) 式からわかるように，実際の共焦点顕微鏡では 1 AU のエアリーディスク径（直径）といった場合，ピンホール直径は波長に比例し NA に反比例する以外に，使用している対物レンズの倍率にも比例することに注意する必要がある．たとえば，100 倍，NA 1.4 の対物レンズと 60 倍，NA 1.4 の対物レンズを使用した場合では，ピンホール直径の大きさが同じ 1 AU のエアリーディスク径（直径）であっても，実際の共焦点ピンホールの直径は異なる．また，(6) 式中の λ であるが，実は蛍光標識の励起に使用する波長 λ_{ex} と，励起されて放出される蛍光標識の波長 λ_{em} がある．これまでの議論では，とくにこの 2 つを区別せずに，暗黙のうちに λ_{ex} を前提にしてきた．λ_{ex} は光源にレーザー光を使用するので λ_{ex} の線幅は無視できるが，λ_{em} の場合は蛍光標識の蛍光の波長分布は非常に幅広く，半値全幅で見た場合でも 30〜50 nm の幅をもっている．加えてこの波長範囲内で強度分布をもっているため，横方向分解能，光軸方向分解能を理論的に計算することは非常に複雑となる．したがって，これまで述べてきたことは目安と考えるべきである．実際に横方向分解能，光軸方向分解能が問題となる場合は，分解能以下の大きさの蛍光ビーズを使って，実際に使用する共焦点顕微鏡，対物レンズ，蛍光フィルターを用いて実測することが必要である．

Ⅵ 画像取得時の留意点

第Ⅳ節，第Ⅴ節で共焦点顕微鏡の横方向分解能と光軸方向分解能について述べたが，ここでは，そのような光学分解能をもつ装置で画像化するとき，光学分解能を落とさずに画像化するための留意点と，実際のイメージングで問題になるイメージの明るさ（S/N 比）と蛍光退色，光毒性の関係について述べる．具体的な撮像条件の設定については実習 1－2「共焦点顕微鏡」を参照．

1．光学分解能と画素の大きさの関係

共焦点顕微鏡で取得される画像はコンピュータ上ではピクセル（pixel）という正方形の小さなタイル状の集まりで表現される．また，X–Y–Z のような立体画像の場合はボクセル（voxel）という正立方体の集まりで表現される．このとき，ある分解能をもつ共焦点顕微鏡でイメージングする場合，ピクセルまたはボクセルのサイズをどのようにしたらよいのか．理論的には，ナイキストのサンプリング定理（Nyquist sampling theorem）に従って共焦点顕微鏡の分解能の 1/2〜1/3 の大きさ（正確にいうと分解能を 2.3 で割った値）のピクセルやボクセルで画像を取得すればよい．しかしながら，試料の同じ面積の領域を画像化するときに，1 辺を 2 倍のピクセル数にすると，面では 4 倍のピクセル数が必要となり，メモリー容量を多く必要とする．そのとき，ピクセル 1 つあたりの取得に必要な時間（pixel dwell time）は 1/2 になる．すなわち，この時間内に受光器が受け取る光子の数（光量）は 1/2 になり，取得イメージが暗くなり，S/N 比が悪くなる．このように必要以上に小さなピクセルサイズでイメージングすると，弊害も出てくる．

2．画素数と試料に対するレーザー照射の関係

それでは，実際に画像サイズをどのようにすればよいか．図 8 は視野数 18，使用対物レンズ 60 倍，開口数 1.4，走査速度 512 lps（line/秒），ズーム（光学ズーム）1 倍で，X 方向および Y 方向帰線時間を簡単のために無視して計算した結果を示している．対物レンズの横方向分解能は，式(2) より波長を 488 nm とすると 0.21 μm であり，ナイキストのサンプリング定理に従うと，画像サイズ 2,048×2,048 ピクセルあたりがよさそうである．ただし，この場合は，1 ピクセルあたりのレーザー照射量は，512×512 ピクセルの場合に比較すると 1/4 になっている．そのため，画像の明るさも 1/4 になる．反面，試料の単位面積あたりのレーザー照射量は 4 倍になる．レーザーの照射量の増加は，蛍光の退色（photobleaching）や，生細胞への光毒性（photo-toxicity）の原因になるので，画像サイズをむやみに増やしても良い画像が撮れるとは限らない．実際のイメージングでは，取得画像が光学的分解能まで表現するように要求されることはあまり多

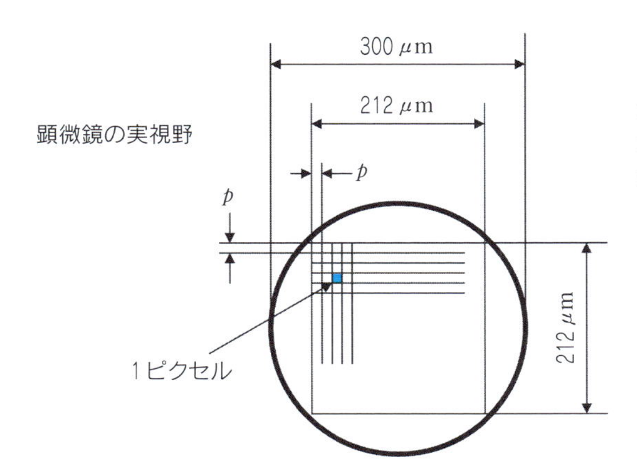

画像サイズ（ピクセル x ピクセル）	1 ピクセルのサンプル上のサイズ p (μm)	1 ピクセルのサンプル上の面積 (μm^2)	1 ピクセルあたりのレーザー照射時間（マイクロ秒）	1 ピクセルあたりのレーザー照射量 (512 pixel×512 pixel の場合を 1 とした場合)	試料の単位面積あたりのレーザー照射量 (512 pixel×512 pixel の場合を 1 とした場合)
128	1.66	2.743	15.63	4	0.25
256	0.83	0.686	7.81	2	0.5
512	0.41	0.171	3.91	1	1
1,024	0.21	0.043	1.95	0.5	2
2,048	0.10	0.011	0.98	0.25	4
4,096	0.05	0.003	0.49	0.125	8

図 8　画素数と試料に対するレーザー照射量の関係

視野数 18，対物レンズ 60 倍，NA 1.4，走査速度 512 lps（2 ミリ秒/line），ズーム 1 倍のときの画素数と 1 ピクセルあたりのレーザー照射量，試料の単位面積あたりのレーザー照射量の関係を示す．実視野は，視野数（18 mm）を対物レンズの倍率（60 倍）で割った値なので，300 μm である．画素数が 512×512 ピクセルの場合を基準にした場合の相対値を示す．大きな画素数ほど 1 ピクセルあたりのレーザー照射量が減少する．すなわち，画像は暗くなる．それに反して試料の単位面積あたりのレーザー照射量は増加する．すなわち，試料の蛍光退色や試料への光ダメージが増加する．

くなく，見たい試料の範囲と試料の明るさ（S/N 比）が優先することが多い．生きた細胞や組織では，何よりも細胞活性をできるだけ失わせずにイメージングすることが必要であるので，むやみに大きな画素数でイメージを取ることを避ける必要がある．したがって，データを撮る際の画素数は，蛍光色素が退色しない，または生きた細胞にダメージの少ないレーザー照射量で，最も多い数になるように設定すべきである．

文 献

[1] Inoue, S., Spring, K. R.: Video Microscopy: The Fundamentals, 2nd ed., p. 30,, Plenum Press, 1997；寺川 進・渡辺 昭・市江更治(訳)：ビデオ顕微鏡，共立出版，2001

[2] Wilson, T., Garlini, A. R.: *Optics Letters*, **12**, 227–229, 1987

[3] Wilson, T.: Handbook of Biological Confocal Microscopy, 2nd ed.（ed. Pawley, J. B.), pp. 113–126, Plenum Press, 1990

[長谷川 茂]

第3章
ニポーディスク共焦点顕微鏡

第2章「共焦点顕微鏡の基礎」では，スポット走査（スキャン）型の共焦点顕微鏡の原理について解説した．このタイプの顕微鏡は，高解像度の画像を得るには適するが，スキャンに時間がかかることや，比較的強い励起を必要とするために，生きた細胞での蛍光観察を行うのに必ずしも適していない．これに対して，生きた細胞で蛍光観察するのに適する顕微鏡として，ニポー（Nipkow）ディスク式の共焦点顕微鏡が開発された．この顕微鏡法は，退色が少なく，標本への障害も少なく，その結果，長時間観察が可能である．本章では，ニポーディスク共焦点顕微鏡の構造的特徴や画像形成の原理を説明し，なぜこの顕微鏡が生細胞観察に適するかを解説する．

I ニポーディスク共焦点顕微鏡の原理

ニポーディスク上の孔（ピンホール）にレーザー光を通すと，対物レンズにより，孔の像が標本上に投影される．その投影された光によって励起された蛍光は，同じ対物レンズで集められ，同一のニポーディスク上の孔を通って結像する（図1）．多数の孔の像が並列的に標本を走査することにより，高速に1枚の画像が生成される．ここでは，マイクロレンズ式ニポーディスク共焦点顕微鏡の基本設計について説明する．レーザースポット走査型の共焦点顕微鏡では，検出器として点の受光器である光電子増倍管（photomultiplier tube；PMT）を使うのに対し，ニポーディスク走査型ではCCD（charge-coupled devise）など2次元の検出器を用いることができる．前者は眼では見えないが，後者は実際の共焦点像を眼で見ることができる．

ニポーディスクの場合はピンホールの直径を自由には変えられない．したがって，作製段階で，適切なピンホール径を選択しておかなければならない．ニポーディスクのピンホールの直径は，大きすぎるとZ軸方向の切断能力が低下し，小さすぎると画像が暗くなる．そこで，明るさと分解能の兼ね合いで，現状のニポーディスクでは，ピンホールの直径は50 μm，マイクロレンズの直径は250 μmを用いている（図2）．多数のピンホールと多数のマイクロレンズのそれぞれの中心をしっかり合わせて配列することは至難の業であったが，ICを作る技術（フォトエッチング）を用いることで解決された．そのため，実際のピンホールは空間としての孔ではなく，単に遮光膜がない透明の部分が“孔”の役割を果たす．

ピンホールはディスク中心から，湾曲した腕に沿って配列されている．腕の形は，らせんの一部のようになっており，ディスク内には12条の腕がある．このような配列によって，画面が高

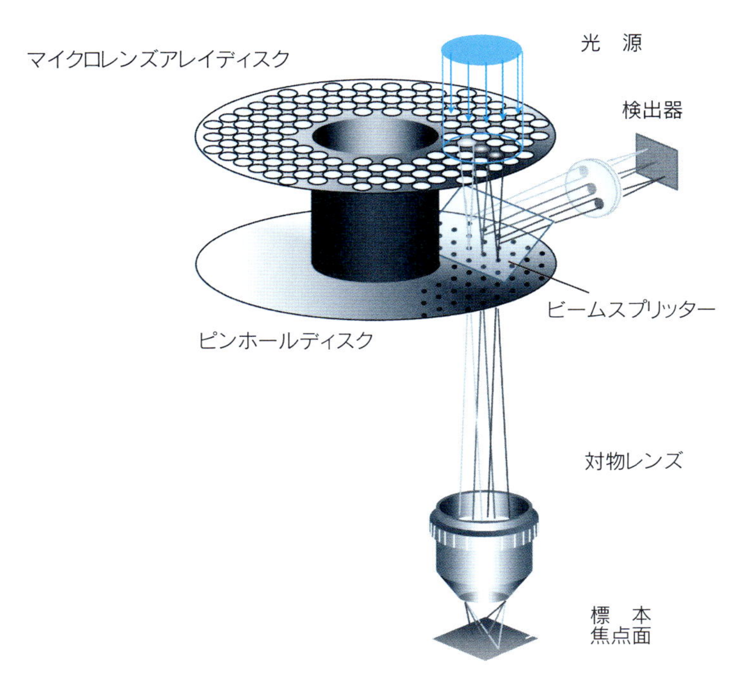

図1　マイクロレンズを付けたニポーディスクによる共焦点顕微鏡の構成図（CSU シリーズ，横河電機）
レーザービームを 2 cm ほどに広げてレンズ付き集光板に当てる．レンズによって集められた光はピンホールを通過し，励起光として標本に投影される．標本から発せられる蛍光は励起光とほぼ同じ光路を通ってピンホールに戻る．集光板とピンホール板の間にはダイクロイックミラーがあり，標本からの蛍光はカメラ側に送られる．ピンホールは励起光と蛍光とについて共通に使われる（共焦点）．［横河電機 提供］

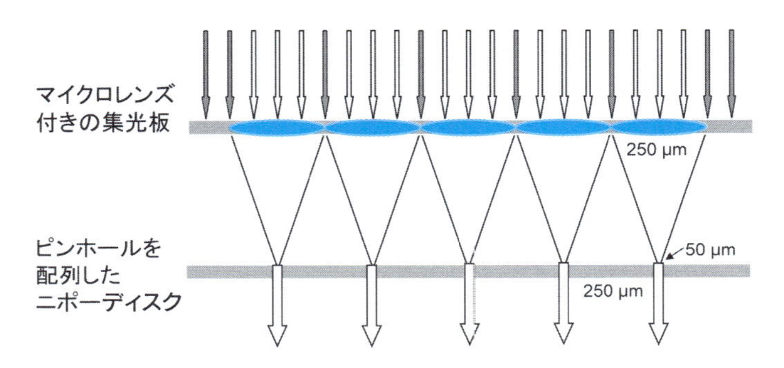

図2　ピンホールとマイクロレンズの関係
集光板に投影された光はレンズによって集められ，ピンホールに送られる．集光板におけるレンズ部分の開口率（全体の矢印のうち白い矢印の数）は 60% に達する．もしレンズがなければ，直接ピンホールに入る光は 3% 程度である．レンズによって，20 倍以上効率が上昇する．［横河電機 提供］

速に，かつ明るさのむらがないように，走査できる（図 3）．ピンホールとピンホールの間の距離が遠すぎれば，ディスクによって遮光される面積が増えるので，光利用効率を下げることになる．距離が近すぎると，両方のピンホールを通る光が作る輝点の裾の広がりが重なり，焦点面を切断する効果が低減する．これらのことから，50 μm の直径のピンホールに対して，その 5 倍の 250 μm 以上の間隔が必要とされる．これを最小距離として配列された多数のピンホールが，標本内を走査することになる．

図 3　ピンホールの実際の配列の様子
通常の明視野照明下に，ニポーディスクの回転を止めて，蛍光を捕らえるのと同じカメラで撮影した像．ニポーディスクの回転は，図では上下方向で，回転の中心は画面のはるか右方向にある．等ピッチらせん配置と呼ばれるむらの出ない配列となっている．

Ⅱ　1 点走査と多点走査

強いレーザー光を対物レンズで直接絞って 1 個の輝点としたもので面全体を走査するスポット走査型と，個々の輝点は弱いが，多数の輝点で標本面を分担した形で走査するニポーディスク走査型では，どちらがどう有利であろうか．1 個の輝点で走査するとなると，1 画面が 640×480 画素（pixel）のとき，1 秒で 1 枚の画像を作るという速度でも，1 点にかけられる時間は 3 μ 秒となる．このような高速で，ノイズのない安定な測定をするためには，大変明るいレーザー光を使わなければならない．したがって，時間は短いが，強力なレーザー光を蛍光色素に照射し，最大強度の蛍光を誘発しなければならない．

効率の差は，蛍光量が励起光の強さに単純に比例するのであれば，あまり問題にならない．その場合には，標本が一定時間内に受ける励起光量が一定であれば，両者に差はないからである．しかし，多くの色素において，励起–蛍光の強度関係は直線的ではなく，強すぎる光に対しては蛍光の発光量が追い付かず，むしろ不可逆的な蛍光退色という現象が起きる．光の総量を一定にして，1 個の輝点による直列的な走査と，多数の輝点による並列的走査を実験的に比較すると，多点による場合のほうが蛍光の退色が遅いということが示されている [1]．

Ⅲ　空間分解能

スポット走査型共焦点顕微鏡ではピンホールの大きさを変えることができる．ピンホールの大きさを Airy disk*1 の第 1 暗点を下回るように設定すると，X–Y 方向の分解能は全視野蛍光観察に比べて 25% 程度向上する．Z 軸方向の分解能（すなわち光学的切断面の厚さ）はピンホールの大きさに依存する [2]．図 4 に示すように，ピンホールを小さくすると，光学的切断面の厚さ（半値幅）は小さくなる（分解能が高い）．しかし，ピンホールを小さくすると画像は暗くなるので，むやみに小さくしても良い結果は得られない．

ニポーディスク走査型の共焦点顕微鏡で得られる画像の X–Y 面方向の分解能は，ピンホールではなく，使用する対物レンズの分解能（開口数）で決まる．ピンホールの大きさが Airy disk

＊1　光がもつ波の性質のために，1 点からの光は，重なったり打ち消しあったりしてディスク状に広がる．そのときの光の分布を，発見者にちなんで Airy disk と呼ぶ．詳細は第 2 章に記載．

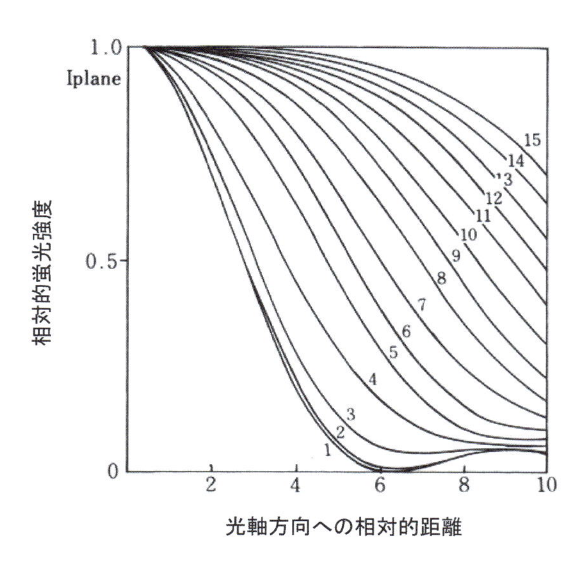

図 4　ピンホールサイズと光軸（Z 軸）方向の蛍光強度分布

図の中の数字がピンホールの大きさを示している．ピンホールの直径が大きいと，焦点がずれたところでも明るさが減少しにくくなることがわかる．[文献 3 より]

よりやや大きいため，分解能の決め手とはならないからである．実際の観察では，開口数（NA）*2 1.4 の対物レンズを使った場合，0.25 μm 程度である．最近ではより小さいピンホール径のニポーディスクを選択でき，従来よりも X–Y 分解能をある程度向上させることができる．これに対して，Z 方向の分解能はニポーディスク走査型でも大きく改善する．立体的な標本の断面像が得られるとき，その断面の厚みはどのくらいと見積もることができるだろうか．立体内の蛍光体に対して焦点が合っていれば最大の光強度が得られるのであるから，焦点がずれたときにどのくらい暗くなるのかを測定すれば，光学的断層の厚みを知ることができる．直径 0.2 μm の蛍光ビーズに対して，連続的に対物レンズの高さを変えて，ビーズの明るさを測定した結果が図 5 である．図の曲線は対称に近いベル型である．ビーズがちょうど焦点面にあるときに曲線はピークをもつ．曲線の裾野は幅広くなっているので，ナイフで切ったようなスライスが得られるわけではないが，十分に分解能が高くなっているのがわかる．そのときの分解能（切断面の厚み；光学切片厚）は，ピークの半値の高さでの曲線の幅で表される．この“厚み”は，使用している対物レンズの開口数（NA）によって変わり，開口数が大きいほうが，厚みは小さくなる．実測によれば，倍率 100 倍の NA＝1.35 のレンズでは，厚み（半値幅）は 1.1 μm ほどである．NA＝1.65 のレンズ（Apo 100×，oil HR, Olympus）を用いると，ビーズがカバーガラスに接着しているとき，厚みは 0.8 μm と薄くなる（分解能が高くなる）．

ビーズのように点光源として見なせる蛍光体であれば，上記のような評価系を用いることによって，断層の厚み（Z 軸方向の分解能）に関する情報が得られる．つまり，観察している光学切断面が評価したとおりのものになっている．しかし，特殊な条件では，同じ光学系であっても，切断厚み（分解能）が変わってしまうことがある．すなわち，標本の蛍光部分が連続的に大きな領域を占めているときには，切断厚みは小さくできないことがある．とくにニポーディスク式で，ピンホールとピンホールの間隔が小さい場合には，切断厚みは広がってしまう．焦点をずらして

＊2　対物レンズの瞳（開口）の大きさを表すもの．大きいほど分解能が高い．詳細は，第 1 章と第 8 章に記載．

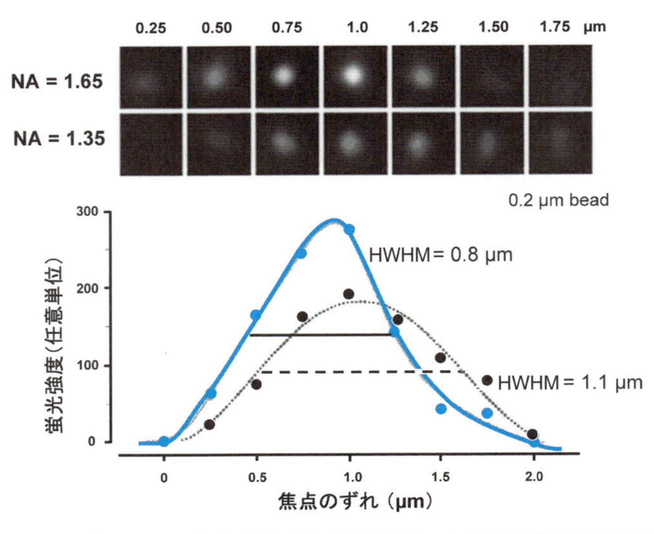

図5　ニポーディスク走査型共焦点顕微鏡による光学切断能の測定

横河の CSU とオリンパス顕微鏡を用い，直径 0.2 μm の蛍光ビーズを焦点を変えて観察し（上図），蛍光像の明るさをプロットした（下図）．［櫻井孝司ら（浜松医科大学）による原図をもとに作成］

も，*Z* 軸上のどこかに蛍光体があるために，蛍光強度の変化が得られないからである．このようなときは，ピンホールとピンホールの間隔を広げて対処するか，単一輝点によるレーザー走査に切り替えなければならない．実際には，そのような生物標本はほとんどないので問題にならないが，そうしたことが起こることは認識しなければならない．

Ⅳ 3次元イメージング（*Z* 軸方向への次元の拡張）

輝点の走査によって *X*–*Y* 方向の2次元像が得られるが，焦点を連続的に変えながら立体標本全体を走査する（3次元に拡張する）ことにより，3次元像を記録することができる（図6）．焦点を段階的に変えるには，対物レンズをピエゾ装置によって動かすか，顕微鏡本体の焦点調節ノブの回転をステップモーターなどで制御する（第4章「3次元イメージング」参照）．現在は，レンズの焦点を変えながら1秒間に30枚の画像が撮れるように高速化されている．このスピードは，1秒間隔で3次元像が連続記録できることを示している．得られた画像は，いろいろな画像処理の手法で，立体像として再構成して表示することができる．立体像であるので，360度のどちらの方向からも見直すことができるし，記録のときに走査したのとは別の角度で断面像を表示することも可能である．ガラスの上に培養した細胞をガラス面に平行に走査して3次元像を集め，そのデータを基に，同じ細胞を真横から見た断面像を作ることができる．実際には，そのような観察は，対物レンズで直接的に行うことはできない．焦点を変えて記録した連続的な2次元像の集まりをスタックと呼ぶ．スタックのデータから，右眼用と左眼用に異なる2枚の2次元像を生成して，これを両眼で片方ずつを見るといわゆる立体像が見える．実際の標本は，ある程度の透明性をもっているが，それを加味して，標本の内部を半透明に表示する方法もある．

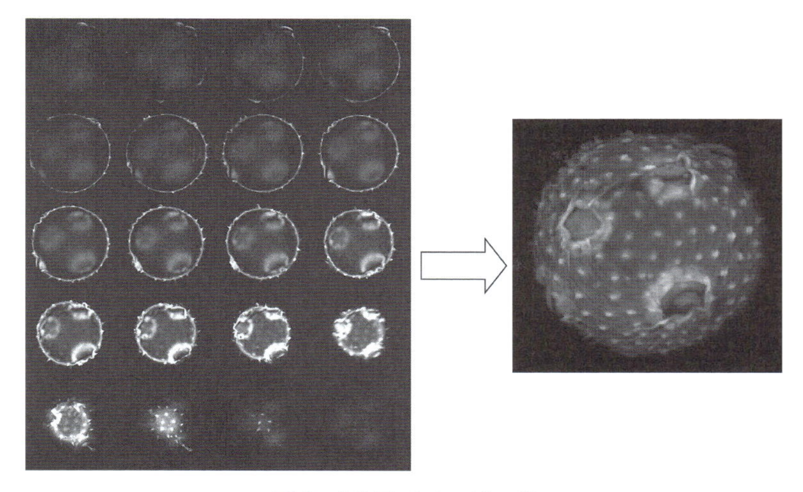

図6　3次元イメージング

花粉の蛍光像を，焦点を連続的に変えながら撮影して得たスタック（左図）と，それらを用いて3次元的な像を再構成したもの（右図）［横河電機 河村ら 提供］

Ⅴ タイムラプスイメージング（時間軸方向への次元の拡張）

3次元データであるスタックを一定時間ごとに集めて記録すると，これは空間の3次元データに時間の次元を加えた4次元のデータとなる．細胞や組織の時空間的な変化を立体画像として記録することで，生体の活動を大局的に捉えられるようになり，細胞や個体の生物学的理解がより正確になってきた．このような時間変化の観察は，電子顕微鏡では困難なものであり，現代の生物学にとって重要な，そして強力な方法となっている．たとえば，ミトコンドリアの形が時間変化する様子を立体的な動画として捉えて，ムービーとして見ると，重なり合いながら伸びたり，縮んだり，分裂したりする様子がよくわかる．

Ⅵ 色情報（波長軸方向への次元の拡張）

蛍光の色を詳細に調べると，そのスペクトル変化によって，蛍光分子の状態や，蛍光分子の存在する場所の環境に関する情報が得られる．ニポーディスク走査型共焦点顕微鏡の1つの特徴は，高速で蛍光画像が作られているため，蛍光の色を眼でも見ることができるということである．眼で見ること自体は研究上あまり役立たないが，カメラを使用して共焦点画像が撮影できるので，カメラに付けた色フィルターによって自然色を記録できるという利点がある．いくつかのフィルターを交互に挿入したり，2色分割型の光学系（W-View；第20章「FRETの測定法と評価」参照）を介して撮影することで，ある程度のスペクトル情報も得られる．カラーカメラを使えば，より簡単に，眼で見たのと同じような色として記録することができる．

Ⅶ スリット回転走査

共焦点画像を取得する際，原理的にはスポット走査式のほうが Z 軸方向に高い分解能が得られるが，スポット（点）の代わりに細い線状の光による走査（line scan）をすることでも Z 方向の分解能が上がる．このような考えから，ニポーディスクのピンホールの代わりにスリット模様を多数付けて，それを回転させて走査する方式もある（オリンパス社，DSU）．スリットの方向が一定の場合は，空間分解能はスリット軸の方向によって変わるが，スリットの配列パターンを回転させると，分解能は方向には依存しなくなる．光学切断能は，スポット走査式に比べれば低い．レーザーの代わりに水銀ランプやキセノンランプなどを光源として使用できるので，励起光の色を容易に変えることができる．製作費も安いので，簡易な共焦点顕微鏡を入手したい場合には手頃である．走査板には集光レンズは付いていないので，対象によっては暗い画像となる．

Ⅷ これからの発展

ニポーディスク共焦点顕微鏡は，さらに，高速，高分解能，高画質，高機能をめざして進化している．第2世代のニポーディスク共焦点顕微鏡では，レーザー光がマイクロレンズ板に照射されるときにコリメートレンズ（光のビームを拡大し平行光化するレンズ）を使って光の分布がより均一になるようにして，これまで捨てていた部分を利用することで効率を上げた．加えて，ニポーディスクの回転速度を高速化して，1コマを撮影するのに必要な光量を上げ，1コマあたりの時間を短縮したものとなっている．最新のニポーディスク共焦点顕微鏡では，ピンホール間隔を広げた新型のニポーディスクを用いることで不要な蛍光をカットして画質を向上させている．また，大口径のニポーディスクが用いられており，より広い視野での観察が可能になっている．

将来は，ニポーディスクのピンホールの大きさを自由に変えて，明るさと分解能のパラメータを変えられるようにしたり，自由な形の走査をして，特定の細胞だけを選択的に見られるようにしたり，細胞を光刺激して観察できる顕微鏡になったりしていることであろう．かつて，ニポーディスクを使用したテレビの開発の歴史では，さまざまな変種の走査装置が登場し，さながら生物の進化のようなバリエーションを見せたが，これを使用した顕微鏡についても，どんどん変わり種の方式が現れ，多様な研究に使われていくことであろう．

文 献

[1] Wang, E. *et al*.: *Journal of Microscopy*, **218**, 148–159, 2005

[2] Ichihara, A. *et al*.: *Bioimages*, **4**, 57–62, 1992

[3] 石川春律：新しい光学顕微鏡（共焦点レーザ顕微鏡の医学・生物学への応用 第2巻，高松哲郎 編），学際企画，1995；藤田哲也：レーザー顕微鏡の理論と実際（新しい光学顕微鏡），学際企画，1995

[寺川 進]

第4章
3次元イメージング

生物試料は厚みのある立体物（3次元物体）であるが，顕微鏡像は平面像（2次元画像）である．そのため，平面でしかない顕微鏡像を使って，本当の姿である立体像を構築するためには，顕微鏡の焦点を段階的に移動させながら各焦点面での2次元像を一揃い集めて，それを積み重ね，3次元像を再構築する必要がある．しかし，このように作られた3次元顕微鏡像は，試料物体を忠実に拡大したものではなく，光学的な「ボケ」を含んでおり，このボケが顕微鏡の分解能を著しく低下させる．ボケを除去することによって分解能が向上し，ぼやけて見えなかった構造が見えるようになる．ボケを除去する方法として，コンピュータ演算による画像処理（計算でボケを除く方法）や，共焦点顕微鏡などの光学系（装置でボケを除く方法）の開発がなされてきた．本章では，まず，3次元顕微鏡像形成の原理を解説し，デコンボルーション法や共焦点顕微鏡，2光子励起顕微鏡による3次元イメージングについて解説する．

I 3次元顕微鏡像の形成

3次元試料物体を顕微鏡で観察したときに，光学的なボケが生じるのは，1点から出た光が顕微鏡を通ったときに，1点に結像せず3次元的に広がるためである．この広がりを記述する3次元関数を点像分布関数（point-spread function；PSF）と呼ぶ．図1に理論的に計算した点像分布関数を示す．これを見ると，焦点面から離れるにつれて，点像が同心円を描いて広がっていくのがわかる．これを光軸に沿った断面図で見ると（図1左下），焦点面の上下で円錐状に広がるのがわかる．厚みのある3次元試料の顕微鏡像を撮ったときに，光が焦点面だけに留まらず，隣接する領域に混入する様子がよくわかる．

図1の点像分布関数は，収差のない完全な円開口をもつ光学系に対して数学的に算出した計算値であるが，現実の対物レンズは理論的に完璧な光学特性をもつわけではない．現実の対物レンズの点像分布関数は，点光源を光学顕微鏡で観察することによって実験的に計測できる（実習2「3次元マルチカラー（全視野顕微鏡）」）．点光源としては，微小な蛍光ビーズを用いる．直径0.1 μmの蛍光ビーズは分解能の限界より小さいので点光源と見なせる．蛍光顕微鏡で焦点を段階的に変えながら，この蛍光ビーズの3次元像を撮ると，点像分布関数が得られる．

このように，1点から出た光が顕微鏡を通ると，点像分布関数に従って3次元的に広がる．その結果，3次元の試料物体の各点から出た光は，それぞれに広がり，互いに重なり合って3次元

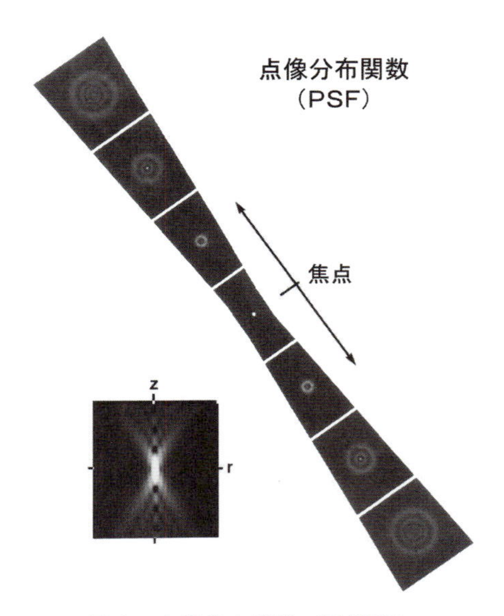

図 1　点像分布関数（計算値）
焦点位置（中央）では点状に見えるが，焦点を変えると同心円を描いて広がる．左下は光軸に沿った断面図．焦点面の上下に円錐状に広がる．

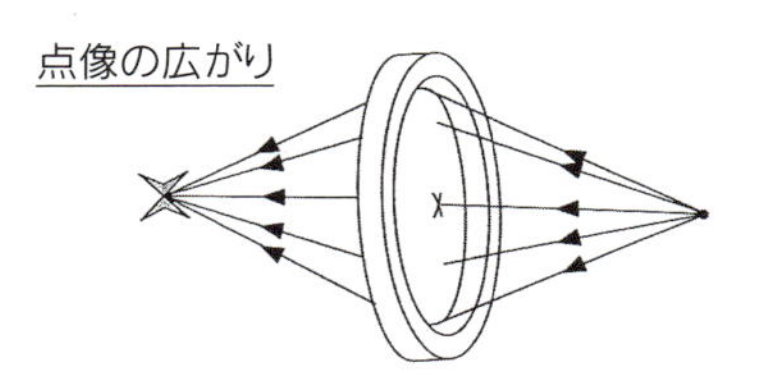

顕微鏡像←[光学顕微鏡]←試料物体

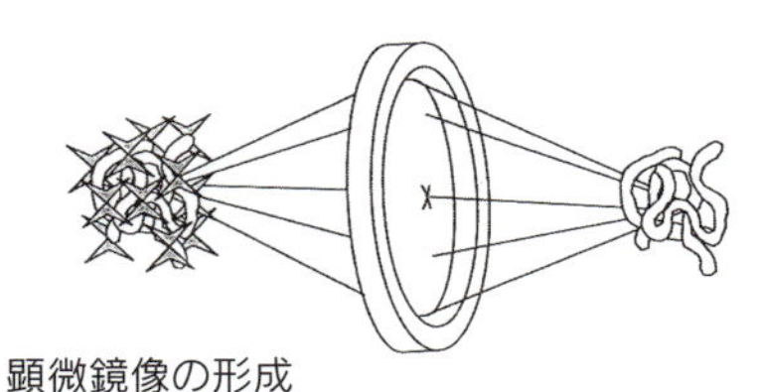

図 2　点像の広がりと 3 次元像の形成
1 枚のレンズは顕微鏡を表す．光が右から左へ顕微鏡を通過する．点光源から出た光が点像分布関数を描いて広がる（上）．3 次元物体の各点から出た光は，それぞれが点像分布関数を描いて広がり，重なり合って 3 次元像を形成する（下）．

像を形成する．これを模式的に表したのが図 2 である．試料に厚みがある場合には，このボケが顕微鏡の分解能を著しく低下させる．このため，高分解能の 3 次元顕微鏡像を得るためには，ボケを除去して，元の試料物体の輝度分布にできるだけ近づけることが必要となる．この方法として，コンピュータ演算による画像処理や種々の顕微鏡光学系の設計開発がなされてきた．

計算でボケを除く方法としては，デコンボルーション演算がよく用いられている．一方，装置によってボケを除いたのが共焦点顕微鏡と 2 光子励起顕微鏡である．ここでは，ボケのない（少ない）3 次元画像を取得する方法として，デコンボルーション法，共焦点顕微鏡，2 光子励起顕微鏡について紹介する．

Ⅱ 計算でボケを除く方法：デコンボルーション法

3 次元顕微鏡像の形成を図 2 に模式的に表したが，これを数学的に表すと図 3 の式のようになる（コラム 1）．顕微鏡像の輝度分布は，試料物体の輝度分布と点像分布関数のコンボルーション（重畳積分，たたみ込み積分）になる．これが光学的なボケである．点像分布関数を用いて逆算することにより，数学的にボケを除去し，本来の試料物体の輝度分布を回復することが可能である．このためのコンピュータ演算を，コンボルーション（convolution）の逆演算としてデコンボルーション（deconvolution）と呼ぶ．たたみ込み積分を実空間で解くのは，現実的には大変な演算を必要とするが，たたみ込み積分のフーリエ変換をとると単純積となり，演算が簡単になる．そこで，実際のデコンボルーション演算は，図 3 の式に基づいてフーリエ空間で行う．このとき，顕微鏡画像をフーリエ変換して周波数分布（コラム 2）に変換し，点像分布関数のフーリ

コンボルーション

$$i(u,v,w)=\iiint o(x,y,z)\,s(u-x,\ v-y,\ w-z)\,dxdydz$$

デコンボルーション

$$i(u,v,w)=\iiint o(x,y,z)\,\underbrace{s(u-x,\ v-y,\ w-z)}_{\text{PSF}}\,dxdydz$$

↓　↓　↓ フーリエ変換

$$\mathrm{Image}(x,y,z)=\mathrm{Object}(x,y,z)\cdot\mathrm{OTF}(x,y,z)$$

結像特性：まとめ

point-spread function（点像分布関数；PSF）

　1 点から出た光が顕微鏡中でどのように広がるかを記述する 3 次元関数

optical transfer function（光学的伝達関数；OTF）

　PSF の周波数分布．PSF のフーリエ変換として得られる．

図 3　コンボルーションとデコンボルーション

コラム 1

3 次元像形成

簡単のために，まず 1 次元の顕微鏡を考えてみる．x 軸上の 2 点 x_1 と x_2 にそれぞれ $o(x_1)$ と $o(x_2)$ の輝度がある．これが 1 次元の点像分布関数 $s(x)$ で広がったときの $x=u$ における像の輝度を考える．点 u は x_1 から距離 $u-x_1$ 離れているので，この点への $o(x_1)$ からの寄与は $s(u-x_1)$ をかけて，$o(x_1)s(u-x_1)$ となる．同様に，$o(x_2)$ からの寄与は $o(x_2)s(u-x_2)$ となる．したがって，$x=u$ における像の輝度 $i(u)$ は，$o(x_1)$ からの寄与と $o(x_2)$ からの寄与の和となり，式 (1) で与えられる．x 軸上の n 個の輝点について和をとると式 (2) となり，これを連続関数として表現すると積分として式 (3) で表される．この 1 次元の式を 3 次元に拡張すると式 (4) となる．

1 次元の顕微鏡

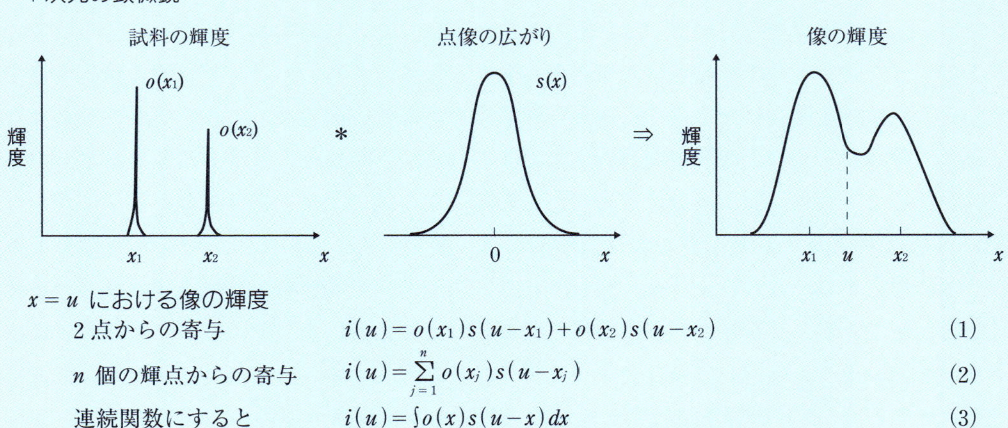

$x=u$ における像の輝度

2 点からの寄与	$i(u)=o(x_1)s(u-x_1)+o(x_2)s(u-x_2)$	(1)
n 個の輝点からの寄与	$i(u)=\sum_{j=1}^{n} o(x_j)s(u-x_j)$	(2)
連続関数にすると	$i(u)=\int o(x)s(u-x)dx$	(3)
3 次元に拡張すると	$i(u,v,w)=\iiint o(x,y,z)\,\overset{\text{PSF}}{s(u-x,\ v-y,\ w-z)}\,dxdydz$	(4)
	↓ フーリエ変換	
フーリエ空間では	$\mathrm{Image}(x,y,z)=\mathrm{Object}(x,y,z)\cdot\mathrm{OTF}(x,y,z)$	(5)

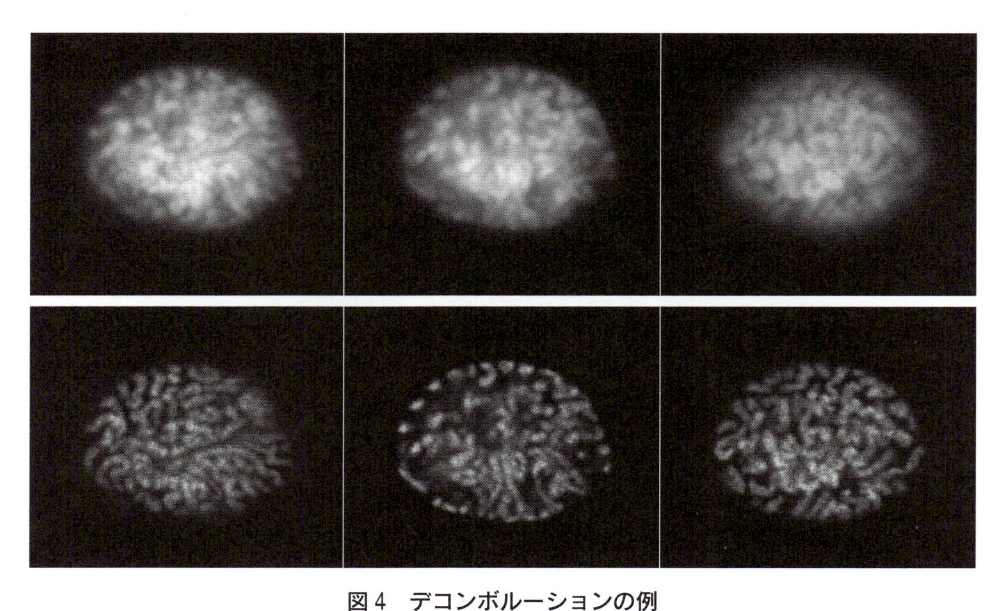

図4　デコンボルーションの例

染色体の3次元画像から3枚の焦点面を抜粋．画像処理前（上）と画像処理後（下）．

エ変換である光学的伝達関数（コラム3）を用いる．デコンボルーションについての詳細は文献[1,2]に詳しい．デコンボルーションで分解能を改良した例を図4に示す．

Ⅲ 装置でボケを除く方法(1)：共焦点顕微鏡

共焦点顕微鏡については第2章に詳述するが，その基本的な原理は，受光器の前にピンホールを置くことによって非焦点面からくる光を排除することにある．共焦点顕微鏡では，励起光は対物レンズを通して1点を照射するので，その強度分布は，まさに対物レンズの点像分布関数である．このような強度分布で励起された試料から発する蛍光のうちで，ピンホールに到達する光の強度分布も点像分布関数になるので，共焦点顕微鏡の点像分布関数は，これらをかけ合わせたものになり，対物レンズの点像分布関数の2乗で表される．PSFとその2乗を比較すると，中心部分だけが明るく，共焦点顕微鏡では集光点からの輝度が結像に大きく寄与することがわかる（第2章「共焦点顕微鏡」の図4）．これは数学的には，図3の式において，点像分布関数を小さくすることに対応する．これによって，観察される顕微鏡像の輝度分布を試料物体の輝度分布に近づけることができる．しかしながら，共焦点顕微鏡の点像分布は全視野顕微鏡の点像分布に比べて小さいとはいえ，光軸方向に伸びたフットボール状の形を示す．このため，共焦点顕微鏡においても，光軸方向（Z）の分解能は焦点面内の分解能（X–Y）より悪い．

全視野顕微鏡を選ぶか，共焦点顕微鏡を選ぶかは，観察したい対象や実験の内容による．明るさで選ぶなら，全視野顕微鏡である．これは，生細胞タイムラプス（time-lapse）イメージングを行うには圧倒的に有利である．弱い励起で十分な明るさの画像を得られるので，励起による細胞毒性を抑えることができる．全視野顕微鏡は非焦点情報を含むので，高い分解能を得たいときには，3 次元画像を撮ってデコンボルーション演算で非焦点情報を除去する．これに対して，共焦点顕微鏡は，演算処理をしなくても同程度の分解能が得られるので，3 次元画像を必ずしも撮らなくてもよい．組織切片や卵細胞など，試料が厚く，蛍光が十分に明るい場合は，共焦点顕微鏡が適する．

Ⅳ 装置でボケを除く方法(2)：2 光子励起顕微鏡

2 光子励起顕微鏡では，蛍光色素の励起波長の 2 倍の波長の光を励起光として用いる（第 24 章「2 光子励起顕微鏡」参照）．波長が 2 倍（エネルギーが半分）の光子 2 個が，同時に蛍光色素を照射したときに励起が起こる（2 光子励起）．2 個の光子が同時に蛍光色素に到達する頻度は，光子の密度の 2 乗に比例する．光子の密度は，とりも直さず対物レンズの点像分布関数なの

コラム 2

画像の周波数分布とは？

フーリエ級数によると，どのような連続関数もさまざまな周波数の正弦波の合成として表すことができる．試料中の構造もさまざまな周波数の要素を含んでおり，粗な構造は低周波数の情報を含み，密な構造は高周波数の情報を含む．画像のもつ周波数分布とは，どの周波数の要素をどのくらい含んでいるかを表す関数である．画像のもつ周波数分布は，数学的にはフーリエ変換により得られるが，光学的には回折像として得られる．回折像の縞模様が強め合う角度 θ は $\lambda = d \sin\theta$ を満たすが，波長 λ は一定なので，回折格子の周期 d が大きくなると回折角 θ は小さく，d が小さくなると θ は大きくなる．図に示すように，低周波構造の回折像は密な縞模様を示し，高周波構造の回折像は粗な縞模様を示す．実空間で大きな周期をもつものはフーリエ空間では小さく，実空間で小さな周期をもつものはフーリエ空間では大きくなる．

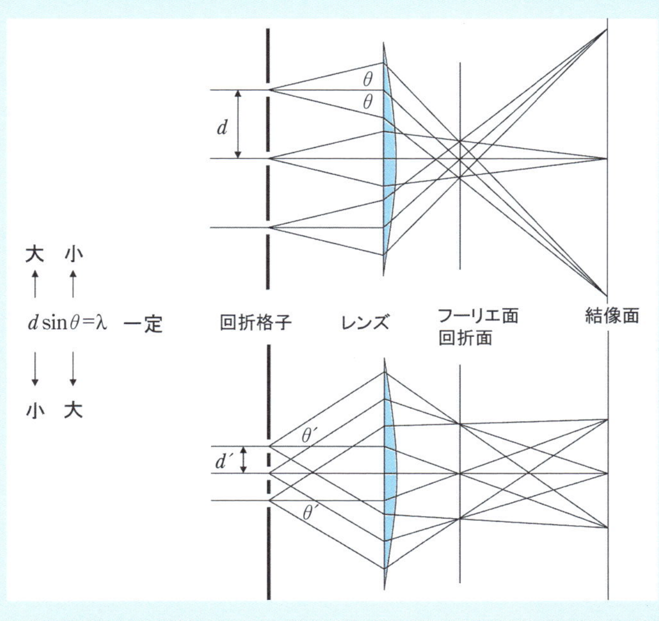

で，2 光子励起顕微鏡の点像分布関数は，通常の顕微鏡の点像分布関数の 2 乗になり，2 光子励起が起こる頻度は集光点に集中する．これが，2 光子励起顕微鏡の原理で，ピンホールがなくても共焦点顕微鏡と同じ効果を出すことができる．

実際の 2 光子励起顕微鏡は，レーザースキャニング共焦点顕微鏡を用い，赤外線レーザーを集光する．通常の 1 光子の共焦点顕微鏡との大きな違いは，励起光が集光点にだけ集中し，それ以外の領域を励起しないことである．そのため，焦点面以外の部分に対するダメージや蛍光の退色を少なくできる．また，赤外光を用いるため散乱が少なく，試料の深いところまで減衰せずに励起光が到達できることから，厚い生物試料に用いられることが多い．一方で，2 光子励起の効率は低いので，もともと蛍光の暗い試料には適さない．

V 対物レンズの選択

3 次元イメージングで注意しなければならないのが球面収差である．球面収差は光軸の中心を通った光と周辺を通った光が，光軸上で一点に焦点を結ばないときに生じる．高分解能の観察には開口数の大きい対物レンズが用いられるが，高開口数の対物レンズほど光軸との最大角が大きいので，球面収差の影響を顕著に受ける．

一般に，対物レンズの収差は設計段階で補正されており，ユーザーが手を出せるものではない．球面収差は，ユーザーが補正できる唯一の収差であり，また補正しなければならない収差である．設計上，球面収差は，適正な厚さ（レンズ側面に刻印してある）のカバーガラスを用い，試料が

コラム 3

光学的伝達関数

伝達関数は，もともと通信の分野で定義されたもので，音声信号が通信機器などを通って伝達されたときに，周波数分布がどのように変調するかを示す．入力信号の周波数分布と出力信号の周波数分布の関係を示す関数である．光学的伝達関数は，これを光学系の周波数変調を表すように拡張したものである．画像周波数分布については（コラム 2）を参照．

通信における伝達関数（transfer function；TF）
入力信号と出力信号における音声の周波数分布の関係を表す関数

$$\mathrm{Out}(x) = \mathrm{In}(x) \cdot \mathrm{TF}(x)$$

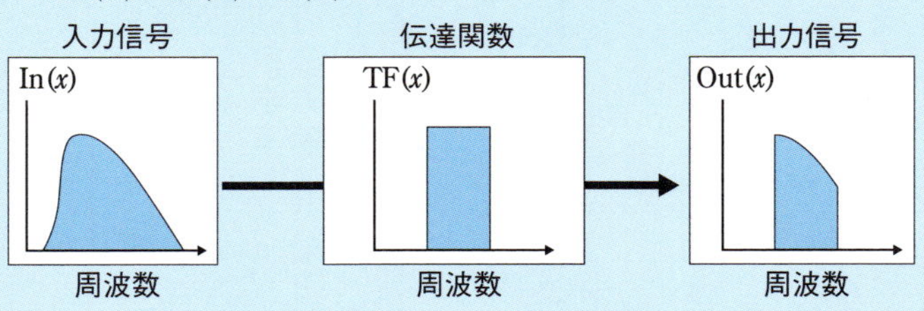

光学的伝達関数（optical transfer function；OTF）
PSF の周波数分布（PSF のフーリエ変換として得られる）
試料物体の周波数分布と顕微鏡像の周波数分布の関係を表す関数

$$\mathrm{Image}(x,y,z) = \mathrm{Object}(x,y,z) \cdot \mathrm{OTF}(x,y,z)$$

カバーガラスの直近にあるときに収差がなくなるように補正されている．しかし，実際の試料には必ず厚みがあり，どうしてもカバーガラスから距離ができてしまうため，球面収差を完全に取り除くことはできない．これが，3 次元イメージングに避けられない障害となる．

大きな試料が水溶液中にあるときに，油浸の対物レンズを用いると，深い位置に焦点を合わせたときには，光軸からの角度によって水中を進む距離が異なるため，光軸に沿って進む光と焦点位置が一致しない．つまり球面収差が発生する．この球面収差はカバーガラスの上下で屈折率の不一致があるために生じる（第 1 章「蛍光顕微鏡の基礎」の図 6）．固定試料の場合に，よく試料をグリセロール（屈折率 1.47）にマウントするのは，オイル（屈折率 1.518）との屈折率の差を減らすためである．これによって，球面収差を小さくでき，より深いところまで観察できる．油浸対物レンズ（NA 1.3～1.4）で水溶液中（屈折率 1.33）の試料を観察する場合，カバーガラスから 20～30 μm が限界である．水溶液中でこれ以上深いところを観察したければ，水浸対物レンズを用いなければならない．これにより，カバーガラスの上下で屈折率が一致するため，試料中の観察点が深くなっても，球面収差を生じさせない．グリセロールマウントした試料をグリセロール浸対物レンズで観察する場合も同様の効果がある．

文 献

［1］ Agard, D. A. *et al*.: *Methods in Cell Biology*, **30**, 353–377, 1989

［2］ 平岡 泰：限界を超える生物顕微鏡――見えないものを見る，日本分光学会測定法シリーズ（木下・宝谷 編），pp.71–90，学会出版センター，1991

［平岡 泰］

講義編

第5章
マルチカラータイムラプス蛍光顕微鏡

蛍光顕微鏡による観察は，蛍光色素で染色した，見たい分子だけが見えることが大きな利点である．波長の異なる蛍光色素を組み合わせて多重染色することによって，複数の分子を同時に見ることができる（マルチカラーイメージング）．また，目的分子の挙動を，生きた細胞で時間を追いかけて観察することによって，目的分子の動的な局在変化や，複数の分子間の関連性をさぐることができる（タイムラプスイメージング）．ここでは，全視野蛍光顕微鏡を基盤とした，マルチカラーイメージングやタイムラプスイメージングに適する顕微鏡システムのセットアップについて解説する．共焦点顕微鏡を基盤にしたスペクトルイメージングについては，第6章「スペクトルイメージング」に記述する．

I マルチカラータイムラプス蛍光顕微鏡システムの構成

ここでは，全視野顕微鏡を基盤とするフィルター交換方式のマルチカラータイムラプスイメージング顕微鏡システムを紹介する．一般的に，蛍光観察は細胞毒性が高く，観察条件（細胞が置かれている環境や蛍光励起の度合いなど）によって，細胞が弱ってしまうことが多い[*1]．したがって，生細胞でタイムラプス（time-lapse）イメージングを成功させるためには，蛍光観察が原因となる細胞毒性をできるだけ抑える必要がある．そのため，蛍光染色法や培養条件を最適化するなどの工夫（第11章「生細胞試料の準備」参照）に加えて，装置側の工夫も重要である．ここでは，シャッターの開閉，フィルターの交換，焦点制御，高感度カメラによる顕微鏡画像の取り込みなど，さまざまな装置の動作が自動化されたマルチカラータイムラプスイメージング顕微鏡システムを紹介する．図1に模式図を示し，その各部について以下に解説する．

1．光源シャッター

蛍光染色した生細胞を観察するには，励起光をできるだけ抑える必要がある．そのために，光源シャッターは生細胞観察に最も欠かせない装置である．画像を撮るとき以外の時間には試料に励起光が当たらないように，無駄な励起を防いでくれる．これは蛍光の退色を防ぐためだけでなく，生きた細胞でのイメージングを行う場合には，細胞が蛍光励起によって弱るのを防ぐために重要である．タイムラプス用の装置を自作する場合には，最小限でも光源側にシャッターが必要

＊1　蛍光観察が細胞毒性の原因になる理由を考えよう．ヒントは，第12章「蛍光色素・蛍光タンパク質」と第15章「蛍光の化学的理解」にある．それを防ぐために，装置にどのような工夫がしてあるのか考えよう．

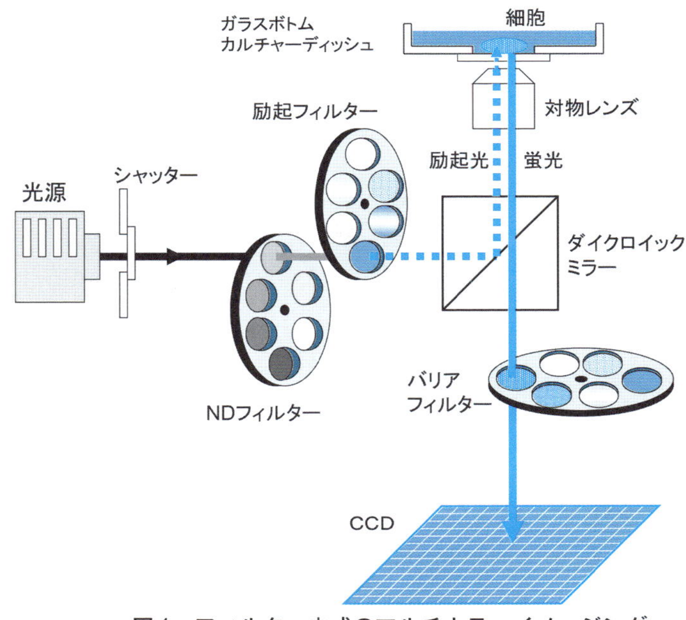

図1　フィルター方式のマルチカラーイメージング

である．市販のタイムラプス用装置の場合には，励起光源と顕微鏡の間（光源側）にシャッターが取り付けられている[*2]（図1）．このシャッターは，撮像と同期して開閉する．撮像時には，指定した露光時間に合わせて光源側のシャッターが開く．機械的なシャッターの開閉速度は数十ミリ秒程度であり，このようなシャッターを用いている場合には，最短の露光時間はせいぜい50ミリ秒である．また，タイムラプスの間隔（観察から観察までの時間）は，どんなに短くても，シャッター開閉に要する時間以下にはできない（間隔が長い場合は問題にならない）．

2．フィルター交換

蛍光で多重染色した生細胞をタイムラプスイメージングする場合，それぞれの色（波長）に対応する蛍光フィルターの交換を自動化する必要がある．第1章「蛍光顕微鏡の基礎」に示したように，単色用のフィルターセットは励起フィルター，ダイクロイックミラー，バリアフィルターが3枚1組みでキューブにセットされている．2色以上で蛍光染色した場合，それぞれの蛍光色素の波長に適合するフィルターセットが必要になる．単色用のフィルターセットを手動で交換すると，波長間で画像の位置ずれが起こることがある．これは，2つのフィルターセットの光路が正確に一致しないことがあるためである．とくにダイクロイックミラーを交換すると，そのような位置ずれが起こりやすいので，ダイクロイックミラーの交換を避けることが望ましい．また，1枚の静止画像を撮る場合は，手動でのフィルター交換もできないことはないが，3次元画像や生細胞タイムラプス画像をマルチカラーで撮るときには，波長切替えが自動化されていない

＊2　Cool SNAP HQのようなインターライン方式のカメラでは，受光部と読み出し部が区切られているため，カメラ側のシャッターを必要としない．フルフレーム式のCCDカメラの場合は，カメラの前にシャッターが必要である．

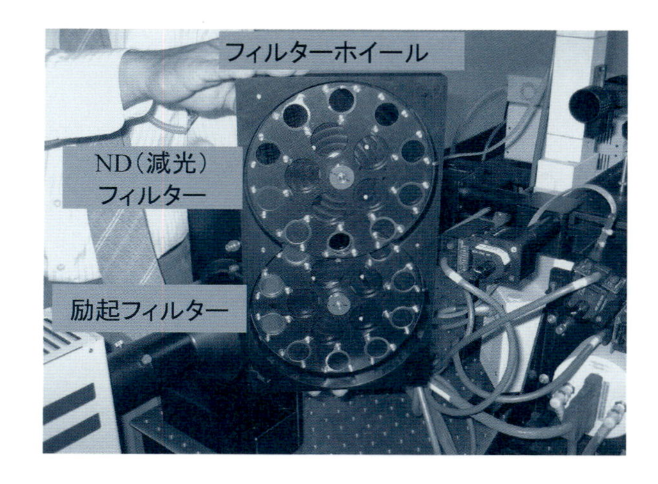

図2　励起フィルターとND（減光）フィルターの円盤

と対応できない．

波長切替えを自動化するためによく用いられているのは，ひと揃いの励起フィルターとバリアフィルターを，それぞれ回転する円盤に組み込んで，コンピューターの制御下でフィルター交換を行う方法である（図2）．この方法では，ダイクロイックミラーは，交換の必要のない多色用のものを用いる必要がある．このようなダイクロイックミラーの例として，図3のような透過率特性をもったものを用いると，青・緑・赤・赤外の4色に対応できる（コラム1）．たとえば，DAPIやヘキスト33342（青），FITCやGFP（緑），Texas RedやRFP（赤），およびCy5（赤外）を画像化できる．

多重染色の場合は，蛍光像が互いに混ざり合わないことが重要であり，光学フィルターの選択においては，明るさを犠牲にしても他の蛍光色を排除するような組合せを用いる．このとき，蛍光色素の励起や蛍光の極大波長だけでなく，波長スペクトルを知っておくことが，フィルターを選択するうえで重要である．多重染色の場合は，励起フィルターとバリアフィルターは，透過率の波長特性が矩形のバンドパスフィルターを用いる．矩形のフィルターを用いると，ほしい波長帯域だけを無駄なく透過するので，他の蛍光色を排除したうえで，明るさが確保できる．

フィルター交換方式では，円盤を機械的に回転させるために，その切替え速度はあまり速くなく，波長の切替えに約100ミリ秒程度時間がかかる．したがって，速く動く現象をフィルターを変えながら観察する場合は，2色の場所がずれてしまい，重ならないことが起こる．この時間のずれが問題になる場合には，3板式カラーCCDやスペクトルイメージングなどが用いられる．

3．減光（ND）フィルター

シャッターで露光時間を短くしても十分に励起光を抑えられないときに，ND（neutral density）フィルターで励起光をさらに減光する．励起フィルターとは独立の円盤に組み込み，光源側に取り付ける．それにより，それぞれの蛍光色素で蛍光強度に差がある場合でも，波長ごとに励起光の強度を調節することができる（図2）．

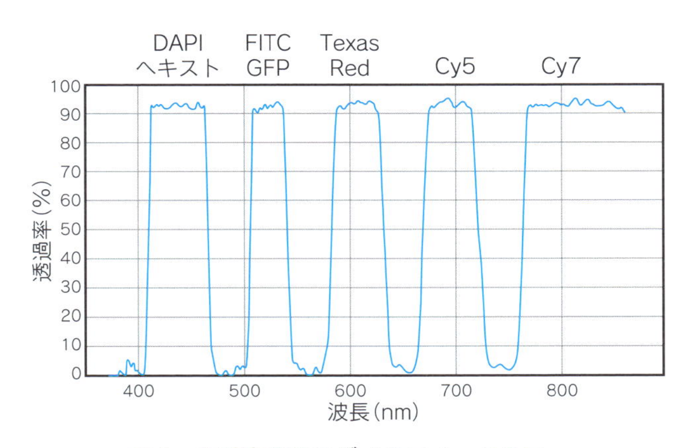

図 3　多重染色用のダイクロイックミラー

4．焦点制御

3次元画像をタイムラプスで撮るには，焦点制御を自動化する必要がある．大きな距離（おおむね 50〜100 μm 以上）を移動させるときは，ステッピングモーターが使われる．小さな距離（おおむね 50〜100 μm 以下）を高速で移動させるには，ピエゾ素子（コラム 2）が使われることが多い．ステッピングモーターで焦点移動する場合，100 μm の移動に 0.1 秒程度かかる．それに比べて，ピエゾ素子はミリ秒程度の高速の焦点移動が可能である．しかし一方で，可動距離は

コラム 1

干渉フィルター

励起フィルター，バリアフィルター，ダイクロイックミラーなど，波長を選択する光学フィルターは，干渉フィルターと総称されるものである．干渉フィルターは，ガラス基盤の表面に薄膜層を積み重ね，その干渉効果を利用して，透過する波長を選択する．干渉膜の厚さ，膜物質の屈折率，膜の層数などの組合せによって，さまざまな波長特性を作り出すことができる．干渉膜のコーティングには，ソフトコートとハードコートがあり，それぞれに良し悪しがある．ソフトコートは，比較的簡単に多様な波長特性が作れるので，蛍光色素に合わせた特殊な波長特性をもつものを作製しやすいが，湿度に対する耐久性が弱い．一方，ハードコートは，特殊な波長特性をもつものを作るのはやや困難であるが，いったん作られたものは通常の使用条件では経年劣化せず，半永久的に使用できる．

顕微鏡に標準で搭載されているフィルターは，ユーザーの平均的な要求を満たす汎用的なものなので，自分の目的にかなうとは限らない．蛍光顕微鏡の性能を安上がりに改良する1つの効果的な方法は，使用する蛍光色素のスペクトルに合わせて，フィルターの特性を最適化することである．現在では，さまざまな特性をもったフィルターが市販されるようになっている．フィルターを選ぶときには，スペクトル特性とともに，コーティングのタイプに注意する．もし，波長特性を重視してソフトコートを選択した場合は，湿度を常に低く抑えるような管理をするか，または劣化に合わせて（1〜2 年程度で）取り替えることが必要である．

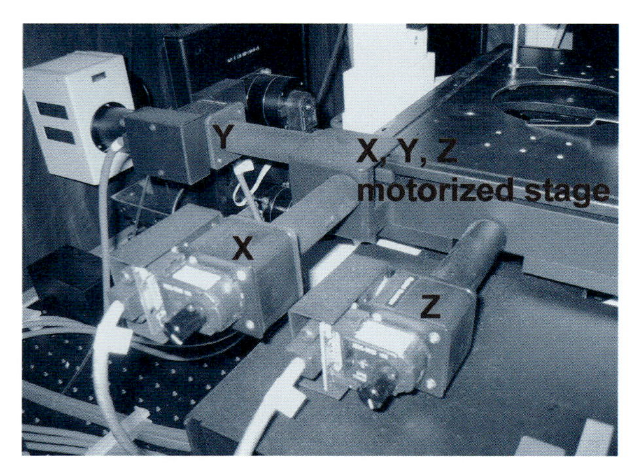

図4　*X*–*Y*–*Z* 3軸モーターステージ

小さく，通常 50～100 μm，せいぜい 200 μm である．また，ピエゾ素子を対物レンズの下に装着する場合は，そのレンズがステージ上に飛び出すという問題や，専用のレンズホールに固定して使うために，別のレンズに取り替えにくいなどの問題がある．ピエゾ駆動の *Z* 軸ステージが使えれば便利である．ステッピングモーターを使う場合，焦点つまみに取り付けてレンズを上下させる方式と，ステージに取り付けてステージを上下させる方式がある．図4の例では，ステージを上下させる方式をとっている．この DeltaVision®の例では，ステージを上下させる制御（焦点制御；*Z* 軸方向）だけでなく，平面方向（*X*–*Y* 軸）にもステッピングモーター（ナノムーバー™）が取り付けられており，観察位置を3次元的に制御することができる．このようなステージを用いている場合には，観察位置の座標をコンピュータに記憶させれば，あとで戻ってくることができ，タイムラプス観察を多点で並行して行うこともできる．これによって，1つの検体から多くの細胞に関するデータを同時に得ることができる．同様のタイムラプス顕微鏡で焦点制御にピエゾ素子を採用しているシステムとしては，たとえば Leica AF6000 などがある．そのため，このような装置では，焦点移動は，ミリ秒オーダーの速さで行うことができる．

5．顕微鏡カメラ

全視野顕微鏡の受光器として，現在最もよく使われるのは charge-coupled devise（CCD）で

コラム 2

ピエゾ素子

ある種のセラミック構造を圧縮すると電圧を発生し，逆に電圧をかけると伸張・圧縮が起こる．このような圧電現象を起こすセラミック結晶をピエゾ素子あるいは圧電素子と呼ぶ．精密位置制御におけるピエゾ素子の利点は，電圧の変化に速やかに（マイクロ秒のオーダー）反応し，数百 μm の距離をナノメートルオーダーの精度で移動することである．実際に顕微鏡対物レンズを移動させるときは，ミリ秒のオーダーで電圧を変動させる．

コラム 3

CCD

CCDの利点は，数値精度が高いこと（定量性が高い），幾何学精度が高いこと（像歪みがない），ダイナミックレンジが大きいことなどである．入力（蛍光輝度）の変化に対して4桁以上にわたって直線的に応答する（図）．とくに，生細胞観察では，ダイナミックレンジが大きいことが大きな利点になる．染色体や微小管など，細胞周期で蛍光量が変化するものを経時観察する場合には，ダイナミックレンジが大きなカメラが必要である．CCDは，銀塩フィルムによる写真撮影と同様に，顕微鏡の結像面に配置して，その面上に顕微鏡像を結ばせる．このため，画素が小さければ画像は精細となり，大きければ画像は粗くなる．一方，画素が小さければ，1つの画素に蓄えることのできる電荷量は小さく，感度は落ちる．画像の精細さよりも感度を優先したいときは，多くのCCDにビニング（binning）という機能があり，2×2など近隣の画素をひとまとめにして電荷を合算できる．CCDを選ぶときは，画素の大きさと電荷容量，読み出しノイズ，読み出し速度などを，目的に合わせて検討する（第9章「顕微鏡カメラの基礎」参照）．

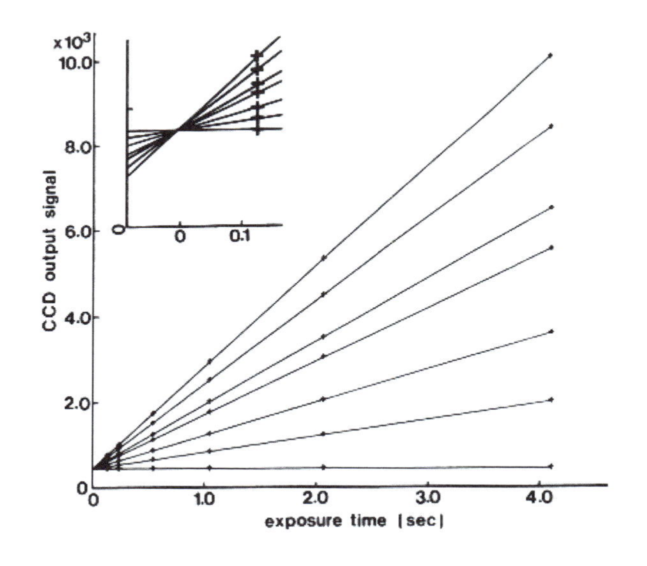

CCDの仕組み

ある（コラム3）．一方，スキャン型の共焦点顕微鏡には，photomultiplier tube（PMT；光電子増倍管）が用いられる．CCDが面の受光器であるのに対し，PMTは点の受光器である．PMTを用いて画像を撮る場合は，点をスキャンしていくので，各点が撮られた時間に差があることになる．このような時間差は，固定した標品を観察する場合は問題にならないが，生きた細胞で観察する場合には問題になる場合がある．その点，CCDのような面の受光器を用いると，同時刻の画像が撮れる．このような利点に加えて，CCDは，暗いものから明るいもので1,000倍以上明るさが違う試料でも1つの設定で観察できるという特長をもっている．PMTの場合は，生物

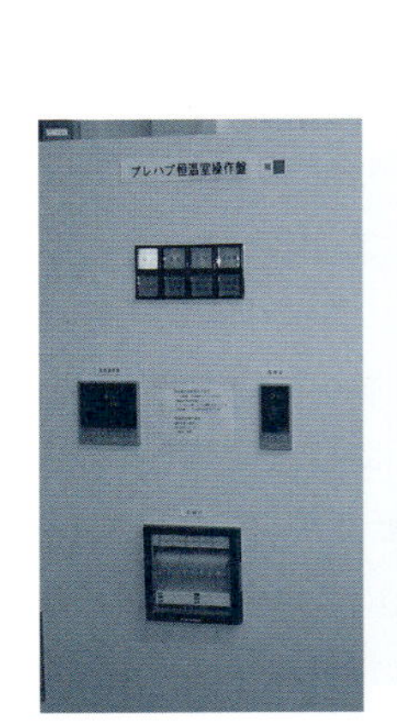

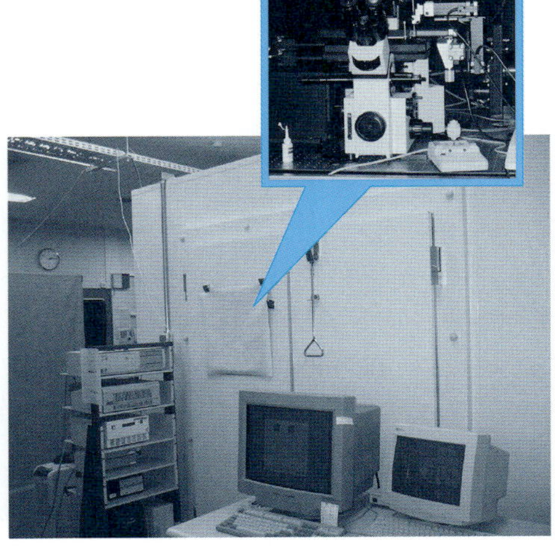

図 5　顕微鏡恒温室

学に使われているような暗い試料では，50〜100 倍の違いしか扱えない*3．細胞が分裂する場合には，染色体やスピンドルは集合し，間期のそれらの明るさと比べて，数十倍近く明るくなる．このような蛍光強度の変化が大きい現象を，一定の設定で観察していく場合には，CCD のように，固定のゲイン設定で，ダイナミックレンジが大きいカメラを使うほうが有利である．これらの顕微鏡に用いられるカメラの構造と特性については，第 9 章「顕微鏡カメラの基礎」で詳細に紹介する．

6．温度制御

生細胞観察を行うには，細胞を生育温度に保つために，顕微鏡の温度制御が必要となる．加えて，温度が変動すると顕微鏡の焦点がずれるので，安定した温度制御は，長時間の観察にはとくに重要である．最も安定に温度制御するためには，顕微鏡全体を恒温室に設置する（図 5）．このような場合には，顕微鏡の動作を制御するためのコンピュータは恒温室の外に設置する．さらに，分配器を使ってキーボード，マウス，モニターを二重化し，恒温室の室内外にそれぞれ設置すれば，恒温室の室内外のどちらからでも，光学フィルターや焦点位置など，顕微鏡の動作を自由に制御できるので便利である．

顕微鏡全体を温度制御できないときは，温度制御ステージと温度制御チャンバー（フード）を併用するのがよい．ステージの温度制御だけでは，試料部を設定温度に保つことはできないので，温度制御チャンバーで空気の温度を制御することにより，より安定に温度を保つことができる．できれば，2 つ以上の異なる温度制御装置を併用したほうがよい．1 つの装置を使った場合にで

＊3　PMT のダイナミックレンジは，カタログに書いてある仕様では大きいことが多い．それは，ゲインをさまざまに変えた最小値から最大値までが記載されているからである．しかし，生物学で扱うような比較的暗い対象物の場合には，ノイズ成分が多くなるため，一定のゲインで扱えるダイナミックレンジはせいぜい 2 桁以下のことが多い．対象物が明るい場合は，S/N 比が向上するため，ダイナミックレンジが広く取れる．

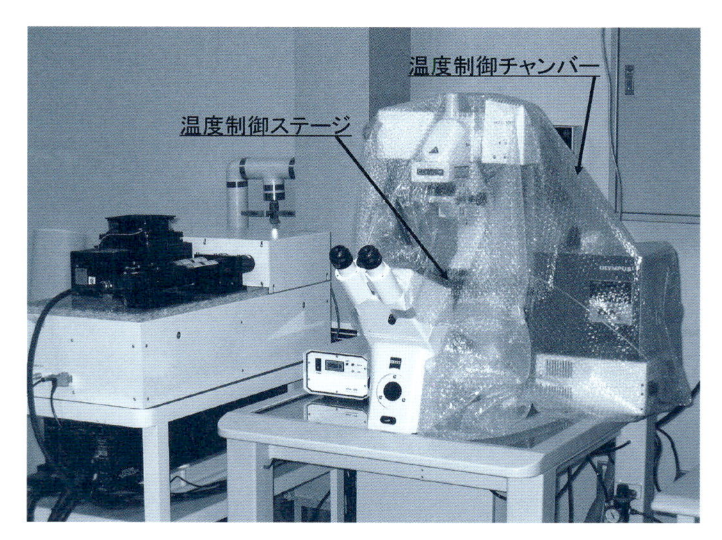

図 6　温度制御ステージと温度制御チャンバー

きる温度の上下動を，もう 1 つが打ち消してくれるからであり，より安定した温度制御が期待できる．温度制御チャンバーは，ステージ上だけでなく，対物レンズを覆うことが重要である．対物レンズが温度制御されていないと，試料部の温度が対物レンズに奪われる．市販のプラスチックチャンバーもあるが，気泡を含む梱包剤で包むのが，変形自在で安上がりである（図 6）．チャンバーを顕微鏡の本体に取り付けると，チャンバーの振動が顕微鏡本体に伝わり，観察するときの焦点変動の原因となることがある．温度制御装置は，できるだけ本体に接触しないように取り付けるのがよい．

温度を制御するための工夫としては，ここに紹介したもの以外にもさまざまなタイプのものがある．たとえば，温度を一定に保った培地をステージ上の細胞に環流させる方法や，電圧をかけると熱が発生する特殊な素材を使った培養容器を使って培養容器そのものを温度制御する方法，または，短時間保温するだけでよい場合などに市販の使い捨てカイロを使う方法さえある．温度制御の問題はむずかしい問題であるが，いろいろと工夫して少しでもよい温度環境を実現してもらいたい．

7．自動焦点位置合わせ（オートフォーカス）

画像取得直前に焦点位置を測定し，焦点のズレを修正してくれる装置が開発され，市販されている．これは，赤外線をカバーガラスに照射し，反射光により対物レンズとカバーガラスの距離を一定に保つものである．顕微鏡の熱膨張など装置に起因する焦点ズレは修正できるが，当然ながら試料自体のドリフトや移動は修正できない．

Ⅱ 波長間の画像の重ね合わせ

多重染色した試料の 3 次元イメージングを行うときに注意しないといけないのは，色収差である．これは波長によって焦点位置がずれるものである．焦点位置は光軸に沿ってずれることがあっても，焦点面内の横ずれはないのが普通である．もし横ずれがあるときは，顕微鏡光学系か顕微鏡操作に問題があるかもしれない．色収差はユーザーが補正できるものではないので，焦点方向に色ずれが起こりうるものと心得て，得られた3次元画像に対して色ごとに画像の焦点ずれを補正したうえで，多色像を重ね合わせる．この色ずれの程度は対物レンズごとに異なるので，使用する対物レンズについて，どの程度のずれがあるか検定する．このずれを実測するには，単一のプラスチックビーズで4色の蛍光を発する蛍光ビーズ（青，緑，赤，赤外）を用いて3次元画像を取得し，焦点位置が光軸に沿ってどの程度ずれるかを計測する（実習3「3次元マルチカラー（全視野顕微鏡）」）．

［原口徳子・平岡 泰］

第6章

スペクトルイメージング

第5章では，全視野顕微鏡を基盤とするフィルター交換によるマルチカラーイメージングシステムを紹介した．それとは異なるマルチカラーイメージング法として，共焦点顕微鏡を基盤として蛍光スペクトルを測定するスペクトルイメージング法がある．観察している蛍光のスペクトル情報を得ることによって，蛍光色素間のクロストークのない画像が得られるほか，蛍光スペクトルの変化を観察することによって細胞内環境の変化を検出することも可能である．本章では，スペクトルイメージングの意義，装置，蛍光スペクトルのクロストークを除くための方法について解説する．

I 蛍光スペクトルを測定する意義

通常，複数の蛍光色素を観察するときは，それぞれの蛍光色素に応じた光学フィルターを切り換えることによって，各波長の蛍光画像を取得する．複数のフィルターを段階的に換えるための最も一般的な方法は，それぞれの蛍光色素に対応する透過率特性を備えた個別の光学フィルターを用意し，それらを円盤に組み込んで回転させて，波長を切り換える方法である．このフィルター交換によるマルチカラーイメージングの問題は，次のとおりである．1) 使える蛍光色素がフィルターの波長特性によって限定される．2) 複数の蛍光色素のスペクトルのクロストークを排除できない (図1)．3) フィルター交換による時間差が生じる．

これに対して，スペクトル蛍光顕微鏡は，回折格子やプリズムなどの光学素子を用いて蛍光を分光するものであり，多くの蛍光波長で同時測光することにより，連続的な蛍光スペクトルの測定ができる．この利点として，次のことがあげられる．1) 多波長の蛍光顕微鏡画像をフィルターに依存せず同時に画像化でき，さまざまな波長特性の蛍光色素が利用できる．2) 多波長の蛍光スペクトル画像がフィルター交換なく同時に撮影できる．3) 蛍光スペクトルの経時的変化を検出できる (FRETなどによる細胞環境の計測に威力)．また，蛍光スペクトルの情報が得られることから，蛍光波長間のクロストークを計算で取り除くことができる．極端な例としては，通常の蛍光顕微鏡では区別できないような重なりの大きい蛍光スペクトルをもつ色素 (たとえば，GFPとFITC，GFPとYFPなど) でも，それぞれの色素固有のスペクトルを測定しておけば，そのスペクトル情報から，1つの蛍光色素の光成分だけを分離することができる．それによって，他の蛍光色素からのクロストークのない，その蛍光単独の画像を得ることができる．このような方法でクロストークを除去することは，蛍光のピークが近い蛍光試薬を同時に使うことを可能に

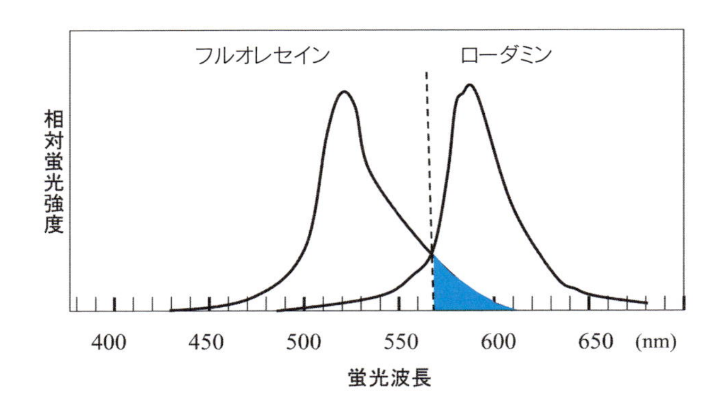

図 1　蛍光のクロストーク

フルオレセインとローダミンを同時に励起した場合，フルオレセインの蛍光がローダミンのチャネルに混入してくる（青い影の部分）．

するほか，自家蛍光の除去にも有効である*1．とくに，植物は葉緑体クロロフィルやフラビンなどに由来する自家蛍光が強いために，特異的な蛍光観察が困難な場合が多い．このような場合でも，蛍光スペクトルを測定すれば，自家蛍光に由来する蛍光と目的の蛍光色素に由来する蛍光を分離することができ，目的分子の局在を特定することができる．

Ⅱ スペクトル蛍光顕微鏡の構成

スペクトル蛍光顕微鏡は，回折格子やプリズムを用いて顕微鏡像をスペクトル分光する．装置としては，スポット走査型の共焦点顕微鏡を基盤として，焦点位置に回折格子やプリズムを置き，試料の 1 点から出た蛍光を分光したのち，その波長スペクトル情報*2 を PMT（photomultiplier-tube；光電子増倍管）などの点の受光器で検出する．これを画素ごとにくり返して 2 次元のスペクトル画像を構成する．各社からさまざまな方式のスペクトル蛍光顕微鏡が開発され市販されている（表 1）．これらは，分光素子として回折格子を使うタイプ（Zeiss LSM880，Nikon A1Rsi，Olympus FV1200-D）と，プリズムを使うタイプ（Leica TCS SP8）に分けられる．検出器としては，単体の PMT（Leica TCS SP8，Olympus FV1200-D）を使うものと，32 個の PMT が 1 列に整列した 32 連 PMT を使うもの（Nikon A1Rsi，Zeiss LSM880）に大別される．単体の PMT を使うタイプとしては，PMT の位置は固定しておいて回折格子の角度を変えながら波長をスキャンするタイプ（Olympus FV1200-D）と，可変式スリットを移動させながら波長をスキャンするタイプ（Leica TCS SP8）がある．このような様式の違いは，実際にスペクトル画像（ある波長からある波長までの連続画像）を撮るのに必要な時間や，波長分解能，スキャン回数など，実用上のさまざまな点に影響する．したがって，装置の選択にあたっては，絶対にどれがよいというものではなく，使用目的に合うものを選ぶのがよい．装置は日進月歩で進化している．ここで紹介する装置は一例にすぎないことを理解し，実際に使用する装置の様式を十分に理解したうえで実験を行ってもらいたい．また，スペクトル画像取得の欠点として，波長幅を狭くとると十分

＊1　自家蛍光については，第 12 章「蛍光色素・蛍光タンパク質」のコラム 1 にも記載されている．
＊2　測定可能なスペクトル幅は装置によって異なる．広い波長幅のスペクトル分布を計測するためには，これに対応する広い波長域をカバーする励起レーザーが必要である．よく使われるレーザーに関しては，第 2 章「共焦点顕微鏡の基礎」を参照のこと．

表1　各種の蛍光スペクトル顕微鏡の比較

	Leica TCS SP8	Nikon A1Rsi	Olympus FV1200	Zeiss LSM880
分光方式	プリズム	回折格子	回折格子	回折格子
分光分解能	5 nm	2.5/6/10 nm 切換え	2 nm	8.6 nm（同時）/2.9 nm（連続）
検出波長域	400～800 nm	400～750 nm	400～790 nm	390～750 nm
検出器	PMT（単体）	32 連 PMT	PMT（単体）	2 PMT＋32 連 GaAsP
検出方式	可動スリット	32 連同時計測	回折格子が可動	最大で 34 連同時計測

な蛍光強度が得られない可能性があることを指摘しておきたい．

Ⅲ 蛍光スペクトルの測定

それぞれ異なる波長特性（515 nm，560 nm，605 nm または 645 nm）をもつ4種類の蛍光ビーズを混和して，スペクトル画像を撮った例を図2に示す．それぞれのビーズの蛍光強度が波長によって連続的に変化するのがわかる（図2a）．特定のビーズ（特定の画素でも同じ）に対し，波長ごとの蛍光強度をプロットすることによって，個々のビーズ（画素）がもつ波長スペクトルがわかる（図2c）．

上のビーズの実験ではそれぞれ1種類の蛍光色素しかもっていないので，それぞれの色素は完全に分離しており，混ざり合うことはない．しかし，実際の試料では，多くの場合，複数の蛍光色素がそれぞれある比率で混ざり合った状態になる．スペクトル法は，そのような混ざり合った状態から，特定の蛍光色素単独の蛍光量を計算により引き出すことができる（linear unmixing 法；後述）．この計算には，目的の試料の蛍光スペクトルに加えて，それぞれの蛍光色素単独の蛍光スペクトルが必要である．使用するフィルターやダイクロイックミラーなど光学的条件により，蛍光スペクトルの波形が異なる．また，蛍光色素のスペクトルは，pH などの環境に依存する場合がある．そのため，参照とする単独蛍光色素のスペクトルとしては，同じ条件で染色した試料を同じ光学条件で測定するのがよい[*3]．それにより，蛍光色素が互いに混ざり合った試料から，それぞれの蛍光スペクトルを計算によって分離することが可能となり，それぞれの蛍光色素単独の局在を知ることができる．

蛍光スペクトル画像の撮影は，生きた細胞でも可能である．生きた細胞でスペクトルを測定する場合には，各波長のデータを同時に撮れる装置が都合がよい．このような装置を用いると，たとえば，CFP と YFP など，色の違う複数の蛍光タンパク質と目的分子との融合タンパク質を発現させることにより染色し，蛍光スペクトル画像を撮りながら，目的タンパク質の局在変化を経時的に観察していくことができる[*4]．自家蛍光の強い細胞では，一連の画像データを撮ったのちに，計算で自家蛍光の成分を除くことができる（図3）．また，2つの蛍光色素（または蛍光タン

＊3　観察視野の中で，明らかに単独の蛍光色素で染色された構造があれば，その領域の蛍光スペクトルを測定して，蛍光色素単独の参照スペクトルとする．最近のスペクトル顕微鏡は，2種の色素の蛍光強度ヒストグラムから単独染色の領域を検出するソフトを搭載しているものもある．

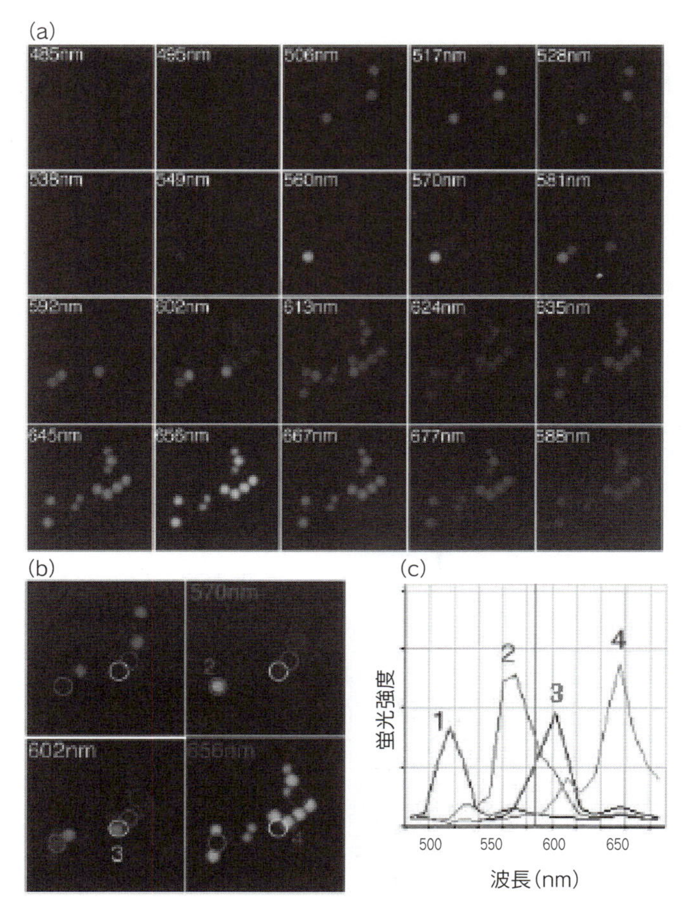

図 2　蛍光スペクトル画像

4 種類の蛍光ビーズ（励起/蛍光極大波長は，それぞれ 480/515 nm，530/560 nm，580/605 nm および 645/645 nm）に対して，波長約 10 nm おきに，波長 485〜585 nm 間の蛍光スペクトルを測定した（Zeiss LSM510 META を使用）．
(a) 測定した各波長の画像．それぞれのビーズの蛍光スペクトルがわかる．
(b) 丸印で囲んだビーズ（番号 1，2，3，4）がそれぞれ蛍光極大を示す波長（517，570，602，656 nm）の画像．それぞれのビーズが，個別の蛍光極大をもつことがわかる．
(c) (b) の番号に対応するビーズの蛍光スペクトル．横軸は波長（nm）を，縦軸は蛍光強度を示す．

パク質）の間で共鳴エネルギー移動（FRET）が起こる（または解除される）場合は，蛍光スペクトルの経時変化から，FRET の有無を判断することができる（実習 7「FRET」）．FRET 効率を計算する場合には，それぞれの蛍光に分離し，分離後の蛍光極大値を基に計算することができる（第 19 章「共鳴エネルギー移動（FRET）の基礎」と実習 7「FRET」を参照）．

一揃いの波長スペクトルを撮るのに時間がかかる装置の場合には，波長ごとに局在が変わってしまう可能性があるので，生きた細胞でのスペクトル観察はややむずかしい．そのような場合には，測定する波長の点を少なくするとか，変化が遅い現象を観察するなどの工夫が必要である．2 種類の蛍光の場合，測定する波長が最低 2 点あれば，以下で述べる計算による分離が可能である．

Ⅳ linear unmixing による蛍光スペクトルの分別

スペクトルを分離する方法として，linear unmixing*5 と呼ばれる方法を紹介する．linear un-

＊4　蛍光タンパク質との融合タンパク質を生きた細胞に発現させる場合の注意点については，第 12 章「蛍光色素・蛍光タンパク質」を参照していただきたい．蛍光染色した細胞を生かしたまま経時観察する場合の注意点は，第 11 章「生細胞試料の準備」を参照していただきたい．

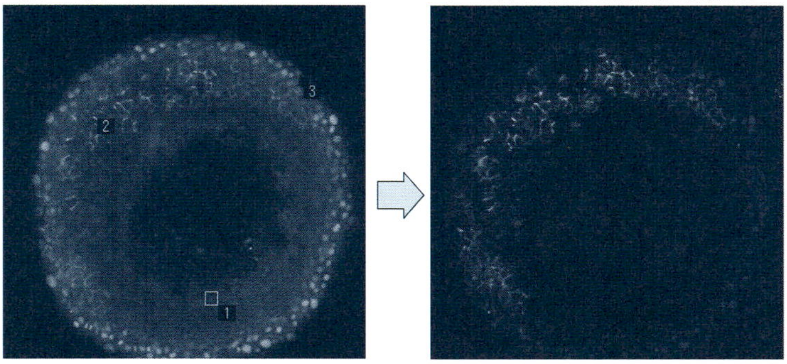

ゼブラフィッシュ原腸胚
核（DAPI），プロトカドヘリン（GFP）

スペクトルunmixして自家蛍光部を除去

図 3　自家蛍光の除去

［村上 徹 博士（群馬大学大学院医学系研究科）提供］ ⇒口絵 3 参照

mixing は，それぞれの蛍光スペクトル情報から，互いの混入割合を計算して真の蛍光量を算出するものである．その結果，クロストークのない画像を作成することが可能となる．この方法は，非常に近接したスペクトルをもつ蛍光色素に対しても有効であり，GFP と YFP の場合のように，光学フィルターを使っただけでは分離できない，波長の重なりの大きい 2 つの蛍光色素を明確に区別することができる．

以下にその計算式を示す．n 個の色素が混在するときに，蛍光顕微鏡像のスペクトルは，それぞれの蛍光色素の蛍光スペクトルの和である（式 1）．

$$I(\lambda)=\sum_{i=1}^{n} A_i R_i(\lambda) \qquad (1)$$

$I(\lambda)$ は波長 λ の関数として得られる蛍光スペクトルの観測値，$R_i(\lambda)$ は色素 i 単独の蛍光スペクトルで，係数 A_i は色素 i の混合比率を示す．

linear unmixing の原理は，観察される蛍光スペクトル $I(\lambda)$ を，それぞれの蛍光色素の混合比率 A_i に分解するものである．これを 1 つ 1 つの画素ごとに計算する．演算は，n 個の色素（$j=1,\ n$）に対して観測値と計算値の 2 乗誤差を最小にするように，つまり式 (2) の値を最小にするように係数 A_i を決定する．

$$\sum_{j=1}^{n}\{I(\lambda_j)-\sum_{i=1}^{n} A_i R_i(\lambda_j)\}^2 \qquad (2)$$

式 (2) の値を最小にする A_i は式 (3) により与えられ，つまり式 (4) を満たす．

$$\frac{\partial}{\partial A_i}\sum_{j=1}^{n}\{I(\lambda_j)-\sum_{i=1}^{n} A_i R_j(\lambda_j)\}^2=0 \qquad (3)$$

$$\sum_{j=1}^{n} R_i(\lambda_j)\{I(\lambda_j)-\sum_{i=1}^{n} A_i R_i(\lambda_j)\}=0 \qquad (4)$$

この式 (4) から係数 A_i を計算できる．

図 4 に，この方法により，GFP と fluorescein の画像を分離した例を示す．蛍光色素 GFP と

＊5　emission fingerprinting とも，lamda deconvolution とも呼ばれる．

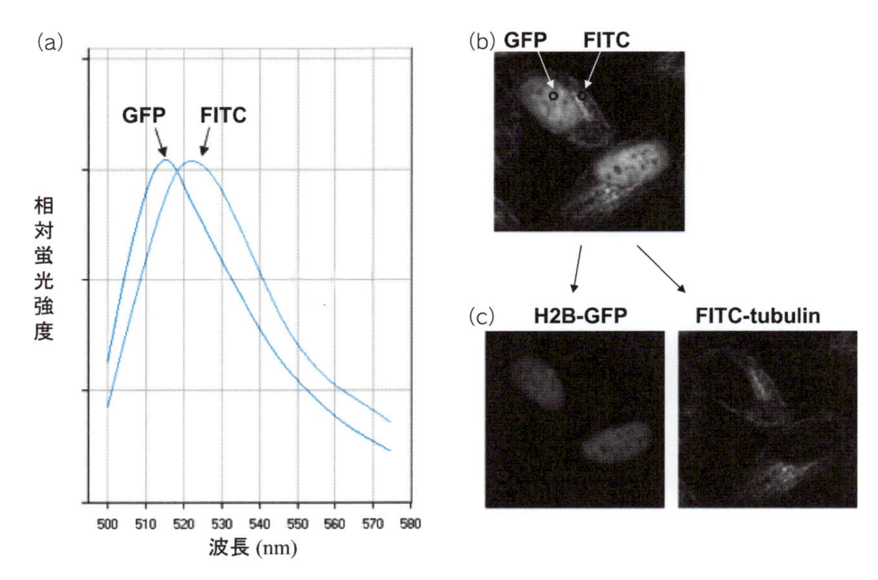

図 4　近接するスペクトルの分離

(a) GFP–H2B と fluorescein–tubulin の蛍光スペクトル．(b) linear unmixing を行う前の蛍光画像．円でマークした領域で (a) のスペクトルを計測した．(c) linear unmixing により分離した蛍光画像．

fluorescein の蛍光スペクトルを計測すると，図 4 (a)に示すように，両者の蛍光スペクトルは極大蛍光波長付近の重なりが大きく，その差はわずかである．したがって，通常の蛍光顕微鏡では GFP と fluorescein はまったく識別できない（図 4 b）．この蛍光スペクトルに基づいて，得られた蛍光スペクトル画像に対して linear unmixing を行った．その結果，GFP–H2B と fluorescein–tubulin が明確に分離され，2 つの蛍光色素の混入のない画像が得られた（図 4 c）．これは，通常の蛍光顕微鏡では識別できない重なりの大きい蛍光波長でも，linear unmixing を用いることによりに識別できることを示している．

ここではデモンストレーションのために，ことさら識別が困難な蛍光色素の組合せを用いているが，実際のマルチカラーイメージングでは，可能なかぎり識別しやすい蛍光色素の組合せを用いるのが賢明である．

ここに述べたような装置の開発により，画素ごとの蛍光スペクトルの測定が比較的容易に行えるようになった．それによって，クロストークのない，その蛍光色素単独の蛍光画像を得ることができるようになった．生きた細胞でも蛍光スペクトルが測定できることから，その変化を経時観察すれば，細胞内環境の変化などを知ることができる．分子間結合や酵素反応など，スペクトルの変化によって測定できる蛍光プローブがあれば，このような顕微鏡法を使うことによって，これまで見ることができなかった化学反応を生きた細胞で可視化できるのではないかと期待される．

文 献

[1] Haraguchi, T. *et al*.: *Genes Cells*, **7**, 881–887, 2002
[2] Hiraoka, Y. *et al*.: *Cell Struct. Funct*., **27**, 367–374, 2002

［原口徳子・平岡 泰］

第 7 章

超分解能蛍光顕微鏡法

蛍光顕微鏡の分解能は光の回折限界による制約を受け，波長のおよそ半分となる．可視光を用いた分解能は数 100 nm であり，実際の蛍光分子の発色団よりおよそ 2 桁も大きい．細胞の動作原理をよりよく理解するためには，この大きなギャップを埋める必要がある．本章ではさまざまな手法を用いて回折限界を突破した超分解能蛍光顕微鏡法の基本原理について解説する．

I 分解能の基礎

蛍光顕微鏡の分解能は第 2 章「共焦点顕微鏡の基礎」，第 8 章「光学顕微鏡の基礎」などで説明されているが，ここでもう一度説明する．顕微鏡の分解能を正確に理解すると，多様な超分解能蛍光顕微鏡の原理を理解しやすくなるからである．図 1 に蛍光顕微鏡で用いられる無限遠光学系と分解能との関係を示した．蛍光顕微鏡の分解能は，空間領域（結像面）と周波数領域（後焦点面；back focal plane）でそれぞれ考えることができる．

1．空間領域での分解能

1 分子の蛍光色素のように回折限界より小さい点光源からの光をレンズにより集光させると，光は点に戻らず回折限界の大きさに拡がる．回折限界の大きさは，光の波長に比例，レンズの開口数（図 1，θ）に反比例し，この光強度分布を点像分布関数（図 1，PSF）と呼ぶ（第 2 章「共

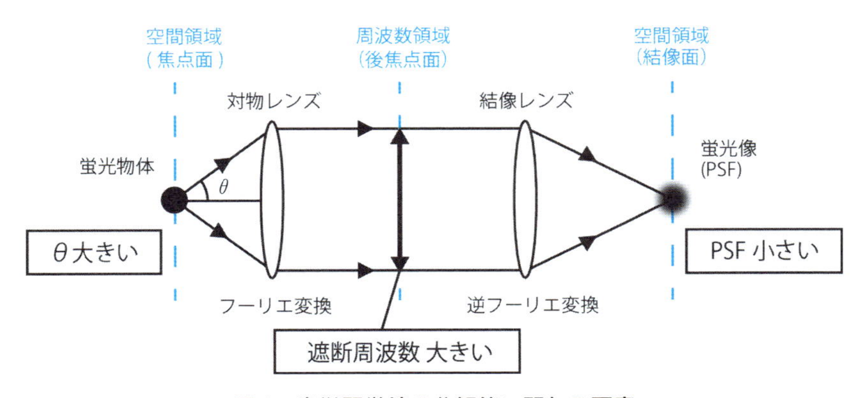

図 1　光学顕微鏡の分解能に関わる要素

焦点顕微鏡の基礎」，第 4 章「3 次元イメージング」参照）．PSF の大きさは回折限界と同じであり，顕微鏡の分解能と同義である．小さな PSF を得ることができれば，より近接した 2 点を分解できるようになる．

多くの蛍光顕微鏡では，1 つの対物レンズを用いて励起光を照射し，蛍光を集光するが，それぞれを照明光学系と結像光学系の 2 つの部分に分けて考えることができる．光学顕微鏡の実効的な分解能は，照明光学系・結像光学系のそれぞれによって決まる．たとえば，共焦点顕微鏡は，ピンホールを通ってきた光だけを結像させることにより，すなわち結像光学系を改良することにより分解能を向上させる（第 2 章「共焦点顕微鏡の基礎」参照）．また，2 光子励起顕微鏡は，2 つの光子が同時に吸収されたときに励起される仕組みを利用して，すなわち照明系を工夫することによって分解能を向上させる（第 24 章「2 光子励起顕微鏡」参照）．

2．周波数領域での分解能

電磁波などの時間領域における周波数とは，1 秒間に繰り返される波の数である．画像においても，シマウマの縞や，規則的な細胞骨格のように単位長さ（μm など）に繰り返されるものも周波数として表現される．このような周波数は，時間領域の周波数と区別するため，空間周波数と呼ぶ．空間周波数を用いると，特定の大きさ（周波数）だけを取り出すなど，空間領域では困難な作業を簡単に行うことができる．また，分解能の定義とも密接に関わっており，超分解能顕微鏡の演算にも重要な役割を果たしている．とくに，画像を周波数として表現できるフーリエ変換（Fourier transform；FT，第 4 章「3 次元イメージング」コラム 2）は，超分解能顕微鏡に限らず多くの場面で用いられている基本的な計算手法である．

フーリエ（Joseph Fourier，1768–1830）はどのような複雑な形も，周波数の異なるさまざまなサイン波の足し合わせで記述できることを示した．これをフーリエ級数展開と呼ぶ．図 2 a で示した波形も，フーリエ級数展開すると周波数と振幅の異なる 5 つのサイン波に展開することができる．図 2 a を蛍光輝度のラインプロファイルとすれば，画像からフーリエ級数展開によってさまざまな空間周波数を持つ波に分離できることがわかる．

フーリエ級数展開を発展させたものが，フーリエ変換である．フーリエ変換を用いると，空間領域の情報を，周波数領域の情報に変換することができる．2 次元の画像をフーリエ変換すると，画像を構成するサイン波の周波数，向き，振幅を表現した画像（FT 画像）が得られる（図 2 b，周波数領域）．FT 画像は元の画像と同数のピクセル数からなり，原点から遠いピクセルほど高周波となる．原点とのなす角が波の向きを示す．輝度はサイン波の振幅であり，元の画像の輝度に由来している．左半分の領域は右半分と原点を中心に点対称なので表示しない場合もある．単一周波数のサイン波の画像は，周波数領域では点に（図 2 b，上），蛍光顕微鏡画像のようにさまざまな空間周波数を含むものは周波数情報の集合として表される（図 2 b，下）．周波数領域に変換した情報は，逆フーリエ変換により完全に元の画像に復元することができる．つまり，周波数領域で表された波形をすべて足し合わせると，空間領域の像を復元することができる．

顕微鏡の分解能である PSF のフーリエ変換が OTF（光学的伝達関数）である（第 4 章「3 次元イメージング」参照）．空間領域と周波数領域は反比例の関係となるので，小さな PSF ほど，大きな OTF になる（図 3 a）．すなわち，分解能を向上することは，大きな OTF を得ることと

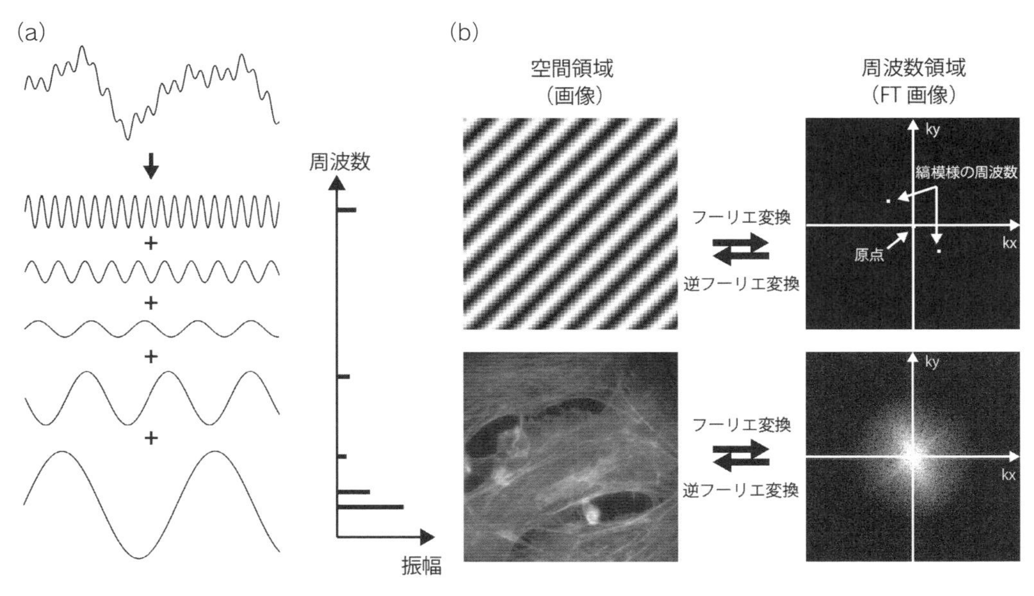

図 2　空間領域と周波数領域

(a)フーリエ級数展開．どのような複雑な形も，異なる振幅・周波数のサイン波の足し合わせで表すことができる．(b)画像のフーリエ変換．2 次元の画像もフーリエ変換することで周波数成分に分離できる．周波数領域では周波数を軸に，振幅を輝度として表す．

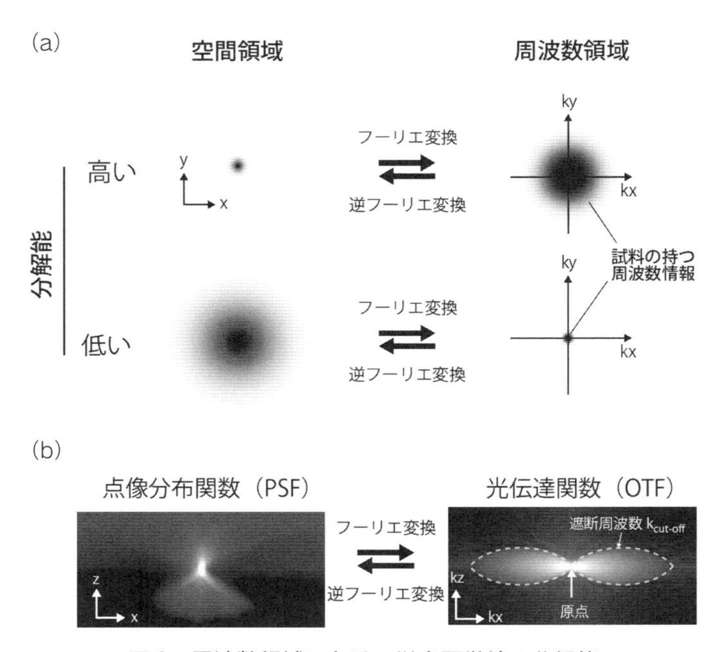

図 3　周波数領域における蛍光顕微鏡の分解能

(a)空間領域と周波数領域の大きさの関係．(b)全視野顕微鏡の PSF とそれをフーリエ変換した OTF．蛍光顕微鏡が取得できる最大の周波数（遮断周波数 $k_{cut\text{-}off}$）が回折限界となる．

同義である．OTF は平面方向には周波数空間の原点を中心とした半径 $k_{cut\text{-}off}$ の円となり，3 次元的にはそろばん玉のような形となる（図 3 b）．$k_{cut\text{-}off}$ は遮断周波数と呼ばれ，顕微鏡が得ることのできる最大の空間周波数，すなわち回折限界を示す．平面方向に比べ，垂直方向が小さいのは，蛍光顕微鏡の光軸方向の分解能が焦点面内の分解能に比べて低いことを反映している．

レンズの焦点面と後焦点面はフーリエ変換の前後に相当する（第 4 章「3 次元イメージング」コラム 2，第 8 章「光学顕微鏡の基礎」参照）．後焦点面に紙などを置くと，結像光学系の持つ最大の周波数を知ることができる（図 1）．像の空間周波数分布は，遮断周波数に近づくにつれ減衰する．デコンボルーションは，減衰した光学的情報を OTF の情報を用いて増幅させる演算であるが，遮断周波数を超えた周波数を回復させることは出来ない．したがって，遮断周波数を超えた高周波数を得ることが，顕微鏡の回折限界を超えることだと言える．

3．サンプリング定理

顕微鏡の観察像はほとんどの場合デジタル画像化するが，その際のピクセルの大きさも分解能の制限要素となる．1 ピクセルの大きさの目安として用いられるのが，サンプリング定理である（第 2 章「共焦点顕微鏡の基礎」参照）．サンプリング定理とは，アナログ信号の半分以下の間隔でサンプリング（ピクセル化）すれば，元の信号を復元できることを示している．つまり，高分解能観察には，サンプリングを微細に行う（小さなピクセルを使用する）必要が生じる．

II 超分解能蛍光顕微鏡の原理

超分解能蛍光顕微鏡は，さまざまな工夫により回折限界による制約を回避し，分解能を向上する．代表的な超分解能蛍光顕微鏡として，STimulated Emission Depletion（STED），Structured Illumination Microscopy（SIM），Photo Activated Localization Microscopy（PALM）/Stochastic Optical Reconstruction Microscopy（STORM）を以下で紹介する[1–3]．これらの特長を表 1 にまとめた．

表 1　超分解能蛍光顕微鏡法の比較

	STED	SIM	PALM/STORM
超分解能を得るために使用する原理	誘導放出	模様を持った励起光	光活性化と1 分子位置決定
空間分解能（XY）	30–100 nm	90–130 nm	15–50 nm
空間分解能（Z）	100～500 nm	～300 nm	5～500 nm
超分解能画像 1 枚あたりに必要なフレーム数	1 枚	6～9 枚（2D-SIM） 15 枚（3D-SIM）	数百～数万枚
時間分解能	ミリ秒	ミリ秒～秒	分
蛍光色素の制約	少しある	無し	ほぼ無し
超分解能画像 1 枚あたりに必要な照明の照射エネルギー	非常に高い	中程度	非常に高い

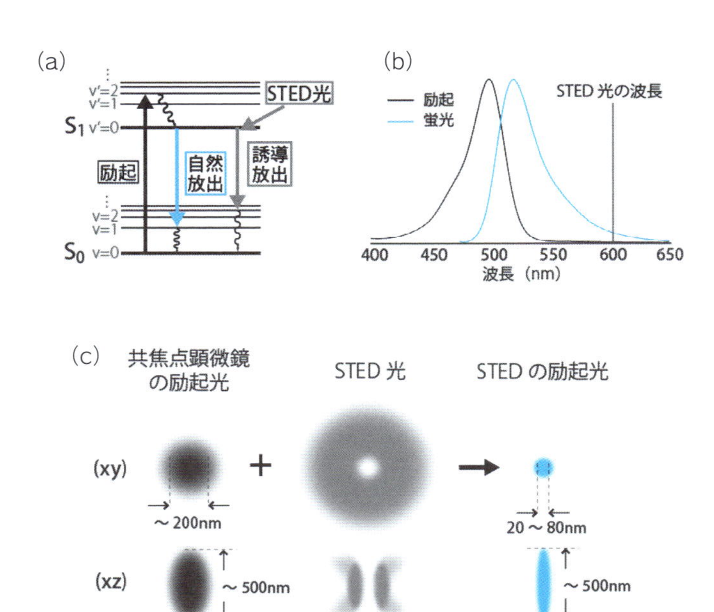

図 4　STED

(a)ヤブロンスキーダイアグラムと誘導放出．励起された蛍光分子は，通常，自然放出により蛍光を発する（第15章「蛍光の化学的理解」図6参照）．しかし，励起された分子に外部から蛍光エネルギーに相当する光（STED光）を照射すると，照射した光と同じ波長の光を誘導放出できる．(b)STED光波長の選択．蛍光分子の蛍光スペクトル内で，励起波長に重ならない波長をSTED光として用いる．(c)STEDの原理．通常の共焦点顕微鏡の励起光に，ドーナツ型のSTED光を重ねる．STED光が重なった領域では自然放出が起こらないため，ドーナツの中心のみで蛍光が観察されるように見える．

1．誘導放出を用いた超分解能蛍光顕微鏡：STED[4]

STEDは共焦点顕微鏡を用いた顕微鏡で，誘導放出（stimulated emission）という現象を利用して，PSFを回折限界以下に小さくすることにより，分解能を向上させている（図4）．

通常，励起光によって励起された蛍光分子は，自然放出により蛍光を発して基底状態に戻る（図4a「自然放出」）．誘導放出は励起された電子が外部から加えられた光と同じ波長の光を放出して基底状態に戻る現象で，このため自然放出が起こらなくなる（図4a「誘導放出」）．STEDは，励起光の照射領域をドーナツ型に取り囲むように誘導放出を引き起こす波長の光（STED光）を対物レンズから照射することで，STED光領域に存在する励起された蛍光分子を誘導放出させてしまう（図4a, b, 図4c, XY）．STED光の波長を蛍光フィルターで分離すると，あたかもSTED光の弱い中心部（ドーナツの穴）だけで自然放出が起こっているように見える．この時の分解能はSTED光の中心部（励起スポット）の大きさに依存する．STED光照射により，共焦点顕微鏡のレーザー光照射のスポットより小さな領域の励起をすることが出来れば，見かけのPSFが小さくなり，共焦点顕微鏡では得られなかった高い分解能を得ることができる．

励起スポットを小さくするため，STEDは非常に強いSTED光を用いる．STED光のパワーを上げれば上げるほどドーナツが太っていき，結果，中心の励起スポットは小さくなっていく．よって，STEDの照明系の実効的なPSFの大きさ（PSF_{STED}）は，

$$PSF_{STED} = \frac{\lambda}{N.A. + \sqrt{1 + (I/I_S)}}$$

(λ：励起光の波長，*N.A.*：対物レンズの開口数，I：STED 光の強度，I_S：蛍光物質の誘導放出への感受性)

で表される．この式の通り，STED 光（I）を強くすれば，PSF_{STED} を無限に小さくできるので，STED の分解能に理論的な制限はない．現実にはレーザーの強さや蛍光物質の退色という制約があり，半値全幅（FWHM）で計測される平面分解能はおおよそ 30–100 nm である．一方，STED 光の形状から分かるように（図 4 c，XZ），垂直方向には STED 光が照射されないため，Z 分解能は共焦点顕微鏡と同様，ピンホール径で決まる．以上のように STED では，回折限界そのものが変更されたわけではなく，蛍光物質の異なる状態をうまく利用して分解能を向上させている．

誘導放出は高速（ナノ秒）に起こるため，STED は高速イメージングが可能である．その他，共焦点顕微鏡に使用されるさまざまな計測法（蛍光相関分光法，蛍光寿命顕微法など）と組み合わせることができるのも大きな利点である．一方，STED で使用できる蛍光物質はストークスシフトの長いものが必要とされるなど多少の制限がある（図 4 b）．当初の方法を発展させて，3 次元的に STED 光を配置し，すべての方向で分解能を向上させた 3D–STED[5]や，Dronpa のような光変換型蛍光分子と組み合わせて励起光の光量を減らした RESOLFT（REversible Saturable OpticaL Fluorescence Transitions）[6]などが開発されている．

2．構造照明超分解能蛍光顕微鏡：SIM[7]

SIM は全視野顕微鏡を用いた顕微鏡法で，光学的に本来得られない試料中の高周波情報を，周期的な構造と重ね合わせることで取得する方法である．周期性を持った模様同士が重なり合うと，モアレ（moiré）と呼ばれる干渉模様が生じる（図 5 a）．モアレは元の模様より大きくなる特徴を持つ．この特徴を利用すると，遮断周波数よりも高周波の情報を得ることができる．

蛍光分子が分解能以下の細かい模様を作っていると，通常の顕微鏡では観察できない（図 5 a 左）．しかし，既知の周波数を持った縞照明（Structured illumination，図 5 a 中央）で蛍光分子を励起して得られるモアレは，元の模様より大きいので，通常の顕微鏡で観察可能である（図 5 a 右）．照明に用いた模様と，生じたモアレ画像を元に計算を解けば，高周波情報を含んだ試料の像を再構築することができる．

モアレの生成を周波数領域で見ると，元の周波数集合全体（図 5 b 左，灰色）が，照明の周波数（図 5 b 中央，黒点）へ移動している事が分かる（図 5 b 右，水色）[*1]．この移動により，高周波情報の一部が遮断周波数より低周波領域に移動し，通常の顕微鏡で観察できるようになる．この情報を計算により分離し（図 5 c「情報の分離」），本来の周波数帯に移動させれば，全体の OTF が遮断周波数を超えて広がるようになり，分解能が向上する（図 5 c「再構築」）．情報を分離するために，照明の縞模様の位相を 2D–SIM では 3 回，3D–SIM では 5 回ずらした画像を取得する．

---

*1　空間領域のコンボルーションは，周波数領域では単純積になる．逆に，空間領域の単純積は，周波数領域ではコンボルーションになる．蛍光は，試料×照明という積（図 5 a）なので，周波数領域では試料と照明のコンボルーションになる．その結果，図 5 b のように，試料の空間周波数が照明の周波数に移動するのである．

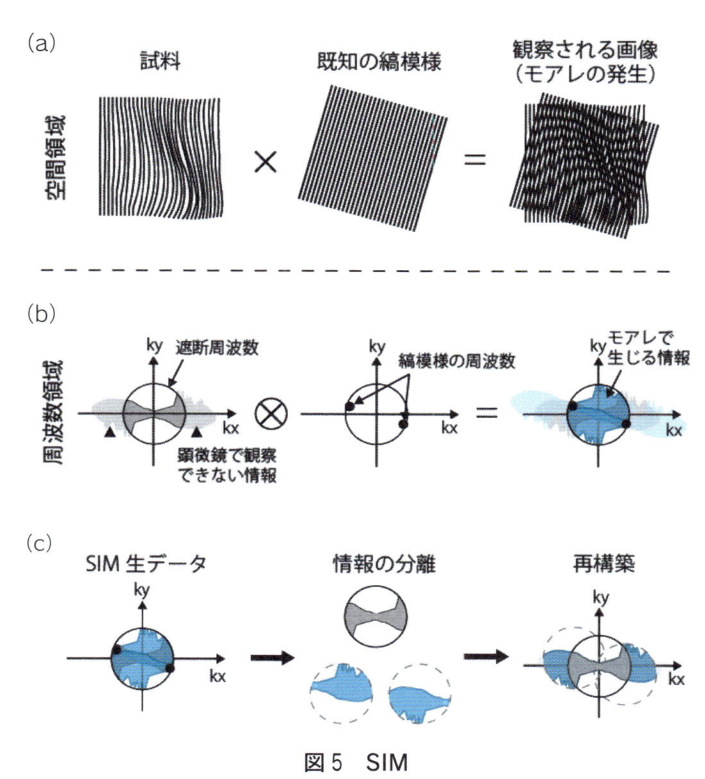

図5　SIM

(a)周期性を持つ模様が重なると，モアレが発生する．(b) (a)を周波数領域から見た像．モアレは元の縞模様の周波数よりも低くなる．つまり，通常の顕微鏡では得ることのできなかった試料中の高周波な情報を，観察可能な低周波の情報に変換している．(c)周波数領域における超分解能画像の再構築．SIM で得られる生データは，照明の周波数に依存した情報が足し合わされている．これを数学的に分離し（情報の分離），照明の周波数に依存した位置に戻す（再構築）ことで超分解能画像が得られる．

また，縞模様を 2～3 方向に回転させて，同様に画像を取得し，全方位均一な分解能を得る．したがって，光学切片あたり，2D-SIM では 6～9 枚，3D-SIM では 15 枚程度の画像を取得する必要がある．

2D-SIM は，2 本のコヒーレント[*2] な光束を後焦点面に照射することで，試料面に干渉縞を作る（第 8 章コラム 1 参照）．これは点光がレンズを通して逆フーリエ変換されるからである（図 2 b）．2D-SIM は焦点面内のみに縞模様が形成されるが，3D-SIM は後焦点面の中心に 3 本目のコヒーレント光束を追加して，光軸方向にも干渉縞を形成する．SIM の分解能は照明の周波数に依存し，縞模様が細かいほど分解能が向上する．しかし，照明光にも回折限界があるので，遮断周波数以上に縞模様を細かく出来ない．このため SIM の分解能はこれまでの光学顕微鏡の約 2 倍までしか向上しない．一般的な SIM の分解能は，平面方向に 90-130 nm，垂直方向に約 300 nm（3D-SIM の場合）である．SIM も STED 同様，回折限界そのものを変更しているわけではない．あくまで顕微鏡が集めている情報は遮断周波数より小さい周波数情報で，蛍光物質のオンとオフを利用して高周波情報を得ている．

＊2　レーザー光のように，位相と波長が揃っており互いに干渉を起こし得ること．可干渉性．

SIMの最大の特徴は，3次元的に分解能が向上する点である．また，蛍光色素の制約がなく，励起光に高エネルギー密度を要求しないので，生細胞観察には適用しやすい．欠点は，分解能の向上が2倍程度にとどまること，3次元の超分解能像を得るために多数の画像が必要なため，時間分解能が数秒程度にとどまることである．現在は，分解能を理論的制限無しに向上させられることを示した非線形SIM[8,9]，時間分解能を改善した高速SIM[10,11]，SIMの概念と共焦点顕微鏡を融合させたISM（Image Scanning Microscopy）[12,13]として発展している[14]．

3．光学的な分解能から独立した超分解能蛍光顕微鏡：PALM/STORM

STEDやSIMは光学的な工夫からより高い分解能を得ようとしていた．これに対し，「蛍光分子の存在する位置をより正確に決める」という考えを導入した一群の顕微鏡法が，PALM[15]やSTORM[16]である．PALM/STORMは全視野顕微鏡やTIRFを用いた顕微鏡で，Fluorescence Imaging with One Nanometer Accuracy（FIONA）と呼ばれる1分子位置決定技術を用いて分解能を向上させている．レンズを通して一蛍光分子を観察すると，得られる蛍光像は光の回折限界の大きさとなる（図6a）．回折限界の蛍光の輝度分布（Airy disk）はガウス分布に近似できるので，計算により近似したガウス分布の頂点位置を求めることにより，ナノメートルの精度で蛍光分子の位置を求めることができる．位置決定精度（Δr）は，最尤法（さいゆうほう）により中心位置を決める場合，

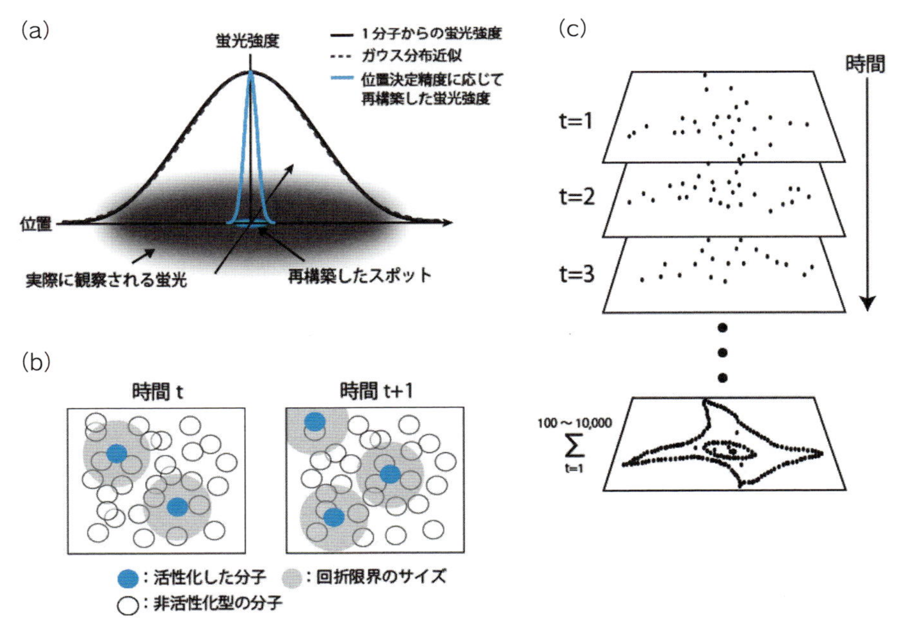

図6　PALM/STORM

(a)1分子位置決定技術．蛍光1分子を蛍光顕微鏡で観察すると，回折限界サイズのスポットとなる．このスポットの強度はガウス分布などで近似でき，その中心位置を正確に決定することができる．(b)光活性化型，光変換型蛍光タンパク質などを用いて，極少量の分子のみを光らせることで1分子の蛍光スポットを得る．このオン・オフを繰り返すことで多数の分子を励起する．(c)超分解能画像の再構築．(b)の方法で得た画像1枚1枚につき(a)の方法で各蛍光分子の位置を決定する．これをすべて足し合わせることで超分解能画像を得る．

$$\Delta r = \frac{\sigma^2}{N}\left(\frac{16}{9} + \frac{8\pi\sigma^2 b^2}{Na^2}\right)$$

（σ：1分子からの蛍光スポットサイズ，N：光子数，b：背景ノイズ，a：ピクセルサイズ）

で概算できるといわれている．この様にΔrは，光子数（N）や背景ノイズ（b）に依存しており，明るい蛍光分子を用いること，背景ノイズを減らすことでより正確に位置を決定することができる．PALM/STORMでは，多数の蛍光分子が存在する中から，1分子の蛍光スポットを得ることにより，その蛍光分子の位置を正確に決定し，点描して画像を形成する．この手法では，光学的な回折限界による制約を受けない．

多数の蛍光分子の中から1分子の蛍光スポットを得るために，蛍光分子の性質を利用している．PALMでは光活性化型・光変換型蛍光タンパク質が用いられた．mEOS2は通常緑色の蛍光を発するが，405 nmの活性化光刺激を与えることで赤色の蛍光を発するようになる．この性質を利用して，極微弱な活性化光刺激を与えることで確率的にmEOS2を赤色にし，1分子の蛍光スポットを得ている（図6b）．STORMでは有機蛍光色素の暗状態が用いられた．多くの蛍光色素は，強い還元条件下で励起すると，暗状態と呼ばれる状態に遷移し，ある時間蛍光を発しなくなる（オフ）．暗状態となった蛍光色素はしばらくすると蛍光を発する状態に再遷移し，蛍光を発する（オン）．これを利用して，極少数がオンとなるように励起光強度を調節することで1分子の蛍光スポットを得ている（図6b）．PALMもSTORMも，はじめに用いられた蛍光分子が異なるだけで，原理は同じである．どちらの場合も，蛍光分子を異なる状態へ行き来させながら，蛍光像を高感度カメラで数千，数万回と計測する．各フレームで観察された蛍光スポットの位置をFIONAにより決定し，最終的に視野内の多数の分子の位置を決定する．最終的な画像は，個々の分子の座標からコンピューター上で再構築される（図6c）．PALM/STORMの最大の特長は，15–50 nmという分解能の高さである．1分子ごとに観察する位置情報以上の精度を他の方法で得ることは難しい．蛍光分子が十分に明るければ，垂直方向の分解能を向上させる方法も多数報告されている．一方で，上述の位置決定精度の他に，観察した蛍光分子の密度も分解能を決定する要因である．この方法では，観察できた分子の密度がサンプリングの密度となり，分解能はサンプリング密度により制約される．十分な分子数を観察するには数千，数万枚の画像を集める必要があり，時間分解能は非常に低い．また，強い励起光を長時間照射するため，観察中に多くの分子が不可逆的に退色し，サンプリング定理を満たすに充分な蛍光分子密度を得られないことがあるので，留意が必要である．

Ⅲ 超分解能蛍光顕微鏡の注意点

1. 収差

球面収差は，分解能を低下させる大きな要因である．STEDやSIMでは照明にドーナツ型や，縞模様をそれぞれ用いるが，球面収差が生じると，この成型が崩れ，分解能が著しく低下したり，アーティファクトが生じたりする原因となる．とくに生細胞のような水の屈折率に近い観察対象では，TIRFを用いた2D-SIMなどカバーグラス近傍では良好な結果が得られるが，深部の観察では球面収差の影響で良好な結果を得られないことが多い．よって，高開口数の対物レンズを用いた観察でも，球面収差を最小化できる技術の開発が望まれている．

多色観察の際には，色収差，倍率色収差，像面歪曲収差も注意を要する．これまでの蛍光顕微鏡の分解能では，共局在して見えたものが，超分解能蛍光顕微鏡でははっきり分離されて観察されることもある．収差が高精度で補正されていなければ，共局在の議論は困難である．

2．ノイズ

蛍光顕微鏡の観察では，さまざまなノイズが発生する．とくに高周波の情報は輝度が低いため，ノイズに埋もれやすい．SIM では高ノイズの画像から再構築を行うと，過度にノイズを増幅してしまい，アーティファクトの原因となる．PALM/STORM では 1 分子の微弱な蛍光を観察するため，非焦点面の蛍光の影響を受けて分解能が大きく低下する．このように，ノイズはデータの信頼性を著しく損なうため，できる限りノイズを抑えた画像取得が必要である．

3．サンプルドリフト

画像取得中にステージの熱ドリフトなどによってサンプルが動いてしまうと，その分だけ分解能が低下する．SIM や PALM/STORM では，再構築プログラムにドリフト補正が含まれているが，それは補助的役割と考え，サンプル自体が動かないよう細心の注意が必要である．

同様の問題はタイムラプスイメージングの際にも起こりうる．生きた細胞内では蛍光分子（もしくは観察したい構造体）は動いている．画像取得に時間がかかってしまうと，その間の分子の動きが分解能の低下やアーティファクトを引き起こす．よって，観察に求められる時間分解能と超分解能顕微鏡の時間分解能を把握しておかなければならない．

文 献

［1］Schermelleh, L. *et al.*: *J. Cell Biol.*, **190**, 165–175 2010
［2］藤田克昌：光学, **38**, 334-343, 2009
［3］松田厚志・他, 細胞工学, **31**, 863–869, 2012
［4］Hell, S.W. *et al.*: *Opt. Lett.*, **19**, 780–782, 1994
［5］Klar T. A. *et al.*: *Proc Natl Acad Sci U S A.* **97**, 8206–8210, 2000
［6］Hell, S.W. *et al.*: *Appl. Phys.*, **77**, 7859–860, 2003
［7］Gustafsson, M. G. L. *et al.*: *Biopyhs. J.*, **94**, 4957–4970, 2008
［8］Gustafsson, M. G. L.: *Proc Natl Acad Sci U S A.* **102**, 13081–13086, 2005
［9］Rego, E. *et al.*: *Proc Natl Acad Sci U S A.* **109**, E135–43, 2012
［10］Kner, P. *et al.*: *Nat Methods.* **6**, 339–32, 2009
［11］Shao. L. *et al.*: *Nat Methods.* **8**, 1044–1046, 2011
［12］Muller, C. B., Enderlein, J.: *Phys Rev Lett.* **104**, 198101, 2010
［13］York, A. G. *et al.*: *Nat Methods.* **10**, 1122–1126, 2013
［14］Hirano, Y. *et al.*: *Microscopy*, **64**, 237–249, 2015
［15］Betzig, E. *et al.*: *Science.* **313**, 1642–1645, 2006
［16］Rust, M. J. *et al.*: *Nat Methods.* **3**, 793–795, 2006

［平野泰弘・松田厚志］

第8章

光学顕微鏡の基礎

本章では，光学顕微鏡がどのようにして細胞や生体組織の顕微画像を作り出しているかについて解説する．光学顕微鏡にはさまざまな種類があり，観察対象に応じて適切なものを選択する必要がある．また，同じ種類の顕微鏡でも使用方法によっては観察像が大きく変化する．このため，観察像形成のメカニズムを理解することは，光学顕微鏡を使用するうえでとても重要である．

I 光学顕微鏡で見えるもの

光学顕微鏡はバイオ研究における最も基本的で重要なツールとして活躍している．空間分解能（解像力）では，電子顕微鏡や原子間力顕微鏡にはかなわないが，水中にある生体の3次元構造を生きたまま顕微観察できるのは光学顕微鏡のみである．生体機能をモニターするためのさまざまな標識技術も進歩しており，医学，生物学においての光学顕微鏡の重要性は増大している．

表1に，本章で紹介する顕微鏡とそれぞれの観察対象についてまとめた．表1の［観察像の形成］の欄は，観察像の明暗を作り出す物理的特性を示している．これらの顕微鏡を使用する際には，表にあるような光の作用により観察像が形成されていることを意識していただきたい．以下，このような光の作用がどのようにして観察像を作り上げるか考えていく．

表1　おもな顕微鏡の種類と観察対象

顕微鏡の種類	観察対象	観察像の形成	備考
蛍光顕微鏡	蛍光を発する物体	蛍光体の濃度分布	無蛍光性の試料の場合は染色の必要あり．
明視野顕微鏡	光を吸収する物体	光吸収体の分布	光を吸収しない試料の場合は吸収体を導入する必要あり（例：ギムザ，ヘマトキシリン-HE染色など）．
位相差顕微鏡	屈折率分布，厚みの分布をもつ物体	屈折率×厚みの分布	細胞などの，薄く，光吸収が少ない試料の観察に用いられる．
微分干渉顕微鏡	屈折率分布，厚みの分布をもつ物体	屈折率×厚みの変化の分布	細胞などの光をあまり吸収しない試料の観察に用いられる．
暗視野顕微鏡	光を散乱する物体	光散乱体の分布	微小な散乱体の検出に利用される場合が多い．

Ⅱ 顕微鏡による像の拡大

光学顕微鏡における像の拡大の原理を簡単に考える．まず，物体からの光（たとえば，散乱光や蛍光）がどのようにレンズを通過していくかを考える．

物体とレンズとの距離がレンズの焦点距離よりも長い場合の光の進み方を，図 1 (a) に示す．物体上の 1 点からの光の経路を考えると，その点からの光はレンズの逆側のある 1 点に集光する．物体上の他の点からの光も同様にレンズの逆側の対応する点に集光していくため，これらの集光点は，物体上の発光点の分布とほぼ同様の形状をなす．図 1 (a) からわかるように，その分布は物体上の分布より大きなもの，すなわち拡大されたものになり，その倍率は，レンズと物体の距離/レンズと実像との距離（b/a）で与えられる．このようにして形成される象は，物体上の光の分布とほぼ同様の分布が見られるため，実像と呼ばれる．

物体とレンズとの距離がレンズの焦点距離よりも短い場合の光の進み方を，図 1 (b) に示す．この場合は図 1 (a) と違い，物体上の各点から出た光は，レンズの逆側で集光しない．しかし，レンズ越しにこの物体を観察すると，実際より大きな物体がレンズの向こう側にあるように見える．これは，図 1 (b) の点線で示したように，レンズを通ってくる光が，あたかも，点線で示した物体からやってきたかのように見えるためである．この場合にも，図 1 (a) と同様，物体は拡大して観察される（これは，虫眼鏡で物体を拡大して観察するのと同じ原理である）．このときの倍率は，レンズと物体の距離/レンズと虚像との距離（b'/a'）で与えられる．このようにして観察される像は，実際にそのような光の分布を形成していないため，虚像と呼ばれる．

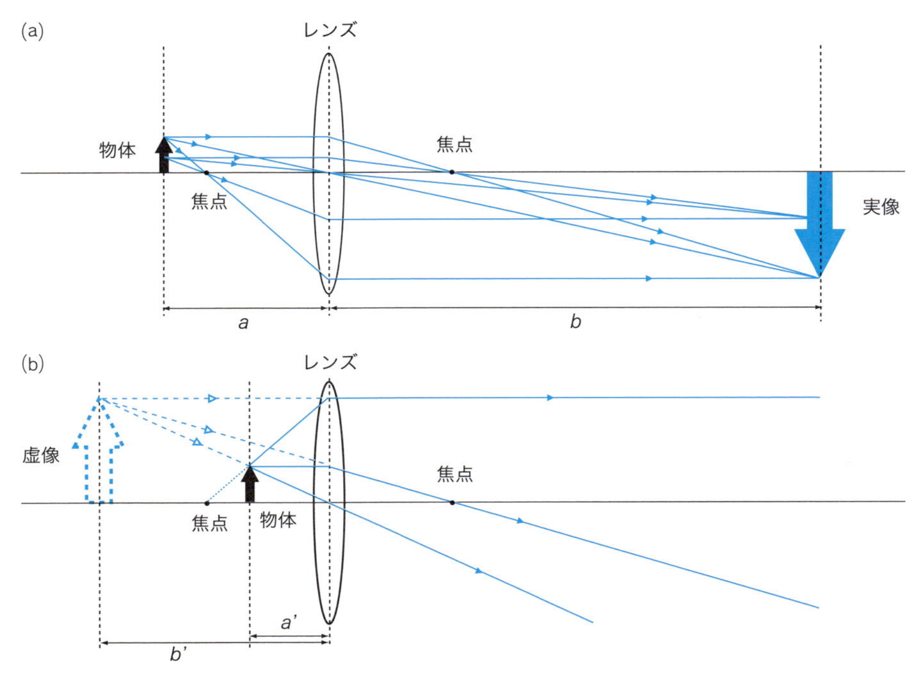

図 1　レンズによる結像

(a) 物体が焦点よりもレンズから遠い場合（実像を形成），(b) 物体が焦点よりもレンズに近い場合（虚像を形成）．

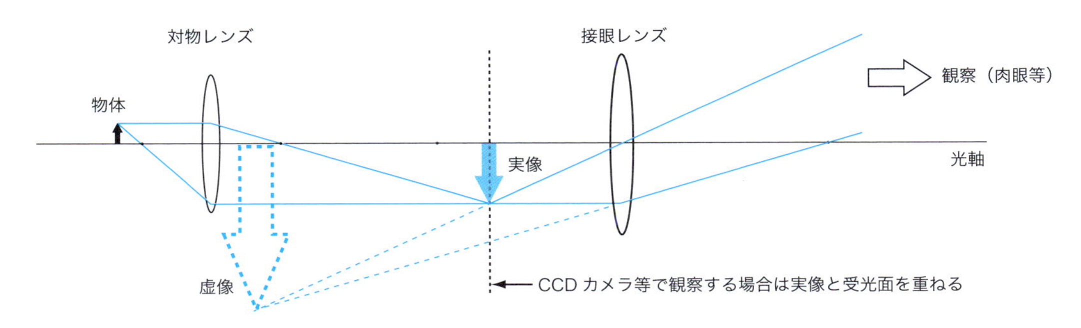

図 2　光学顕微鏡の基本的な光学系

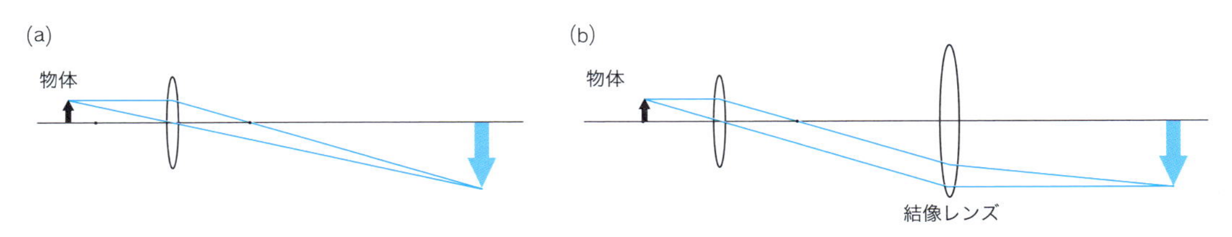

図 3　有限系対物レンズ (a) と無限系対物レンズ (b)

光学顕微鏡では実像と虚像との組合せで物体を拡大して観察する．図 2 にあるように，まず対物レンズにより実像が形成され，その実像を接眼レンズによりさらに拡大して観察する．このため，光学顕微鏡における倍率は，対物レンズの倍率×接眼レンズの倍率で与えられる．カメラなどで観察する場合は，接眼レンズを用いず，実像をカメラの受光面と一致させ，実像の光強度の分布を記録する．

近年販売されている顕微鏡の多く（とくに研究用顕微鏡）は，図 3 (b) の光学系を用いている．こうすることで，光路の途中に機能追加のための光学素子を挿入しても結像特性が変化しにくくなる．図 3 (a) では対物レンズのみで実像を作るが，図 3 (b) では，対物レンズの焦点位置に物体が置かれ，対物レンズと結像レンズの 2 種のレンズにより実像を作る（対物レンズ単体では像を形成しない）．物体上の各点からの光を像面上の対応する点に集光し，実像を形成するという点で，両者は同じである．以下では，図 3 (b) の光学系を使って説明する．

Ⅲ 蛍光顕微鏡（蛍光物質の分布を観察）

蛍光顕微鏡では，蛍光を発する物体を試料として観察する．試料は蛍光性の物質を含むものか，もしくは，観察対象となるタンパク質や細胞小器官などを蛍光体（蛍光分子や量子ドット）で標識したものとなる．

蛍光顕微鏡では，図 4 に示したように，蛍光体からの蛍光が対物レンズを通して実像を形成する．蛍光体の密度が高い部分は多くの光が存在するため明るい像を形成し，蛍光体の密度が低い部分は暗い像を形成する．そのため，蛍光顕微鏡が形成する実像は，試料内での蛍光体の密度の分布を与える．形成された実像は，目視もしくは，カメラなどの受像機器により観察される．実

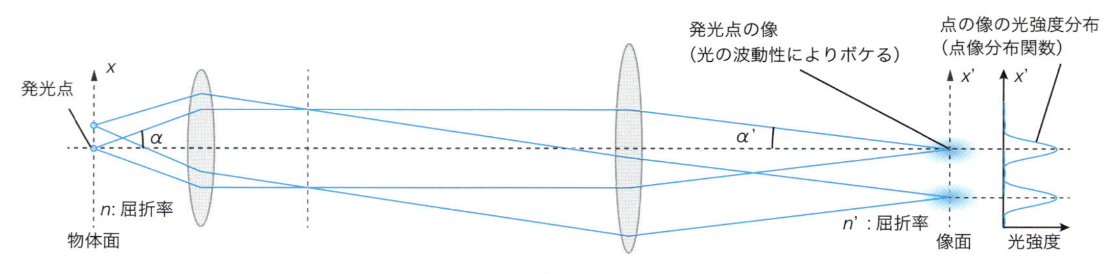

図 4　蛍光顕微鏡における結像

際の蛍光顕微鏡の光学系は，図 4 の結像光学系に加えて，蛍光体を励起するための水銀ランプ，キセノンランプなどの光源，およびそれらの光を試料に導入する照明光学系から構成される．

この蛍光顕微鏡における空間分解能の限界を考える．ここでいう空間分解能とは，試料内に 2 つの微小な発光点が存在する際，それらを 2 つの点として区別して認識するには，それらがどの程度離れている必要があるかということである．2 つの点が十分離れている場合には当然 2 つの点として像が形成されるが，これらが光の波長の半分程度の距離（数百 nm 程度）に近接すると，2 つの点として認識することはむずかしくなる．すなわち，そのような細かな構造（＝蛍光体の分布）は観察することができない．

図 1 では試料内の発光点からの光は像面上の 1 点に集光していくが，この集光点は無限小の点にはならず，ある程度の大きさをもったものとなる（図 4）．これは光のもつ波動性によるもので，その集光点の大きさは光の波長の 1/2 以下にすることはできない（コラム 1）．このため，試料内の小さな発光点（たとえば単一分子）は，ある程度の大きさをもった，ボケた点（点像）として結像される．このため，図 5 に示すように，2 つの発光点が近接する場合には点像が重なりあうため，2 つの点として認識することがむずかしくなる．

このため，蛍光顕微鏡の空間分解能は，点像の大きさにより与えられる．2 つの発光点が 2 つ

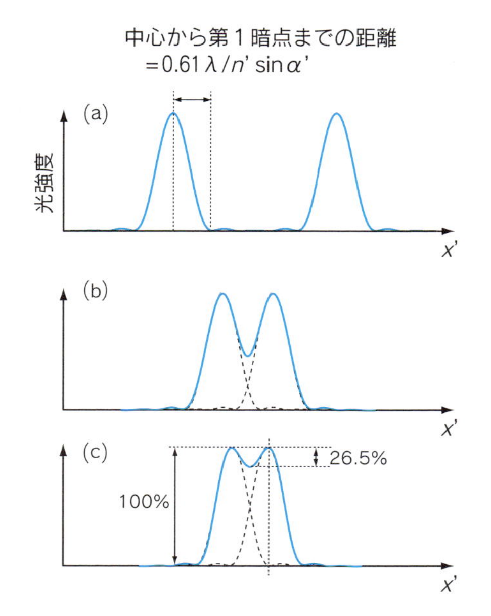

図 5　2 つの点像が近接した場合の光強度の分布

コラム 1

レンズ焦点での光強度分布

どんな小さな点から発せられた光でも，レンズを通して観察するとある程度ぼやけた点としてしか観察されない．これは光が波動性をもっており，光を集光しても，その集光点を無限に小さくできないためである．図aに示したように，レンズ集光点ではさまざまな角度で焦点に光が集まる．焦点の中心位置では，それぞれの光の位相（波のタイミング）が一致するため，非常に高い光強度が得られる．

これは，焦点に入射する角度別に見てみるとわかりやすい．レンズの外側を通った２つの光を考える．これらの光が焦点で交わると光の干渉縞が形成され，その間隔は２つの光の角度差と波長で決定される．レンズの他の部位を通った光も同様にレンズ焦点で干渉縞を形成する．これらの干渉縞を比べると，レンズ焦点では，どの干渉縞においても光強度が大きく，結果として光強度を強めあうことがわかる（すべての光で位相が一致する）．しかし，その他の部位では干渉縞の強弱がバラバラである．これは，それぞれの角度で入射する光の位相が同じでないことを示し，結果として光強度は小さくなる．

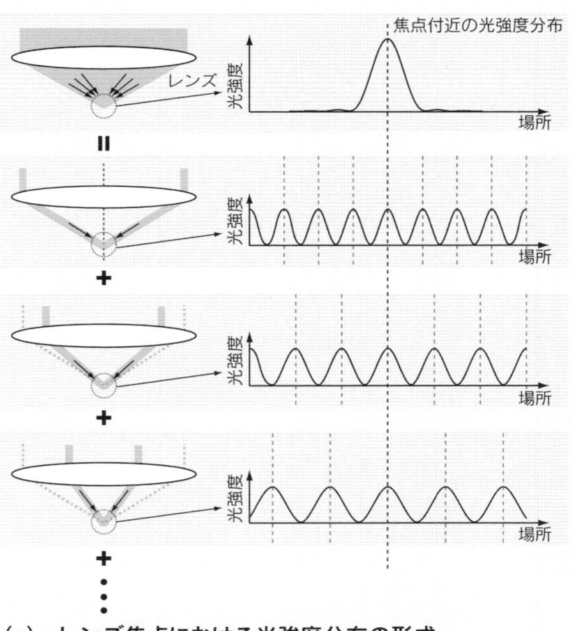

(a)　レンズ焦点における光強度分布の形成

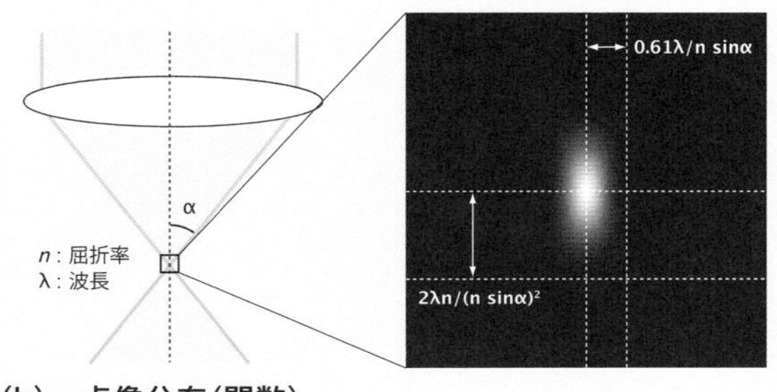

(b)　点像分布（関数）

こう見ると，焦点の光強度分布の大きさが光の波長とレンズにより制限されていることがわかる．一番間隔の狭い干渉縞は，レンズの外側を通った光により形成され，これよりも細かな光強度の分布を作ることは不可能である（他の光は，これより大きな分布しか作れない）．より大きな角度で光を集光すれば，より細かな集光点を形成することができるが，最も細かな干渉縞の間隔は波長の半分であるので，これよりも小さな光強度分布を形成することはできない．図bは，厳密に計算した焦点付近での光強度分布であり，その分布の大きさは波長とレンズのNA（$= n \sin\alpha$）に依存する [1]．微小な点をレンズを通して観察すると，このような光強度の分布が観察されることから，図bを与える関数は点像分布関数（point spread function；PSF）と呼ばれる．

の像として与えられるためには，像面上の集光点が点像の大きさ程度離れている必要がある．では，どの程度離れている場合，それらが分解できたとするのであろうか．これには，Rayleigh による規範がよく用いられる [1]．Rayleigh は，点像の中心点とそれに近い明るさがゼロになる点（第 1 暗点）との距離だけ 2 つの点が離れている際，それらは分解できると定義した（図 5 c の状態）．この距離は，

$$d = \frac{0.61\,\lambda}{n'\,\sin\alpha'} \tag{1}$$

で与えられる．λ は蛍光の波長，α' はレンズの集光角の 1/2，n' は像面での屈折率（通常は 1）を示す．このとき，2 つの点の像は 2 つのピークをもつ光強度分布となり，中心のくぼみの光強度はピーク強度に対して 26% となる．実際に 2 つの点を識別できるかどうかは蛍光検出の信号対雑音比（signal と noise の比ということで，S/N 比と呼ばれることが多い）に影響されるが，Rayleigh の規範は空間分解能の目安として頻繁に用いられている．式 (1) からわかるように，空間分解能は検出する蛍光の波長を短くし，レンズの集光角を大きくすれば向上することがわかる．

ここで与えられた空間分解能は実像を形成する面（像面）での大きさを示している．では，物体上ではどのくらいの大きさになっているのだろうか．倍率が M の光学系の場合は，式 (1) で示される大きさは，物体上で $d_{\mathrm{obj}} = d/M$ となる．収差がよく補正されたレンズの場合には，倍率 M は

$$M = \frac{n\,\sin\alpha}{n'\,\sin\alpha'} \tag{2}$$

で与えられる（これを正弦条件という [2]）．このため，物体上での空間分解能は，

$$d_{\mathrm{obj}} = \frac{0.61\,\lambda}{n\,\sin\alpha} \tag{3}$$

となる．α は対物レンズの集光角の 1/2，n は物体面の屈折率を示す．$n\sin\alpha$ は一般に開口数（numerical aperture；NA）と呼ばれる値である．式 (3) からわかるように，高い空間分解能を得るには，対物レンズの波長を短くするか，NA の大きなレンズを用いればよいことがわかる．ただし，やみくもに高 NA の対物レンズを用いればよいというわけではなく，観察対象が何であるかによって考慮するべきである（コラム 2）．

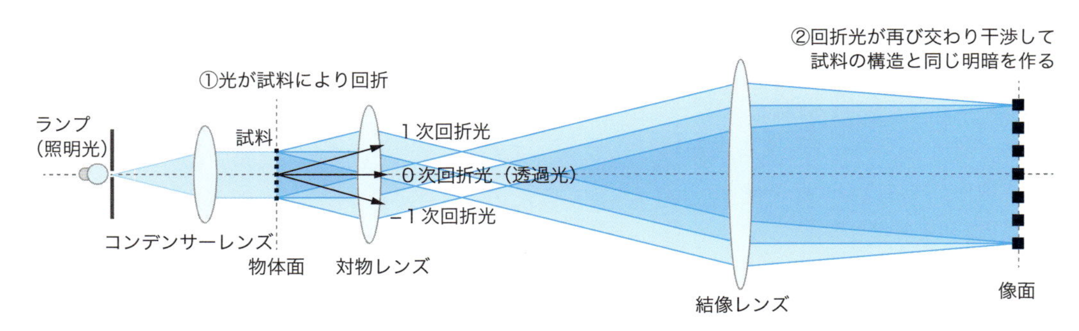

図 6　明視野顕微鏡の光学系

Ⅳ 明視野顕微鏡（光吸収の分布を観察）

明視野顕微鏡は試料における光の吸収を利用する．試料をハロゲンランプなどの光で照明し，試料を透過してくる光（＝吸収されなかった光）を捕らえて，観察像を形成する．

図6に，明視野顕微鏡の光学系を示す．試料として，周期的な透過率の分布をもつ回折格子のような物体の場合を考える．光源からの光をコンデンサーレンズによって平行光とし，物体面上の試料を照明する．光は試料における周期的な透過率の分布の存在により回折するため，試料透過後の光は進行方向が変化した光（回折光）とそのまま透過した光に分けられる（コラム3）．この回折光と透過光は対物レンズに入射し，像面に導かれる．像面上では，回折光と透過光が異なった角度で入射，干渉し，干渉縞を形成する．この干渉縞は周期的な明暗をもった光強度分布であり，この光の分布が物体上にある回折格子の透過率の分布を表している．この結像の原理は，1873年にドイツのアッベにより示されたものであり，“アッベの結像理論”として知られている．

コラム 2

焦点深度

高い空間分解能を得るにはNAの大きな対物レンズを用いればよいが，いつもやみくもに高NAのレンズを使用すればよいというものではない．対物レンズのNAが大きくなると，物体の位置が焦点面から奥行き方向に少しずれただけでピントが合わなくなり，観察像はボケてしまう．反対にNAが小さくなると横方向の分解能はよくないが，物体が奥行き方向に少々ずれたとしても，ピントの合った状態で観察される．

図は，NA=1.0とNA=0.5の対物レンズにより植物の維管束組織の同一部位を観察した結果である．高NAレンズでの観察結果では，細かな構造を確認でき，高い空間分解能を得られていることがわかる．しかし，焦点面からはずれた部位はボケてしまい，そこにある構造を確認できない（図中矢印）．しかし，低NAレンズでの観察結果では，そのような焦点ずれの部位でも構造を確認できる．

(a) NA=1.0

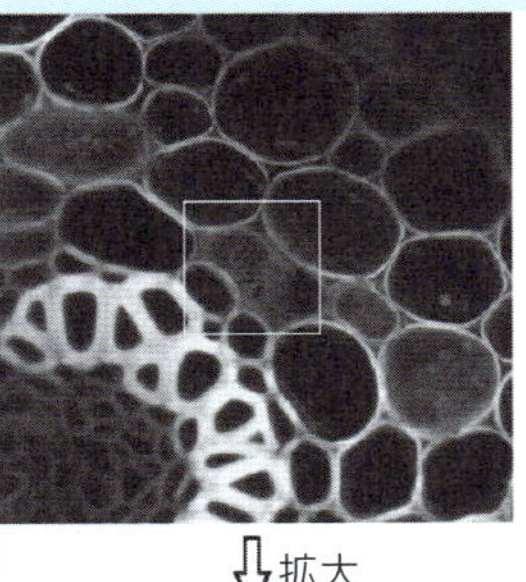

(b) NA=0.5

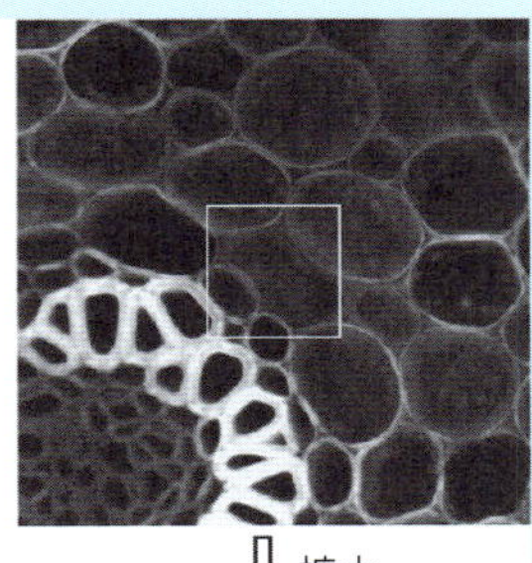

⇩拡大　⇩拡大

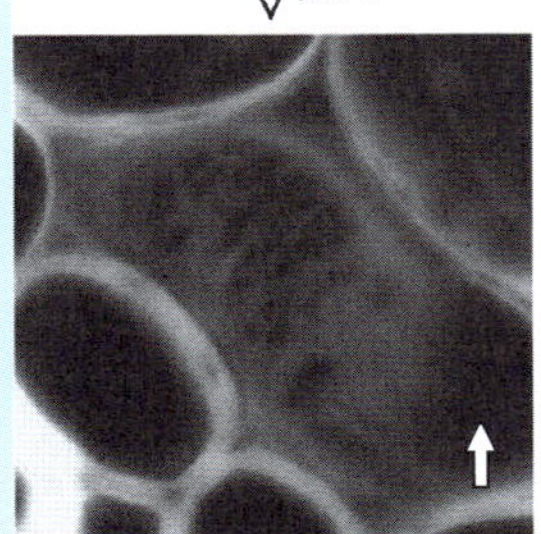

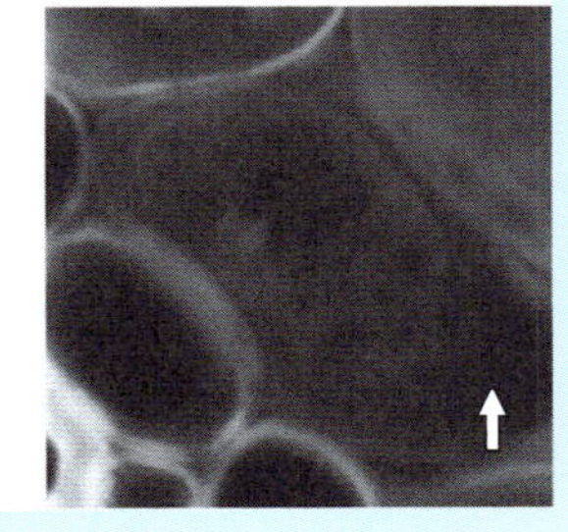

このように，結像可能な“厚み（奥行き方向の大きさ）”は対物レンズのNAに依存する．この“厚み”は焦点深度と呼ばれ，空間分解能，倍率とともに，観察対象に応じて，うまく選択する必要がある．

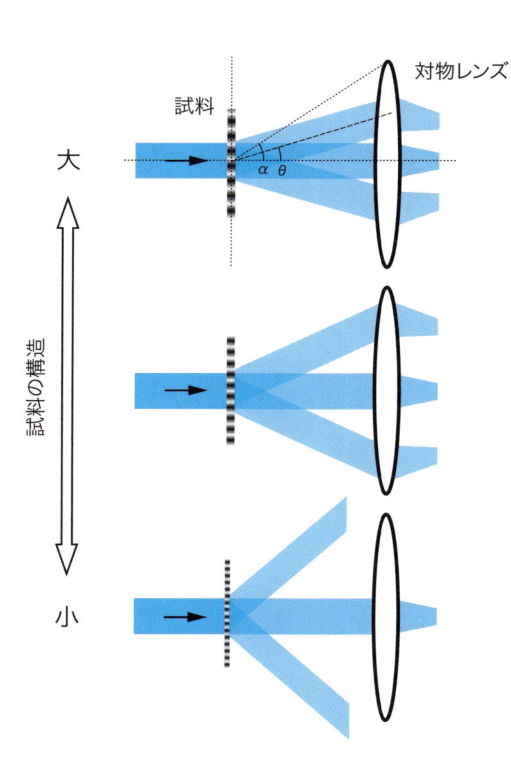

図 7　明視野顕微鏡の空間分解能

上記では，試料として簡単な回折格子を考えたが，どのような試料も同様に扱うことができる．それは，どのような透過率分布も，さまざまな周期の回折格子の足し合わせとしてとらえられるためである．それぞれの回折格子は，試料の透過率の分布をフーリエ変換して与えられ，それぞれの回折格子が像面に作る強度分布の足し合わせが試料の像となる．

明視野顕微鏡における空間分解能は，試料からの回折光をうまく対物レンズで集光できるか否かで決定される．試料の構造が小さい場合，すなわちそこに存在する回折格子の周期が小さい場合，回折光と透過光との伝搬方向の角度差（回折角）は大きくなる．回折角があまりにも大きくなると，回折光が対物レンズに入射しなくなるため，像面において干渉縞を形成できない（図7）．このため，細かな構造（＝小さな周期の透過率分布）は像面で光の強弱として現れず，像のコントラストに寄与しない．すなわち，大きな回折角を与えるような細かな構造は観察できないことになる．

回折格子の周期を d とすると，回折角 θ は，

$$m\lambda = nd \sin\theta \tag{4}$$

で与えられる（コラム 3 参照）．$m=1$，-1 の，1 次，-1 次の回折光のみを考慮すると，対物レンズの NA が $n \sin\alpha$ の場合，対物レンズで回折光を集光可能な最小の回折格子の周期 $d_{\min}$ は，

$$d_{\min} = \frac{\lambda}{n \sin\alpha} \tag{5}$$

となる．λ は照明光の波長である．$n \sin\alpha$ は対物レンズの NA であるため，明視野顕微鏡においても，用いる光の波長と対物レンズの NA が空間分解能を決定することがわかる．

明視野顕微鏡の空間分解能は照明法に大きく依存する．たとえば，図8(a)に示すように，試料を照明する光を光軸に対して角度をつけて入射させる（これを偏射照明という）．こうすると，回折角が大きな光でも対物レンズに入射でき，像のコントラストに寄与できる（対物レンズに入射できるのは2つのうちの片方のみ．両方の回折光が入射する場合に比べてコントラストは低下する）．偏射照明では，大きな回折角を与える細かな構造も結像できることになるため，空間分解能は向上することになる．最大で2倍の回折角をもつ光を捕らえることができるようになるため，この場合の空間分解能は，

$$d_{\mathrm{min}}{}' = \frac{0.5\lambda}{n\sin\alpha} \tag{6}$$

で与えられる．

明視野顕微鏡において一般的に用いられる照明法はケーラー照明と呼ばれ，図8(b)のように，

コラム 3

光の回折と回折格子

光が微小な開口に入射すると，図aのように，開口を中心として広がる波のように伝わっていく．これは，光の波動性のため，開口部で波の回り込みが起きるためである．

回折格子はこのような微小開口が周期的に配列したものである．図bに示したような回折格子に対して光が入射すると，各々の開口を中心として光が広がっていく．このとき，各開口からの光は互いに干渉しあうため，伝搬する光の角度によっては強めあったり，弱めあったりする．その結果，各開口からの光の位相（波のタイミング）が一致する方向に強い光が伝搬する．この条件を満たすのに，入射した光と同様の方向に伝搬する光（透過光）と，ある特定の方向で伝搬する光（回折光）とがある．図b中に示すように，この回折光と透過光との角度差（回折角）は，簡単な関係式で示される．

また，図cにあるように，位相の一致する方向は複数ある．それらの方向に伝搬する光は，位相の一致の仕方により1次回折光，2次回折光と呼ばれる．一般に2次回折光は1次回折光より弱く，本節の結像光学の説明では省略している．

(a) 微小開口透過後の光

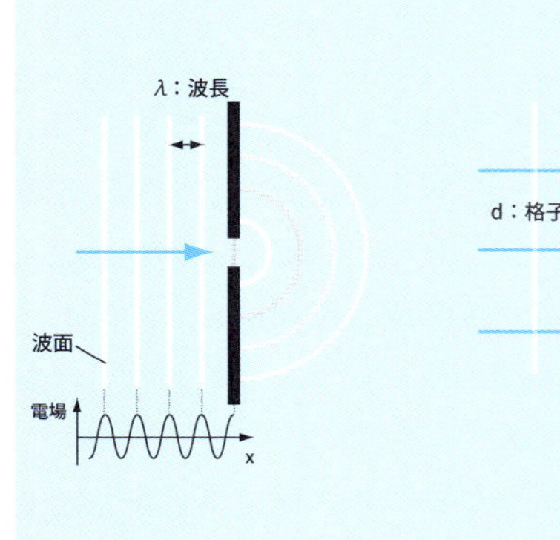

(b) 回折格子透過後の光　(c) さまざまな回折光

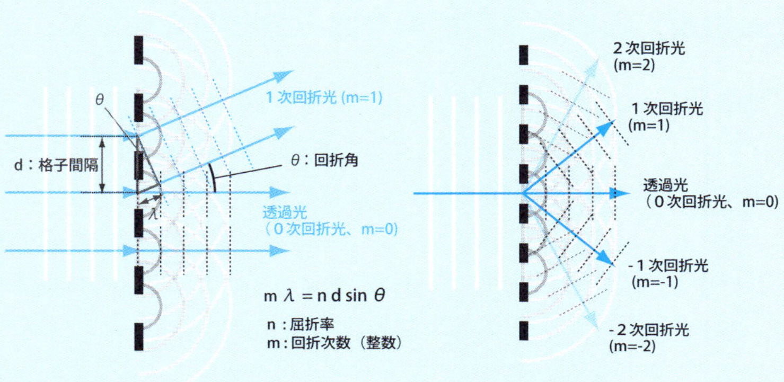

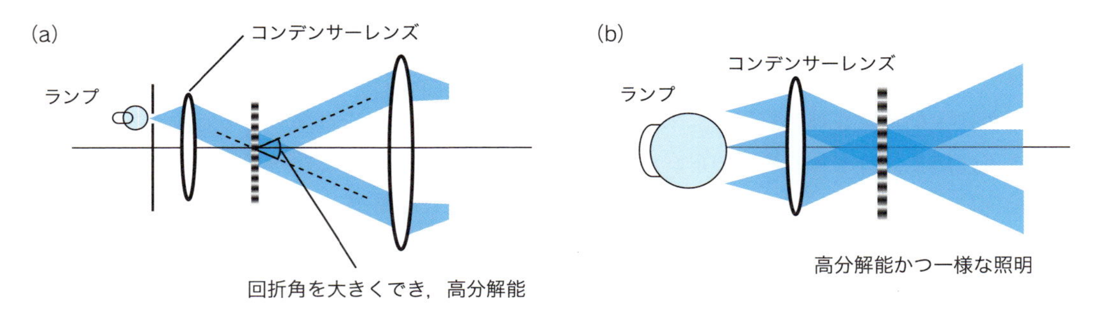

図 8　さまざまな照明法

(a) 偏射照明，(b) ケーラー照明.

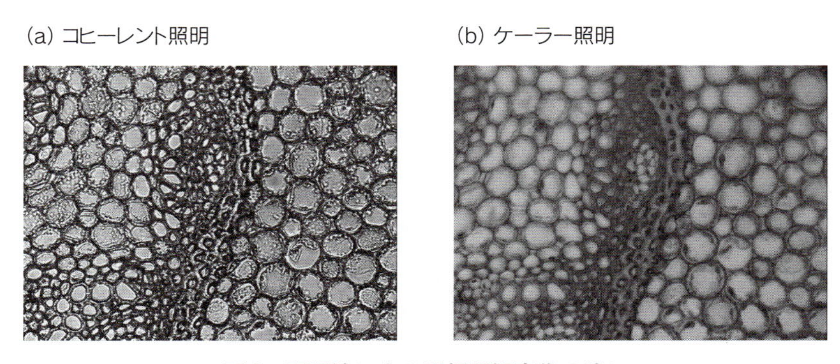

図 9　照明法による明視野観察像の違い

できるだけさまざまな角度から試料を照明する方法である．図 8 (b) の配置にすると，光源上での強度分布に関係なく試料面上の強度分布は一様になり，また，あらゆる角度から偏射照明できるため，空間分解能を最大限にまで高めることができる．これに対し，図 7 に示したような照明法（これはコヒーレント照明と呼ばれる）では，空間分解能が低下する反面，結像される像はコントラストの高いものとなる．図 9 に両者の照明法により観察した植物の維管束組織の明視野観察像を示す．コヒーレント照明ではコントラストは高いが空間分解能が低く，反対にケーラー照明では全体的にコントラストが低く空間分解能が高いことがわかる．

V 位相差顕微鏡（屈折率や厚みの分布を観察）[3]

細胞のような光をあまり吸収しない物体を前述の明視野顕微鏡で観察することはむずかしい．図 10 (a) は，明視野顕微鏡で観察した HeLa 細胞の像であるが，像にほとんどコントラストがついていない．しかし，同じ試料を位相差顕微鏡で観察すると，図 10 (b) のように観察され，コントラストが高い画像が得られる．位相差顕微鏡は，試料の屈折率や厚さを利用してこのような観察像を形成する．以下，位相差顕微鏡がどのようにして観察像のコントラストを形成するか考える．

まず，光吸収をもたず，屈折率分布をもった物体（これを位相物体という）を透過した光について考える．位相物体として図 11 に示すような物体を考える．この物体は周期的にガラスと空

(a) 明視野像(ケーラー照明)

(b) 位相差像

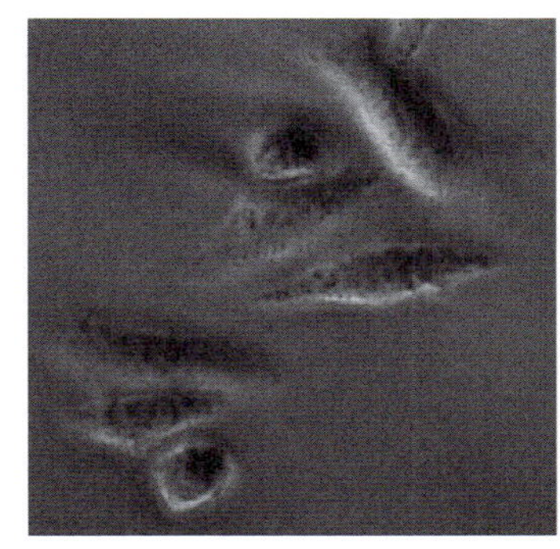

(c) 暗視野像

図 10　HeLa 細胞の観察像

(a) 位相物体を透過する際の光の電場の変化

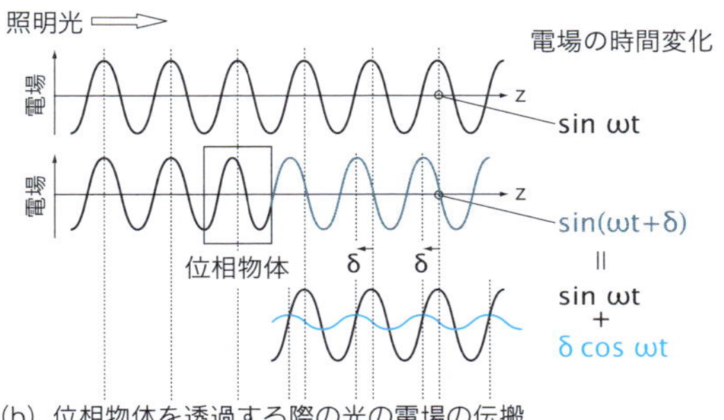

(c) 吸収体を透過する際の光の電場の変化

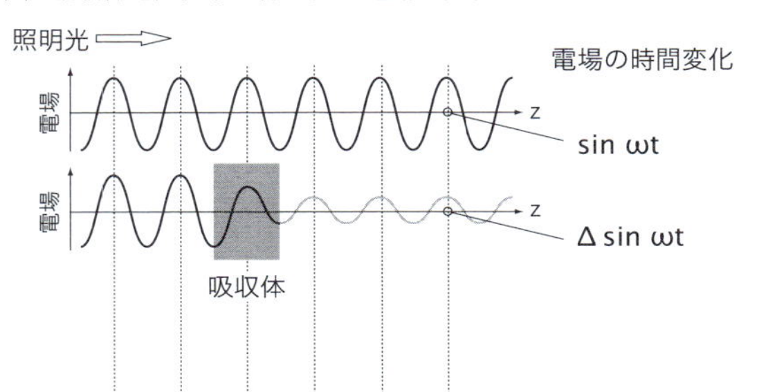

(b) 位相物体を透過する際の光の電場の伝搬

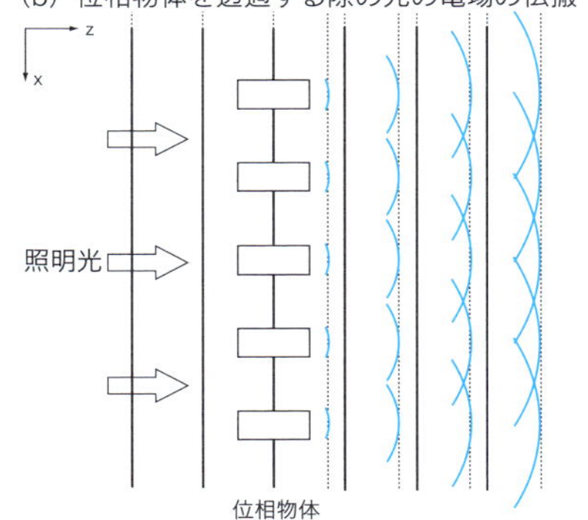

(d) 吸収体を透過する際の光の電場の伝搬

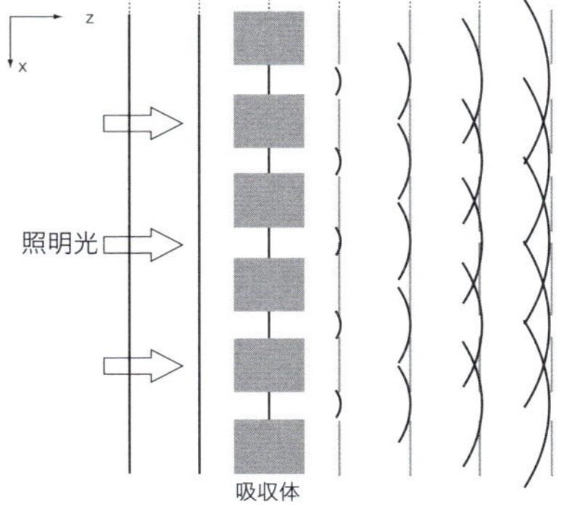

図 11　位相物体および吸収体を透過する際の光の電場の変化

気とをくり返すような物体で，ガラスと空気との屈折率の差により，各部分を伝搬する光の位相（波のタイミング）が変化する．図 11 (a) に示すように，ガラス部分を透過した光は，空気の部分を透過した場合に比べ，位相が δ だけ遅れた光となる．この遅れた光 $\sin(\omega t+\delta)$ は，

$$\sin(\omega t+\delta) = \sin\omega t \cos\delta + \cos\omega t \sin\delta \tag{7}$$

と示される．δ が小さい値の場合には，$\cos\delta \simeq 1$，$\sin\delta \simeq \delta$，となるため，上記の式は，

$$\sin(\omega t+\delta) = \sin\omega t + \delta\cos\omega t \tag{8}$$

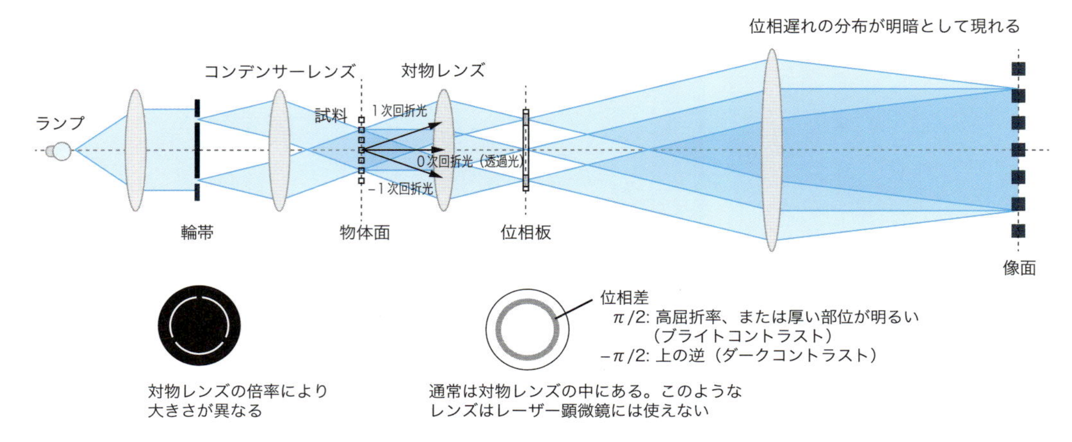

図 12　位相差顕微鏡の光学系

となる．このように考えると，位相物体を透過したあとの光は，元の光 $\sin\omega t$ に対して，$\delta\cos\omega t$ の光が加わったものとなっている [4]．

これを前出の吸収物体の場合と比べてみる．図 11 (c) に示すように吸収物体の場合は，物体を透過した光は，透過していない光に比べて，波の振幅が小さくなる．この振幅の減少により回折光が生まれ，その結果，像面で像（光の強度分布）を形成する．図 11 を見ると，位相物体を透過した光と吸収体を透過した光とは共通点がある．どちらの光も物体のどの部分を通過したかにより，位相差 δ，吸収係数 Δ により振幅が変化することである．このため，位相物体を透過した光（$\delta\cos\omega t$）も回折光を作り出す（図 11 b，d））．こう考えると，位相物体透過後の光も像を形成するように思えるが，位相物体の場合は回折光が $\cos\omega t$，透過光が $\sin\omega t$ となり，それらの位相の違いによって，像面に透過光との干渉縞が形成されず，観察像は形成されない（ただし，ピンボケの位置では明暗が現れる）．

位相物体を透過した光を使って観察像を作り出すにはどうすればよいのだろうか．位相差顕微鏡では透過光の位相を $\pi/2$（波長の 4 分の 1）だけずらすことで，これを実現する．図 12 に示すような光学系で試料を観察すると，対物レンズ後方では，回折光と透過光がうまく分離できる．この部位に位相板を配置すると，回折光と透過光の位相を同じにする（または逆にする）ことができ，その結果，位相物体における位相差に応じた観察像が形成される．

図 13 に示したように，透過光の位相を $\pi/2$ 進めると，像面上での回折光と透過光は干渉の結果，打ち消しあう．この場合は，位相差をもたらす部位（図 11 ではガラスの部位）が暗く観察される．逆に，透過光の位相を $\pi/2$ 遅らせると，回折光と透過光は干渉により強め合い，位相差をもたらす部位が明るく観察される．前者をダークコントラスト法，後者をブライトコントラスト法といい区別されるが，現在は，ダークコントラスト法が一般的に用いられる．図 10 (b) の HeLa 細胞の位相差観察像もダークコントラスト法によるものである．

上記では，位相の変化 δ が小さい場合の位相差顕微鏡の結像について述べた．δ が大きくなると式 (8) で示した近似は成り立たなくなるため，実際の位相分布と観察像のコントラストは一致しない．このため，厚みの変化の大きな試料，屈折率の空間変化が大きな試料の観察には注意す

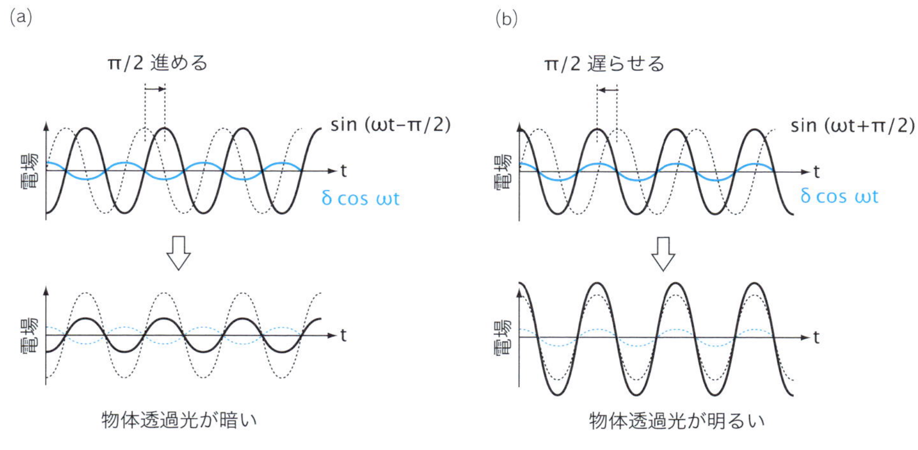

図 13　位相差顕微鏡におけるコントラストの形成

(a) ダークコントラスト法と (b) ブライトコントラスト法.

る必要がある.

Ⅵ 微分干渉顕微鏡（屈折率や厚みの分布を観察）[5]

微分干渉顕微鏡も試料の屈折率分布や厚さの分布を利用して，観察像を形成する．図 14 に微分干渉顕微鏡の簡単な原理図を示す．微分干渉顕微鏡では，照明光を 2 つに分け，それぞれを試料上の近接した別の 2 点を透過させたのち，再び合わせて干渉させる．近接した 2 点の屈折率や厚さが異なると，2 つの光に位相差が生まれ，その位相差により干渉後の光強度が決定される．試料に屈折率や厚みの分布がある場合には，透過光に与える位相差が試料上の各点によって異なるため，その結果，透過光の干渉後の強度が試料の観察像を与える．このような顕微鏡は，異なる 2 点の位相差の空間的な変化を，干渉を用いて可視化させるため，微分干渉顕微鏡と呼ばれる．

図 15 は微分干渉顕微鏡により観察した HeLa 細胞の像である．細胞の厚さもしくは屈折率が大きく変化している個所で像の明るさが変化していることがわかる．たとえ厚みの大きな部位（たとえば細胞核付近）でも，2 点間の位相差に変化がなければ像の明るさが変化しないため，

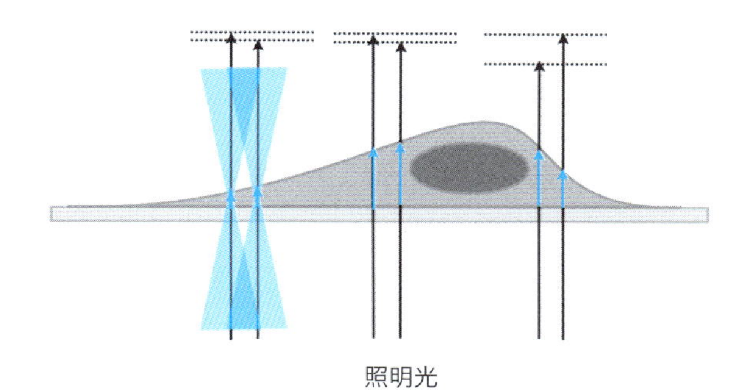

図 14　微分干渉顕微鏡の基本原理

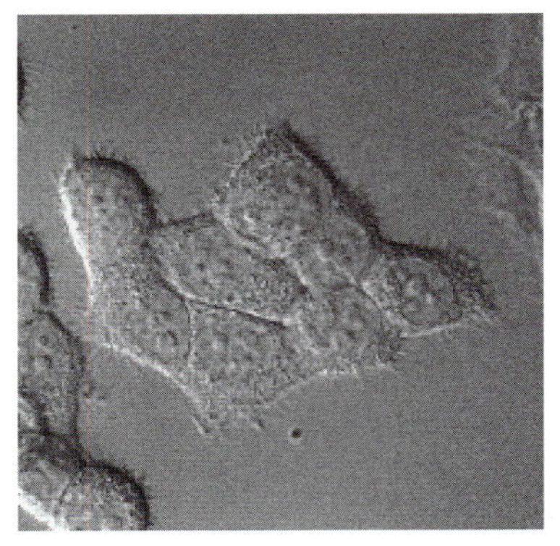

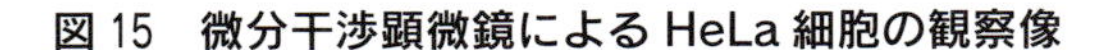
図 15　微分干渉顕微鏡による HeLa 細胞の観察像

平坦な像として観察されている．一方，細胞周辺の厚みの小さな部位でも，大きな位相変化が現れる場合には，明暗の差が大きく表れる．このように，微分干渉顕微鏡による観察像は，試料の位相分布の微分像となるため，その見た目のコントラストから実際の構造を判断するのはむずかしい場合がある．

Ⅶ 暗視野顕微鏡（微弱な散乱光を観察）[6]

暗視野顕微鏡は光を散乱する微小な物体の観察に適している．物体のサイズが波長よりも小さくなると，十分な量の光を吸収できなかったり，透過していく光に十分な位相変化をもたらすことができなくなるため，明視野顕微鏡や位相差顕微鏡，微分干渉顕微鏡で観察することがむずかしくなる．しかし，このような物体でも光を散乱するため，物体からの散乱光を検出して観察することが可能である．

図 16 に暗視野顕微鏡の原理を示す．暗視野顕微鏡は，試料を透過した光が対物レンズに入射しないよう，試料を照明する．このために，特殊なコンデンサーレンズ（暗視野コンデンサーと呼ばれる）を利用する．図 16 にあるように，暗視野コンデンサーからの光は物体面に対して大きな角度をもって入射するため，試料を透過した光は対物レンズに入射しない．しかし，試料内が散乱されると対物レンズに散乱光が入射し，像面に像が形成される．このため，暗視野顕微鏡による観察像は，光を散乱する物体が存在する部位が明るく輝き，物体が存在しない部分は暗い．これが暗視野顕微鏡と呼ばれるゆえんである．

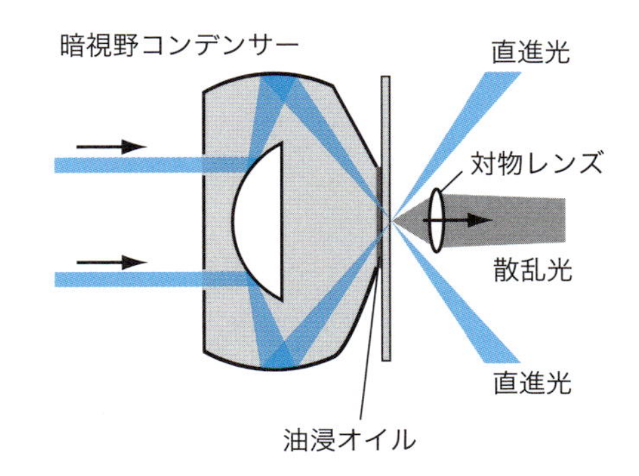

図 16　暗視野顕微鏡の光学系

図 10 (c) に暗視野顕微鏡で観察した HeLa 細胞の観察像を示した．細胞内に存在する小胞からの光散乱により画像が形成されていることがわかる．ナノ粒子などの，光の波長以下の微小な物体でも光を散乱さえすれば検出でき，その分布を画像化できる（このような試料は位相変化もほとんど与えないため，位相差顕微鏡を用いても観察はむずかしい）．しかし，検出が可能というだけであり，空間分解能（異なる 2 点を識別できるかどうか）は，式 (3) で示される限界を超えることはない．

文 献

［1］ Born, M., Wolf, E.（草川 徹 訳）：光学の原理 Ⅱ，第 7 版，p. 221，東海大学出版会，2006
［2］ 渋谷眞人・大木裕史：回折と結像の光学，p. 29，朝倉書店，2005
［3］ Bradbury, S., Evennett, P.: Contrast Techniques in Light Microscopy, p. 59, Bios Scientific Publishers, 2007
［4］ 久保田 広：波動光学，p. 418，岩波書店，1971
［5］ Bradbury, S., Evennett, P.: Contrast Techniques in Light Microscopy, p. 77, Bios Scientific Publishers, 2007
［6］ 同上, p. 30

［藤田克昌］

講義編

第9章
顕微鏡カメラの基礎

蛍光画像の取得には，蛍光の検出器としてカメラが必要であるが，使用するカメラの特性によって，画質や検出限界が左右される．一般的に，全視野蛍光顕微鏡を使ったイメージングシステムには，2次元（面）の検出器であるCCDがよく用いられてきたが，最近ではEM-CCD，sCMOSも用いられるようになってきている．本章では，これらのカメラについて，基礎的な知識，画像取得時に留意すべき技術的なポイントを解説する．また，レーザー走査型共焦点蛍光顕微鏡によく用いられている，点の検出器であるPMTについても，その原理の概要を解説する．

I CCDセンサーの種類と特徴

顕微鏡用カメラとして，CCDと呼ばれる光検出器が一般的によく使われてきた．CCDセンサーは，シリコン半導体であり，入射した光を信号電荷に変換するための画素（フォトダイオード）の集合体から構成される．1個1個の画素は，電荷を溜める井戸のようなもので，それぞれの井戸（画素）に入っている電荷を汲み出して（転送して）電気信号に変換する．入射した光を信号電荷に変換するセンサー部分の構造の違いにより，インターラインCCDとフレームトランスファーCCDの2種類に大別される．フレームトランスファーCCDは，個々の画素に溜まっ

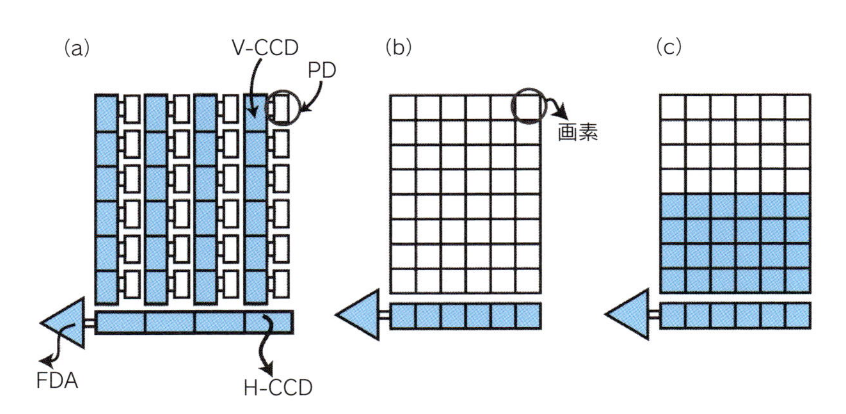

図1　CCD構成図

(a)インターラインCCD，(b)フルフレームトランスファーCCD，(c)フレームトランスファーCCD．白色が感光部，青色が遮光部．

た電荷を転送する方式の違いによって，さらに，フルフレームトランスファーCCDとフレームトランスファーCCDに区別される（図1）．それぞれのCCDの特徴について，以下に詳述する．

1．インターラインCCD

インターラインCCDは，図1(a)に示すように，各画素が信号を検出するためのフォトダイオード（PD）と呼ばれる感光部と，検出した信号電荷を転送するための遮光された垂直転送路（V-CCD）から構成される．検出された信号電荷は垂直転送路に転送されたのち，センサー最下部に配置された水平電荷転送路（H-CCD）へ，ラインごとに順次転送される．水平電荷転送路最終段には，信号電荷を電圧に変換するFDAアンプ（floating diffusion amplifier）が配置され，水平転送路内の信号電荷は信号電圧としてCCD外部へ1画素ずつ読み出される．インターラインCCDの構造的特徴として，画素面の60〜70%がアルミで遮光されていることがあげられる（図2a）．旧タイプのインターライン方式は，画素の面積に対して受け取る光量が少なくなるため，検出感度が低く，初期に作られた装置は顕微鏡観察には向かなかった．その後，各画素上に集光用のオンチップレンズを配置した新タイプ（図2b）が開発され，検出感度が飛躍的に向上することになった．この新タイプは，検出感度が十分に高いため，生物試料の顕微鏡観察に用いることができる．受光器の感度を表す絶対的な指標として量子効率（QE；quantum efficiency）がある．これはCCDに入射した光を信号電荷に変換する絶対効率を示すもので，この値が

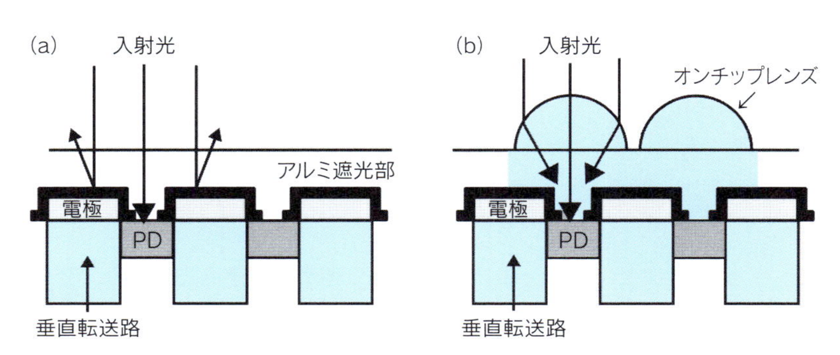

図2　インターラインCCD画素構造図

(a) 旧インターラインCCD，(b) ER-150インターラインCCD．

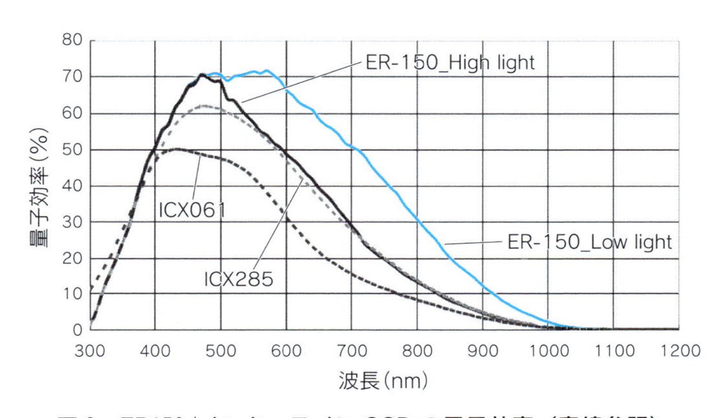

図3　ER150/インターラインCCDの量子効率（青線参照）

100% であれば，入射した光はすべて信号電荷に変換されるということを意味する．図 3 にインターライン CCD の例として ER-150 の量子効率を示す．最大で 70% の量子効率を有し，GFP（S65T の場合，蛍光極大波長 510 nm）から Cy5（蛍光極大波長 650 nm）まで，広い波長範囲で感度が高いことがわかる．インターライン CCD の特長は，フォトダイオードでの信号検出と，信号電荷転送，読み出しを同時に実行することができることである．そのため，不感時間のない連続撮影に適しており，ビデオレート（1 秒間に 30 枚）のような高速撮影に向いている．

2．フレームトランスファー CCD

フレームトランスファー CCD は，図 1 (b) に示すフルフレームトランスファー CCD と，図 1 (c) に示すフレームトランスファー CCD に区別される．構造的には，インターライン CCD のように垂直転送路がなく，画素の全面が感光部となっている．各画素は検出した信号電荷を転送するための転送路も兼ねているため，光の入射面が電荷転送用透明電極で覆われている（図 4 a）．

フルフレームトランスファー CCD は，フォトダイオードで検出された光が信号電荷に変換されたのち，順次，水平転送路へ転送されるが，転送中も常に光が入射し続けるため，電荷転送中は何らかの遮光が必要となる．この問題を回避するため，フレームトランスファー CCD が考案された．図 1 (c) に示すように，CCD の下半分のエリアをアルミなどで遮光し，上部の感光エリアで検出された信号電荷を高速で遮光エリアに転送してしまう方式である．インターラインと比べた場合，電荷の転送時間が長いため，転送中に入ってくる光が画像に重なってしまう現象が起こる．スメアと呼ばれるこの光の重なりがインターラインと比べて大きい．図 4 (a) にフレームトランスファー CCD の画素断面を表す．各画素上に配置された電荷転送電極が紫外～青の光

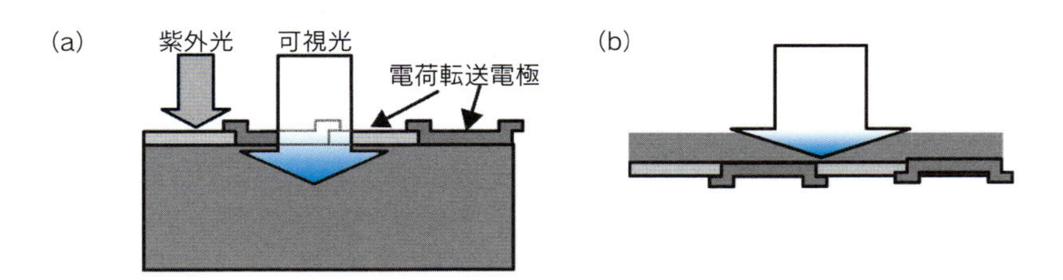

図 4　フレームトランスファー CCD 構造図比較

(a) 前面照射型フレームトランスファー CCD．CCD 転送電極での光の吸収が量子効率を下げてしまう．
(b) 背面照射型フレームトランスファー CCD．電極での光の吸収がなく，高い量子効率が得られる．

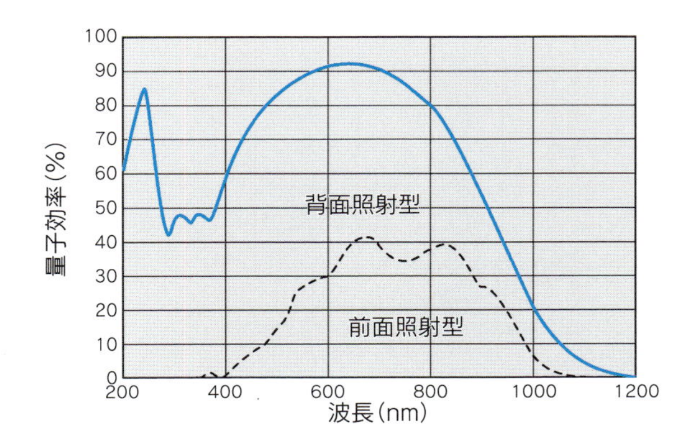

図 5　フレームトランスファー CCD の量子効率

浜松ホトニクス社製 CCD での比較．

を吸収するため，量子効率は最大でも40％前後となっている．量子効率を図5（前面照射型）に示す．この前面照射型フレームトランスファーCCDに対して，その後，図4(b)に示す背面照射構造が開発され，飛躍的に感度を向上させることが可能となった．背面照射型CCDは，500 μm近い厚みのシリコン基板を裏面から10～15 μmまで削り込み，CCDの裏面から光を入射させる構造となっている．この構造では，入射面には電荷転送電極が存在しないため，光がダイレクトにCCDに入射し，最大90％の非常に高い量子効率を達成することができる．そのため，発光観察の微弱な信号検出に広く使われている（図5，背面照射型）．

Ⅱ CCDカメラの選択

最適なCCDカメラを選択するためには，CCDのさまざまな特性を正しく把握することが非常に重要である．以下にカメラを選択していくうえで重要なCCDのノイズ特性，ダイナミックレンジ，暗電流について説明する．

1．CCDのノイズ特性

図6に示すように，同じサンプルを使ったにもかかわらず，得られる画質は大きく異なる場合がある．CCDのノイズ特性を正しく理解すれば，常に最適なカメラの選択ができるはずであり，その使い方も間違えることはないはずである．CCDのノイズは以下のように分類できる．

A．読み出しノイズ；*Nr*

前述したように，CCDの最終段には，信号電荷を電圧としてCCDセンサー外部に取り出すための信号電荷電圧変換アンプが存在する（図1aのFDA）．このアンプ内部で発生するノイズが読み出しノイズである．読み出しノイズは，暗状態（無信号入力時）における全画素信号出力のゆらぎ（標準偏差）で表される．読み出しノイズの主要因はリセットノイズ[*1]と呼ばれるもので

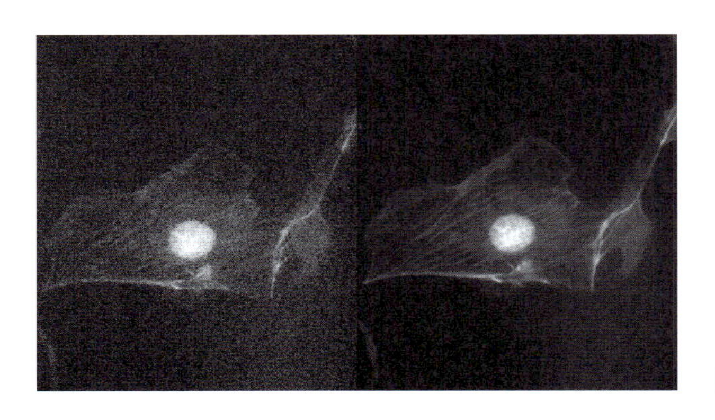

図6　CCDのノイズ特性による画質の差

＊1　CCD内の最終画素の電荷は，FDA内の浮遊容量（コンデンサ）に蓄えられることによって，電荷から電圧へ変換出力される．その後，次画素の読み出しのために，浮遊容量はリセットスイッチにて空にされる．リセットノイズとは，この画素ごとの毎回のリセットのばらつき（電荷の残留）によってゼロレベルがゆらぎ，画素ごとにばらつきとなって現れるノイズのことである．

あり，CCDセンサー外部に配置された電子回路にて除去することができる．この回路を使ったノイズ除去法は相関二重サンプリング法（CDS）と呼ばれる．読み出しノイズの有無や大きさは，FDAアンプの構成，CCDの読み出し速度，回路構成によって大きく左右される．読み出しノイズに関するデータは，高性能カメラでは，カタログに（*Nr* 値として）記載されている．画像として認識できるためには，検出する信号電子（*S*）とノイズによる電子数（*N*）の比（S/N比；式(4)を参照）が2倍以上になる必要がある．後述するように，暗い試料の場合は，この読み出しノイズが支配的になるので，この値が低いほうがより微弱な蛍光を捕らえることができる．

B．暗電流ノイズ；*Nd*

CCDには温度に依存して暗電流（*D*）が発生する．温度が低いと暗電流が少なく，温度が高いと多い（図7）．発生した暗電流は，画素上に電子を発生させる．その電子による電荷も，本当の信号の電荷と同じように読み出されるため，検出した信号電荷にノイズが付加されてしまう．とくに，サンプルが非常に暗く，長い時間の露光を必要とする場合，露光時間（*T*）に比例して暗電流も増加していくため，ノイズが増加することになる．したがって，ノイズの少ない画像を撮るためには，暗電流を低く抑えることが非常に重要である．図7に示すように暗電流は温度が上がると増加するので，CCDセンサーを冷やすと，暗電流によるノイズを減らすことができる．CCDを7～8℃冷却すると，暗電流は約1/2となる．暗電流のもつゆらぎを暗電流ノイズ（*Nd*）といい，以下の式で示される．*d* は，単位時間あたりに1画素から発生する電子数を，*T* は露光時間を表し，［エレクトロン/画素/秒］で表される．

$$Nd = \sqrt{D} = \sqrt{d \times T} \tag{1}$$

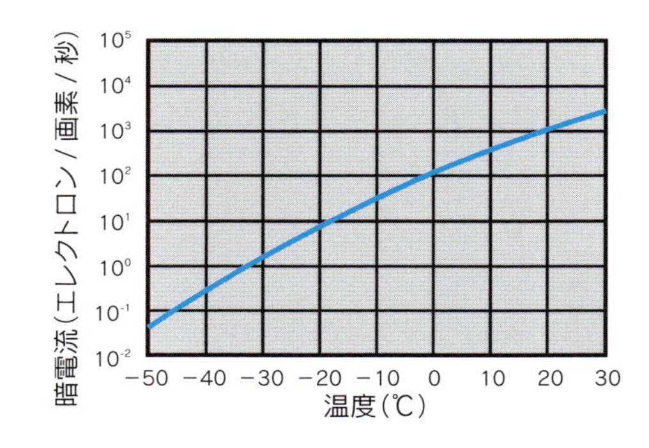

図7　暗電流の温度依存性
浜松ホトニクス社製S5466CCDの場合の暗電流例．

C．信号ショットノイズ；*Ns*

信号ショットノイズは，入射光子数の統計的ゆらぎによるノイズである．一般にノイズとして認識されることが少なく，前述の読み出しノイズや暗電流ノイズばかりが検討の対象となることが多い．しかし，比較的明るい観察の条件では，信号ショットノイズがノイズのおもな原因であることが多く，前述の読み出しノイズや暗電流ノイズはあまり考慮する必要がない．

CCDに入射する光子数（*P*）に量子効率（*Q*）を掛けた値がCCDで検出される信号電荷量（*S*）となり，信号ショットノイズ（*Ns*）はこの平方根で表される．

$$Ns = \sqrt{P \times Q} \tag{2}$$

これら 3 種類のノイズの総和はトータルノイズ（Nt）として以下の式となる．

$$Nt = \sqrt{Nr^2 + Nd^2 + Ns^2} = \sqrt{Nr^2 + d \times T + P \times Q} \tag{3}$$

S/N 比は，信号量とノイズの比率（信号/ノイズ）であり，画質を示す重要なパラメータである．信号電荷（S）は $P \times Q$ であり，S/N 比は次式で表される．

$$S/N = \frac{P \times Q}{\sqrt{Nr^2 + d \times T + P \times Q}} \tag{4}$$

この式をもとに，暗電流が十分に小さく露光時間一定の条件で図 8 を作成した．横軸を CCD に入射する光量（S），縦軸をトータルノイズ（Nt）として表している．この図からわかることは，入射光量が少ない領域では（暗い試料の場合には），読み出しノイズが支配的となり，カメラの特性が画質を大きく左右するということである．一方，ある一定量以上の光が入射すると（試料が明るい場合は），信号そのものがもつ信号ショットノイズが支配的になり，読み出しノイズは無視することができる．これは，明るい試料を観察する場合には，画質はカメラの特性に左右されないことを示している．また，図 9 に示すように，暗電流をパラメータとして，露光時間を横軸にとると，CCD の暗電流（カメラの冷却温度）がノイズの特性に大きく影響することがわかる．画像取得例として CCD の冷却温度を－10℃，－30℃，－50℃ と変え，100 秒の露光を行ったときのテストチャートの画像取得例を図 10 に示す．図 11 は，画像中の縦のラインの信号輝度プロファイルを示す．この輝度プロファイルからわかるように，冷却を十分に行うと暗電流ノイズを抑えることができ，本来の信号の微弱な変動を検出することが可能となる．

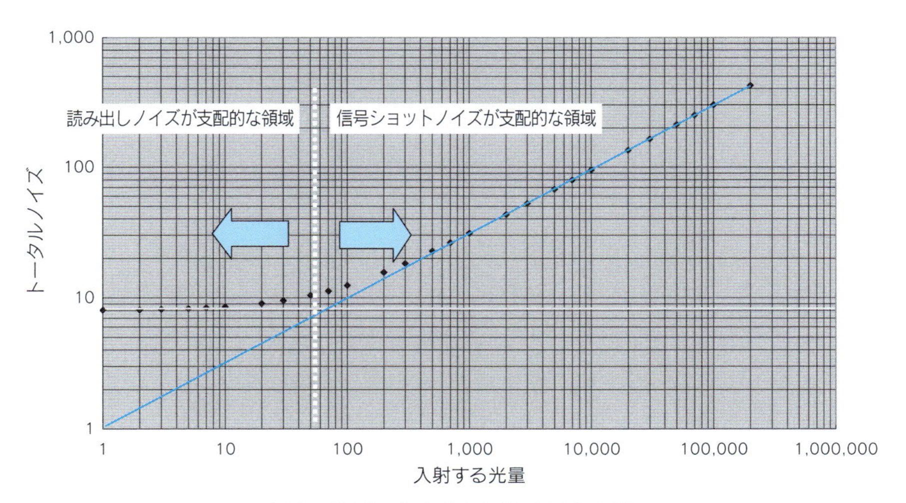

図 8　CCD ノイズの入射光量依存性

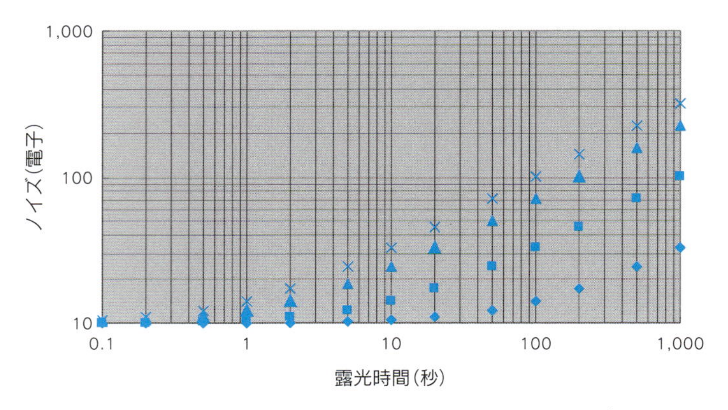

図 9　暗電流をパラメータにした場合の CCD 暗電流のノイズ特性への影響

◆：$D = 1$，■：$D = 10$，▲：$D = 50$，×：$D = 100$（エレクトロン/画素/秒）．読み出しノイズ $Nr = 10$ エレクトロンでの計算例．

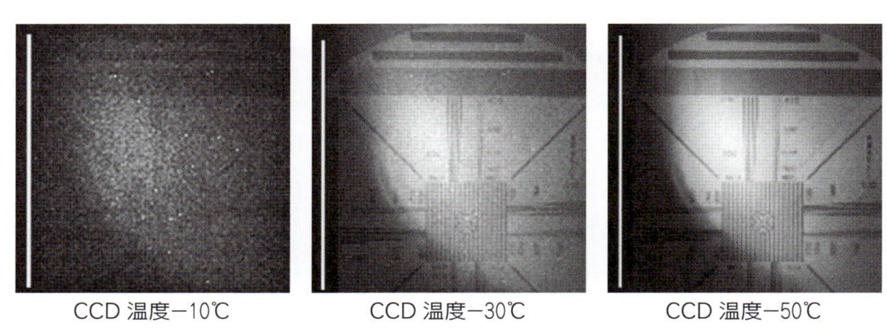

図 10　浜松ホトニクス社製 CCD S5466 の 100 秒蓄積画像例

白ライン下にグレースケールチャートが存在．

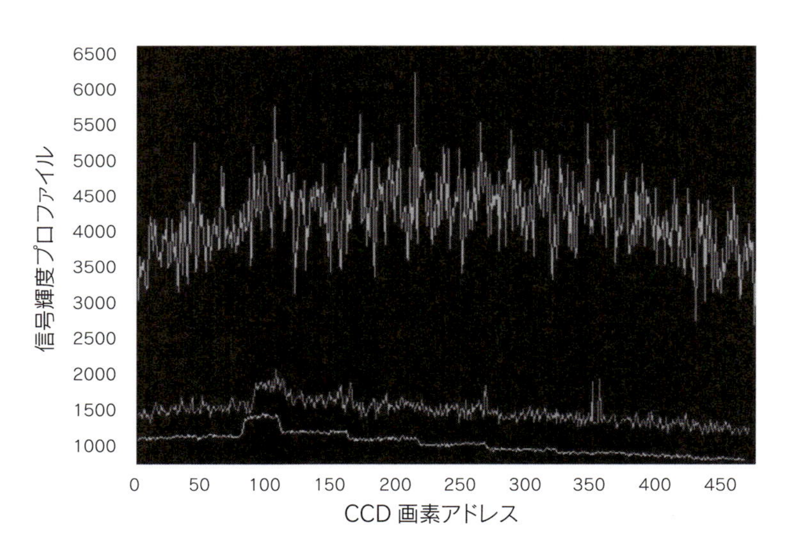

図 11　図 10 中の各温度の画像輝度サンプル

上から，−10℃，−30℃，−50℃．

2．ダイナミックレンジ

ダイナミックレンジとは，カメラが扱うことができる光の強度を定義するものである．CCD が一度に処理することができる総電荷量（飽和電荷量）と読み出しノイズの比で表される．例として，飽和電荷量が 300,000 エレクトロン，読み出しノイズが 10 エレクトロンの場合，ダイナミックレンジは 30,000：1 となる（図 12 a）．ただ，この結果が 29,999 と 30,000 の信号レベルの差を検出できることを意味するのではなく，カメラとして 1～30,000 の比率の光を入射できるという事実を表しているにすぎない．また，前述したように，S/N 比は，検出した信号とその信号がもつノイズの割り算として表されるが，仮に信号電荷量を 300,000 エレクトロンとしたときは信号電荷量の平方根の 548 エレクトロンの信号ショットノイズが存在するため，S/N 比は 300,000：548 となり，およそ 550：1 となる（図 12 b）．画質（見た目の美しさ）には，S/N 比の高さが関係し，ダイナミックレンジの値は関係しない．カメラの選択の際に，ダイナミックレンジの値と S/N 比の値を混同しないことが重要である．また，ダイナミックレンジが 30,000：1 の値であるからといって，30,000：1 の比率の光を同じ 1 枚の画像の中で取得しようとしても，実際には光学系での光の反射，拡散，また，蛍光画像の場合は，サンプルからの自家蛍光などが存在し，これらがダイナミックレンジを制限してしまい，現実的には数千：1 程度しかない．

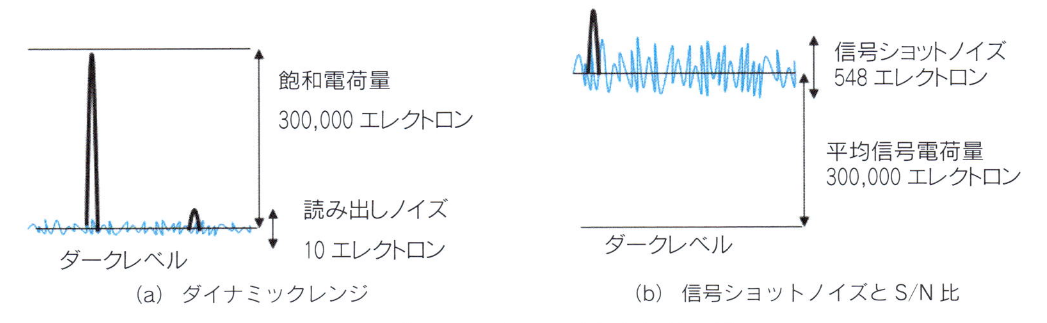

(a) ダイナミックレンジ　(b) 信号ショットノイズと S/N 比

図 12　ダイナミックレンジと S/N 比の例

以上のように，カメラとしての検出限界を決定する要因として，読み出しノイズ，暗電流ノイズ，信号ショットノイズなどがあり，観察条件（サンプルの輝度）に合わせて適切なカメラの選択が必要となる．とくに，前述したように，ダイナミックレンジは飽和電荷量と読み出しノイズの比のみで表されるため，ノイズの絶対値が考慮されていない．したがって，ダイナミックレンジが大きいカメラが高性能とはいえず，カメラ選択時には読み出しノイズの絶対値（検出限界），対象とするサンプルの輝度レベル（ダイナミックレンジ）の両面から検討する必要がある．

Ⅲ 高感度カメラ

細胞のもつさまざまな機能を解明していくうえで、生細胞の蛍光イメージングは重要であり、高感度カメラの重要性も増している．ニポーディスク共焦点顕微鏡や全視野顕微鏡では，電子増倍型 CCD（EM-CCD）や科学計測用 CMOS（sCMOS）が検出器として使われる．また，スキャニングタイプの共焦点顕微鏡では，おもに，光電子増倍管（PMT）が検出器として使われる．そのような検出器には，高速性と高感度特性の両立が強く求められている．以下に，EM-CCD，sCMOS，PMT について説明する．

1．電子増倍型 CCD（EM-CCD）の特徴

通常の CCD では，微弱な光を検出する場合には，読み出しノイズが大きな問題となる．この問題を解決するために開発されたのが，内部に検出信号電荷増倍機構をもつ EM-CCD と呼ばれるセンサーである．

A. EM-CCD の特徴

図 13 に EM-CCD の原理を示す．(a) の通常のフレームトランスファー CCD に対し，水平電荷転送路（H-CCD）に電荷増倍レジスタを取り付けてあり，この部分で信号電荷の増倍を行う．増倍原理は，電荷の電離衝突（impact ionization）を利用するもので，一般的な電荷転送時の供給電圧（5〜10V）より高い電圧（30〜40V）を供給することによって，この電場中でもう 1 個の電子（1 対の電子—正孔対）を発生させる．1 段の転送で電離衝突が発生する確率（g）は 1% 前後しかないが，その段数を 500 段以上に増やすことで，その段数（n）の乗数が増倍の結果として得られる（1,000〜2,000 倍）．この増倍ゲイン（M）を求める式を以下に示す．

$$M=(1+g)^n$$

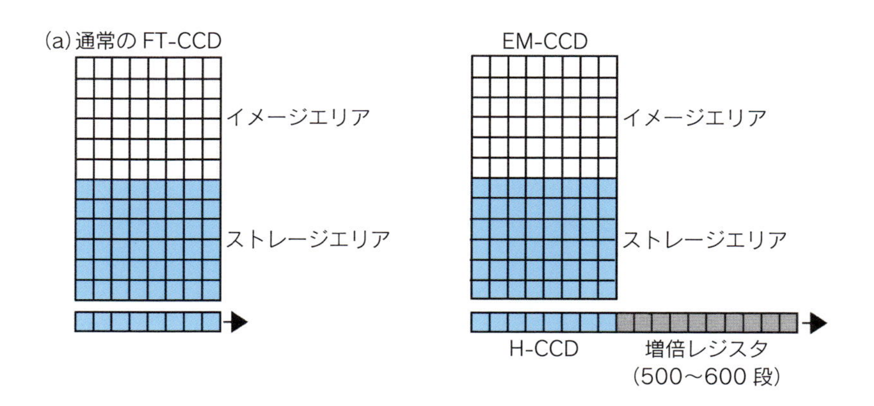

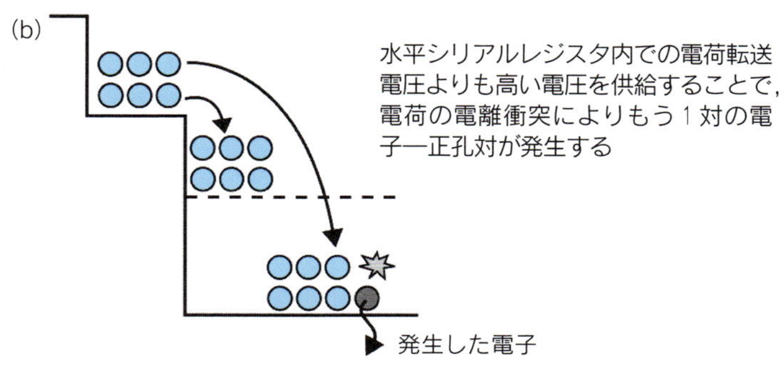

図 13　EM-CCD の増倍原理

EM–CCD の大きな特徴は，微弱な信号電荷が FDA アンプで電荷電圧変換される前に，増倍ゲイン M によって増倍されることである．増倍ゲインにより信号電荷を M 倍して FDA アンプのノイズ以上にすることは，読み出しノイズの主要因である FDA アンプのノイズを $1/M$ 倍に下げることに相当する．増倍ゲイン M を大きく設定することで相対的に読み出しノイズを 1 エレクトロン以下にできることになり，結果としてシングルフォトンレベルの信号が検出可能となる．この増倍ゲイン M は，電荷増倍レジスタに供給する電圧を可変することで 1 倍～数千倍の範囲でコントロールできることも EM–CCD の大きな特長である．したがって，増倍機能（数千倍）による微弱光検出用途だけでなく，増倍機能のない通常の CCD（1 倍）として明視野観察にも使うことができるため，幅広い用途に対応できる．

EM–CCD の増倍ゲイン M は温度の関数でもあるため，センサーの温度変動が増倍ゲインの変動となって現れる．図 14 からわかるように，増倍レジスタへの供給電圧が同じでも，温度が約 70℃ 変動すると，増倍ゲインが 10 倍変動する．カメラとしての温度コントロールの精度，安定度は非常に重要な問題であるので，カメラを選択するうえで常に考慮すべきである．

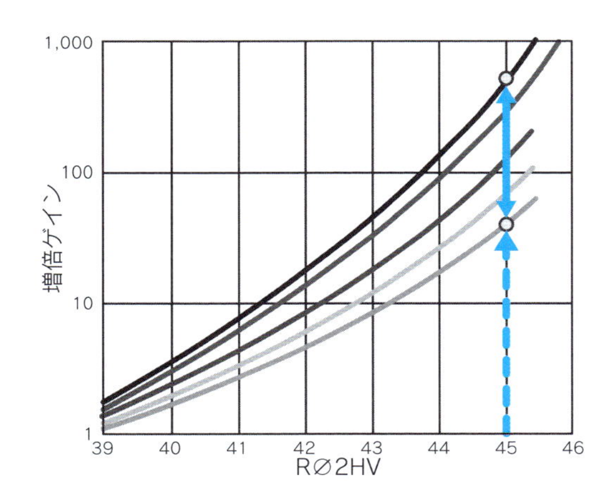

図 14　増倍ゲインの温度依存性

センサー温度：上から，20℃，0 ℃，－20℃，－40℃，－50℃．センサー温度が 70℃ 変化すると増倍ゲインは 10 倍変化する．

B. EM–CCD のノイズ特性と S/N 比

増倍を行わない場合は，EM–CCD のノイズ特性は第 II 節の(1)～(4)式で示すように通常の CCD とまったく同じであるが，増倍を実行した場合には，電離衝突発生確率に由来した過剰雑音（エクセスノイズ）が付加される．過剰雑音係数（F）は，増倍レジスタ入力信号の分散 σ_{in} と増倍レジスタ出力信号の分散 σ_{out} の比と，増倍ゲイン M から，以下の式で表される．

$$F^2 = \frac{{\sigma_{out}}^2}{(M\sigma_{in})^2} \tag{5}$$

また，過剰雑音を考慮したときのトータルノイズ Nt_{em} の計算式を以下に示す．

$$Nt_{em} = \sqrt{Nr^2 + F^2 M^2 (d \times T + P \times Q)} \tag{6}$$

信号電荷は検出信号 $P \times Q$ を増倍（M）した値となり，S/Nt_{em} は式(1)，(2)および(6)から，以下の式で表される．

$$S/N_{em}=\frac{P\times Q\times M}{\sqrt{Nr^2+F^2M^2(d\times T+P\times Q)}}=\frac{P\times Q}{\sqrt{\frac{Nr^2}{M^2}+F^2(d\times T+P\times Q)}}$$

$$=\frac{P\times Q}{\sqrt{\frac{Nr^2}{M^2}+F^2(Nd^2+Ns^2)}}=\frac{P\times Q}{\sqrt{\left(\frac{Nr}{M}\right)^2+(F\times Nd)^2+(F\times Ns)^2}} \quad (7)$$

この式から判るように，EM–CCD は増倍ゲインを使うことにより，読み出しノイズ Nr を $1/M$ 倍に小さくして S/N 比を上げることができるが，同時に信号ショットノイズと暗電流ショットノイズがエクセスノイズにより F 倍に大きくなるので S/N 比が下がってしまうカメラである．通常の CCD の S/N 式 (4) と EM–CCD の S/N 式 (7) から，横軸に 1 画素への入射フォトン数，縦軸に S/N 比をとり，図 15 に示す．このグラフから得られる最も重要な点は，入射フォトン数によって S/N 比が交差する点があることである．この図からわかることは，入射フォトン数が約 100 フォトンを下回るような条件下では，EM–CCD で増倍することが S/N 比の向上につながるが，約 100 フォトンを超えるような入射光量域では，増倍によってむしろ画像 S/N 比が劣化するということである．したがって，後者の場合には増倍せず，通常の CCD モードで読み出すべきである．この例からもわかるように，増倍機能をもったセンサーは特性を十分に理解したうえで，CCD モードと EM–CCD モードを使い分けることが重要である．

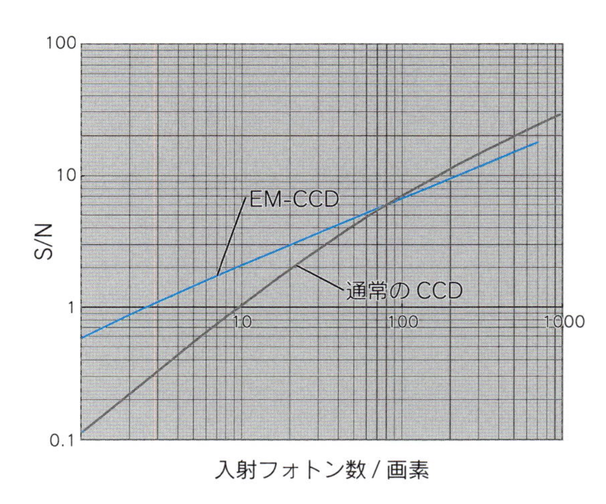

図 15　通常の CCD と EM–CCD の入射フォトン数に対する S/N 比の変化

C. EM–CCD のダイナミックレンジ

このように，EM–CCD は，増倍ゲインを上げることでエクセスノイズを付加しながら，読み出しノイズを下げて S/N 比を上げているカメラである．読み出しノイズが 1 エレクトロン以下と小さいためにダイナミックレンジの計算上の値は高いが，増倍ゲインが高いときには，飽和電荷量が小さくなることに注意する．たとえば増倍ゲインを 1,000 倍まで上げてしまうと飽和電荷量は約 400 エレクトロンまで小さくなり，増倍ゲインを上げるほど扱える電荷量が少なくなり，実質的なダイナミックレンジは小さくなるために，むやみに増倍ゲインを上げるべきではない．

2．科学計測用 CMOS カメラ（sCMOS）の特徴

A. sCMOS の特徴

図 16 に代表的な sCMOS の構造（図 16 a）と量子効率（図 16 b）を示す．sCMOS の特長は，各画素内にフォトダイオードと FDA を有すること，水平画素数と同数の読み出し回路を搭載し，全水平画素を同時に読み出せることである．すなわち，従来の CMOS や CCD では，1 個の検出器に 1 個の読み出し回路であったのに対し，sCMOS の場合は 1 個の検出器に数千個の読み出し回路が内蔵されている．垂直 1 ラインごとの読み出し回路のクロックスピードを遅くすることで約 1 エレクトロンという低い読み出しノイズを実現しているが，その一方で，数千個の水平画素を同時に読み出すことで高速フレームレートも実現している．代表的なインターライン CCD は読み出しノイズが約 6 エレクトロン，130 万画素で毎秒 8 枚のフレームレートであるのに対し，sCMOS は，読み出しノイズは約 1 エレクトロン，400 万画素で毎秒 100 枚のフレームレートで読み出すことができる．低ノイズに加え，高速，高解像度など感度と速度とを両立させることができるので，EM-CCD に変わり蛍光画像観察用カメラとして急速に普及しつつある．

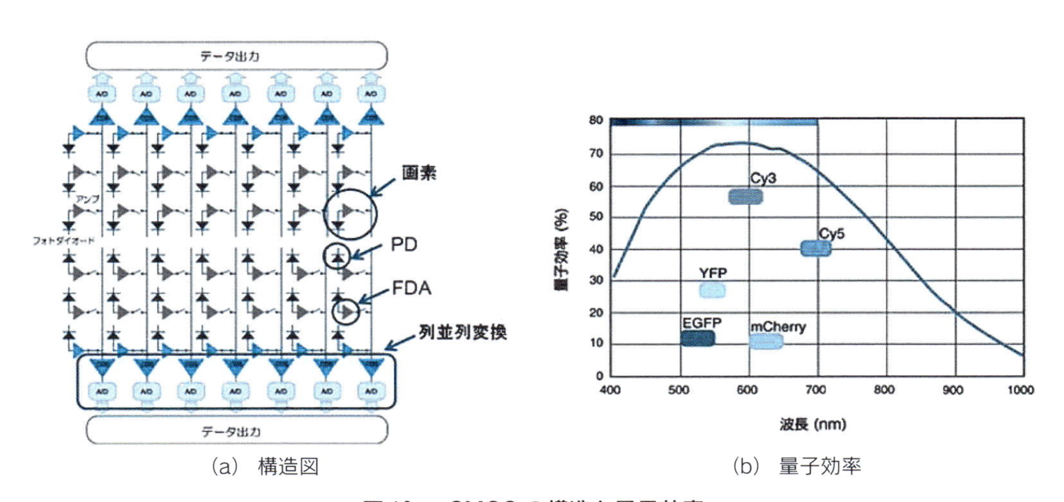

(a) 構造図　　(b) 量子効率

図 16　sCMOS の構造と量子効率

B. sCMOS のノイズ特性，S/N 比，ダイナミックレンジ

このように sCMOS は，数千個の読み出し回路を内蔵することで高いフレームレートを確保しつつ，読み出しスピードを遅くして読み出しノイズを低減させたカメラである．sCMOS のノイズおよび S/N 比の式は，CCD と同じで，式(3)，(4)で表わされる．EM-CCD のような増倍部を持たないので，sCMOS にはエクセスノイズは発生しない．読み出しノイズが小さいことから，ダイナミックレンジが非常に大きく，さらに EM-CCD のようにダイナミックレンジが増倍ゲインに依存しないため非常に扱い易い．

C. sCMOS と EM-CCD とのカメラの選択

sCMOS の進化によって，EM-CCD と sCMOS をどのように使い分けるかが重要なテーマとな

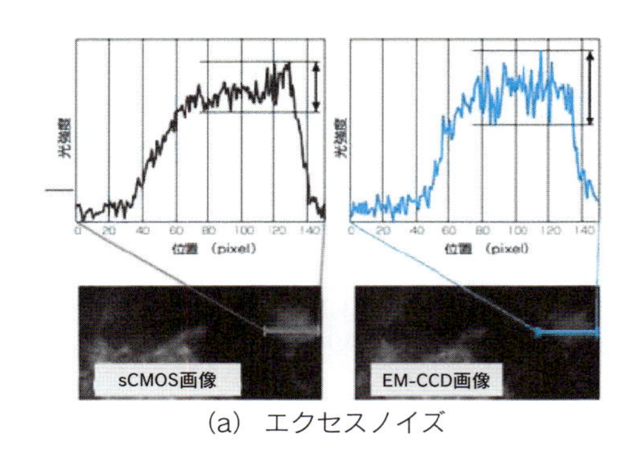

(a) エクセスノイズ

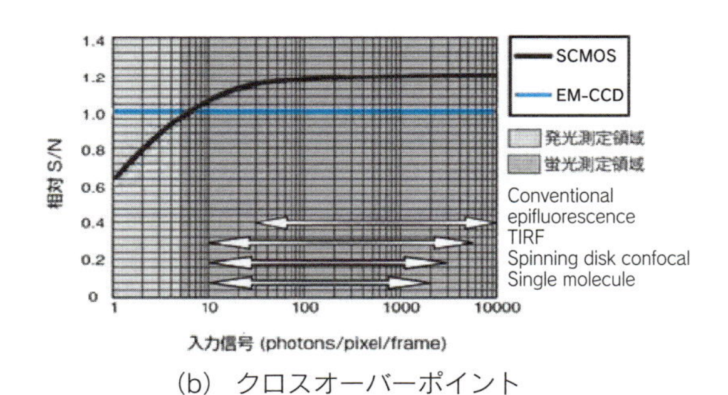

(b) クロスオーバーポイント

図 17 sCMOS と EM-CCD との比較

っている．画素数とフレームレートは明らかに sCMOS が優れているが，果たして，S/N 比という観点ではどうであろうか．両撮像素子において認識すべき重要な点は，EM-CCD のエクセスノイズである．前述したように，EM-CCD ではエクセスノイズによって信号ショットノイズと暗電流ノイズが増加し，S/N 比が低下する．図 17 (a) に実際の細胞の撮像例を示す．細胞のあるエリアの信号輝度プロファイルを示すが，EM-CCD ではエクセスノイズによって，画像輝度の高いエリアの信号のばらつきが大きくなっている．

図 17 (b) に，両撮像素子のクロスオーバーポイントを示す．これらは波長が 553 nm において，リレーレンズを使用し，サンプル上でのピクセルサイズを揃えたと仮定して計算されたものである．EM-CCD の S/N 比を 1 としたときに相対的な sCMOS の S/N 比を示すもので，1 画素あたり数～10 フォトンを境として，それよりも光量の多い用途では，sCMOS の方が得られる画像の S/N 比が良い．図 17 (b) は背景信号（自家蛍光や光学系内部の反射など）が無い場合であり，実際の背景光が存在する領域では，クロスオーバーポイントはさらに少ない入射光量にシフトするため，ほぼ全ての顕微鏡イメージングで sCMOS は優れた特性を示すことになる．しかし発光などの極微弱光観察や特定の蛍光サンプルの観察で背景光が極端に低い場合では，EM-CCD が有利となる．

3．光電子増倍管（PMT）

共焦点顕微鏡の検出器として，光電子増倍管と呼ばれる増倍機構を持った真空管がよく使われる．共焦点顕微鏡では，画像は点の情報として撮影され，その点を 2 次元にスキャンすることによって面の情報とする（第 2 章「共焦点顕微鏡の基礎」を参照）．この方式では，一般的には，面のカメラである CCD は用いられず，点のカメラである PMT が用いられる．以下に，PMT の特性を述べる．

A. 光電子増倍管のノイズ特性，S/N 比，ダイナミックレンジ

光電子増倍管の原理を図 18 に示す．光電子増倍管に入射したフォトンは光電面で電子に変換され，各段のダイノード電極にて 2 次電子増倍され，最終ダイノードを介して電流として読み出される．

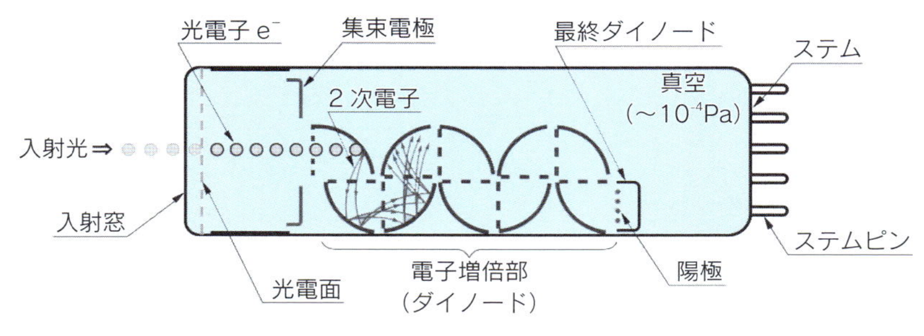

図 18　光電子増倍管の構造図

光電子増倍管の信号量は，光電面電流 Ik にゲイン G を掛けた値であり，そのときのノイズは

$$N = G \times \sqrt{2 \times e \times Ik \times NF \times B}$$

(e：電子の電荷量，B：読み出し系の帯域幅，NF：電子増倍雑音指数)

で表される．よって，S/N 比は

$$\frac{S}{N} = \sqrt{\frac{Ik}{2 \times e \times NF \times B}}$$

となる．

この式から判るように，S/N 比は光電面電流 Ik，つまり入射フォトン数と量子効率の積によって決まるため，ゲインに依存しない．つまり，入射フォトン数が少ない状態で出力信号輝度を上げるためにゲインを増倍しても S/N 比は変化しない．それどころか，ゲインを必要以上に上げると扱える信号電荷量が小さくなり，実質的なダイナミックレンジを下げることになってしまう．

同時にこの式から，入射フォトン数の増加による S/N 比の向上は 1/2 乗で改善され，S/N 比の高い画像を取得するためには少しでも多くのフォトンを入射させることと，量子効率の高い PMT を使用することが有効であることが判る．また S/N 比の向上には量子効率の高い PMT を使用することも有効であることが判る．従来はマルチアルカリ光電面の PMT が主流であったが，最近では量子効率が数倍高いガリウムヒ素リン（GaAsP）光電面の PMT が普及している．

さらに最近では，PMT に変わり HPD（Hybrid Photo-Detector）と呼ばれる検出器が使用されることがある．HPD はダイノードの構造を持たずに，電子を直接的に半導体へ打ち込むことで電子増倍させる方式の検出器である．HPD の特徴は増倍ゆらぎがきわめて小さいこと，すなわち電子増倍雑音指数 NF が 1 にきわめて近いことであり，これにより S/N 比の高い画像が得られる．

まとめ

以上，CCD，EM-CCD，sCMOS，PMT などの構造的特徴，ノイズ特性，ダイナミックレンジ，S/N 比などについて説明を行ってきた．これらの諸特性の理解は，最適なセンサー，カメラの選択，適切な観察条件の設定，撮られた画像データの正しい評価につながるために重要である．

［伊東克秀・丸野 正］

第10章 ノイズ除去法

生細胞観察では，励起光の照射が細胞を損傷するため，励起光をできる限り減らすことが要求される．本稿では，画像処理を用いてノイズを除去することにより，画質を維持しながら，励起光の照射量を100倍以上低減させることができる方法を紹介する．

I ノイズの種類

励起光を減らすと蛍光量も減少し，蛍光画像がノイズに埋もれて見えなくなる．ノイズを減少させることができれば，本来の蛍光画像を得ることができる．ノイズの原因は，蛍光物質に由来するものと検出器（カメラ）に由来するものがある．表1に，ノイズの種類と信号の特徴をまとめた．検出器のノイズについては，第9章「顕微鏡カメラの基礎」に詳述されている．

蛍光物質に由来するノイズには，信号ショットノイズ（光子ノイズ）がある．これは，発光体がある統計的な確率で光子を放出すること（統計的ゆらぎ）によるノイズである．蛍光色素の場合には，顕微鏡観察時の励起によって蛍光がでるが，ここでいう信号ショットノイズは，とくに蛍光に特化したものでなく，光子がもつ粒子性に由来する一般的な性質である．信号ショットノイズの量は，光子数の平方根となる．つまり光子が100個あるときは10個分のゆらぎが生じ，1万個のときは100個分のゆらぎが生じる．

検出器に由来するノイズのほとんどは，暗電流ノイズと読み出しノイズである．暗電流ノイズは，検出器内に発生する電流によるノイズであり，その発生の度合いは温度に依存する．したがって，検出器の温度を冷やすと暗電流ノイズを減少させることができる．励起を抑えた生細胞イメージングのように入射光子数が少ないときに，とくに問題となるノイズは読み出しノイズである．これは，入射光のアナログ信号をデジタル信号に変換するときに生じるノイズで，通常は検出器のスペックシートにその量が記載されている．検出器に由来するノイズは，顕微鏡画像が得

表1　蛍光顕微鏡のノイズの種類

種類	発生源	防止策	統計分布
光子ノイズ（信号ショットノイズ）	蛍光分子	視野絞り，二光子，共焦点顕微鏡などで余計な蛍光を光学的に除く	ポワソン
暗電流ノイズ	検出器	水冷や空冷の検出器，短時間の露光	ポワソン
読み出しノイズ	検出器	sCMOS，EM-CCD など	ガウス

られた後に加算される値である．

顕微鏡観察では，本来の試料の像を i，観察された像を o，PSF を h とすると，

$$o = i * h \tag{1}$$

と表現できる（* はコンボルーション）．ノイズ除去では，一般にノイズを n として，

$$o = i * h + n \tag{2}$$

というモデルが使用される．しかし，信号ショットノイズ s と，検出器のノイズ n を別々に考慮すると，

$$o = (i + s) * h + n \tag{3}$$

と表現できる．これらのノイズは，異なるステップで加算されるだけでなく，統計分布も異なっている（表 1）．

Ⅱ フィルター処理の基本

画像のフィルター処理を概念的に説明すると，PSF でぼやけた顕微鏡像にノイズが足された画像を，さらにもう一段階の伝達関数（g）で変化させる作業と言える．数式(2)のモデルを用いると，

$$o' = (i * h + n) * g \tag{4}$$

と表現できる．この作業により n を減少させる伝達関数 g をノイズ除去フィルターと呼び，具体的に以下にその性質を説明する．ノイズ除去フィルターは，処理方法により，空間領域で行うフィルターと，周波数領域で行うフィルターに分けることができる．

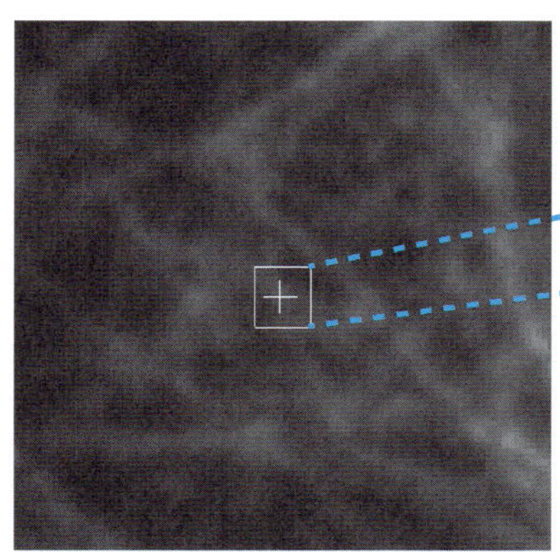

	83	84	85	86	87	88	89	90	91	92
257	2702	2805	2804	2606	2093	1981	1930	1882	1998	1997
256	2618	2754	2792	2780	2281	2016	1918	2005	1942	1790
255	2823	2781	2823	2782	2487	2106	2164	1983	1827	1667
254	2500	2819	2775	3020	2794	2703	2255	2133	1999	1758
253	2295	2474	2694	3099	3168	2820	2464	2381	2106	2091
252	2034	2217	2439	2987	3089	2849	2691	2583	2523	2320
251	2063	1983	2290	2746	2820	2782	2658	2452	2311	2571
250	1981	1904	2201	2486	2669	2710	2574	2384	2328	2384
249	2067	2037	2220	2367	2583	2676	2533	2268	2524	2407
248	1949	2047	2182	2601	2630	2695	2478	2552	2599	2513
247	2138	2236	2325	2497	2637	2692	2669	2797	2852	2675

図 1 メディアンフィルター

左の画像の一部を数値で表すと，右の表になる．中心のピクセル（黒バックに白地のピクセル）の値を，3×3 の領域（青い四角）に含まれる数値（表の下に数値順に列挙）のメディアン（中央値）に置換する．この操作を，全てのピクセルについて行う．

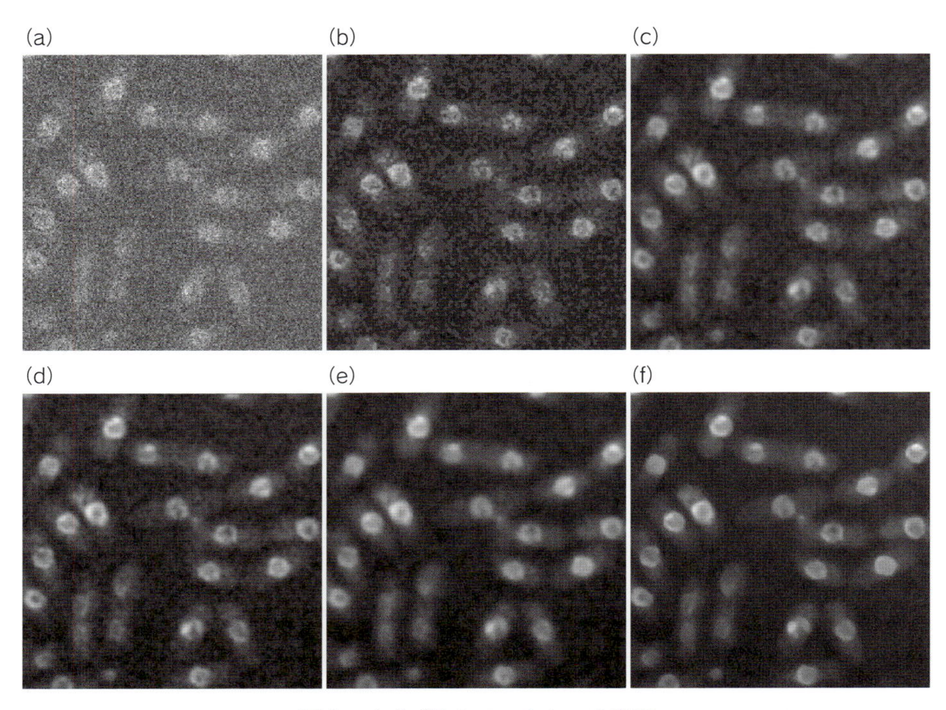

図 2　ノイズ除去フィルターの効果

分裂酵母の核膜孔複合体を構成する GFP 融合タンパク質の 3 次元画像を各種ノイズ除去フィルターで処理し，中心の焦点面を比較．(a)元の画像．(b)メディアンフィルター（ウィンドウサイズ 3×3)．(c)ガウシアンフィルター（カーネルサイズ 3×3，ガウス分布の幅（標準偏差）＝1，3 回反復)．(d)バターワースフィルター（遮断周波数＝最大周波数の 30%)．(e)トータルバリエーション（重み付け量＝10，繰返し演算を終了するエラー基準＝0.002)．(f) ND-Safir．

空間領域で処理する空間フィルターの代表例は，メディアン（Median）フィルター（図 1，図 2 b）である．メディアンフィルターは，3×3 ピクセルなど小さな領域ごとにメディアン（中央値）を算出し，その領域の中心ピクセルの値をメディアンに変更するフィルターである．フィルターは，3×3 の領域を画像の端から端まで，1 ピクセルごとに動かして計算を行う．

また，空間フィルターの別の例として，ガウシアン（Gaussian）フィルター（図 2 c，図 3）がある．ガウス分布の輝度分布を持つ画像とコンボルーションすることにより，輝度の重み付けを滑らかに分散させる方法である．それによって，画像全体を平滑化することができる．3×3 ピクセルのガウス分布をもつ図 3（中央）のような行列（マスクやカーネルとも呼ばれる）と画像をコンボルーションさせる．コンボルーションは，カーネルと 3×3 の画像領域を掛け合わせた後（図 3 を参照)，全ピクセル（この場合は 3×3）の輝度を足し合わせた値を中心ピクセルの値とし，これを画像の端から端まで，1 ピクセルごとに動かして計算を行う（図 3)．

周波数領域で処理するフーリエフィルターは，特定の周波数を抽出するために用いる（画像の周波数は，第 4 章コラム 2 を参照)．顕微鏡の画像情報は低周波に偏っているが，ノイズは低周波から高周波まで一様に存在するため，バターワース（Butterworth）フィルターのような低周波を強めるフィルターを使うことによってノイズを減らすことができる（図 4，図 2 d)．このように低周波の信号を保持するフィルターは「ローパスフィルター」と呼ばれ，その他のフーリエ

2775	3020	2794	2703	2255
2694	3099	3168	2820	2464
2439	2987	3089	2849	2691
2290	2746	2820	2782	2658
2201	2486	2669	2710	2574

x

1/16	2/16	1/16
2/16	4/16	2/16
1/16	2/16	1/16

=

図 3　ガウシアンフィルター

画像（左）の 3×3 ピクセルに，ガウシアンフィルターの 3×3 コンボルーションカーネル（中央）を掛け合わせて足し合わせた数値を，フィルター後の画像（右）の中心ピクセルに設定する．この作業を全てのピクセルで行う．コンボルーション後も画像全体の蛍光強度を保つ必要があるので，カーネルの全ピクセルの輝度値の合計を 1 にするために，カーネル内の分子の合計値（ここでは 16）で割った．

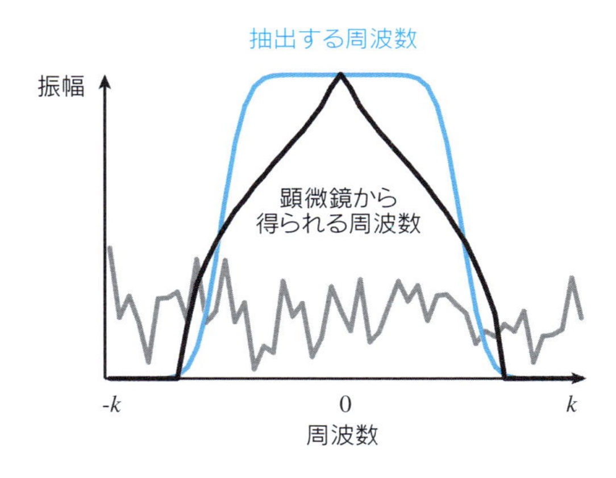

図 4　周波数分布を変化させるバターワースフィルター

横軸は画像の周波数であり，原点 0 から両側に離れるに従い高周波になる．縦軸は蛍光強度を表している．顕微鏡から得られる周波数（黒）は低周波に多く，高周波ではほぼ 0 になる（ここでは対数表示をしているので，実際には高周波の情報はさらに少ない）．一方，ノイズ（灰色）はランダムな性格のために，すべての周波数に一様に存在する．したがって，高周波の輝度情報はすべてノイズに起因している．バターワースフィルター（青）は，画像の周波数を，原点 0 を中心にして台形状に切り取る．この方法により，顕微鏡が取得できる低周波の情報を保持しながら，ノイズの多い高周波の情報を捨てることができる．

フィルター（ハイパスフィルターやバンドパスフィルター）と区別される．また，フーリエ変換によりコンボルーションが積になる（第 4 章「3 次元イメージング」参照）ので，計算が簡単になる．その結果，上記のガウシアンフィルターなどの空間フィルターと目的の画像をフーリエ変換し，掛け合わせた後，逆フーリエ変換することによって，高速に画像処理を行うことが可能となる．

Ⅲ 高度なノイズ除去法

上記のフィルターは，蛍光顕微鏡画像に特化した画像処理ではなく，一般的に使われている汎用性の高い画像フィルターである．画像の特性を考慮せず機械的に行われるため高速であるが，必要な情報も失う可能性が高い．それを防ぎ，ノイズだけを選択的に減らすためのさまざまな処理が考案されている[1]．バイラテラル（Bilateral）フィルターは，ガウシアンフィルターに，中央ピクセルとの輝度値の差に基づいた平滑化を組み合わせたもので，ガウシアンフィルターだけではエッジ部分がぼやけてしまう欠点を補完している．トータルバリエーション（Total variation）フィルター（図2e）は，隣り合うピクセルとの分散値の総量を減らしながら輪郭を保持できる方法である．近年では，隣り合うピクセルではなく，離れた区画（パッチ）間の数学的差異を定量し，似通ったパッチを平均して使用するノンローカルミーン（Non-local mean）フィルターなどが開発された[1]．

蛍光顕微鏡画像にとくに有用なものとして，ND–Safir フィルター（http://serpico.rennes.inria.fr/doku.php?id=software:nd-safir:index）を紹介する．これまでのフィルターは，2次元の画像だけを扱うものがほとんどであったが，これは，4次元（3次元＋時間）の蛍光顕顕微鏡像用に開

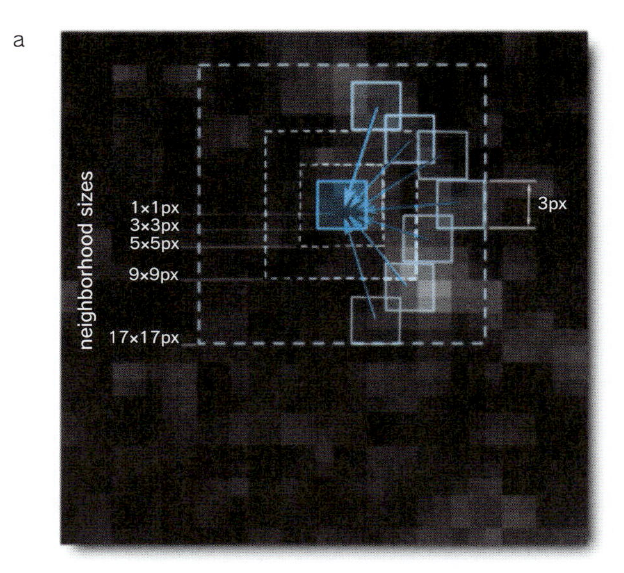

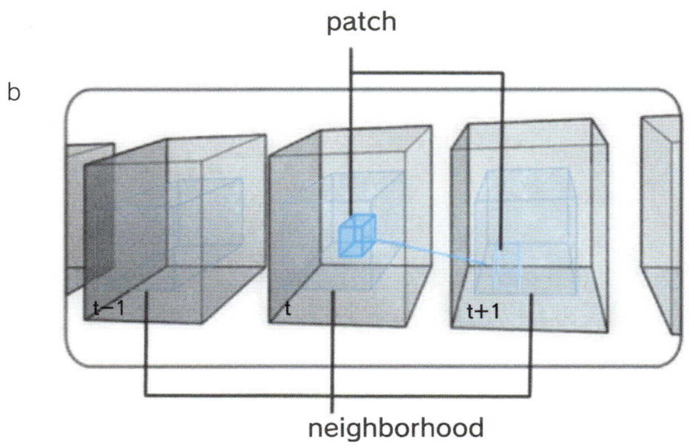

図5　パッチを用いて似通った領域を検出する

処理対象領域（濃い青色）について，近隣領域（点線）を設定し，この領域をさらに小さなパッチ（うすい青色）に分割し，近傍の似通ったパッチを検出する．aは2次元だが，bのように4次元でも同様に使用できる（文献3の図4を改変して転載）．

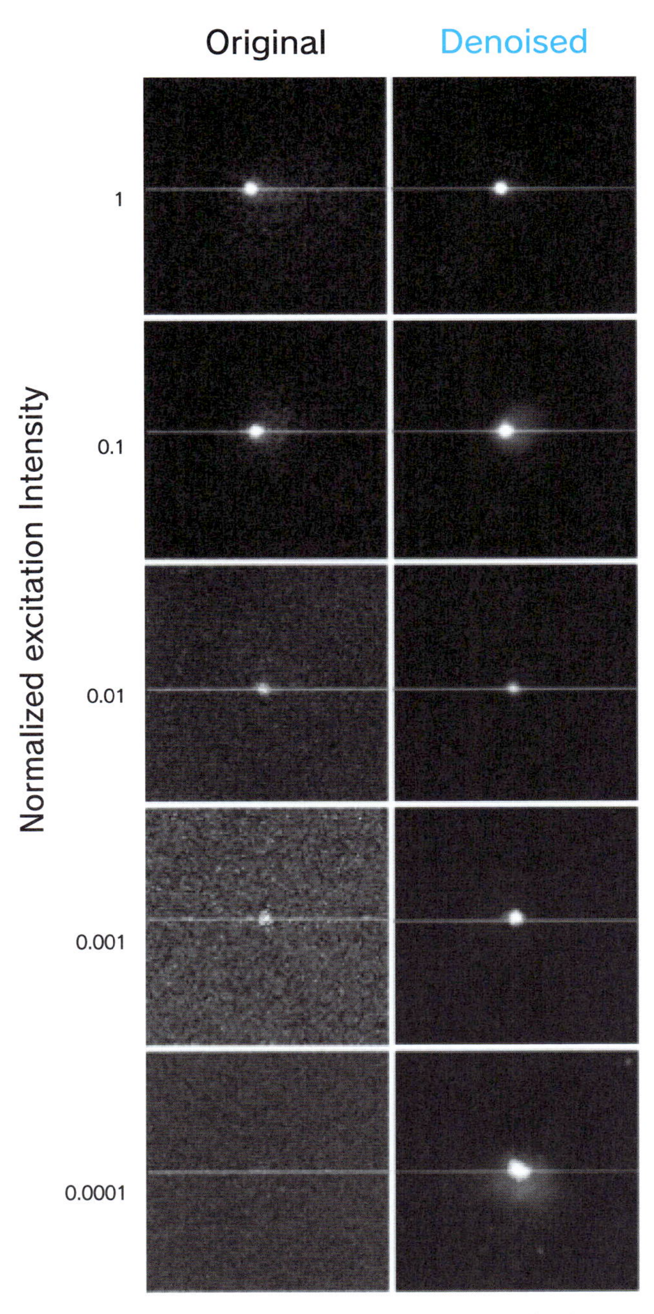

図 6　励起光の強度と ND-Safir によるノイズ除去

酵母の lacO-GFP をさまざまな強度の励起光で蛍光観察した画像（左）と，同じ画像を ND-Safir によりノイズ除去した後の画像（右）（文献 3 の図 3 を改変して転載）．

発されている．このノイズ除去法は，4 次元空間の近傍のパッチ（図 5）を比較することでピクセルごとの重み付けを調節した，新しいノンローカルフィルターとして開発された[2]．蛍光顕微鏡のノイズの統計分布を考慮した計算法を使用しているため，蛍光顕微鏡画像のノイズを効果的に除去することができる（図 2 f，図 6）．このノイズ除去法により，励起光の照射量を 100 分の1に低減しても，良好な画質の画像を得ることが可能になった．それにより，微弱な蛍光しか得られなかったタンパク質の挙動を，長時間にわたり観察することができるようになった [3,4]．

ノイズを除去できると，数式(2)の n が減少する．デコンボルーションは，数式(2)の右辺全体を周波数空間で h で割る作業だが，後から足された n の量がシグナルの量と比較して多い場合，割り算によって n が増幅されるアーティファクトが生じやすい．しかし，ノイズ除去法により n が減少すると，デコンボルーションがより効果的になり，画質が改善する [2-4]．

Ⅳ 適切なノイズ除去のために

学術論文などに掲載するうえで，ノイズ除去処理をして良いかどうか判断に困ることがある．ノイズ除去フィルターの種類と目的が合理的であり，方法を明記していれば，多くの場合画像を掲載できる．しかし，以下の問題点にはとくに注意して欲しい．

1．分解能が低下する

全てのノイズ除去法は，ある程度は，各画素の輝度値の平滑化を行うことになるので，その結果，顕微鏡画像の分解能が低下する．たとえば，2点間の距離を測ったりする場合には，ノイズ除去フィルターによる分解能の低下を考慮に入れる必要がある．得られる分解能はパラメーターにより異なる．たとえば，メディアンフィルターでは，3×3などの処理領域を大きくするほど，分解能が低下する．ガウシアンフィルターでは，同様にカーネルサイズの大きさに加え，ガウス分布の標準偏差（σ）が大きくなるほど，分解能が低下する．

2．アーティファクト

メディアンフィルターやガウシアンフィルターなどのノイズ除去フィルターにより高周波のノイズは効果的に除かれるが，低周波のノイズは残ってしまう．この低周波のノイズは，一見すると生物学的な構造に見えることがある（図7）．低周波ノイズの特徴は，その画像の分解能程度の微細な構造に見える点である．したがって，細い径の構造が一様に存在すれば，アーティファクトである可能性が高い．図2 b–d の背景にも顕著に見られる．高度なノイズ除去法（図2 e–

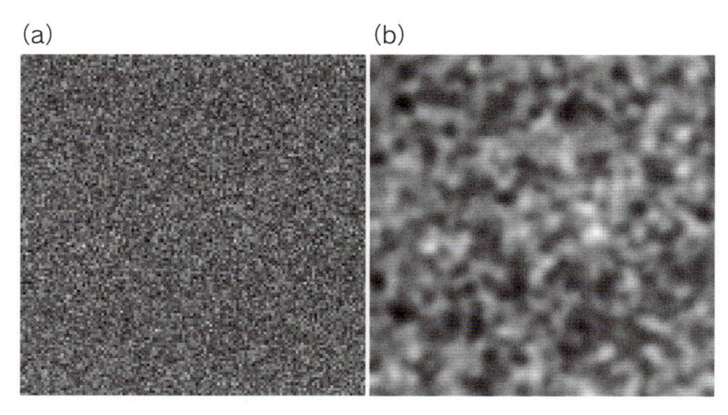

図7　ノイズのフィルター前後
(a)処理前，(b)ガウシアンフィルター後に残るノイズ．

f）では，低周波のノイズも除去されるため，このアーティファクトは減少する．

また，画像の周縁部の 1，2 ピクセルにもアーティファクトが現れる事がある．空間フィルターでは画像の周縁部の 1，2 ピクセルが処理できないまま残り，画像の内側と異なる値を持つ場合がある．また，フーリエ変換では連続した周期関数を用いるため，フーリエフィルターでは画像の反対側（右端と左端や上端と下端）が融合してしまうアーティファクトが生じる．すなわち，右端に何もなくても左端に明るい蛍光があると，右端にその蛍光が出現する．とくに 3 次元フィルターでは，最上部と最下部の光学切片は演算後に破棄するのがよい．

ND-Safir を使用する場合，Z 軸のステップは XY 軸のピクセルサイズの 2〜3 倍程度が想定されているので，それより大きく外れる場合には，2D の画像として処理する必要がある．時間軸でのシグナルの動きは 10 ピクセル程度と見積もられているので，大きく外れる場合は静止画として処理した方が良い場合がある．

文 献

［1］Buades, A. *et al.*: *Multiscale Model. Simul.*, **4**, 490–530, 2005
［2］Boulanger, J. *et al.* : *IEEE Trans. Med. Imaging*, **29**, 442–454, 2010
［3］Carlton, P. M. *et al.*: *Proc. Natl. Acad. Sci. USA*, **107**, 16016–16022, 2010
［4］Matsuda, A. *et al.*: *PLoS ONE*, **5**, e12768, 2010

［松田厚志］

第11章
生細胞試料の準備

生細胞を，時間を追って間欠的に画像を撮っていくのがタイムラプス（time-lapse）イメージングである．第5章では，タイムラプス観察に適する蛍光顕微鏡装置について述べた．しかし，いくら良い蛍光顕微鏡装置があっても，イメージングが成功するとは限らない．むしろ，試料となる細胞の良し悪しがイメージング成功のカギを握っていることが多い．そもそも，試料が悪ければイメージングする価値がない．イメージングが成功に終わるかどうかは，試料となる細胞を用意したときからすでに勝負が決まっているといってもよい．本章では，イメージング成功のカギとなっている細胞の培養，蛍光染色，観察の仕方について説明する．

I まずは細胞

通常の細胞の培養が，タイムラプス観察を成功させるために非常に重要である．適切な培養条件で培養された健康な細胞を用意する．週末をはさんでしまったために，植継ぎや培地換えなどのメンテナンスがおろそかになった場合は，細胞の生理状態が変わったり，細胞が弱ったりしているので使うべきではない．このことはイメージングだけでなくすべての実験についていえることだが，他の実験手法では，そのような細胞状態の変化に気がつかない．蛍光イメージングは，細胞の健康状態が如実に現れるものである．分裂性の細胞を扱っている場合は，蛍光イメージングで細胞の分裂を観察すると，その細胞の健康度の差がはっきりとわかる．調子の悪い細胞はなかなか分裂しないか，分裂に失敗するからである．観察者には，細胞の良し悪しを見極める判断力が必要である．たくさんの細胞をできるだけ長く観察することにより，細胞の生理状態の良し悪しが細胞の形態を見ただけで判断できるようになる．細胞培養に関する注意点は，すべての生細胞イメージング法の基本となるので，FRAPやFRETなどのイメージングを行う方も，まずはタイムラプスから始めてもらいたい．タイムラプスがうまくいかない条件でFRAPやFRETを行っても，生理的な状態を反映しているとはいえず，どのような値が得られたとしても意味がないからである．

II 細胞培養器

生細胞蛍光イメージングのための培養器として，底にカバーガラスを貼り付けてあるガラスボトムディッシュを使う（図1）．これは，多くの対物レンズが，カバーガラスを通して物体を観

図1　ガラスボトムカルチャーディッシュ

察するように設計されているからである．ガラスボトムディッシュには，いろいろな種類のものがある．図1のような35 mmディッシュを加工して作ったものから，8穴プレート，96穴プレートなど各種の培養プレートにカバーガラスを貼ったものまで，さまざまなタイプの培養器が市販されている．使われているカバーガラスも，サイズと厚みの点でさまざまなものがある．使用すべきカバーガラス厚は，それぞれの対物レンズに表記（刻印）されているので，その厚みのものを使うのがよい（レンズの表記に関しては第1章「蛍光顕微鏡の基礎」を参照）．一般的に，高倍の油浸対物レンズの多くは，カバーガラス厚0.17 mmが推奨されている．対物レンズに補正環（カバーガラスの厚みの違いを補正する）がついているものを使っている場合は，ディッシュごとに補正を行う．

ガラスボトムディッシュで培養する場合には，細胞の生育状態がガラス部分とプラスティック部分で同じかどうか確認する必要がある．もし，接着や形態，増殖に異常があれば，何らかの改善をする必要がある．細胞の接着が悪い場合は，ガラス表面をコートするのが有効な場合がある．たとえば，上皮性細胞の場合はコラーゲンで，神経細胞の場合はポリリジンでコートすることによって細胞接着を改善することができる．

顕微鏡ステージ上で細胞を培養する方法としては，ガラスボトムディッシュを使わなくても，カバーグラス上で細胞を培養し，（あらかじめ生育温度に暖めた）培養液を環流するという方法もある．この場合でも，細胞の生育状態に異常がないか確認しなければならない．

Ⅲ 蛍光染色

蛍光観察は，分子特異的で，かつ高いコントラストの画像が得られるという利点がある反面，見たいものを蛍光染色しなければならないのは欠点でもある．目的分子を蛍光染色する方法として，いくつかの方法が開発されている．生きた細胞でタイムラプス観察するのに適した方法として，1) 結合特異性のある低分子蛍光色素（ヘキスト33342，$DiOC_6$，Fluo-4など）による染色，2) 精製タンパク質の化学蛍光標識（Fluorescein，Rhodamine，Alexa dyeなどを結合させたもの），3) 小さな分子タグを付けたタンパク質の発現と，タグを認識する蛍光性分子を細胞内に導入することによる標識（FlAsH-EDT2，ReAsH-EDT2，Haloタグ，SNAPタグなど），4) 蛍光タンパク質と融合したものの発現（CFP，GFP，YFP，DsRedなどの蛍光タンパク質との融合），である．これらの方法は，それぞれ一長一短あるので，場合によって使い分けが必要である．詳しくは，第12章「蛍光色素・蛍光タンパク質」を参照していただきたい．

ヘキスト33342は，生きた細胞の染色体DNAを染めるのに適する蛍光試薬である．培養液に添加するだけで，比較的短時間内に（分のオーダー），細胞種を問わずすべての細胞を同じ程度に染色することができる．生きた細胞での細胞透過性が高く，DNAに結合したものだけが蛍光を発するため，画像のコントラストが高い．さらに，いったんDNAに結合したものは離れにくいので，生細胞のDNAを観察するのに大変有用である（図2）[1]．

GFPなどの蛍光タンパク質との融合遺伝子を発現させるときには，融合遺伝子をコードするDNAを細胞内に入れなくてはならない．これは案外むずかしいことが多い．マイクロインジェクションやビーズローディング法（コラム1）など，DNAを物理的に細胞に入れる方法と，カチオン性脂質などと混ぜて細胞に取り込ませる方法などがある．これらの方法に共通して重要なことは，できるだけ不純物のない精製したDNAを使うことである．タンパク質が残っているもの，エンドトキシンが残っているものなど，精製度の低いDNAは適しない．通常のクローニングでは問題ないDNAでも，生きた細胞に入れると問題が起こる場合がある．細胞内に直接入れるということを忘れてはならない．DNAをたくさん使うほど，発現が弱まったり，細胞が死んだりする場合は，DNAが不純物を多く含んでいることが考えられるので，DNAをより高度に精製して使う．市販されているトランスフェクション試薬は，どれが良いと決まったものはない．入れるDNAや細胞種によって違いがあることが多い．できるだけ細胞に負担のない方法を選ぶべきである．トランスフェクションのプロトコールに，血清を抜いた培地で培養するとされている場合には，血清を抜いている時間を必要最小限にすべきである．プロトコールが推奨している時間を鵜呑みにせず，自分の使う細胞とDNAを使って，最小限の時間を検討することが重要である．

どの方法の場合も，蛍光標識したものが，本来のものと同じ性質をもっているかどうかを慎重に検討しなければならない．とくに，後述する蛍光タンパク質との融合タンパク質を発現する場合，比較的簡単に蛍光染色することができるため安易に使用されがちである．局在や機能が内在性のものと同じかどうか，間接蛍光抗体法，生化学的方法，遺伝学的方法など，さまざまな方法を使って可能なかぎり検討しなくてはならない（詳しくは，第12章「蛍光色素・蛍光タンパク質」を参照）．さらに，余分なものを過剰に発現させることやトランスフェクションという操作によって，細胞の生理状態が変わっていないかに注意を払わないといけない．データを解析する場合は，これらの点に十分気を付けて結論してもらいたい．

Ⅳ 観察のための細胞の用意

観察に際して，試料を蛍光顕微鏡のステージに移動させる．カバーガラスは対物レンズの一部と考えてもらいたい．だから，移動時にカバーガラスの部分を指で触ったりして汚してはならない．万が一，汚した場合は，ステージに装着する前に（水またはクロロホルムなどを浸したレンズペーパーで拭いて）きれいにする必要がある．炭酸ガスで緩衝している培地を使用している場

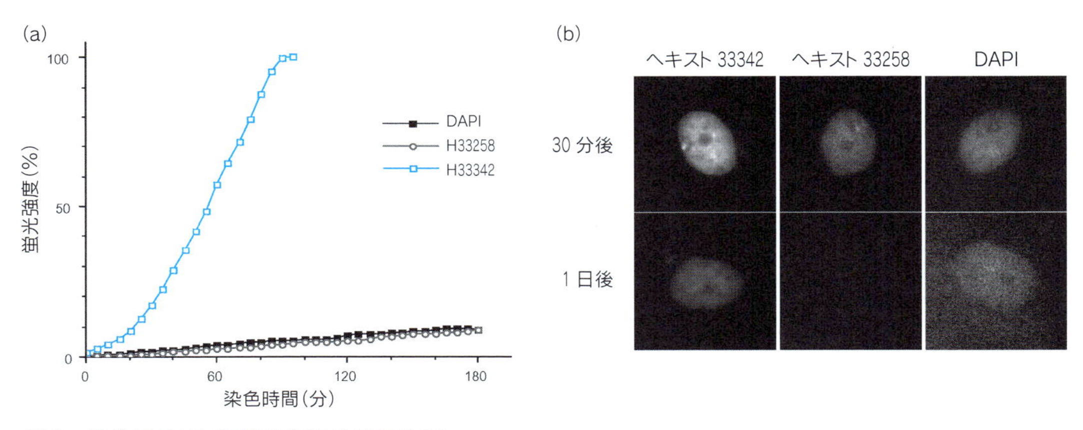

図 2　低分子 DNA 特異的蛍光色素の比較

(a) 細胞への透過度．細胞内に取り込まれた蛍光の蛍光強度を示した．ヘキスト 33342 の透過度は，ヘキスト 33258 や DAPI より非常に高いことがわかる．
(b) 試薬を除いてから 30 分後（上）と 1 日後（下）の染色状態．ヘキスト 33342 は，染色が長く残ることがわかる．

合は，炭酸ガスが供給されない条件では pH が変わる可能性が大きい．蓋をしている場合でも 30 分以上経つと pH が通常よりアルカリ側にシフトしていると考えたほうがよい．それを防ぐためには，1) Hepes バッファー（pH 7.3，終濃度 20〜25 mM）の観察用培地への添加，2) 培地へのミネラルオイルの重層，3) CO_2 非依存性培地の使用などが有効である．顕微鏡ステージに一定量の炭酸ガスを供給する装置があれば，このような処理をする必要はない．

タイムラプス観察にとって意外に重要なのが温度制御である．温度をその生物固有の適温に一定に保つことは，大きく 2 つの意味で重要である．1 つは，細胞の生理状態を保つためであり，もう 1 つは，顕微鏡装置の安定性，とくに焦点位置を一定に保つためである．それ以外にも，細胞分裂周期の時間や，細胞内の分子の流動性は温度に依存するので，再現性のよい実験データを取るためにも試料を一定温度に保つことが必要である．レンズ部分が温度制御されていない場合

コラム 1

ビーズローディング法

微小なガラスビーズを用いて細胞膜を一時的に傷つけて，分子を通過させる方法 [2,3]．DNA をトランスフェクションしたり，Cy3-dUTP などの蛍光標識ヌクレオチドアナログを細胞内に取り込ませるのに使われている．方法としては，1) 細胞を浸す培養液に導入したい分子を高濃度に添加する，2) 細胞にガラスビーズを振りかける，3) 培養器をベンチに叩きつけるなどして衝撃を与える，という簡単なステップで目的分子を細胞に導入できる．特別な実験装置や熟練を必要とせず，比較的多くの細胞に目的分子を導入できるのがこの方法の利点である．粒子サイズが小さいビーズを用いるので，人間が吸い込まないように細心の注意を払う必要がある．そのため，実験はドラフト内で行う．

は，レンズ直下の（つまり観察している）細胞は，周りの細胞に比べて温度が低くなっていることが考えられるので，実験の評価は，このことを加味して慎重に行うべきである．温度制御装置に関しては，第5章「マルチカラータイムラプス蛍光顕微鏡」に記載したので，そちらを参照していただきたい．

V 画像撮影

画像を撮影する際の注意点を述べる．まず，失敗の原因となりやすい手順をリストした．1) 明視野像や位相差像で細胞の状態を確認せず，いきなり蛍光像の観察を始めること，2) 蛍光像を撮る際，S/N 比の高いきれいな画像を撮ろうとすること，3) 装置性能の限界で撮影しようとするが，細胞の限界には無頓着であること，などである．このような手順がなぜ問題となるのか考え，その問題を回避することが，生細胞イメージングを成功させるためには重要である．

まず，蛍光を観察する前に，細胞の明視野像や位相差像を観察すべきである．蛍光観察は特定の分子だけを染め分けて観察できる点で有用であるが，逆に，見ている分子しか見えないという問題点がある．蛍光観察だけで，細胞がどのような生理状態にあるか，細胞の“体調”を知ることはむずかしい．タイムラプス観察の最初のステップは，イメージングに適する“活きの良い”細胞を選び出すところにある．明視野像や蛍光像などを勘案することによって，その細胞の生理状態の良し悪しや，細胞周期のどの段階にあるかも推定できる．まずは，観察する価値のある細胞を選び出せるようになってもらいたい．

次に，画像を撮るステップである．蛍光観察による毒性は，染めている対象，蛍光色素の種類，染まり具合，融合タンパク質の種類，発現量など，多くのパラメータで異なる*1．だから，一概にどのような取り方がよいということはいえないが，一般的には，励起光の照射をできるだけ抑えるために，暗めの画像，長めの時間間隔，3 次元画像の枚数を少なく，画像を撮っていくのがよい．この装置は，1 秒間に何枚画像が撮れるとか，3 次元画像は何枚撮ると分解能が上がるとか，装置の限界性能や画質のことだけに目を向けて撮像していくと，観察中に細胞は死んでしまうことになるだろう．これでは，ライブセルイメージングではなく，死んでいくプロセスをみているダイイングセルイメージングとなってしまう．蛍光観察の条件が細胞に悪影響を及ぼしていないかを確認するために，蛍光観察後の細胞を引き続き培養し，その後も，正常な形態や細胞分裂周期を維持できるのか，必ず一度は調べてもらいたい．

文 献

[1] Haraguchi, T. *et al*.: *Cell Str. Funct*., **24**, 291–298, 1999
[2] McNeil, P. L.: *Methods Cell Biol*., **29**, 153–173, 1989
[3] 木村 宏：実験医学，**19**, 2313–2317, 2001

［原口徳子］

＊1 蛍光観察による細胞毒性は，どのような原因で起こるのか考えよう．

第 12 章

蛍光色素・蛍光タンパク質

細胞内の分子や構造を検出するために，蛍光がよく用いられる．蛍光顕微鏡を用いて観察される蛍光物質は，低分子蛍光色素からタンパク質まで多様である．本章では，それら蛍光物質の特徴を簡単に解説する．また，蛍光タンパク質を利用する際の留意点についても記述する．

Ⅰ 蛍光の原理

蛍光は，分子内の電子が励起状態から基底状態に戻る過程で放出される光またはその現象である．蛍光分子のなかで基底状態にある電子は，励起光を吸収するとよりエネルギー準位の高い軌道に移動するが，この不安定な状態に長くは留まらず，エネルギーを放出して基底状態の軌道に戻る．このとき，エネルギーの一部が光として放出されると，蛍光となる（図 1）．光として放出されるエネルギーは，吸収したエネルギーより小さくなるので，出てくる蛍光の波長は必ず吸収した励起光の波長より長くなる（図 1）．この励起光と蛍光のエネルギーの差（励起波長と蛍光波長の差）はストークスシフトとよばれ，ストークスシフトの大きさは蛍光物質によって異なる．蛍光のメカニズムに関する詳細は，第 15 章「蛍光の化学的理解」を参照してほしい．

Ⅱ 蛍光物質の特性

蛍光物質の特性は，1）吸収・蛍光波長の極大と形，2）モル吸光係数，3）量子収率，4）蛍光寿

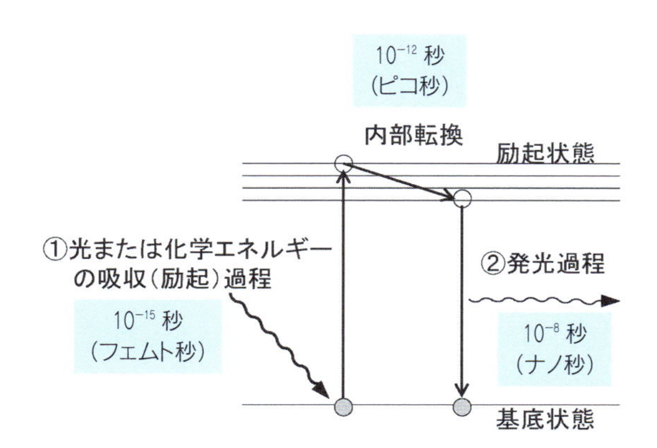

図 1　ヤブロンスキーダイアグラム（発光に関するエネルギー状態図）

命などを指標に知ることができる．

1．吸収・蛍光波長の極大と形

蛍光物質の吸収と蛍光の波長は，よくその極大波長で表される．もし特定の波長で励起と検出を行うならば，この極大に合わせた波長を用いると最も効率よく蛍光観察を行うことができる．しかし，吸収・蛍光波長は幅をもっているため，必ずしも極大付近の波長を用いる必要はない．たとえば，DNA 染色に使われる DAPI（4′,6–diamidino–2–phenylindole）は 358 nm に吸収極大をもち，400 nm より長波長側ではわずかな吸収しか示さないが，実際はブルーレーザー（405 nm）でも励起可能である（図 2）．また，DAPI の蛍光極大は 461 nm であるが，蛍光波長は長波長側まで広がっている．そのため，バリアフィルターとして極大付近を透過させるバンドパスフィルター（たとえば，435〜485 nm）よりも，420 nm 以上の波長をすべて透過させるようなロングパスフィルターを用いたほうが，より多くの光を得ることができる（第 1 章「蛍光顕微鏡の基礎」を参照，図 2）．しかし，複数の蛍光色素でマルチカラー染色するときや，細胞内の自家蛍光（コラム 1）が影響するときなどは，互いの蛍光のかぶり（クロストーク）が問題になることも多く，闇雲に広帯域の励起フィルターやバリアフィルターを用いればいいというものではない．市販されている標準フィルターセットは，よく使用される色素やタンパク質の特性に合わせた組合せになっている．したがって，それらをそのまま使用すればあまり問題ないと思われるが，単色用の広帯域のものとマルチカラー用の狭帯域のものがあるので注意してほしい．また，蛍光スペクトルイメージングを行うことによって，類似した蛍光特性をもつ色素を分離することも可能である（第 6 章「スペクトルイメージング」を参照）．

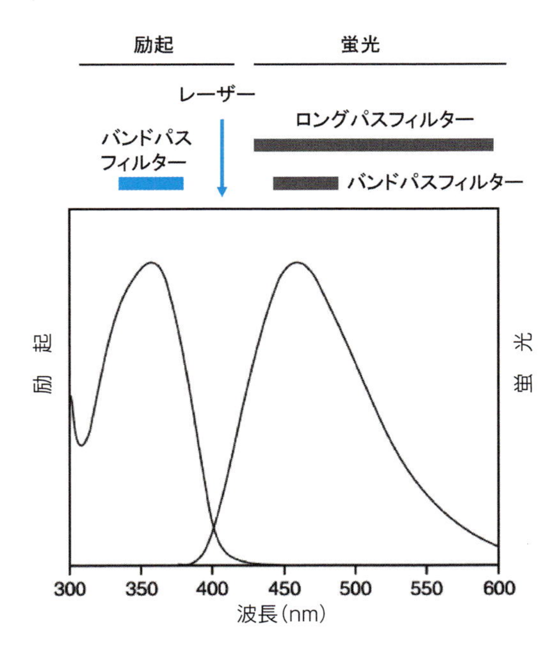

図 2　DAPI の吸収・蛍光スペクトルと，励起・蛍光測定に用いる波長域

2．モル吸光係数

モル吸光係数は，物質が光を吸収する程度を示す指標として用いられる単位であり，ある濃度の蛍光物質が光をどの程度吸収するのかを表す．通常，1 cm の厚みをもつ 1 M の溶液を光が通過したときの，光の強さの比（透過度）の逆数をモル吸光係数といい，ε（イプシロン：$cm^{-1}M^{-1}$）で示すことが多い．光を吸収した分子だけが蛍光を発することができるので，モル吸光係数を比較したときに，その値が大きいほど明るい色素であると期待できる．モル吸光係数の高い蛍光色素を使えば，励起光の強度を上げなくても，より明るくなる．

3．量子収率

1 個の分子が光を吸収したときに，蛍光を発する確率を量子収率という．たとえば，励起された分子が必ず蛍光を発すると量子収率は 1，まったく発しないときは 0 となる．つまり，量子収率が高いほど，明るい蛍光分子であると期待できる．

4．蛍光の安定性（退色のしやすさ）

退色のしやすさは，数値としては表すことができないものの，蛍光物質の選択に非常に重要である．たとえば，波長特性の類似した fluorescein と Alexa Fluor 488 を比較したとき，Thermo Scientific 社のカタログによると fluorescein はモル吸光係数 77,000，量子収率 0.93 であり，Alexa Fluor 488 はそれぞれ 71,000，0.92 なので，大きな差はない（表 1）．しかし，実用的には，Alexa Fluor 488 のほうが fluorescein よりも明るく，使いやすい．それは，Alexa Fluor 488 の蛍光が安定であるのに対して，fluorescein は退色が著しいためである．退色は活性酸素の発生などによって起こることが知られており，ラジカルスカベンジャーを用いて抑制することができる．化学固定した細胞の観察では退色防止剤の使用，生細胞では水溶性ビタミン E の添加などが退色の防止に効果的である．

コラム 1

自家蛍光

細胞内に存在する生体分子には蛍光性をもつものも多い．そのため，外来の蛍光色素を導入しなくても，細胞や細胞内構造体が蛍光を発することがある．これを自家蛍光という．実験に用いられている通常の動物培養細胞ではあまり自家蛍光は問題にならないが，細胞の調子が悪くなるとリポフスチンとよばれるリソソーム由来の蛍光性顆粒 [11]が現れる．一方，動物の組織切片や卵，植物細胞などは，自家蛍光が強いことも多く，使用できる蛍光色素が限られる場合がある．また，培地中に含まれるリボフラビンなどにも蛍光性がある．したがって，微弱な蛍光を捕らえるときには，細胞の培養条件や培地の組成などにも注意を払う必要がある．

表 1　標識用蛍光色素

蛍光物質	吸収極大波長（nm）	蛍光極大波長（nm）	モル吸光係数（$cm^{-1}M^{-1}$）	量子収率
Fluorescein	494	518	77,000	0.93
Tetramethyl rhodamine	555	580	84,000	
Rhodamine 6G	525	555	108,000	0.95
Rhodamine Green™	502	527	78,000	
Rhodamine Red™	570	590	129,000	
Oregon Green® 488	496	524	85,000	
Texas Red®	595	615	84,000	
BODIPY® FL	505	513	80,000	
BODIPY® R6G	528	550	70,000	
BODIPY® TMR	542	574	60,000	
BODIPY® TR	589	617	61,000	
BODIPY® 630/650	625	640	101,000	
Cy®2	489	506	150,000	0.12
Cy®3	550	570	150,000	>0.15
Cy®5	649	670	250,000	0.28
Cy®7	743	767	250,000	>0.28
Alexa Fluor® 350	346	442	19,000	
Alexa Fluor® 405	402	421	34,000	
Alexa Fluor® 430	433	539	16,000	
Alexa Fluor® 488	495	519	71,000	0.92
Alexa Fluor® 532	531	554	81,000	0.61
Alexa Fluor® 546	556	575	104,000	0.79
Alexa Fluor® 555	555	565	150,000	0.1
Alexa Fluor® 568	578	603	91,300	0.69
Alexa Fluor® 594	590	617	73,000	0.66
Alexa Fluor® 633	632	647	100,000	
Alexa Fluor® 647	650	668	239,000	0.33
Alexa Fluor® 680	682	702	184,000	
Alexa Fluor® 700	696	719	192,000	
Alexa Fluor® 750	752	779	240,000	

数値は，Thermo Scientific 社，GE Healthcare 社カタログを参照したが，これらの値はバッファーの組成や pH などによって変動する．

Ⅲ 蛍光プローブの種類

1．低分子蛍光色素

蛍光顕微鏡で観察される低分子蛍光色素を大まかに分類すると，タンパク質などの生体分子に結合させて用いる分子標識用蛍光色素と，細胞構造を直接染色するための染色用蛍光色素に分かれる．

標識用の蛍光色素として最もよく使われていたのは，青色の光を吸収して緑色の蛍光を発する fluorescein である．上述したように，fluorescein は退色が著しいという問題もあるが，fluorescein 標識された 2 次抗体が免疫蛍光染色用に数多く市販されている．現在，fluorescein と類似した骨格をもつ蛍光色素が多く利用されている（表 1，図 3）．たとえば，BODIPY や Alexa Fluor 488 は，励起，蛍光波長が fluorescein と類似しているが，より親水性で，かつ蛍光退色もしにくくなっている．また，長波長側（緑や赤の蛍光）の蛍光特性をもつものとしては，fluo-

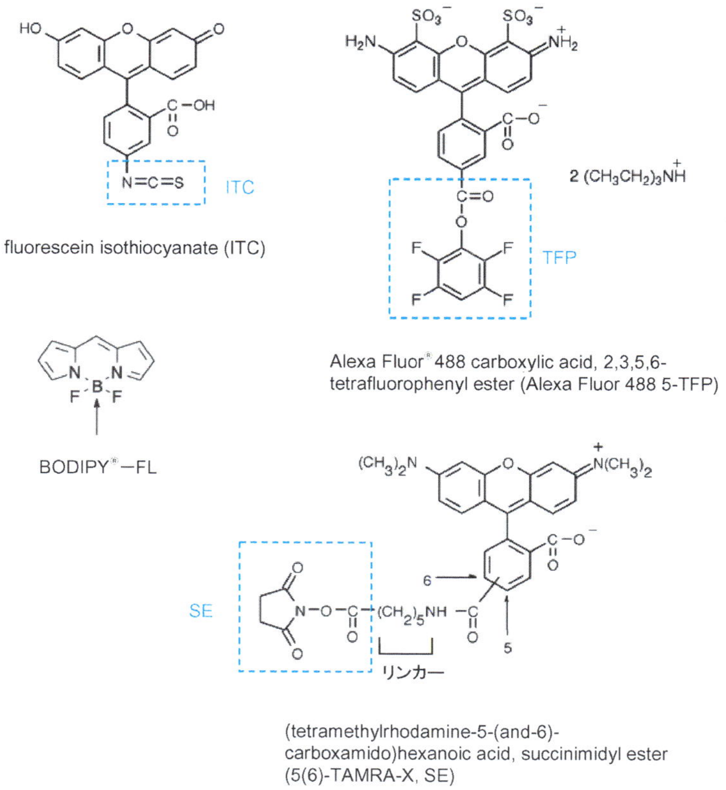

fluorescein isothiocyanate (ITC)

Alexa Fluor® 488 carboxylic acid, 2,3,5,6-tetrafluorophenyl ester (Alexa Fluor 488 5-TFP)

BODIPY®−FL

(tetramethylrhodamine-5-(and-6)-carboxamido)hexanoic acid, succinimidyl ester (5(6)-TAMRA-X, SE)

図 3　標識用蛍光色素の例

代表的な蛍光色素，またはその修飾用誘導体を示した．枠で示された部分は，他の分子（タンパク質など）のアミンとの反応に必要な部分．TFP ester や succinimidyl ester（*N*−hydroxysuccinimide ester；NHS）は，アミンと反応してアミド結合を形成する．蛍光基質と官能基の間は，$(-CH_2-)_n$ などのリンカーで結ばれることもある．[The Handbook: A guide to fluorescent probes and labeling technologies, Tenth ed., Invitrogen, 2005 より許可を得て転載]

rescein から派生した rhodamine や tetramethyl−rhodamine などが古くから開発されているほか，Alexa 系の色素も多く存在する．一方，Cy3 や Cy5 など cyanine 系の骨格をもつ色素も，明るさや退色のしにくさなどの点から，頻繁に用いられている（表 1）．これらの蛍光色素は，蛍光波長特性はもとより，水への溶けやすさ，環境 pH 濃度による変化，量子収率，退色の早さなど，さまざまな点で化学的性質が異なるために，目的に応じて適切な蛍光色素を選ぶことが望ましい．また，蛍光色素の波長特性と蛍光顕微鏡で用いるフィルターの波長特性を合致させることも重要である（コラム 2）．

このような低分子蛍光色素を生体高分子に化学反応で付加すると，特定の生体高分子だけを選択的に蛍光ラベルすることができる．この目的で頻繁に使用されるのは，間接蛍光抗体法の 2 次抗体である．この 2 次抗体の蛍光により，1 次抗体が認識する目的のタンパク質の局在を明らかにできる（コラム 3）．一方，直接蛍光標識したタンパク質を細胞内に導入して，生きた細胞内でそのタンパク質の挙動を直接観察することもできる．

細胞染色用蛍光色素には，特定の生体分子に特異的に結合するものや，特定の生体反応に反応するものがあり，それらを用いて細胞内構造を標識することができる．たとえば，DAPIやヘキスト（Hoechst）色素はDNAのA–Tに特異的に結合し，またその結合により蛍光が数十倍増加するので，細胞核・染色体の染色によく用いられる（表2，図4）．細胞核の染色には，核酸（DNAとRNAの両方）に結合するPI（propidium iodide）やSYTO系の化合物も用いられている．また，脂質を染めるものとして$DiOC_6$(3)など多数の蛍光色素が知られている（表2，図4）．これらの生体分子に結合する色素の多くは，化学固定された細胞の染色には問題ないが，生きた細胞への適用に向かないものもある．たとえば，細胞への取り込みが悪いものや細胞毒性を示すものは，生細胞観察には適さない．これらの蛍光色素のなかで，DNA特異的な蛍光色素ヘキスト33342は，培養液に加えるだけで生きた細胞の染色体を特異的に染めることができる[1]．一方，細胞内の活性を利用した蛍光染色法もあり，たとえばミトコンドリアを染色する還元型MitoTrackerは，膜電位の差によりミトコンドリアに取り込まれ，酸化されることで蛍光を発するようになる．

細胞内環境を計測するための蛍光色素も開発されている．とくに，カルシウムは神経活動などの生命現象に関与するものとして研究者の関心が高く，カルシウム濃度に依存して蛍光スペクトルが変わるFura–2や，蛍光強度が変化するFluo–3，Fluo–4がよく用いられている（表2，図4）．生きた細胞内でこれらの色素のスペクトル変化や蛍光強度の変化を測定することで，カルシウム濃度変化を可視化できる．また，膜電位に依存して細胞内への取り込み量が増加する$DiBAC_4$(3)を用いることで，神経細胞の興奮を測定することができる．このような蛍光色素に関して，いくつかの例を表1，表2，図3，図4にあげる．

2．半導体ナノ粒子

半導体ナノ粒子は，量子ドット（quantum dot；Q–dot），半導体ナノクリスタルともよばれ，セレンやテルルなどの半導体物質の原子が数百から数千個集まった微小な中心構造（コア）を，さらに硫化亜鉛などの外殻（シェル）で取り囲んだコア/シェル構造からなる微粒子である．半導体ナノ粒子の大きな特徴としては，

1) 直径が数ナノメートルの大きさを有し，蛍光波長（色）はサイズに依存する（図5）
2) 非常にブロードな励起波長とシャープな発光波長を有する
3) 光安定性がよく，強く励起しても退色が少ない

などがあげられる．

コラム 2

蛍光色素の選択と蛍光フィルター

蛍光観察を効率よく行うためには，蛍光色素とフィルターを適切な組み合わせで用いる必要がある．蛍光顕微鏡が共通機器である場合，フィルターを自由に交換することはむずかしい．そこで，色素を選ぶことになるが，その際に使用する顕微鏡がどのようなフィルター構成になっているのかを知っておくとよい．とくに赤の蛍光を発する色素は選択肢が広いので，注意を要する．

コラム 3

免疫染色（間接蛍光抗体法）

細胞内のタンパク質局在を解析する方法として，免疫染色がよく用いられる．一般的な細胞内タンパク質の免疫染色法は，1) 細胞の化学固定，2) 膜透過処理，3) 1次抗体との反応，4) 蛍光標識された2次抗体との反応，のステップから構成される．細胞の化学固定は，タンパク質を本来局在する場所に固定するために必要であるが，その原理は大きく2種類の方法に分けられる．ひとつはホルムアルデヒドなどの架橋剤による化学固定，もうひとつはメタノールなどを用いた脱水反応による固定である．細胞の構造は架橋剤を用いたほうがよく保たれるが，強く架橋しすぎると免疫染色のシグナルは弱くなるか，あるいは見られなくなる．これは，おもに細胞内で抗体が自由に拡散できなくなることによる．また，架橋されるリジンなどのアミノ酸残基が抗体のエピトープであった場合に反応性を失うこともありうる．しかし，架橋剤を弱く反応させた場合，すべてのタンパク質が化学固定されるわけではないので，次のステップの膜透過処理によって，化学固定されていないタンパク質が抽出されてしまう可能性がある．とくに，自由拡散する分子やリジンの少ないタンパク質は化学固定されにくいと考えられる．また，脱水系による固定も，自由拡散するような分子は固定されずに抽出されてしまうことが多く，タンパク質の分布や細胞内の構造も変わりやすい．したがって，化学固定した細胞の免疫染色が生細胞内のタンパク質分布を必ずしも正しく反映しているとは限らない．最初に免疫染色を行うときは，いくつかの異なる条件の固定方法を試してみることを勧める．

また，化学固定のされやすさの違いを利用して，特定の細胞内構造に結合した成分だけを検出する方法も用いられている．たとえば，DNAに結合する分子と自由拡散する分子が共存した場合，細胞をメタノール固定するとDNAに結合する分子だけがDNAと結合したまま残ることが多い．架橋剤を用いて固定する場合も，あらかじめ非イオン性界面活性剤で処理して自由拡散する分子を抽出することができる．しかし，これらの‘弱い’固定や固定前処理などが構造や局在の変化をもたらすことも考えられる．このような場合，相補的な実験として，蛍光融合タンパク質を用いてFRAPやFLIPによる生細胞内の結合成分と自由拡散成分の解析を行うとよい．

免疫染色のもうひとつの問題点は，エピトープのマスキングである．抗原となるタンパク質が検出されるためには，抗体と反応するエピトープが露出されていなければならず，タンパク質複合体を形成してそのエピトープがマスクされたまま化学固定されてしまった場合は，抗体により認識されないと考えられる．このようなマスキングが細胞内のある特定の場所だけで起こっている場合，その場所は免疫染色では検出されないが，蛍光タンパク質では検出できる．

また，2種類の抗体を用いて2つのタンパク質を同時に染色（二重染色）するとき，抗体同士の競合を考えなければならないこともある．もし2つのタンパク質が近接して存在すると，1つの抗体が，その認識するタンパク質と結合して，近傍に存在するもう1つのタンパク質をカバーしてしまうことがある．そのような場合，もう1つの抗体の反応が阻害される[12]．二重染色すると単染色に比べて著しく蛍光強度が下がるような場合は，このようなブロッキングによる影響が考えられる．抗体によるブロッキング効果が見られた場合，蛍光による共局在は見られないが，実は2つのタンパク質は共局在していることになる．

表 2　細胞染色試薬

染色する細胞構造	名称	吸収波長 (nm)	蛍光波長 (nm)	モル吸光係数 ($cm^{-1}M^{-1}$)	コメント
DNA	DAPI	358	461	21,000	固定細胞の染色
	Hoechst 33258	352	461	40,000	
	Hoechst 33342	350	461	45,000	生細胞の観察に適する
DNA/RNA	Propidium iodide (PI)	535	617	5,400	
	Acridine orange	500 (DNA) 460 (RNA)	526 (DNA) 650 (RNA)	53,000	
	SYTO®16	488	518	42,000	細胞膜透過性 DNA>RNA
	TOTO®-3	642	660	154,000	
ミトコンドリア	MitoTracker® Green	490	516	119,000	
	MitoTracker® Orange	551	576	102,000	
	MitoTracker® Red	578	599	116,000	
	Rhodamine 123	507	529	101,000	
	$DiOC_6(3)$	484	501	154,000	
リソソーム	LysoTracker® Blue DND-22	373	422	9,600	
	LysoTracker® Green DND-26	504	511	54,000	
	LysoTracker® Red DND-99	577	590	48,000	
	LysoSensor™ Green DND-189	443	505	16,000	
	LysoSensor™ Yellow/Blue DND-160	384 (pH 3) 329 (pH 7)	540 (pH 3) 440 (pH 7)	21,000	
カルシウム	Indo-1	346 (low Ca^{2+}) 330 (high Ca^{2+})	475 (low) 401 (high)	33,000 (low) 33,000 (high)	330 nm 励起で 405/485 nm の蛍光比率を計測
	Fura-2	363 (low) 335 (high)	512 (low) 505 (high)	28,000 (low) 34,000 (high)	340/380 nm 励起での蛍光比率を計測
	Fluo-3	503 (low) 505 (high)	− (low) 526 (high)	92,000 (low) 102,000 (high)	
	Fluo-4	491 (low) 494 (high)	− (low) 516 (high)	82,000 (low) 88,000 (high)	
pH 指示薬	HPTS	403 (pH 4) 454 (pH 9)	511 (pH 4) 511 (pH 9)	20,000 (pH 4) 24,000 (pH 9)	470/380 nm 励起で 530 nm の蛍光比率を計測
	BCECF	482 (pH 5) 503 (pH 9)	520 (pH 5) 529 (pH 9)	35,000 (pH 5) 90,000 (pH 9)	490/440 nm 励起で 530 nm の蛍光比率を計測
	SNARF	555 (pH 5) 581 (pH 9)	589 (pH 5) 652 (pH 9)	36,000 (pH 5) 92,000 (pH 9)	488 nm 励起で 580/640 nm の蛍光比率を計測
膜電位	$DiBAC_4(3)$	493	516	140,000	

数値は，Thermo Scientific 社カタログを参照したが，これらの値はバッファーの組成や pH などによって変動する．

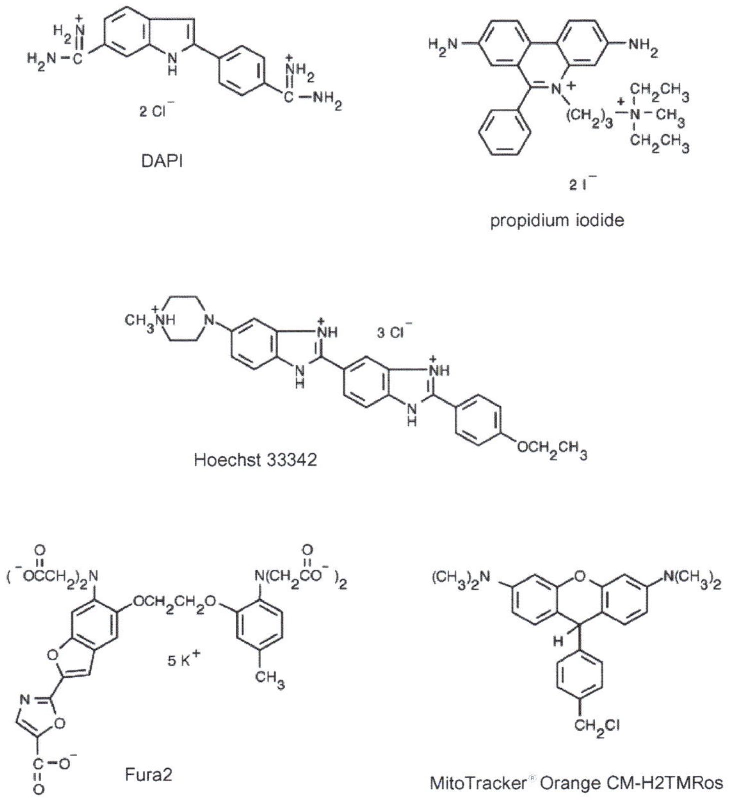

$H_2\overset{+}{N}$ H_2N-C N H $\overset{+}{N}H_2$ $C-NH_2$

$2\,Cl^-$

DAPI

H_2N NH_2 N^+ $(CH_2)_3$ CH_2CH_3 $\overset{+}{N}-CH_3$ CH_2CH_3

$2\,I^-$

propidium iodide

$CH_3\overset{+}{N}H$ N $\overset{+}{N}H$ N H $3\,Cl^-$ $\overset{+}{N}H$ N H OCH_2CH_3

Hoechst 33342

$(^-O\overset{O}{\overset{\|}{C}}CH_2)_2N$ OCH_2CH_2O $N(CH_2\overset{O}{\overset{\|}{C}}O^-)_2$ O N O $5\,K^+$ CH_3 $\overset{O}{\overset{\|}{C}}-O^-$

Fura2

$(CH_3)_2N$ O $N(CH_3)_2$ H CH_2Cl

MitoTracker® Orange CM-H2TMRos

図4　細胞染色用蛍光色素の例

[The Handbook: A guide to fluorescent probes and labeling technologies, Tenth ed., Invitrogen, 2005 より許可を得て転載]

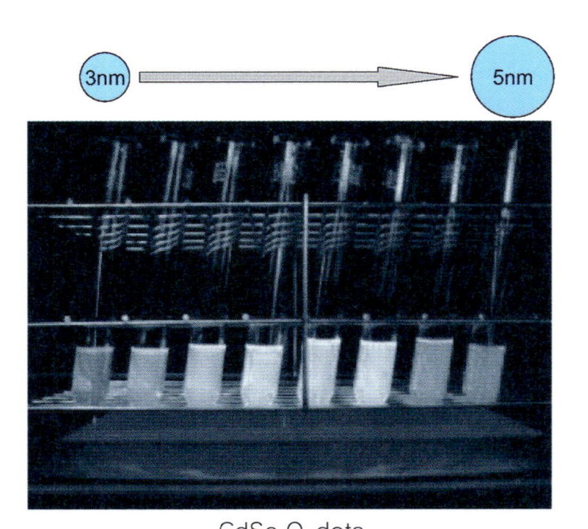

図5　半導体ナノクリスタル

[神 隆博士（理化学研究所 生命システムセンター）提供] ⇒口絵4参照

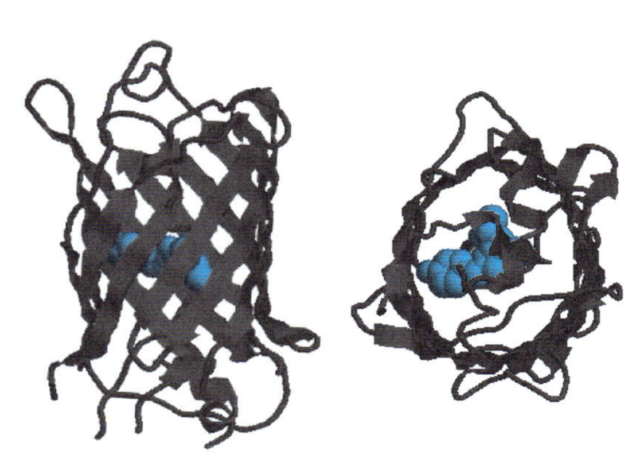

図6　GFP の構造

しかし，このままの構造では疎水性が強く，また重金属毒性のため，生物学的実験に用いるには問題がある．そこで，粒子の外側をさらにチオール系化合物や高分子ポリマーなどで表面修飾することで親水性をもたせ，水中での凝集などを防ぐことが行われている [2]．さらに，修飾ポリマーなどにさまざまな官能基を導入することで，抗体などの生体高分子に結合させることができる．半導体ナノ粒子のコア/シェル構造の違いによりさまざまな発光波長が得られている（図5）．たとえば，ZnSe：350～420 nm，CdS：400～550 nm，CdSe：500～650 nm，CdTe：550～700 nm，CdS/Te：700～850 nm，PbSe：800～2,000 nm などが代表的な組成と蛍光波長である．

3．金属錯体

ユウロピウム（Eu），テルビウム（Tb）などの希土類元素や Ru などのように，元素そのものが蛍光（リン光）を有するものが古くから知られている．これらの希土類元素は特定の配位子により錯体を形成することで強い蛍光性を示す．これらは蛍光寿命がマイクロ秒領域で，他の蛍光色素のナノ秒領域と比較すると非常に長いのが特徴である．また，蛍光励起波長が紫外部，蛍光発光波長が 500 nm 以上の可視光であり，ストークスシフトが大きい．この金属錯体を利用した方法としては酸素センサーが有名で，多くの蛍光酸素センサーとして売り出されているものはこの原理に基づいている [3]．

4．蛍光タンパク質

緑色蛍光タンパク質（green fluorescent protein；GFP）は，オワンクラゲ（*Aequorea victoria*）由来の Aequorin タンパク質の青色の化学発光の光を緑の光へとシフトさせるタンパク質として下村脩博士らによって 1962 年に発見された，アミノ酸 238 個からなる分子量約 27 kDa のほぼ球形のタンパク質分子である [4]（図 6）．1992 年にクローニングされて以来，その蛍光の特質が解明され，さまざまな改変体が作られ，研究に用いられてきた．蛍光発色団は，65 番目から 67 番目のアミノ酸が自動酸化されて形成されることが知られている（第 13 章「蛍光タンパク質の利用」）．このため，非タンパク質由来の発光素や補因子などは必要なく，アミノ酸配列だけを用意すれば蛍光発光タンパク質を合成することが可能になる．つまり，DNA 配列としての情報があれば，遺伝子組換え技術を用いて蛍光を発するタンパク質を簡単に合成することができるわけである．GFP のアミノ酸に変異を導入することで，より明るく光る EGFP（enhanced green fluorescent protein）や異なる波長特性をもつ蛍光タンパク質［CFP（cyan fluorescent protein）や YFP（yellow fluorescent protein）など］が多く作製されている．また，またオワンクラゲのみならず，サンゴや甲殻類に由来する蛍光タンパク質が精製・クローニングされ，市販されているものだけでも蛍光発光のスペクトルの中心は 440 nm から 600 nm 以上にも及ぶようになってきた [5]（図 7）．また光刺激により活性化されるタンパク質（photoactivatable GFP；PA-GFP）などもあり，さまざまな用途に蛍光タンパク質が用いられている．また，励起波長と蛍光波長の間が極端に長い（ストークスシフトの大きい）蛍光性タンパク質（Keima，桂馬）が開発され，1 波長励起多波長蛍光への道を拓いた [6]．改変タンパク質に関する記述は，第 13 章「蛍光タンパク質の利用」に詳しい．

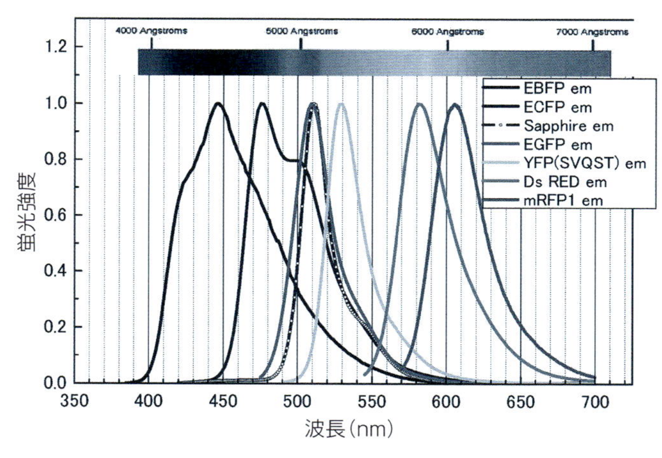

図7 蛍光タンパク質の発光スペクトル

⇒口絵5参照

Ⅳ 蛍光融合タンパク質の作製

結晶構造からわかるとおり，GFPをはじめとした蛍光タンパク質の両方の末端（N末端とC末端）はバレル構造から突き出ている．そのため，蛍光タンパク質側から考えると，目的タンパク質は，蛍光タンパク質のN末端側，C末端側のいずれにも付加することができる．ただし，目的タンパク質を蛍光タンパク質のどちらの末端につけたほうがよいということは一概にいえず，目的のタンパク質の構造による．目的タンパク質の構造が決まっている場合は，その情報に基づいて，構造を邪魔しない末端に融合させるのがよい．構造がわかっていない場合は両方試してみるとよい．また，融合タンパク質を作製するときに問題となるのがリンカーの長さと配列である．一般に考えられることは，リンカーにフレキシビリティーをもたせることで，融合相手と蛍光タンパク質の間でタンパク質のフォールディングやタンパク質間相互作用を互いに邪魔させないようにできるということである．そのため，リンカーには，GlyやAlaのリピート，あるいはGly–Serリピートなどがよく用いられている．また，配列のみならず，リンカーの長さが重要である場合もある．

Ⅴ 蛍光タンパク質の使用の実際

蛍光タンパク質の利用により，細胞内で任意のタンパク質の局在や動態解析を比較的簡単に行うことができるようになっている．実験としては，蛍光タンパク質の遺伝子と目的タンパク質の遺伝子を融合した遺伝子を発現ベクターに組み込んだプラスミドを作製し，細胞に導入すれば，数時間後には生きた細胞でそのタンパク質の局在が観察できる．ここで注意しなければならないのは，「自分が知りたいことは何か」ということである．多くの場合，目的のタンパク質の細胞の中での局在や動態，機能を知るために蛍光タンパク質が使われる．したがって，見えている蛍光は，見えていない内在性のタンパク質の代わりとしてやむなく使っているだけであることを認識してほしい．そのため，蛍光融合タンパク質の解析から演繹的に内在性タンパク質の性質を議論するためには，以下のように，融合タンパク質の機能や発現レベルが内在性のものと同一であることを示すことが重要である．

1．knock-in

理想的な融合タンパク質の発現は，内在性の遺伝子と融合遺伝子を完全に置き換えることである．それにより，内在性のタンパク質と同様の発現制御を受けることが期待される．また，その遺伝子の欠失がなんらかの表現系を示すときに，融合遺伝子との置き換えでその表現系が相補できれば，機能の確認もできる．このような方法は酵母などでは一般的な手法であるが，高等真核生物では相同組換え効率の高い一部の細胞（マウス胚性肝細胞やニワトリ DT40 細胞など）では使われているものの，一般的ではない．最近では，高等真核生物でもゲノム編集技術が開発されており[7]，原理的には可能となっている．

2．遺伝学的相補

融合タンパク質の機能性を確認するという意味で，次に考えられるのは，遺伝学的相補である．これは，ゲノム上のどこかに外から導入した融合遺伝子が組み込まれ，発現制御は外来のプロモーターなどによるが，機能的に内在性遺伝子の変異や欠損を補うことができる場合である．やはり酵母ではこの手法は一般的であり，温度感受性変異株に融合タンパク質を発現させてその温度感受性を相補できれば，融合タンパク質は内在性タンパク質の機能を補完する（すなわち，内在性タンパク質と同様の機能をもつ）と考えられる．高等真核生物において，特定の遺伝子の変異体を作るのは容易ではないが，温度感受性変異株 [8] や特定の疾患の患者由来の細胞 [9] を利用できる場合などもある．たとえば，紫外線損傷修復機構に関与するタンパク質の GFP 融合タンパク質の機能は，色素性乾皮症の患者由来の一群の細胞を用いることで確認されている [9].

3．活性・タンパク質間相互作用

もし，目的のタンパク質の機能がある程度明らかな場合，その性質を利用して融合タンパク質が機能的であることを示すことができる．たとえば，酵素の場合は酵素活性，転写因子の場合は転写活性化能や DNA 結合能である．また，内在性タンパク質が他のタンパク質と複合体を形成していることが明らかな場合は，免疫沈降などにより，同様の複合体を形成するかどうかを解析できる．

4．生化学的分画

目的のタンパク質の機能がわからなくても，そのタンパク質の抗体があれば，細胞分画により同一の画分に内在性タンパク質と融合タンパク質がくることを確認できる [10]．この細胞分画とは，たとえば，非イオン性界面活性剤や塩などへの可溶性や不溶性を調べることである．

5．局在

抗体が利用できる場合，免疫染色による内在性タンパク質の局在と蛍光タンパク質の局在を比較することができる．このとき，局在が一致すれば一安心であるが，免疫染色で見られる局在が必ずしもすべて正しいとは限らない（コラム3）ので，注意を要する．

6．発現量

蛍光融合タンパク質の局在・動態解析には，発現量が適切であることが重要である．たとえば，内在性タンパク質よりも10倍も高い発現量のとき，本来はなんらかの構造に結合するはずのものが，結合相手の不足により，自由拡散してしまうことも考えられる．また，生理的な濃度よりはるかに高い濃度で存在した場合，細胞にどんな影響を及ぼすのか想定できない．蛍光タンパク質の発現量の半定量解析は，ウェスタンブロッティングや免疫染色で行うことができる．

また，蛍光融合タンパク質の発現が細胞毒性をもたないかどうかは，安定発現株を得ることによってある程度判断できる．安定発現株が得られると，ウェスタンブロッティングや生化学的解析にも有利である．一過性発現の際に発現量を比較するのは，目的のタンパク質に特異的な抗体を用いた免疫染色がよい．免疫染色により，蛍光タンパク質の局在が内在性のものと同一であるか確認できると同時に，発現量の見当もつけることができる．つまり，蛍光融合タンパク質を発現する細胞と発現していない細胞で同程度の染色であれば，発現量は内在性のタンパク質より少なく，蛍光融合タンパク質を発現する細胞ではるかに強く染色されれば，それは過剰に発現していることを意味する．このような予備実験を行い，発現量が過剰でない細胞と同程度の蛍光強度をもつ細胞を生細胞観察に用いるべきである．

ただし，網羅的な局在解析や変異体解析には，以上のような評価をすべてのタンパク質に行うのは現実的ではない．その場合，あくまでも過剰発現した融合タンパク質の局在解析として取り扱い，その観点から（たとえば，新規タンパク質やドメインの探索としての）意義を考えたい．

文 献

［1］Haraguchi, T. *et al*.: *Cell Str. Funct*., **24**, 291–298, 1999
［2］Seydel, C.: *Science*, **300**, 80–81, 2003
［3］Selvin, P. R.: *Annu. Rev. Biophys. Biomol. Struct*., **31**, 275–302, 2002
［4］Shimomura, O. *et al*.: *J. Cell Comp. Physiol*., **59**, 223–239, 1962
［5］Shaner, N. C. *et al*.: *Nature Methods*, **2**, 905–909, 2005
［6］Kogure, A. *et al*.: *Nature Biotechnol*., **24**, 577–581, 2006
［7］Dambournet D. *et al*: *Methods Enzymol*. **546**, 139–160, 2014
［8］Kimura, H. *et al*.: *J. Cell Biol*., **159**, 777–782, 2002
［9］Houtsmuller, A. B. *et al*.: *Science*, **284**, 958–961, 1999
［10］Kimura, H. *et al*.: *J. Cell Biol*., **153**, 1341–1353, 2001
［11］Haralampus-Grynaviski, N. M. *et al*.: *Proc. Natl Acad. Sci. USA*, **100**, 3179–3184, 2003
［12］Pombo, A. *et al*.: *EMBO J*., **18**, 2241–2253, 1999

［木村 宏・金城政孝・原口徳子・平岡 泰］

第 13 章
蛍光タンパク質の利用

GFP などの蛍光タンパク質は，ほとんどの場合，目的のタンパク質や細胞に“目印”をつける目的で使用されている．このようなオーソドックスな利用法に留まらず，蛍光タンパク質の特質を知り，それを活かすことによって，生体（細胞）内の pH 環境やタンパク質分解，分子間相互作用などさまざまな生命活動を観察できる．本章では，蛍光タンパク質が光る仕組み（発色団の物理化学変化）を解説するとともに，蛍光タンパク質を利用した「生理機能の可視化プローブ」や「タンパク質機能のノックダウン法」など，蛍光タンパク質の新しい利用法についても紹介する．

I 蛍光タンパク質は何故光るのか？[1]

1．GFP 発色団の形成と蛍光発光のしくみ

オワンクラゲ *Aequorea Victoria* から単離された GFP（wtGFP）は，およそ 230 個程度のアミノ酸から構成されている．この 230 個程度のアミノ酸がフォールディングすることで，蛍光タンパク質に特徴的な 11 個の β シートで編まれたバレル（樽）とその中を上下に貫く一本の α ヘリックス構造，いわゆる“β バレル構造”が形成される（図 1 a）[2]．その後，α ヘリックス内にある 65 番目から 67 番目の 3 つのアミノ酸（それぞれセリン，チロシン，グリシン）が環状化，脱水，酸化の化学反応過程を経て，発色団 p-hydroxybenzylideneimidazolinone が形成される（図 1 b）[3]．この発色団が持つ π 共役系の電子（図 1 b 水色）は特定波長の光子と相互作用することで基底一重項から励起一重項へ遷移し，振動緩和の後，光を放出して基底一重項へ戻る．このときに放出される光がいわゆる「蛍光」である．

2．GFP 発色団の構造による蛍光スペクトルの決定

GFP やその変異体は，それぞれ異なる吸収・蛍光スペクトルを持っているが，それはどのように決まっているのであろう．wtGFP は，中性条件下で 395 nm に大きな吸収極大と 470 nm に小さな吸収極大を持つ（図 2 a）．この 2 峰性の吸収極大は酸性条件下では 395 nm に，逆に塩基性条件下では 470 nm に単一極大を持つように変化する [4]．一方，発色団自身を構成している 65 番目のセリンをトレオニンに置換した変異体（GFP-S65T）は 490 nm に単一の吸収極大を示す [5]．wtGFP と GFP-S65T の X 線結晶構造を比較すると，wtGFP の発色団はチロシン由来のフェノール性水酸基にプロトンがついた状態（非イオン化状態）であるのに対し，GFP-S65T の

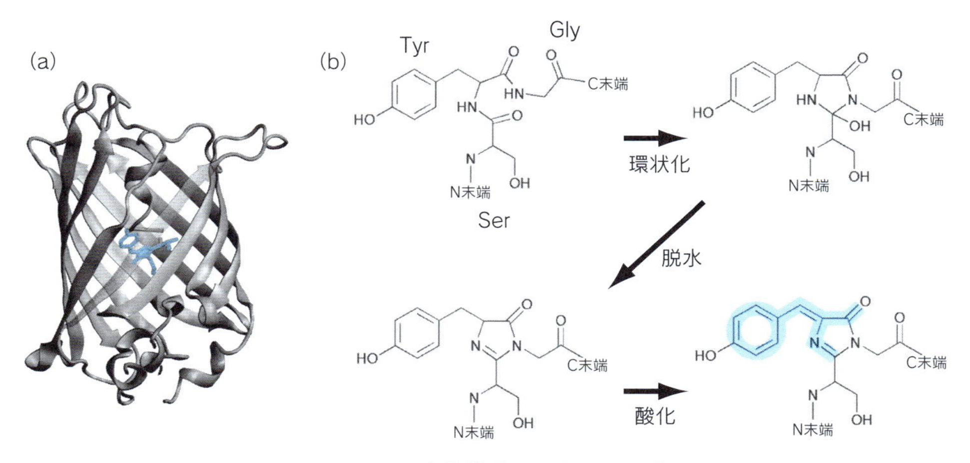

図1　wtGFPの立体構造と発色団の形成過程

(a) Protein Data Baseのデータ（1 EMB）を基にVMD（フリーソフトウェア）を用いてリボン表示したもの．発色団（水色）をスティック表示した．(b) セリン（Ser），チロシン（Tyr），グリシン（Gly）の3つのアミノ酸から発色団が形成される過程を示す．成熟発色団の共役π電子系を水色で表した．［文献3より改変］

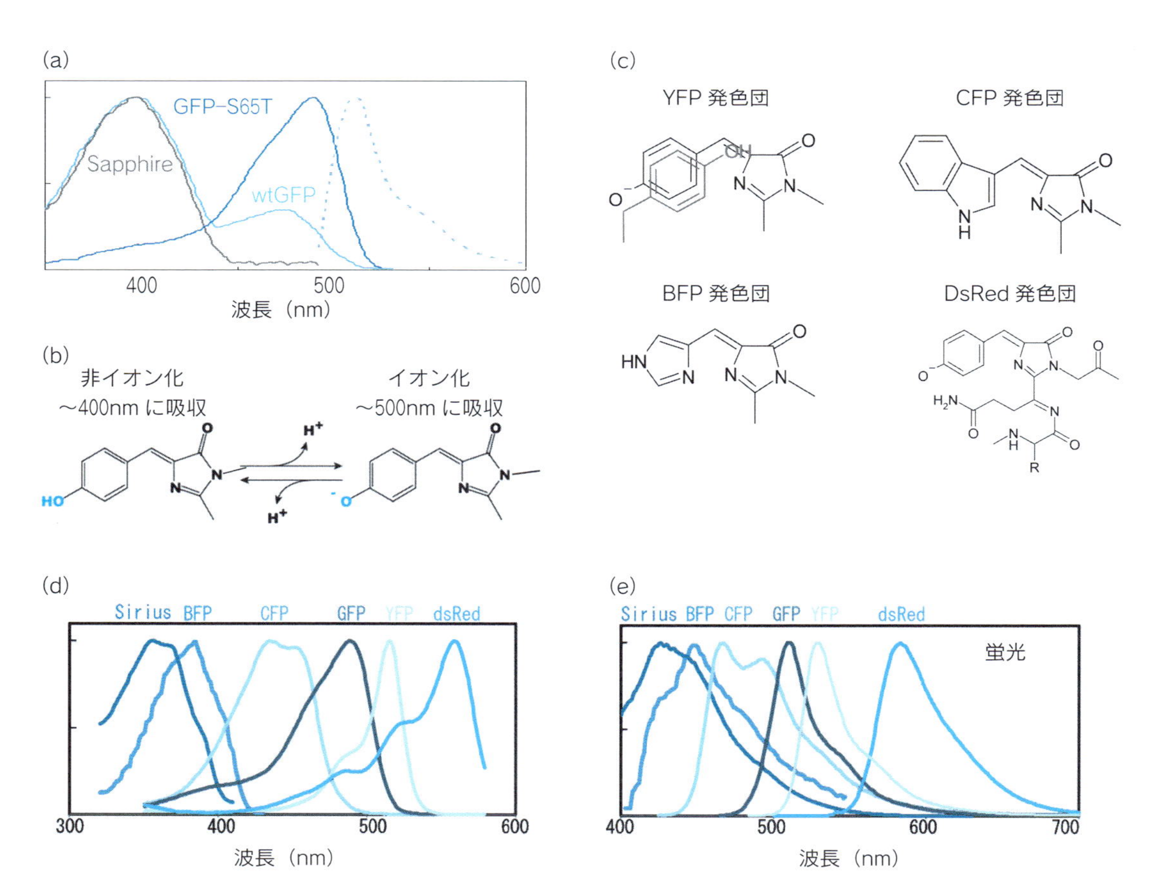

図2　wtGFP変異体の発色団構造とスペクトル

(a) wtGFP，GFP-S65T，Sapphireの励起スペクトル（実線）と蛍光スペクトル（破線）．(b) wtGFP発色団の電荷状態と吸収波長の関係．(c) YFP，CFP，BFP，DsRedの発色団の化学構造．(d) おもな蛍光タンパク質の吸収スペクトル．(e) おもな蛍光タンパク質の発光スペクトル．⇒口絵5参照

発色団はプロトンが外れたイオン化状態になっていることが分かった（図2b）[6]．以上の結果から，非イオン化発色団は395 nmに，イオン化発色団は480 nm付近に吸収極大を持つことが明らかとなった．

では，2峰性の吸収スペクトルを持つwtGFPと単峰性の吸収スペクトルを持つGFP–S65Tのいずれもが510 nmに単一の蛍光極大を持つのは何故であろうか？　この現象は，発色団を形成するチロシン残基内に存在するフェノールの化学的性質によって理解できる．フェノールは，光励起によって10万倍以上酸性度が増大し，その結果，平衡が「イオン化」側に偏る（たとえば，基底状態で9.5の酸解離定数を持つ2–ナフトールのそれは，励起すると2.5まで低下する）．つまり，wtGFPの「非イオン化」発色団を395 nmの光で励起すると，そこに存在するフェノールの酸性度が増加し，「非イオン化」「イオン化」の平衡が素早く「イオン化」にシフトする．その結果，「非イオン化」状態の蛍光スペクトルが「イオン化」状態のそれと同じ510 nmになるのである．

S65T変異とは逆に，T203IやF99W変異では，基底状態における発色団のイオン化が抑制される．SapphireやGFP–uvがそれである．これらはいずれも400 nm付近に励起極大をもつが，この場合も400 nmの光励起によって発色団が「イオン化」され，蛍光スペクトルの極大は510 nmとなる（図2b）．

GFPの変異体のうち，YFP（yellow fluorescent protein）は，203番目のトレオニンがチロシンに置換されていることにより，530 nmという最も長い蛍光極大波長を持つ．一般に可視域に蛍光性を持つ有機化合物は，その構造に必ずπ電子を有しており，このπ電子が，分子内の，より広範囲に局在すればするほど，蛍光波長が長波長側にシフトすることが知られている．YFPにおいては，203番目のチロシン側鎖に由来するフェノール環と発色団由来のフェノール環が重なることで，π電子を介した相互作用（π–πスタッキング）が起きる（図2c）．その結果，π電子がより広範囲に分布し，長波長側へ吸収極大（515 nm），蛍光極大（530 nm）がシフトしたのである（図2d，e）[2]．この他に，66番目のチロシンをトリプトファンに置換することで発色団にインドール環を導入したCFP（Cyan fluorescent protein，吸収極大：435 nm，蛍光極大：475 nm）（図2c；図2d，e）[7]や，同じく66番目をヒスチジンに置換することによりやイミダゾール環を導入したBFP（Blue fluorescent protein，吸収極大：383 nm，蛍光極大：447 nm）（図2c；図2d，e）[7]，それに66番目をフェニルアラニンに置換することによりベンゼン環を導入したSirius（吸収極大：355 nm，蛍光極大：424 nm）（図2c；図2d，e）[8]が波長変異体として開発されている．

3．GFPに類似した蛍光タンパク質

花虫類（Anthozoa）の六放サンゴ類に属するスナギンチャク（*Zoanthus*）から，YFPより長波長の蛍光を出す蛍光タンパク質が単離された．DsRedと命名されたこのタンパク質はさらにπ電子が非局在化し，558 nmに吸収極大，583 nmに蛍光極大を示す（図2c；図2d，e）[9]．DsRedはX線結晶構造解析の結果，GFPと同様，βバレル構造を有していることが明らかとなった[10]．ただし，GFPが単量体であるのに対し，DsRedは4量体を形成するため，任意のタンパク質と融合する目的に使うには甚だ不都合であった．そこでCampbellらは，DsRedの構造

情報に基づいて，多量体形成に関与するアミノ酸に点変異を導入し，さらにタンパク質全長にわたってランダム変異を導入することで，単量体型 DsRed（mRFP1）を作成することに成功した［11］．さらに Shaner らは，mRFP1 にさまざまなアミノ酸変異を導入し，550 nm から 610 nm までのさまざまな蛍光特性を示す変異体，いわゆるフルーツシリーズを開発した［12］．mHoneydew，mBanana，mOrange，tdTomato，mTangerine，mStrawberry，mCherry がそれである．さらに，遠赤光を発する蛍光タンパク質として mPlum（吸収極大：590 nm，蛍光極大：649 nm）［13］，mNeptune（吸収極大：600 nm，蛍光極大：650 nm）［14］，NirFP（吸収極大：605 nm，蛍光極大：670 nm）［15］が開発されている．表 1 に，代表的な蛍光タンパク質とその特性を示す．

4．GFP と構造・機能が全く異なる蛍光タンパク質

オワンクラゲやサンゴ由来の蛍光タンパク質はすべて同一のフォールド（β バレル構造）を有し，その発色団は内在のペプチド鎖が自発的触媒反応によって形成される．近年，これとは異なるフォールドを有し，機能的に全く異なる蛍光タンパク質が単離またはエンジニアリングによって開発されている．

Kumagai らによってニホンウナギ *Anguilla japonica* から遺伝子がクローニングされた，緑色蛍光タンパク質 UnaG（ユーナジー）は 139 アミノ酸から構成され，それ単独では無蛍光性であるが，ビリルビン（BR）と結合することで強い緑色蛍光を発する（吸収極大：498 nm，蛍光極大：527 nm）［16］．一方，Shu らは真正細菌の *Deinococcus radiodurans* が有する光情報受容体であるバクテリオフィトクロム DrBphP の発色団結合ドメイン（321 アミノ酸）をエンジニアリングすることにより，684 nm に吸収極大，708 nm に蛍光極大を示す単量体型近赤外蛍光タンパク質 IFP1.4 を開発した［17］．IFP1.4 はビリベルディン（BV）を発色団として結合し，蛍光性となる．さらに，BV との結合力が高いため，BV を外から加えなくとも細胞に内在する微量のビリベルディンと結合し十分に明るい蛍光を発する iRFP（吸収極大：690 nm，蛍光極大：713 nm）も開発されている［18］．これら近赤外蛍光タンパク質は小動物個体内のイメージングにその威力を発揮するが，残念ながら IFP1.4，iRFP のいずれもが生理的な濃度において二量体を形成する（解離定数はそれぞれ 7.8 μM，3.7 μM）ため，他のタンパク質と融合するとその局在や機能を阻害する可能性があった．この問題を解決すべく，より二量体活性の弱い変異体である mIFP（吸収極大：683 nm，蛍光極大：704 nm）が開発され，β-actin，CAF-1，clathrin，fibrillarin，histone 2B，laminA/C，myotilin 等々さまざまなタンパク質との融合タンパク質の発現に成功している［19］．

II 高効率に発光する蛍光タンパク質

蛍光タンパク質は，タンパク質に翻訳されるや否や蛍光性となるわけではなく，蛍光性をもつまでにある程度の時間がかかる．それは，翻訳されてから発色団が形成される過程に時間がかかるからである．したがって，蛍光タンパク質を，プロモーター活性を測るレポーターとして用いる場合には，プロモーターの活性化時期を正確に知ることは出来ない．また，いったん成熟した蛍光タンパク質はプロテアーゼなどに対してきわめて高い抵抗性があり，細胞種にもよるが，約

表 1　代表的な蛍光タンパク質とその特性

色	名称	励起極大	蛍光極大	モル吸光係数	蛍光量子収率	構造
青	Sirius	355	424	15,000	0.24	単量体
	EBFP	377	446	31,000	0.15	単量体
	SBFP2	383	448	34,000	0.47	単量体
	EBFP2	383	448	32,000	0.56	単量体
	Azurite	384	450	22,000	0.59	単量体
	mTagBFP2	399	454	50,600	0.64	単量体
	mBlueberry	402	467	52,000	0.48	単量体
青緑	ECFP	433	475	32,500	0.4	単量体
	cerulean	433	475	43,000	0.62	単量体
	mTurquoise2	434	474	30,000	0.9	単量体
	CyPet	435	477	35,000	0.51	単量体
	TagCFP	458	480	37,000	0.57	単量体
	AmCyan1	458	489	44,000	0.24	四量体
	mTFP1	462	492	64,000	0.85	単量体
	Midoriishi Cyan	472	495	27,300	0.9	二量体
緑	TurboGFP	482	502	70,000	0.53	二量体
	TagGFP	482	505	58,000	0.59	単量体
	Azami Green	492	505	55,000	0.74	四量体
	mAG1	492	505	42,000	0.81	単量体
	AcGFP1	475	505	50,000	0.55	単量体
	ZsGreen1	493	505	43,000	0.91	四量体
	EGFP	484	507	56,000	0.6	単量体
	T-Sapphire	399	511	44,000	0.6	単量体
黄緑/黄	EYFP	513	527	83,400	0.61	単量体
	Venus	515	528	92,200	0.57	単量体
	Citrine	516	529	77,000	0.76	単量体
	Ypet	517	530	104,000	0.77	単量体
	PhiYFP	525	537	124,000	0.39	二量体
	TurboYFP	525	538	105,000	0.53	二量体
	ZsYellow1	529	539	20,200	0.42	四量体
	mBanana	540	553	6,000	0.7	単量体
橙/赤	mKO1	548	559	110,000	0.45	単量体
	Kusabira-Orange1	548	561	51,600	0.6	二量体
	mOrange	548	562	71,000	0.69	単量体
	TurboRFP	553	574	92,000	0.67	二量体
	TdTomato	554	581	138,000	0.69	二量体
	dsRed2	563	582	75,000	0.79	四量体
	mTangerine	568	585	38,000	0.3	単量体
	dsRed monomer	556	586	35,000	0.1	単量体
	AsRed2	576	592	56,200	0.05	四量体
	mStrawberry	574	596	90,000	0.29	単量体
	mRFP1	584	607	50,000	0.25	単量体
	J-Red	584	610	44,000	0.2	−
	mCherry	587	610	72,000	0.22	単量体
	eqFP611	559	611	780,000	0.45	四量体
	dKeima-Red	440	616	25,000	0.31	二量体
	HcRed1	588	618	20,000	0.015	二量体
	mKeima-Red	440	620	14,000	0.24	単量体
	mRaspberry	598	625	86,000	0.15	単量体
遠赤	mPlum	590	649	41,000	0.1	単量体
	AQ143	595	655	90,000	0.04	四量体
	mNeptune	600	650	67,000	0.2	単量体
	NiFR	605	670	15,700	0.06	二量体

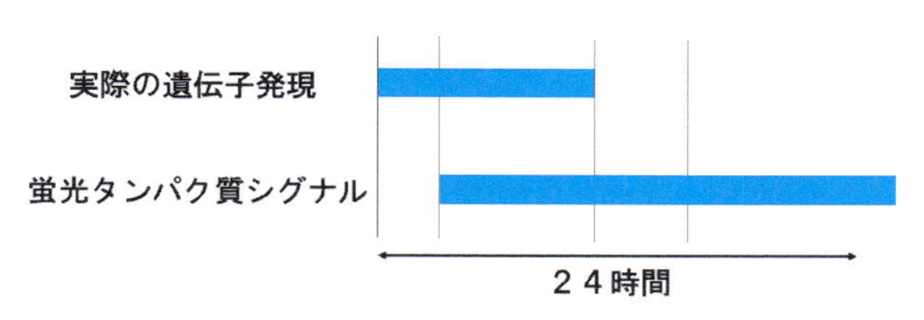

図3　遺伝子発現のレポーターとして蛍光タンパク質を使用したときに見られる，実際の遺伝子発現と蛍光タンパク質シグナルのずれ

蛍光タンパク質は翻訳されたのち，蛍光を放つようになるまでにある程度の時間（数十分程度）を要する．また，蛍光顕微鏡下で蛍光タンパク質のシグナルを検出するためには十分量の蛍光タンパク質分子が細胞内に蓄積されなければならない．したがって，遺伝子プロモーターが活性化してから実際に蛍光シグナルが検出されるまでには数十分から数時間程度（検出器の感度に依存する）かかると考えられる．また，いったん蛍光性を獲得した蛍光タンパク質は比較的長い（1日程度）寿命をもつため，たとえ遺伝子プロモーターの活性がオフになったとしても，蛍光シグナルは検出され続ける．

1日の寿命を持つ場合もある．したがって，蛍光タンパク質の蛍光強度の減少を指標に，プロモーターの不活性化の時期を知ることも全く不可能である（図3）．蛍光タンパク質の寿命を短くするために，タンパク質分解の標的となるPEST配列をC末端に繋げたdestabilized GFPなどが作られているが，蛍光性が出る前に分解されてしまうものが多く，その結果蛍光強度がきわめて低くなり使えない場合が多い．このような欠点を克服するためにCitrine，Venusなど，成熟過程を速めたYFP変異体が開発されている[20,21]．さらにCerulian[22]やmTurquoise2[23]，EBFP2[24]やmTagBFP2[25]など，それぞれCFPとBFPに類似の蛍光スペクトルを持つ成熟変異体も開発されている．これらの蛍光タンパク質を利用することで，従来の蛍光タンパク質では困難であった蛍光観察が実現している．たとえば，Venusを利用することによって，生きた大腸菌内で1分子のタンパク質が新規に産生される様子を観察することが可能となった[26]．この計測系を応用してTaniguchiらは大腸菌1細胞内における各遺伝子産物の発現数を網羅的に計測し，ほとんどのタンパク質発現数がγ分布に従うこと，1細胞内におけるタンパク質発現数とそのmRNAのコピー数に相関がみられないことを見出した[27]．また，Nagoshiらは，繊維芽細胞を用いて，PEST配列を繋げたVenusによって概日リズムを持つ遺伝子の活性化を可視化し，概日時計と細胞分裂時計との連関を明らかにした[28]．

Ⅲ 蛍光特性の光感受性—光による蛍光特性の制御—

観察データ（蛍光強度）を定量的に解析するためには，GFPの光退色や光異性化に十分な注意を払わないといけない．“光退色”とは，発色団の不可逆的な構造変化による，吸光能力の不可逆的な消失のことである．一方，“光異性化”は，特定の波長の光による発色団の化学構造変化であり，吸収スペクトルや蛍光スペクトルが一時的に変化するものの，異なる波長の光や熱により元の状態に戻ることができる可逆的な反応である．これらの現象は，観察データを定量化する場合にとくに問題となる．これらは励起光を強く当てた場合に起こりやすいので，それを回避するためには励起光強度を極力小さくすることが肝要である．そのため，定量的蛍光イメージングの基本は，「当てる光を極力抑え，出てきた蛍光は余すことなく利用する」ことであるということを銘記されたい．

一方，光異性化の特性を，むしろ積極的に利用したイメージングもなされている．その代表的な例が，光活性化 GFP（PA-GFP：photoactivatable GFP）を用いた分子運動性の定量的解析である．ここで，光活性化とは，光照射によって分子の特性が無蛍光状態から蛍光状態へ変化することをいう．光照射前には 395 nm の励起極大しか持たないが，紫（外）光照射によって 470 nm の励起極大が出現する．光照射後に観察用の励起光（470 nm 付近）で観察すると，実に蛍光強度が 100 倍も高くなり，きわめて高いコントラストで蛍光を出現させることが可能である[29]．この特性により，細胞内の特定の場所に局在する融合タンパク質を光活性化させ，その場所での目的分子の動きやすさを定量する（拡散速度を求める）ことができる．これと反対に，FRAP 解析は光退色を利用して分子運動性を定量的に解析するものである（第 16 章「FRAP の基礎」と第 17 章「FRAP の定量的解析」参照）が，光活性化を用いた方法の方が，遙かに少ないエネルギーで活性化できることや，活性化した蛍光を直接観察することができる点で FRAP 解析より優れている．

Ando らは，紫外光を照射することで吸収スペクトル・蛍光スペクトルの双方が不可逆的に変化し，蛍光が緑色から赤色に変化する光変換蛍光タンパク質 Kaede を開発した [30]．Kaede は，4 量体を形成して発色するため，任意のタンパク質と融合して細胞内での動態を解析する目的には適さない．しかし，色変化によるコントラストの高さゆえ，細胞や細胞内小器官を特異的にマーキングし，それらの動態変化を解析することについては威力を発揮する．たとえば，複雑な形態をとっている神経細胞が折り重なって存在している高密度培養下において，神経細胞に Kaede を発現させておけば，注目する神経細胞の色を紫外光で変えることで，絡み合う他の神経細胞と明瞭に区別し解析することが可能となる．PA-GFP，Kaede の他にも，PAmCherry [31]，PATagRFP [32]，KikGR [33]，PS-CFP 2 [34]，EosFP3. 2 [35]，などが開発されている．

さらに Ando らは，紫外光照射によって“可逆的”に蛍光特性を変化させることができる緑色蛍光タンパク質 Dronpa をキッカサンゴ（*Pectiniidae*）から見出した[36]．Dronpa は，紫色（405 nm）と青色（488 nm）の光を交互に照射することで，蛍光（518 nm）の ON と OFF を繰り返し行うことができる．近年 Dronpa の改良版として，rsFastlime [37]，rsDronpa [38]，Dronpa 2 [39]，Dronpa 3 [39]が開発されている．一方，Hell のグループは変異導入したオワンクラゲ GFP をスクリーニングすることで可逆的に蛍光性をスイッチングできる rsEGFP を開発した [40]．rsEGFP は，Dronpa よりも 10 倍以上速く光スイッチングするのが特徴である．その後，さらに光スイッチング速度の速い rsEGFP2 へと改良された [41]．また，可逆的光スイッチング赤色蛍光タンパク質として reCherryRev [42] や rsTagRFP [43] が開発されているが，蛍光シグナルがきわめて弱く，実用的ではない．

上述した可逆的光スイッチング蛍光タンパク質は，蛍光を励起する波長により蛍光性が OFF になることから「ネガティブスイッチング」タイプに分類される．これらは RESOLFT による超解像イメージングに応用されてきた．STED 法よりも試料に照射する光の強度を大幅に減弱することができるからである．しかしながら，ネガティブスイッチングという特性のため，つまり「見ようとすると消える」ため，より強い光を照射する必要があり，照射する光の強度を更に減弱するには限界があった．

Jacobsらによって Dronpaから開発された Padron [38] は紫色光 (405 nm) 照射で蛍光が OFF になり青色光 (488 nm) 照射で蛍光が ON になる「ポジティブスイッチング」特性を有する. この特性の場合「見ようとするとさらに明るくなる」ため, 上述の RESOLFT において照射する光の強度をさらに弱めることが可能となる. しかしながら, Padron は光スイッチングが遅いうえに, 光スイッチング耐性が低いという問題から, これまでほとんど利用されてこなかった. そこで Tiwari らは, この問題点を克服したポジティブスイッチング緑色蛍光タンパク質 Kohinoor を開発した [44]. Kohinoor は Padron よりも 25 倍以上光スイッチング耐性が強いのみならず, RESOLFT に利用した場合, 実に 1/100–1/1,000 倍 (ネガティブスイッチング蛍光タンパク質を利用した場合との比較) にまで照射光量を減弱することが可能になり, 細胞に優しい超解像イメージングが実現された.

この他, 光スイッチングと蛍光励起を異なる波長で行うことが可能な「デカップリング」型光

表 2　おもな光活性化・光変換蛍光タンパク質とその特性

タイプ	名称	刺激波長	観察波長励起	観察波長蛍光	色変化	構造
光活性化型 (不可逆)	PA–GFP	UV&紫	488	517	無→緑	単量体
	PA–mRFP1	UV&紫	578	605	無→赤	単量体
	PAmCherry1	UV&紫	564	595	無→赤	単量体
	PATagRFP	UV&紫	562	595	無→赤	単量体
	KFP–Red	緑	580	600	無→赤	四量体
光変換型 (不可逆)	PS－CFP2	UV&紫	400 490	468 511	青→緑	単量体
	Kaede	UV&紫	508 572	518 580	緑→赤	四量体
	KikGR	UV&紫	507 583	517 593	緑→赤	四量体
	mEos3.2	UV&紫	506 573	519 584	緑→赤	単量体
	Dendra	UV&紫	490 553	507 573	緑→赤	単量体
ネガティブ光スイッチング (可逆)	Dronpa	UV&紫 (ON) 緑 (OFF)	503	518	無⇔緑	単量体
	rsEGFP	UV&紫 (ON) 青 (OFF)	493	510	無⇔緑	単量体
	rsCherryRev	青 (ON) 黄 (OFF)	572	608	無⇔赤	単量体
	rsTagRFP	青 (ON) 黄 (OFF)	567	585	無⇔赤	単量体
ポジティブ光スイッチング (可逆)	Padron	緑 (ON) UV&紫 (OFF)	503	522	無⇔緑	単量体
	Kohinoor	緑 (ON) UV&紫 (OFF)	495	514	無⇔緑	単量体
デカップリング光スイッチング(可逆)	Dreiklang	UV (ON) 紫 (OFF)	511	529	無⇔緑	単量体

スイッチング蛍光タンパク質 Dreiklang が Jacobs のグループによって開発されている [45]．Dreiklang は 365 nm と 405 nm で蛍光性をそれぞれ ON，OFF でき，515 nm の励起により蛍光極大 530 nm の黄緑色蛍光を発する．しかし，365 nm の紫外線を利用することや，超解像観察のための光学系が複雑になるという理由で，あまり普及していない．

表 2 に，これまでに単離または開発された主な光活性化・光変換・光スイッチング蛍光タンパク質とその特性を示す．

V GFP 発色団の電荷状態を利用したバイオセンサー

上述したように，wtGFP の発色団は，電荷状態の違いにより 395 nm（非イオン化）と 470 nm（イオン化）に吸収極大を持ち，かつ電荷状態の変化によって吸収スペクトルが変化する．したがって，タンパク質の構造変化やタンパク質間相互作用を，この「発色団の電荷状態の変化」に結びつけることができるならば，GFP の吸収スペクトルの変化を観察することによって，それらを測定できるかもしれない．この発想に基づき，Baird らは，Ca^{2+} 指示薬として camgaroo を開発した [46]．camgaroo は，YFP の 144 番目と 145 番目のアミノ酸の間に，Ca^{2+} 結合タンパク質である calmodulin（CaM）を挿入したキメラタンパク質で，CaM の Ca^{2+} 結合に伴う立体構造変化により発色団近傍の電荷状態が変化し，その結果 Ca^{2+} 有無での蛍光強度が 7 倍変化する（図 4 a）．この戦略は cAMP センサー Flamindo の開発にも応用されている [47]．

一方，筆者らは YFP の円順列変異体（cpYFP）を用いることにより，Ca^{2+} 指示薬 pericam を開発した [48]．円順列変異とは，おおもとのタンパク質の内部に新たな N 末と C 末を設定し，元の C 末と N 末を適当なアミノ酸配列で連結する変異である（図 4 b）．Pericam は，145 番目のアミノ酸を新たな N 末とする cp145YFP の N 末と C 末に，M13 ペプチドと CaM を連結している．M13 と CaM の Ca^{2+} 依存的な相互作用に伴う立体構造変化を利用して，発色団の電荷状態

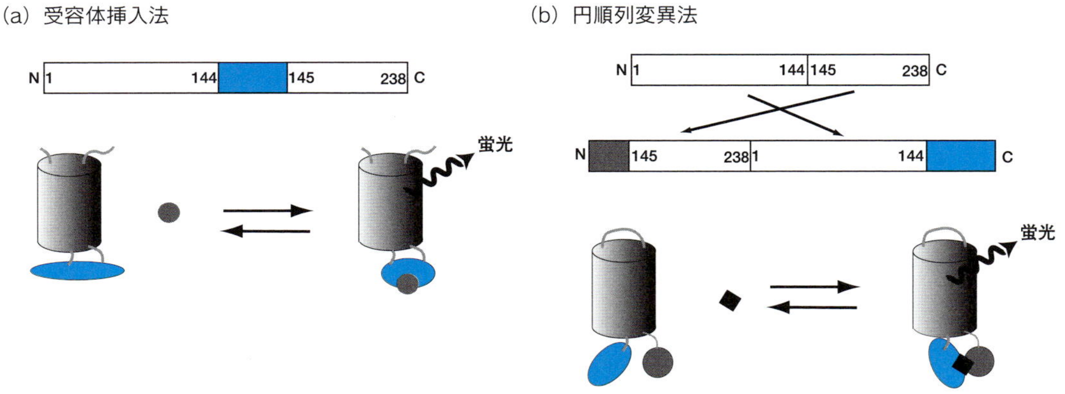

図 4　蛍光タンパク質を利用した機能指示薬の概念図

(a) 受容体挿入法では YFP の 144 番目と 145 番目の間にリガンド（●）などの刺激により立体構造が変化するタンパク質（青）を挿入する．リガンドが青タンパク質に結合すると，YFP の構造にも影響を与え，その結果，蛍光特性が変化する．(b) 円順列変異法では，145 番目のアミノ酸を新たな N 末端とする YFP の円順列変異体の両末端にリガンド（◆）などの刺激により相互作用するタンパク質を融合する．リガンド刺激による青タンパク質とグレータンパク質の相互作用が YFP の立体構造に影響を与え，その結果，蛍光特性が変化する．

を変化させることを原理としている（図 4 b）．Ca^{2+}の結合により蛍光強度が 8 倍増加する flash–pericam，逆に 1/7 に減少する inverse–pericam，励起スペクトルが変化する ratiometric–pericam の 3 種類が開発されている．類似の Ca^{2+}指示薬として GCaMP [49]，GECO [50]，CEPIA [51] などさまざまな改良バージョンが開発されている．また，円順列変異蛍光タンパク質を用いたタンパク質リン酸化 [52] や過酸化水素 [53]，ATP [54] の指示薬も作成されており，本手法によるさまざまなバイオセンサーが今後も開発されると期待される．

Ⅵ 分割 GFP によるタンパク質間相互作用の可視化と特異的な細胞標識

Hu らは，GFP を N 末端側と C 末端側の 2 つの断片に分けて発現させると，いずれの断片も蛍光性を持たない（図 5 a）が，それぞれの断片に相互作用するタンパク質を繋げると，タンパク質間相互作用を介して GFP が再構成され（図 5 b，c），蛍光発光する（図 5 d）ことを見出した [55]．BiFC（bimolecular fluorescence complementation）と呼ばれるこの方法により，bZIP タンパク質ファミリーと Rel タンパク質ファミリー間の相互作用が培養細胞を用いて観察されている．さらに彼らは GFP 波長変異体（青，シアン，緑，黄）の N 末端側，C 末端側断片をさまざまに組み合わせることによって，スペクトルが異なる 7 種類の蛍光タンパク質ができることを突き止め，多種類のタンパク質間の相互作用を 1 つの細胞内で観察する方法も開発している [56]．

BiFC 法はタンパク質間相互作用を可視化する方法だけでなく，特定の組織だけを特異的に標識する方法としても注目されている．通常，蛍光タンパク質をある組織で発現させたい場合，そ

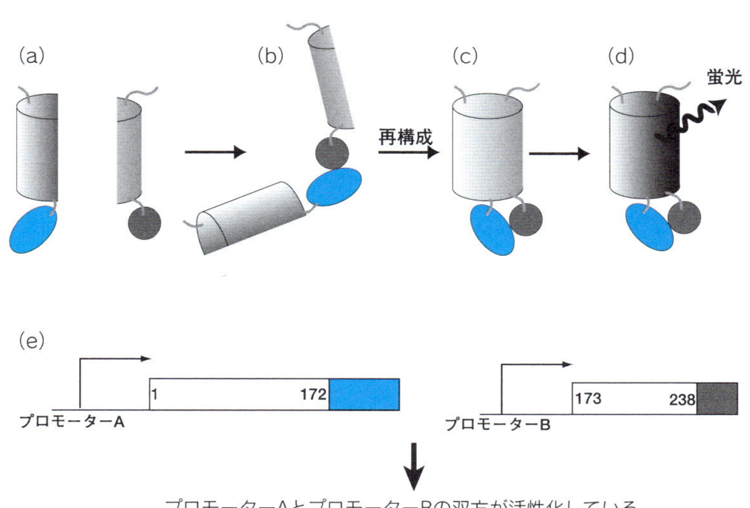

図 5　分割 GFP を利用したタンパク質相互作用の検出

(a) 相互作用を調べたいタンパク質（青とグレー）に蛍光タンパク質の N 末端側半分，C 末端側半分を融合し，細胞に発現させる．(b) 細胞内で青タンパク質とグレータンパク質が相互作用する．(c) 青タンパク質とグレータンパク質の相互作用を介して蛍光タンパク質の N 末端側半分と C 末端側半分も相互作用する．(d) 蛍光タンパク質の構造形成に伴い発色団も形成され蛍光を放つようになる．(e) N 末端側半分と C 末端側半分を異なる遺伝子プロモーターの制御下で細胞に発現させると，双方のプロモーター活性がオーバーラップする細胞のみが蛍光性になり，より特異的な細胞標識が可能になる．

の組織に特異的な遺伝子プロモーターを用いて蛍光タンパク質を発現させる．しかし，すべての組織でそのような遺伝子プロモーターが見出されている訳ではない．そこでZhangらは，組織特異性が異なる2つの遺伝子プロモーターのそれぞれにGFPの末端側，あるいはC末端側の遺伝子を連結させた．それぞれの遺伝子プロモーター活性がオーバーラップする細胞だけでBiFCが起こり，蛍光性になるという仕組みである（図5b)．その例として，mec-3プロモーターにN末端側GFPを，egl-44プロモーターにC末端側GFPを連結して，線虫で発現させ，たった2つのFLP神経だけを特異的に蛍光標識することに成功している[57]．

Ⅶ 蛍光タンパク質を用いて標的分子を壊す

蛍光分子に励起光を与えると，程度の大小はあるが，一重項酸素（$^1O_2$）などの活性酸素が産生される．蛍光分子が強い励起光で退色してしまうのは，自らが産生した活性酸素によって酸化され，不可逆的に発色団の構造が変化してしまうからである．ライブイメージングでは禁忌であるこの現象を逆用すれば，光照射依存的に微小領域に存在する分子を，任意の時間に破壊することが可能となる（図6)．いわゆるCALI（Chromophore-assisted light inactivation）法と呼ばれるこの技術は，もっぱらマラカイトグリーンやフルオレセインなどの小分子蛍光化合物を用いて行われてきたが，最近になって蛍光タンパク質でも可能であることが分かってきた．蛍光タンパク質は発色団が完全にタンパク質の中に埋没しているため，産生された活性酸素は，タンパク質内部で反応してしまい，外に出てこない．蛍光タンパク質が丸裸の小分子蛍光化合物ほど光毒性を示さないのはそのためである．ところが，2光子励起をした場合には，効果的に活性酸素が蛍光タンパク質外に拡散し，近傍のタンパク質を破壊できることがTanabeらによって示され，MP-CALI（Multiphoton excitation-evoked CALI）と命名された[58]．この方法は，細胞内の局所領域に存在するタンパク質を任意の時間に破壊できる方法としてきわめて有用であるが，非常に高価な2光子顕微鏡を用いなければならないという弱点を持っている．その弱点を克服する方法として，通常の水銀光源でもCALIが可能な蛍光タンパク質（KillerRed）が，Bulinaらによって開発された[59]．KillerRedは，ミトコンドリアマトリクスに局在するタンパク質や細胞膜に局在するタンパク質に応用され，それぞれミトコンドリアの破壊によるアポトーシスの誘導や，

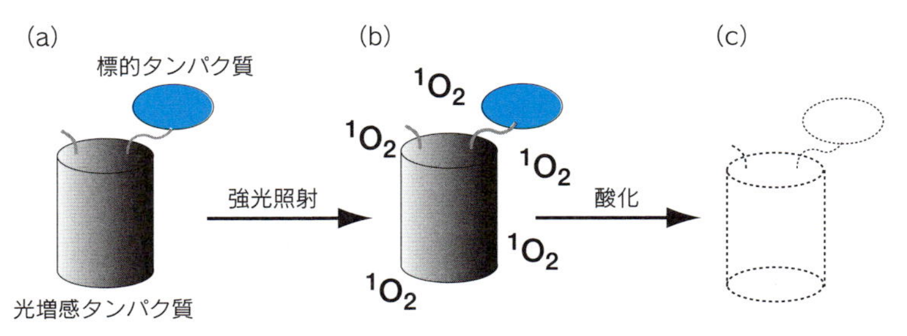

図6　蛍光タンパク質を光増感分子として利用し，標的タンパク質を光照射依存的に不活性化する方法
(a) 不活性化したいタンパク質あるいはその結合タンパク質を光増感タンパク質KillerRedと融合して細胞に発現させる．(b) 細胞内の任意の場所に強い緑色光（たとえば532 nmのレーザーなど）を照射し，KillerRedから活性酸素（1重項酸素）を産生させる．(c) 活性酸素は近傍の分子を酸化し不活性化させる．

細胞膜結合ドメインの破壊による細胞膜からの遊離などの現象が観察されている．KillerRedは2量体を形成するため，応用できる対象は限られていた．Takemotoらは2量体形成に関わるアミノ酸残基を推定し，変異導入することで単量体型のSuperNovaを開発することに成功した[60]．一方，Tsienのグループはシロイヌナズナのphototoropin2のLOV2ドメインをエンジニアリングすることで光照射依存的に$^1O_2$を発生するminiSOG（mini Singlet Oxygen Generator）を開発した．LOV2ドメインは細胞内に豊富に存在するFMN（flavin mononucleotide）と結合しており，通常は青色光照射によって励起されたFMNのエネルギーがLOV2の426番目のシステインと共有結合を形成するのに利用される．このシステインをグリシンに置換したところ，FMNの励起エネルギーが効率よく$^1O_2$産生に利用されることが明らかになった．さらにいくつかのアミノ酸変異を導入することで106アミノ酸から構成される単量体タンパク質miniSOG（吸収極大：448 nm/473 nm，蛍光極大：500 nm/528 nm）が完成した[61]．GFPの半分以下のサイズであることから，目的のタンパク質と融合してそのタンパク質の機能をCALI法で解析するのに適している．SuperNovaと組み合わせて利用すれば，マルチカラーCALIも可能であろう．miniSOGの最大の利点はその高い$^1O_2$産生量子収率（$\Phi = 0.47$）にある．光照射によって発生した$^1O_2$はDAB（diaminobenzidine）を重合させ沈殿を生じさせるが，これをオスミウムで染色すれば電子顕微鏡で容易に観察が可能となる．miniSOGにより，光学顕微鏡で生きた試料をミクロスコピックに観察後，固定して電子顕微鏡でより詳細な構造を観察することが，細胞のみならず線虫やマウスを用いて実現している．

Ⅷ おわりに

蛍光タンパク質は，ただの蛍光タグとして利用するだけでなく，光る仕組みを知ることで，応用範囲が大きく広がることを理解して貰えたことだろう．原理を知っていてこそ初めて，適切な応用が可能となる．本章で記載したことを単に知識として覚えるだけでなく，実際の実験を通して蛍光タンパク質に対する理解を深めて欲しい．それによって，新たな発見がなされ，そこから思わぬ突破口が開けるのだと常々思う．読者諸氏の奮闘を期待する．

文 献

[1] Tsien, R. Y .: *Annu. Rev. Biochem*., **67**, 509–544, 1998
[2] Ormo, M. *et al*.: *Science*, **273**, 1392–1395. 1996
[3] Reid, B. G. *et al*.: *Biochemistry*, **36**, 6786–6791, 1997
[4] Ward, E. E. *et al*.: *Biochemistry*, **21**, 4535–4540, 1982
[5] Heim, R. *et al*.: *Nature*, **373**, 663–664, 1995
[6] Brejc, K. *et al*.: *Proc. Natl. Acad. Sci. USA*, **94**, 2306–2311, 1997
[7] Heim, R. *et al*.: *Proc. Natl. Acad. Sci. USA*, **91**, 12501–12504, 1994
[8] Tomosugi, W. *et al*.: *Nat. Methods*, **6**, 351–353, 2009
[9] Matz, M.V. *et al*.: *Nat. Biotechnol*., **17**, 969–973, 1999
[10] Wall, M. A. *et al*.: *Nat. Struct. Biol*., **7**, 1133–1138, 2000
[11] Campbell, R. E. *et al*.: *Proc. Natl. Acad. Sci. USA*, **99**, 7877–7882, 2002
[12] Shaner, N. C. *et al*.: *Nat. Biotechnol*., **22**, 1567–72, 2004
[13] Wang, L. *et al*.: *Proc. Natl. Acad. Sci. USA*, **101**, 16745–16749, 2004

［14］ Lin, M. Z. *et al*.: *Chem. Biol*., **16**, 1169–1179, 2009
［15］ Shcherbo, D. *et al*.: *Nat. Methods*, **7**, 827–829, 2010
［16］ Kumagai, A. *et al*.: *Cell*, **153**, 1602–1611, 2013
［17］ Shu, X. *et al*.: *Science*, **324**, 804–807, 2009
［18］ Filonov, G. S. *et al*.: *Nat. Biotechnol*., **29**, 757–761, 2011
［19］ Yu, D. *et al*.: *Nat. Methods*., **12**, 763–765, 2015
［20］ Griesbeck, O. *et al*.: *J. Biol. Chem*., **276**, 29188–94, 2001
［21］ Nagai, T. *et al*.: *Nat. Biotechnol*., **20**, 87–90, 2002
［22］ Rizzo, M. A. *et al*.: *Nat. Biotechnol*., **22**, 445–449, 2004
［23］ Goedhart, J. *et al*.: *Nat. Commun*., **3**, 751, 2012
［24］ Ai, H. W. *et al*.: *Biochemistry*, **46**, 5904–5910, 2007
［25］ Subach, O. M. *et al*.: *PLoS One*, **6**, e28674, 2011
［26］ Yu, J. *et al*.: *Science*, **311**, 1600–1603, 2006
［27］ Taniguchi, Y. *et al*.: *Science*, **329**, 533–538, 2010
［28］ Nagoshi, E. *et al*.: Cell, **119**, 693–705, 2004
［29］ Patterson, G. H. *et al*.: *Science*, **297**, 1873–1877, 2002
［30］ Ando, R. *et al*.: *Proc. Natl. Acad. Sci. USA*, **99**, 12651–12656, 2002
［31］ Subach, F. V. *et al*.: *Nat. Methods*, **6**, 153–159, 2009
［32］ Subach, F. V. *et al*.: *J. Am. Chem. Soc*., **132**, 6481–6491, 2010
［33］ Tsutsui, H. *et al*.: *EMBO Rep*., **6**, 233–238, 2005
［34］ Chudakov, D. M. *et al*.: *Nat. Protoc*., **2**, 2024–2032, 2007
［35］ Zhang, M. *et al*.: *Nat. Methods*, **9**, 727–729, 2012
［36］ Ando, R. *et al*.: *Science*, **306**, 1370–1373, 2004
［37］ Stiel, A. C. *et al*.: *Biochem. J*., **402**, 35–42, 2007
［38］ Andresen, M. *et al*.: *Nat. Biotechnol*., **26**, 1035–1040, 2008
［39］ Ando, R. *et al*.: *Biophys. J*., **92**, L97–99, 2007
［40］ Grotjohann, T. *et al*.: *Nature*, **478**, 204–208, 2011
［41］ Grotjohann, T. *et al*.: *Elife*, **1**, e00248, 2012
［42］ Stiel, A. C. *et al*.: *Biophys. J*., **95**, 2989–2997, 2008
［43］ Subach, F. V. *et al*.: *Chem. Biol*., **17**, 745–755, 2010
［44］ Tiwari, D. K. *et al*.: *Nat. Methods*, **12**, 515–518, 2015
［45］ Brakemann, T. *et al*.: *Nat. Biotechnol*., **29**, 942–947, 2011
［46］ Baird, G.S. *et al*.: *Proc. Natl. Acad. Sci. USA*, **96**, 11241–11246, 1999
［47］ Kitaguchi, T. *et al*.: *Biochem. J*., **450**, 365–373, 2013
［48］ Nagai, T. *et al*.: *Proc. Natl. Acad. Sci. USA*, **98**, 3197–3202, 2001
［49］ Nakai, J. *et al*.: *Nat. Methods*, **19**, 137–141, 2001
［50］ Zhao, Y. *et al*.: *Science*, **333**, 1888–1891, 2011
［51］ Suzuki, J. *et al*.: *Nat. Commun*., **5**, 4153, 2014
［52］ Kawai, Y. *et al*.: *Anal. Chem*., **76**, 6144–6149, 2004
［53］ Belousov, V. V. *et al*.: *Nat. Methods*, **3**, 281–286, 2006
［54］ Yaginuma, H. *et al*.: *Sci. Rep*., **4**, 6522, 2014
［55］ Hu, C. D. *et al*.: *Mol. Cell*, **9**, 789–798, 2002
［56］ Hu, C. D. *et al*.: *Nat. Biotechnol*., **21**, 539–545, 2003
［57］ Zhang, S. *et al*.: *Cell*, **119**, 137–144, 2004
［58］ Tanabe, T. *et al*.: Nat. Methods, **2**, 503–505, 2005
［59］ Bulina, M. E. *et al*.: *Nat. Biotechnol*., **24**, 95–99, 2006
［60］ Takemoto, K. *et al*.: *Sci. Rep*., **3**, 2629, 2013
［61］ Shu, X. *et al*.: *PLoS Biol*., **9**, e1001041, 2011

［永井健治・松田知己］

第14章
蛍光プローブの利用

蛍光顕微鏡法の発展とともに，蛍光プローブの開発の重要性は高まっている．蛍光タンパク質の有用性は言うまでもないが，有機小分子蛍光物質を用いた蛍光プローブも *in vivo* がんイメージングに威力を発揮するなど，その有用性は今後ますます増大すると考えられる．有機小分子蛍光プローブは，その動作原理によって，励起波長や蛍光波長の変化に基づくものと，蛍光強度の変化（増大）に基づくものがある．本章では，これらの有機小分子蛍光プローブのうち，代表的なプローブの設計原理とその応用例を紹介する．

I 有機小分子蛍光プローブ

フルオレセインやローダミン，クマリン，シアニン，BODIPY などは，よく使われている有機小分子蛍光物質である．これらの蛍光分子は蛍光タンパク質と比べると分子量が比較的小さく，蛍光観察を行ううえでさまざまな有用な特性をもっている．たとえば，これらの蛍光色素を *in vitro* で抗体と結合・精製したものは，間接蛍光抗体法の二次抗体として，目的タンパク質の局在の可視化によく使われている（第 12 章「蛍光色素・蛍光タンパク質」を参照）．また，細胞や組織に顕微注入・血管内投与することによって，目的分子の細胞内動態の観察 [1] や *in vivo* がんイメージング [2] が行われている．また，近年になって，目的分子と結合するとその蛍光特性が大きく変化する光機能性分子，いわゆる蛍光プローブが多数開発され，他の手法では実現が難しかったイメージングが達成されている．Fura-2 や Fluo-3 など，カルシウム濃度に依存して蛍光特性が変化する蛍光プローブがその代表例である [3, 4]．

有機小分子蛍光プローブは，その動作原理によって，波長（励起，蛍光発光）の変化に基づくものと，蛍光強度の変化（増大）に基づくものに大別される．さらに励起・蛍光波長の変化に基づくプローブは，Fura-2 や Indo-1（いずれもカルシウムプローブ）などのように分子内電荷移動（intramolecular charge transfer；ICT）を原理とするものと，CCF2（β-ラクタマーゼプローブ）[5] のように蛍光共鳴エネルギー移動（FRET）を原理とするものに大別される．ICT に基づく蛍光プローブは，検出対象分子との反応の前後で高い蛍光量子収率を維持しつつ，波長を大きく変化させる必要があるため，その開発は一般にきわめて困難である．また FRET を原理とする蛍光プローブは，分子内にドナーとアクセプターの 2 つの蛍光色素を持つことになるため，分子量が大きくなることや，細胞膜透過性が概して低いことなどの欠点があり，開発事例はそれほど多くない．一方で，蛍光強度増大型プローブは，近年になって，その論理的設計法が確立され

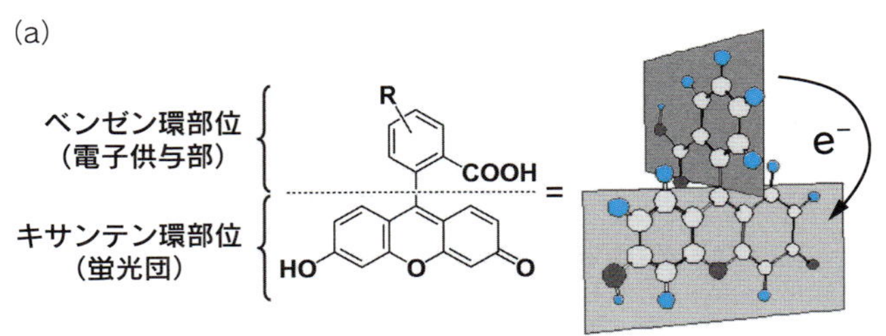

R＝強い電子供与性
ベンゼン環部位の HOMO エネルギーレベル高
→ 光誘起電子移動による消光が起きる
→ ほぼ無蛍光

R＝弱い電子供与性～弱い電子吸引性
ベンゼン環部位の HOMO エネルギーレベル中～低
→ 光誘起電子移動による消光が起きない
→ 強い蛍光を発する

(b) 蛍光プローブの論理的精密設計法
(HOMO エネルギーレベルの低下する反応の可視化プローブ設計法)

〈プローブ設計法の概略〉

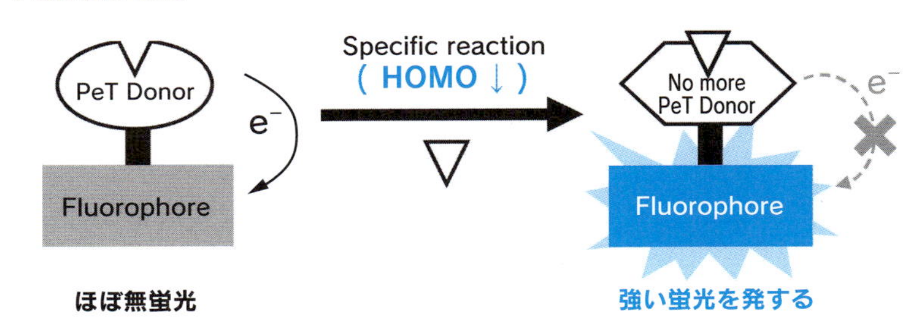

(c) 蛍光プローブ機能のヤブロンスキーダイアグラムによる説明

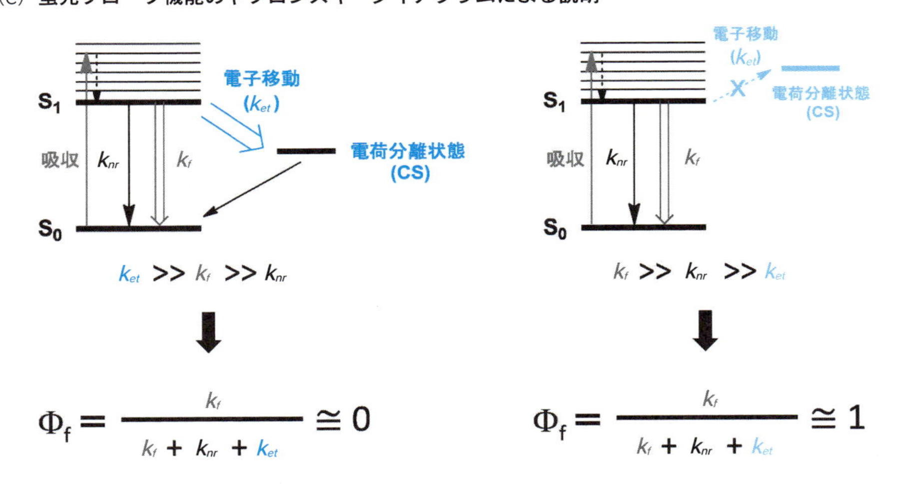

図 1　光誘起電子移動（PeT）に基づく蛍光プローブの論理的設計法

(a) フルオレセインは，キサンテン環部位（蛍光団）とベンゼン環部位（電子供与部）に分割して考えることができ，ベンゼン環部位の HOMO エネルギーレベルを制御することで，PeT による消光を実現できる分子である．(b) PeT を動作原理とする蛍光プローブの論理的精密設計法の概略 (c) PeT 型蛍光プローブの動作原理のヤブロンスキーダイアグラムによる説明

てきたことにより，比較的多くの蛍光プローブが開発されている．以下，蛍光強度増大型プローブの代表的な設計原理と，それらに基づき開発された蛍光プローブ，およびその応用例を紹介する．

Ⅱ 光誘起電子移動に基づく有機小分子蛍光プローブの開発[6-8]

この蛍光プローブには，目的分子と結合・反応するとその蛍光強度が大きく増大するプローブが含まれ，元々それ自身は無蛍光であるが，観測対象となる目的分子と反応，結合することで強い蛍光を発するようになる分子を以下，蛍光強度増大型プローブと呼ぶ．染色体を特異的に染色できる Hoechst 33342 や，カルシウム濃度に反応する Fluo-3 や Rhod-2 のような蛍光プローブがそれに該当する．これらは，細胞外液に添加するだけですべての細胞に速やかに導入可能であり，染色濃度を自由に選ぶこともできる．生細胞内での目的分子の生成，移動，消去などのダイナミックな過程を経時観察するのに有用であり，*in vivo* での生体応答観測や疾患イメージングツールとしても優れた性質を有している．

しかしながら，一般的に，特定の分子のみを可視化する蛍光プローブの開発は容易ではなく，従来の蛍光プローブは試行錯誤を経て開発されてきた．その大きな理由は，蛍光プローブの設計には，発蛍光速度（k_f）と無輻射遷移速度（k_{nr}）（図 1 (b)）を精度よく正確に予想することがきわめて重要であるが，その予測がほぼ不可能であったからである．すなわち，新規に蛍光物質を開発する場合，その蛍光特性，とくに蛍光量子収率を事前に正確に予想することはできず，実際に物質を合成して，その蛍光特性を計測してみる必要があった．

しかし，最近になり，蛍光強度増大型プローブの論理的設計を可能にする方法が確立された．蛍光分子内で起こる光誘起電子移動（photoinduced electron transfer；PeT）に基づいて，その蛍光特性を精密に制御する方法である．たとえば，代表的な蛍光分子であるフルオレセインの場合，分子を構成するベンゼン環部位と蛍光団であるキサンテン環部位は互いに直交しているため，両部位間で電子の共役は起こらない．そのため，独立した 2 部位として分けて考えることが可能であり，この 2 部位間での分子内 PeT によりその蛍光特性を精密に制御可能である（図 1 (a)）．具体的には，ベンゼン環部位の最高占有電子軌道（HOMO）エネルギーレベルが，ある境界値*1よりも高いフルオレセイン誘導体に青色光を照射して，蛍光を発する部位であるキサンテン環部位を励起させても，蛍光を発して基底状態に戻るよりも速く電子移動（PeT）が起きるため，蛍光はほぼ観察されない．一方，ベンゼン環部位の HOMO エネルギーレベルが上述した境界値よりも低い誘導体では PeT 速度（k_{et}）は遅く，通常通りの強い蛍光が観察される．このように，フルオレセイン誘導体では，そのベンゼン環部位の HOMO エネルギーレベルを精密に変化させることで蛍光特性を自在に制御することが可能となり，ここから蛍光強度増大型プローブの論理的設計が可能となった．

その設計方針の概略を図 1 (b) に示した．観測したい目的分子（▽）と特異的に反応・結合す

＊1　フルオレセイン誘導体の場合，蛍光性/無（弱）蛍光性の HOMO エネルギーの境界値は −0.21 hartrees（B3LYP/6-31G(d)）．この境界値は，蛍光団ごとに異なる値となる．

る分子（PeT Donor）を用意する．この分子は，反応前は高い HOMO エネルギーを持つが，反応後は HOMO エネルギーが下がり，ある境界値以下（色素によって値は異なる）となることが必要である．その分子を，蛍光団のすぐ近傍のベンゼン環部位として配置することで，蛍光強度増大型プローブの開発が可能となる．以下，これをヤブロンスキーダイアグラムを用いて解説する．まず図 1 (c) 左にあるように，発蛍光速度 $k_f \gg k_{nr}$ という性質を持つ蛍光団の近傍に，上述した境界値よりも高い HOMO エネルギーを持つ基質部位を存在させると，励起光照射によって一重項励起状態（S_1）が生成するとすぐにきわめて速い分子内 PeT が起こる（$k_{et} \gg k_f$）．その結果，ドナー部位がカチオンラジカル，蛍光団がアニオンラジカルとなって電荷分離(charge separation；CS）状態を形成し，プローブ自身の蛍光量子収率はほぼ 0 となる（図 1 (c) 左）．これが，目的分子が存在する環境では，特異的な反応・結合によって基質部位の構造が変化し，その HOMO エネルギーが境界値より低くなるため PeT 速度はきわめて遅くなる（$k_f \gg k_{et}$）（図 1 (c) 右，HOMO が低い＝CS 状態が高エネルギーであるため，S_1→CS 経路が不利となる）．相対的に k_f が優位になることで，元々蛍光団の持つ特性である高い蛍光量子収率が回復する．この設計手法は，予測不可能な k_{nr} ではなく，予測可能な k_{et} による蛍光量子収率の制御を原理とするものであり，幅広い観測対象分子に対する蛍光プローブの論理的設計が可能となった．また PeT を原理とするプローブ設計法は，ローダミンや BODIPY，シアニンといった他の蛍光団にも適用可能であることも明らかとなっている．実際，この設計で作製された有機小分子蛍光プローブが次々と開発されている．以下，その事例を 2 つ紹介する．

Ⅲ 有機小分子蛍光プローブの活用

1．pH 感受性蛍光プローブ

リソソーム染色色素として，リソソームの性質である酸性 pH 環境下で蛍光を発する蛍光プローブが開発されている（図 2 (a)）．酸性環境を検出できるこの蛍光プローブの，検出対象物である H^+ と特異的に反応する基質部位はアニリンであり（図 2 (a) 上），中性ではアニリン部分が脱プロトン化状態にあり，その HOMO エネルギーは十分に高いため PeT 速度はきわめて速くほぼ無蛍光である．一方，酸性ではアニリン部位がプロトン化されて HOMO エネルギーレベルが十分に低いアニリニウムへと構造が変化するため，PeT 速度は遅くなり，相対的に k_f が優位になり強い蛍光を発するようになる．これらの蛍光プローブは生細胞内外の pH 変化の可視化に利用されている．さらには抗体や糖タンパク質へ結合させ，その抗体（糖タンパク質）結合蛍光プローブをエンドサイトーシスで生きた細胞や生体組織に取り込ませ，*in vivo* でのがんイメージング [9] などに応用されている．

2．カルシウム検出蛍光プローブ

最も汎用されている蛍光プローブの 1 つがカルシウム（Ca^{2+}）検出蛍光プローブである．Ca^{2+} 蛍光プローブには，Fluo-3 に代表される Ca^{2+} との結合によってその蛍光強度が増大するもの [4] と，Fura-2 に代表される蛍光波長が変化するもの [3] が作製されている．蛍光強度増大型は，近赤外までのさまざまな蛍光波長のプローブが作製されており，最近ではその蛍光強度増大率が

(a) 酸性 pH 環境検出蛍光プローブ
〈Key reaction：アニリン類へのプロトン化〉

+ H^+
- H^+
High HOMO
Low HOMO

〈蛍光プローブ例〉

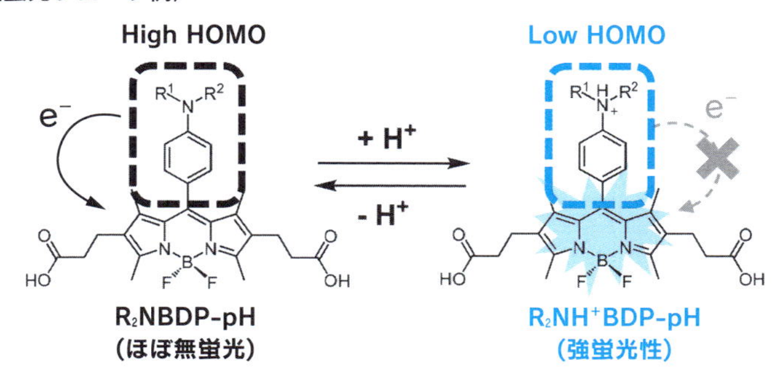

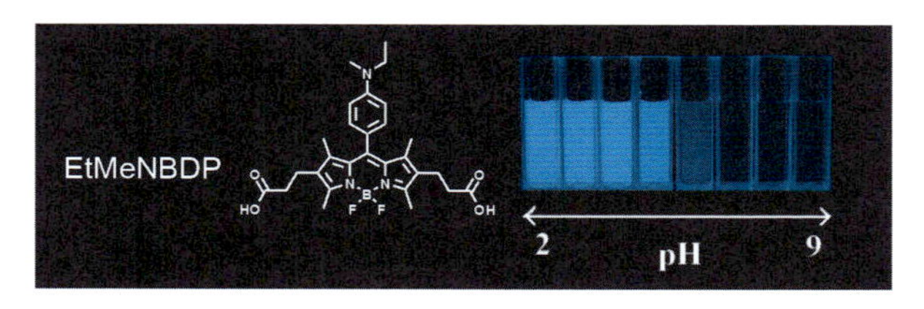

(b) Ca^{2+}検出蛍光プローブ
〈Key reaction：BAPTA への Ca^{2+}の配位〉

Ca^{2+}
High HOMO
Low HOMO

〈蛍光プローブ例〉

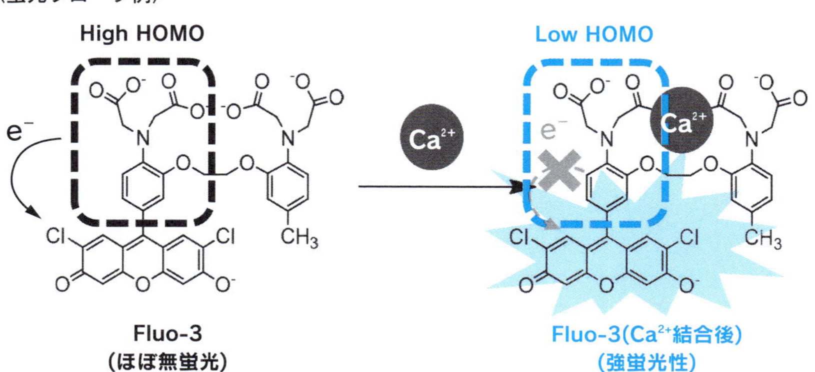

図2　光誘起電子移動（PeT）を動作原理とする蛍光プローブ例

(a) 酸性環境検出蛍光プローブ⇒口絵6参照，(b) カルシウム(Ca^{2+})検出蛍光プローブ．

数百～千倍程度ときわめて高感度のプローブも作製されている．一方，蛍光波長変化型は2つの波長の蛍光強度比を取ることができるために，プローブの局在や濃度の変化に影響されずに Ca^{2+} 濃度定量が可能である．図2(b)に，代表的な蛍光強度増大型 Ca^{2+} 蛍光プローブであるFluo-3の構造とその動作原理をまとめた．本プローブも，PeTを原理とするものであることが分かるだろう．これらのプローブを目的に応じて選択することで，生細胞内の微小領域から実験動物を用いた *in vivo* まで，幅広い生物試料での Ca^{2+} イメージングが可能となっている．

Ⅳ スピロ環化平衡に基づく有機小分子蛍光プローブの開発

図3(a)に示したように，ローダミン類はベンゼン環部位にカルボキシ基を持つ蛍光色素である．このカルボキシ基は，酸性環境では－COOHとして，中性～塩基性環境では脱プロトン化して－COO⁻として存在するが，いずれも蛍光団への付加特性（より正確に表現すれば求核付加特性）は非常に低いため，どのpHにおいても蛍光団であるキサンテン環構造は変化せず，常に強い蛍光を示す．ところがこのカルボキシ基を，より強い付加特性を持つアルコール性水酸基を有するhydroxymethyl基へと置換すると，酸性～中性環境ではキサンテン環構造体が優先して存在し，通常のローダミン類と同じ強い蛍光を発するのに対し，強い塩基性条件下（pH 10以上）ではアルコール性水酸基の酸素原子がキサンテン環に求核付加反応を起こし，図3(b)右に示すスピロ環化構造体として存在するようになる［10］．スピロ環化構造体は，元々のキサンテン環蛍光団の持つ共役二重結合が分断された構造をしており，3つのベンゼン環が互いに共役せずに存在するので，可視光の吸収はなく（すなわち無色），よって可視光を照射しても無蛍光である．

本設計法に則り，より求核性の高いチオール（-SH）基を有する有機小分子蛍光プローブが開発された．図4(a)に示したHySOxと名付けられた分子［10］は，テトラメチルローダミン（te-

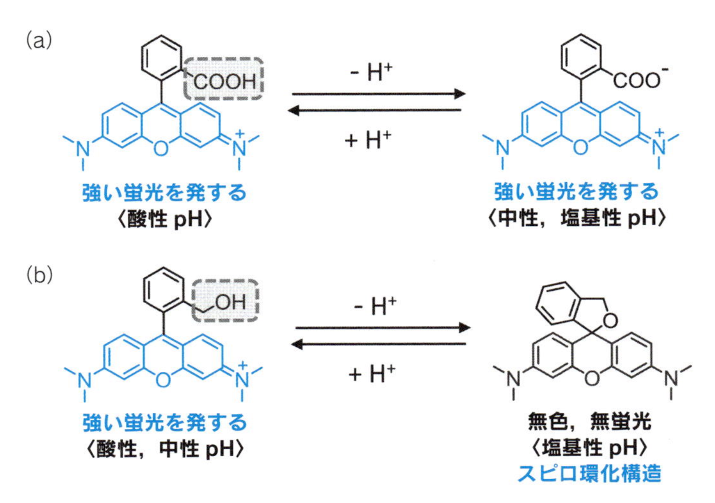

図3　分子内スピロ環化平衡に基づくローダミン類の蛍光特性制御

(a) 通常のローダミンは酸性～塩基性のどのpHでも強い蛍光を発する．(b) ローダミン類のカルボキシ基をhydroxymethyl基に置換した物質は，塩基性環境下では無色・無蛍光の分子内スピロ環化構造体として存在する．

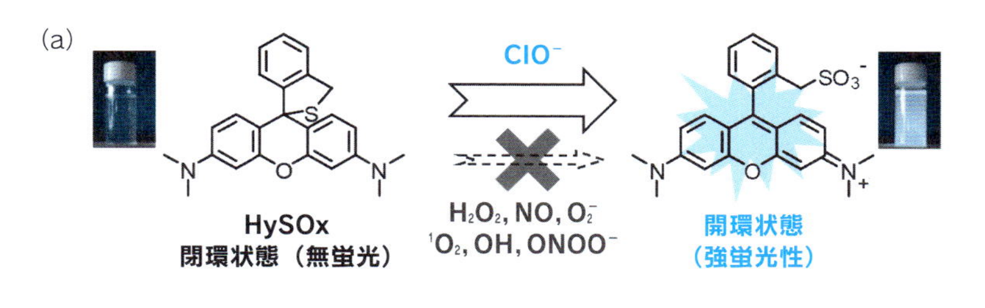

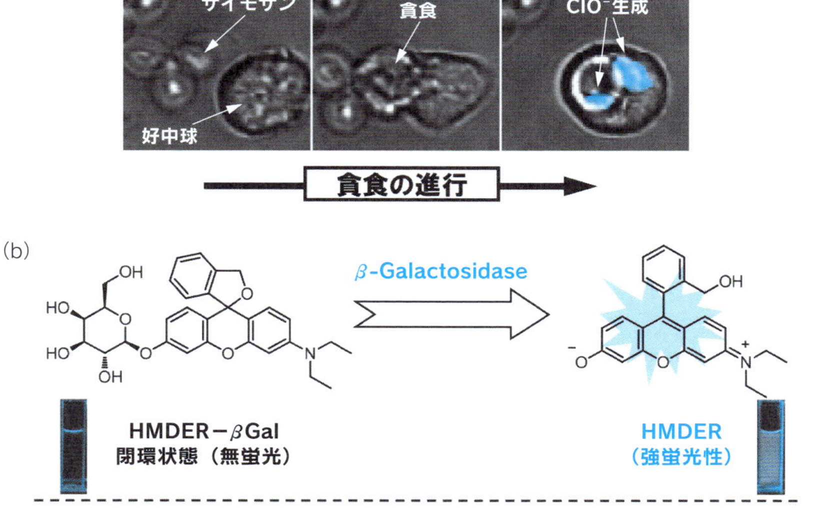

HMDER－βGal を用いたショウジョウバエ羽原基内 lacZ（＋）
細胞のリアルタイム検出

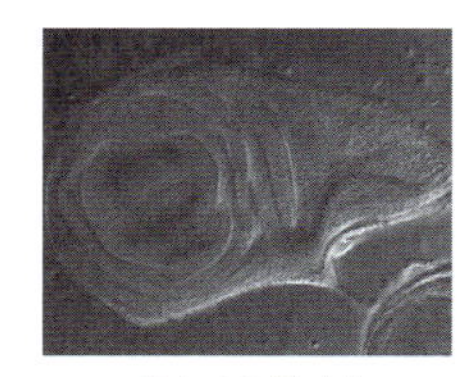

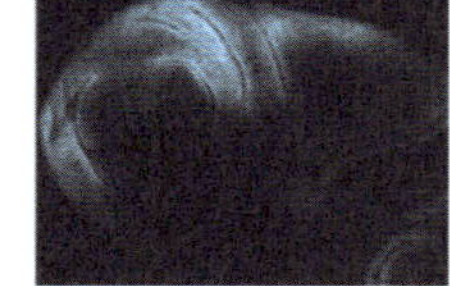

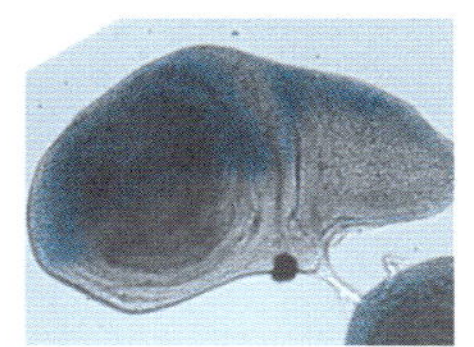

Bright field　　Fluorescence　　X-gal staining

図 4　分子内スピロ環化平衡を活用した有機小分子蛍光プローブの開発とライブイメージングへの適用
(a) 次亜塩素酸検出蛍光プローブ HySOx の開発による好中球貪食時における次亜塩素酸産生の可視化
(b) β-ガラクトシダーゼ活性検出蛍光プローブの開発によるショウジョウバエ羽原基内 lacZ(＋)細胞のライブ検出⇒口絵 7 参照

tramethylrhodamine；TMR）のカルボキシ基をメルカプトメチル（$-CH_2SH$）基に置換した分子であるが，メルカプトメチル基の S 原子の求核付加能が非常に高いため，どの pH においてもキサンテン環 9 位に S 原子が分子内付加したスピロ環化構造体として存在し，その水溶液は無色・無蛍光である．一般に S 原子を含む物質は活性酸素種（Reactive Oxygen Species；ROS）によって酸化されることが知られているが，HySOx は ROS の中でも次亜塩素酸イオンと選択的に反応し，強い蛍光を発する分子へと変化する．これは次亜塩素酸イオン選択的に S 原子が酸化され，その結果メルカプトメチル基の求核付加能が失われるため，通常のローダミン（キサンテン環）蛍光団が復活し，強い蛍光を発するようになるためである．同様の原理を近赤外蛍光色素であるシリルローダミン（SiR）に適用することで，元々は無色・無蛍光であるが，次亜塩素酸イオンと反応することで強い近赤外蛍光を発する蛍光プローブも開発されている [11]．これらのプローブは抗光退色性のローダミンをその母核とするものであるため，同一視野の連続観察時におけるプローブの退色がきわめて少なく，生細胞イメージングに適した性質を持つ．実際，ブタ好中球によるザイモザン貪食時に生成する次亜塩素酸のリアルタイム可視化を試みた結果，ザイモザンを貪食して生成したファゴソーム内にのみ，貪食のタイミングときわめて良く相関して強いローダミン蛍光が生成することが観測された（図 4 (a) 下）[10]．

次に，フルオレセインとローダミンのハイブリッド型の化学構造と光化学的特徴を有するロドール骨格を母核とする，分子内スピロ環化平衡を利用した加水分解酵素活性検出蛍光プローブを紹介する．本プローブは，*N,N*-diethylrhodol（DER）のカルボキシ基を hydroxymethyl 基に置換した hydroxymethyldiethylrhodol（HMDER）を母核とするもので，HMDER は図 3 (b) に示した hydroxymethylrhodamine とほぼ同様の pH 依存的平衡を示し，酸性～中性環境で強い蛍光を持つ一方，pH 10 以上の塩基性環境においては分子内スピロ環化によって無色・無蛍光となる．ところが，HMDER のフェノール性の水酸基をアルキル化した誘導体ではスピロ環化構造がより安定となり，中性環境においても無色・無蛍光のスピロ環化構造分子としてほぼ存在する（閉環状態）．よってこのアルキル基が加水分解等で外れることにより，蛍光が一気に回復する蛍光プローブの開発が可能となる [12]．β-ガラクトシダーゼ活性検出蛍光プローブ HMDER-βGal（図 4 (b)）は，酵素との反応前は可視光領域に吸収・蛍光を持たないスピロ環化構造体としておもに存在し，その蛍光性は抑えられている．これが β-ガラクトシダーゼによって糖部位が加水分解されると，通常のキサンテン環蛍光団構造（開環状態）が優先する HMDER が産生し強い蛍光を発する．HMDER-βGal は，生きた細胞における β-ガラクトシダーゼ酵素活性を感度よく可視化でき，ショウジョウバエ組織における β-ガラクトシダーゼ活性の可視化も可能である．たとえば，図 4 (b) 下図はショウジョウバエの幼虫から wing disc（将来羽になる組織）を取り出したものであるが，posterior region（組織の上側）のみにマーカー酵素として β-ガラクトシダーゼが発現している．この組織に HMDER-βGal を添加したところ，数分後には β-ガラクトシダーゼ発現部位が選択的に可視化された [12]．

V スピロ環化平衡に基づく超解像蛍光イメージングプローブの開発 [13]

近年，従来の光学顕微鏡の空間分解能を超える超解像イメージング法が開発され，注目されている（第 7 章「超分解能顕微鏡法」参照）．超解像イメージング法にはさまざまな手法があるが，スピロ環化平衡に基づくプローブ設計法に則り，single-molecule localization microscopy（SLM）に適した蛍光プローブが近年開発された．

SLM の手法の 1 つである STORM イメージング手法は，まず高濃度のチオール存在下で試料に強い光を当てることで大部分の蛍光分子を非蛍光状態とし，ごく一部の分子のみを確率的に光らせ，次にそれらの中心点を精度よく決定し，得られた画像を重ね合わせることで 20 nm 程度

CO₂H OH 開環状態（強蛍光性） 自発的ブリンキング HO_2C スピロ環化閉環状態（無蛍光） + H^+

通常の蛍光顕微鏡画像

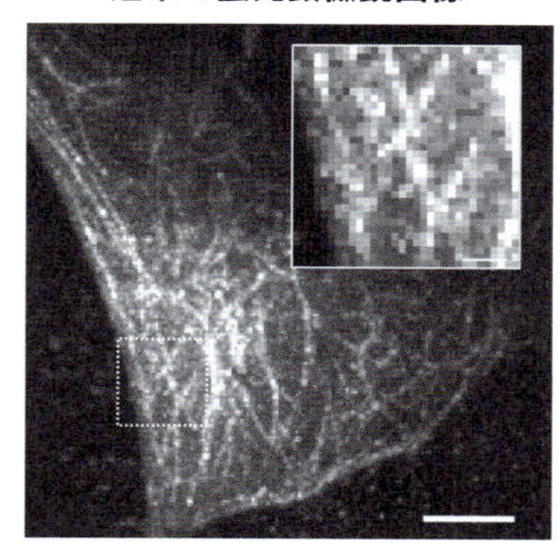

超解像顕微鏡画像（HMSiR）

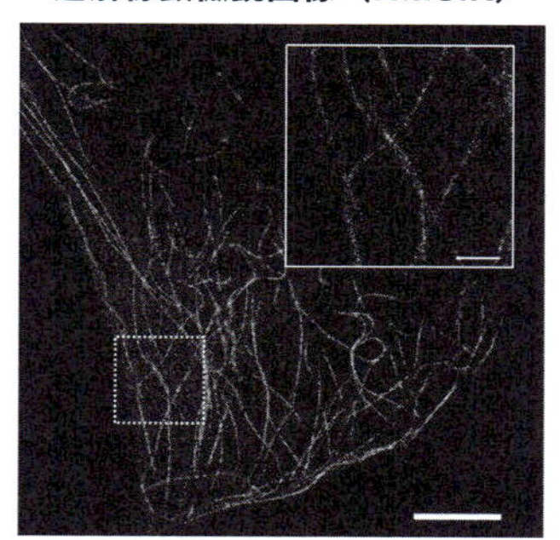

Tubulin を HMSiR でラベル化した生細胞（Vero 細胞）Scale bar: 5μm, 1μm（inset）

図 5　自発的に明滅を繰り返す新規 STORM 蛍光プローブ（HMSiR）の開発による，生細胞における tubulin の重合・脱重合のライブ超解像イメージング

の超解像度イメージングを実現している．しかし，この実験条件は生細胞観察には不適であり，細胞が生きている状態で超解像イメージングすることは困難であった．近年開発された超解像蛍光イメージング用プローブ（hydroxymethyl silylrhodamine；HMSiR）は，分子内スピロ環化を原理として開発されたもので，pH 7.4 では 99% 以上の分子がスピロ環化構造体として存在し，1％程度の分子のみが開環状態として存在し蛍光を発する状態にある．HMSiR はいったん開環蛍光状態となると 100 ms 程度はこの状態を維持し，その後スピロ環化閉環状態へと自発的に戻るという非常に特異な化学平衡を持つ．よって蛍光顕微鏡下で一分子イメージングを行うと，明確に明滅を繰り返す（ブリンクする）（図 5 上）．この性質を活用することで，強い励起光照射や高濃度チオールの添加なしに，生細胞の超解像イメージングを行うことが可能となった．たとえば生細胞内のチューブリンを HMSiR でラベルすることで，チューブリンが重合して微小管を形成し，またこれが脱重合されていく様子を，数十 nm の空間分解能でライブイメージングすることが可能となった（図 5 下）．

文 献

［1］Hayashi-Takanaka, Y. *et al*.: *Nucleic Acids Res*., **39**, 6475–6488, 2011

［2］van Dam, G. M. *et al*.: *Nat. Med*., **17**, 1315–1319, 2011

［3］Grynkiewicz, G. *et al*.: *J. Biol. Chem*., **260**, 3440–3450, 1985

［4］Minta, A. *et al*.: *J. Biol. Chem*., **264**, 8171–8178, 1989

［5］Zlokarnik, G. *et al*.: *Science*, **279**, 84–88, 1998

[6] de Silva, A. P. *et al*.: *Chem. Rev*., **97**, 1515–1566, 1997
[7] Miura, T. *et al*.: *J. Am. Chem. Soc*., **125**, 8666–8671, 2003
[8] Urano ,Y. *et al*.: *J. Am. Chem. Soc*., **127**, 4888–4894, 2005
[9] Urano, Y. *et al*.: *Nat. Med*., **15**, 104–109, 2009
[10] Kenmoku, S. *et al*.: *J. Am. Chem. Soc*., **129**, 7313–7318, 2007
[11] Koide, Y. *et al*.: *J. Am. Chem. Soc*., **133**, 5680–5682, 2011
[12] Kamiya, M. *et al*.: *J. Am. Chem. Soc*., **133**, 12960–12963, 2011
[13] Uno, S. *et al*.: *Nat. Chem*., **6**, 681–689, 2014

[浦野泰照]

第15章

蛍光の化学的理解

蛍光標識されたサンプルを蛍光顕微鏡下に置くと，美しく光る蛍光イメージが目に飛び込んでくる．しかし，どうしてサンプルはきれいな光を発するのだろうか？　蛍光顕微鏡は，蛍光という化学的な現象を可視化する装置である．蛍光の定義は「光によって励起一重項状態へ励起された電子が基底状態へ戻る際に光子を放出する現象，またはその際に放出する光」である．蛍光イメージングを正しく行い，得られた結果を正しく解釈するためには，蛍光の原理を正確に理解することが必要である．本章では，蛍光という現象を化学の立場から解説する．

I 分子軌道の基礎

分子による光の吸収・放出という現象は，分子を構成する電子が異なるエネルギー準位の分子軌道間を移動することによって引き起こされる．「軌道」という表現から，「電子は原子核の周りにある軌道上を回っている」と誤解されることがあるが，実際には，分子軌道とは，「電子がその場所にどのくらいの確率で存在するのか」を表した波動関数である．分子軌道を理解するための例として，構造が簡単なエチレンの分子軌道を考えてみよう（図1）．まず，離れたところにある2個の炭素原子が近づくときにできる分子軌道を考える．炭素原子は最外殻に1個のs軌道と3個のp軌道（p_x，p_y，p_z）を有する（図1b左）．エチレン分子が形成される前段階として，エチレンの炭素原子は，s軌道とp_x，p_y軌道から3個のsp^2混成軌道を形成する（図1b右）．この3個のsp^2混成軌道は同一平面上120°で位置し，残されたp_z軌道はこの平面に垂直方向に位置する．これら4個の軌道にそれぞれ1個ずつ，合計4個の電子が存在する．3個のsp^2混成軌道のうち，2個は水素原子との結合に用いられ，炭素間二重結合には直接関係しない．そこでここでは，炭素間二重結合に直接関係する1個のsp^2混成軌道とp_z軌道についてのみ考える．

2つの炭素原子のsp^2混成軌道が近づくとき，位相が重なる場合にはσ軌道が，重ならない場合にはσ^*軌道が形成される（図1c）．同様に，p_z軌道が近づくとき，位相が重なる場合にはπ軌道が，重ならない場合にはπ^*軌道が形成される（図1c）．σ軌道およびπ軌道は2つの軌道の重なりによって安定化され，元のsp^2混成軌道およびp_z軌道よりもエネルギー準位が低くなる（図1d）．このためσ軌道およびπ軌道に電子が収納されると，2つの炭素原子は近づいた状態，すなわち結合した状態を保つ．これらの軌道を結合性軌道と呼ぶ．一方，σ^*およびπ^*軌道は位相が重ならないため，互いの反発によって元のsp^2混成軌道およびp_z軌道よりもエネルギー準位

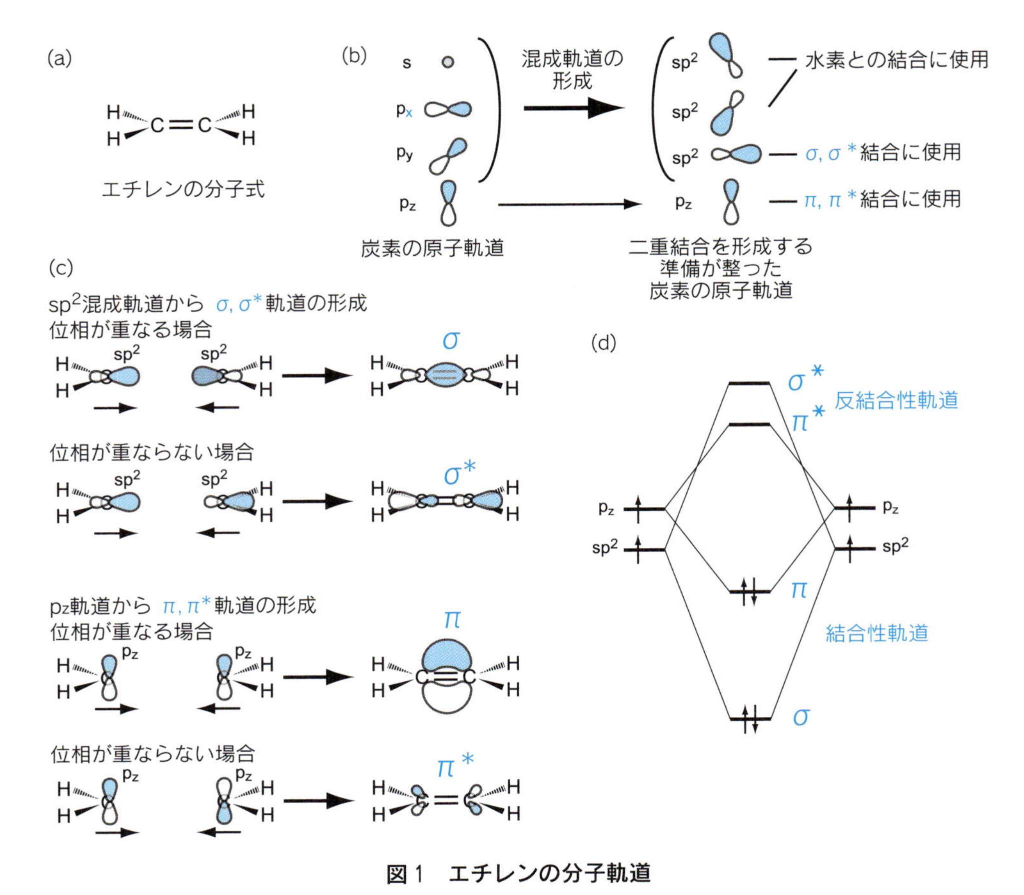

図 1　エチレンの分子軌道

(a) エチレンの分子式．(b) sp^2 混成軌道形成前後の炭素の原子軌道．(c) sp^2 混成軌道および p_z 軌道から分子軌道が形成される様子．それぞれの軌道の形を炭素上に示した．軌道上の青色の影は位相を表している．(d) エチレンのエネルギー準位図．矢印は電子を，その向きはスピン量子数を表している．

が高くなる．したがって，この軌道に電子が収納された場合，2 つの炭素原子間には離れようとする力が働く．これらの軌道を反結合性軌道と呼ぶ．

エチレン分子が形成される場合，それぞれの炭素原子から 2 個ずつ，合計 4 個の電子が供給される．各軌道は 2 個ずつの電子を収納できるので，この 4 個の電子は，上に挙げた 4 種類の分子軌道（σ 軌道，σ^* 軌道，π 軌道，π^* 軌道）のうち，エネルギー準位の低い軌道から順に 2 個ずつ収納されていく．すなわち，エチレン分子が形成されると σ 軌道に 2 個，π 軌道に 2 個の電子が収納され，σ^* 軌道と π^* 軌道には収納されていない状態となる（図 1 d）．同じ軌道に収まっている 2 個の電子は，スピン量子数が異なる，すなわち逆向きのスピンをもっている．

エチレンの炭素間二重結合の場合，炭素原子の最外殻となる 4 個の軌道は 1 個ずつの不対電子を収納しているので，すべての軌道が結合に関与する．それでは，最外殻に 5 個以上の電子が存在する窒素原子や酸素原子のように，結合に関与しない電子が最外殻に存在する場合はどうなるのであろうか？　ホルムアルデヒドを例に考えてみよう（図 2）．ホルムアルデヒドでは炭素原子と酸素原子が二重結合を形成する．この場合の炭素原子はエチレンのときと同様，3 個の sp^2 混成軌道と 1 個の p 軌道（p_z）を，酸素原子は 2 個の sp 混成軌道と 2 個の p 軌道（p_y，p_z）を有

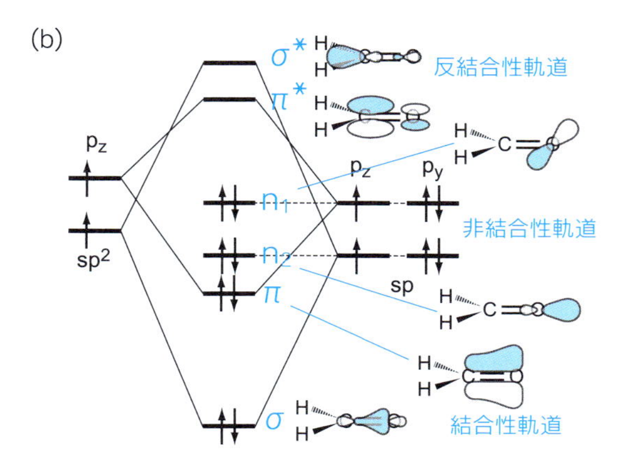

図2　ホルムアルデヒドの分子軌道
(a) ホルムアルデヒドの分子式．(b) ホルムアルデヒドのエネルギー準位図．形成された分子軌道の形をあわせて記した．炭素と酸素では原子核の電荷が異なるので，分子軌道の形は非対称となる．

する．酸素原子の最外殻には6個の電子がある．sp混成軌道の1個とp_z軌道は1個ずつの電子をもち，炭素原子と結合して結合性軌道と反結合性軌道を形成する．残りの軌道は結合とは無関係にそれぞれ2個の電子を収納することによって非共有電子対を形成している．これらの軌道は結合には関わらないので，非結合性軌道と呼ばれ，n軌道と表記される．

Ⅱ 分子による光の吸収

前述のとおり，分子軌道にはσ軌道，σ^*軌道，π軌道，π^*軌道，n軌道の5種類がある．分子全体のエネルギーが最低となるのは，それぞれの結合性軌道と非結合性軌道に電子が2個ずつ収納され，反結合性軌道が空の状態のときである．これを基底状態とよぶ．分子による光の吸収とは，光のエネルギーを消費することによって，電子1個が結合性軌道または非結合性軌道から反結合性軌道へと移動する現象である．πからπ^*へ電子が移動することを$\pi\pi^*$遷移，同様に，さまざまな軌道間の電子の移動を$\sigma\sigma^*$遷移，$\sigma\pi^*$遷移，$n\pi^*$遷移と呼ぶ．光のエネルギーは波長に依存するので（短波長ほど大きなエネルギーをもつ），遷移前後の分子軌道のエネルギー準位の差（エネルギーギャップ）に相当する波長の光エネルギーが遷移に伴い消費される．その結果，特定の波長において入射光に対する出射光の強度が下がる．紫外・可視領域の吸収はそのエネルギーの大きさから，おもに$\pi\pi^*$遷移および$n\pi^*$遷移によって引き起こされると考えられる．

ところで，なぜ光はこのような電子の移動を誘起できるのだろうか？　それは光が電磁波だからである（図3a）．電磁波とは，電場と磁場の相互作用によって形成される横波である．電場と磁場は垂直に位置し，電磁誘導によって互いを発生させあう状態となっている．分子に光を照射すると，分子近傍の局所電場が波状に変化する．一方，分子に含まれている電子は負の電荷を帯びているので，電場変化に合わせて電子も摂動する（図3b）．この摂動によって，電子がエネルギー準位の高い分子軌道へ移動する．

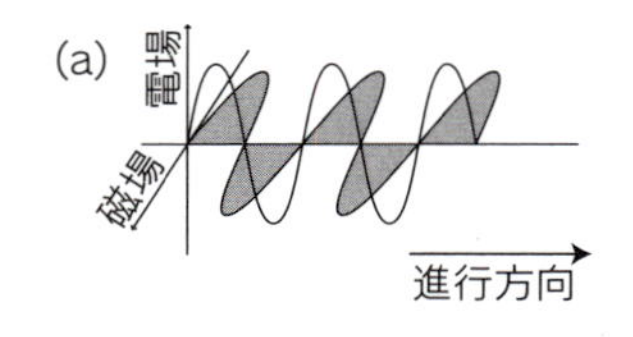

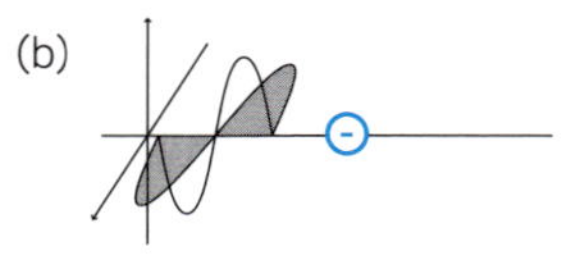

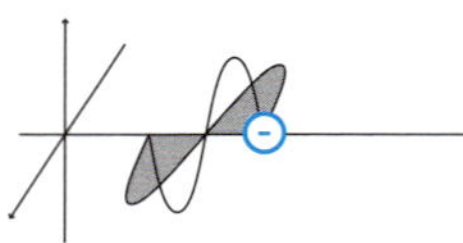

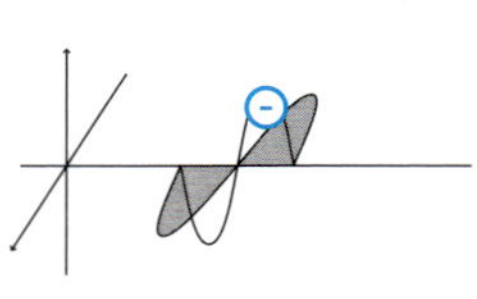

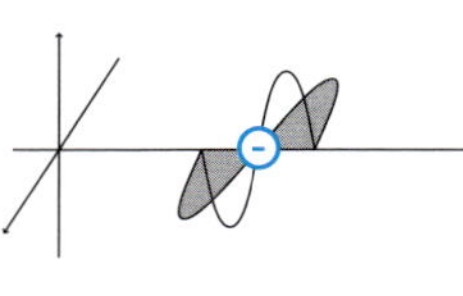

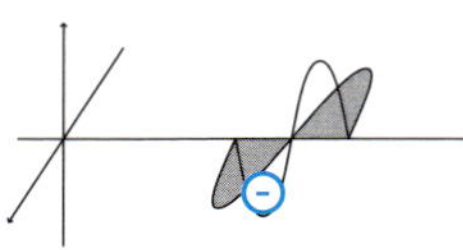

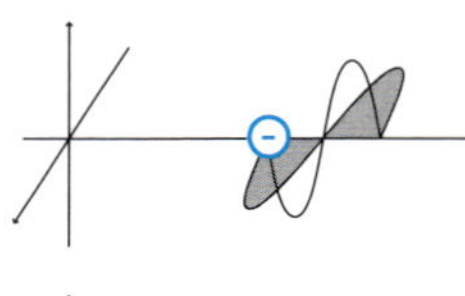

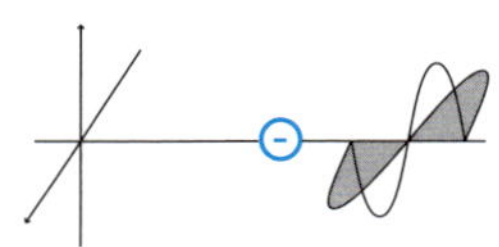

図3　電磁波としての光

(a) 電磁波．(b) 電磁波の通過によって電子に摂動が与えられる様子．1往復の摂動にかかる時間は1波長分の電磁波が電子上を通過する時間に等しいので，10^{-15} 秒のオーダーとなる．

Ⅲ 蛍光とリン光

励起状態にある分子が基底状態に戻ることを緩和と呼ぶ．緩和の過程で分子はエネルギーを放出する．蛍光およびリン光は緩和過程で光を放出する現象であるが，蛍光とリン光では励起状態におけるスピン量子数が異なっている．対をなす2個の電子のスピンの状態を表すのに一重項 (S_1)，三重項 (T_1) といったスピン多重度が用いられる (図4)．一重項状態とは，対をなす2個の電子が異なったスピン量子数をもつ状態，三重項とは，同じスピン量子数をもつ状態をさす．一般に有機化合物では，基底状態 (S_0) において同じ分子軌道に収容されている電子は異なるスピン量子数をもつ，すなわち一重項状態である (もし同じスピン量子数となれば，量子数がまったく同じ電子が2個存在することになり，パウリの排他原理に反する)．励起状態では，電子のうち1個が反結合性軌道へ移動するので，一重項状態あるいは三重項状態のどちらの状態も取りうる．一重項状態から光を放出する場合を蛍光，三重項状態から放出する場合をリン光と呼ぶ．どのようなときにそれぞれの励起状態をとるかについては，次節で詳述する．

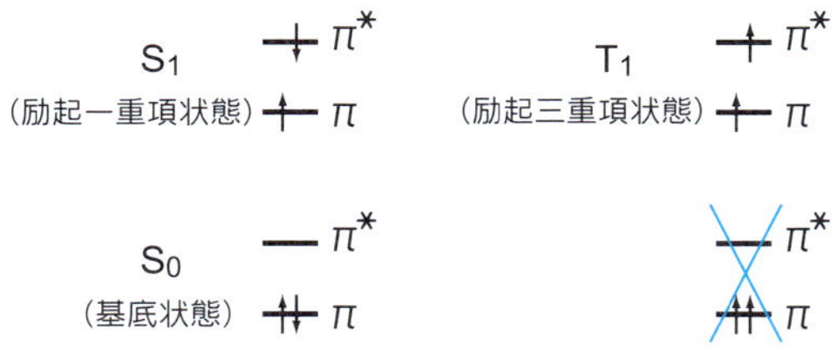

S1 (励起一重項状態) π* π
T1 (励起三重項状態) π* π
S0 (基底状態) π* π

図 4　スピン多重度

Ⅳ 軌道の選択制

電子が光のエネルギーをもらって軌道間を移動するためには，移動前後の軌道の波動関数に重なりがある必要がある．一般に重なりが大きいほうが移動しやすく，重なりがまったくない軌道間での移動はできない（禁制遷移）．ここで考慮する必要のある波動関数は，1）電子の空間軌道関数，2）電子のスピン関数，3）原子核の振動の波動関数の 3 つである．

1）電子の空間軌道関数

電子の空間軌道関数とは，電子が分子上のどの位置を占めるかを示す関数である．ホルムアルデヒドの炭素原子と酸素原子の結合を例に考えてみよう（図 2）．π 軌道と π^* 軌道は，共に炭素原子と酸素原子の近傍 z 軸方向に分布し，重なりが多いので移動しやすい．一方，n 軌道はおもに酸素の周辺で x 軸方向および y 軸方向に広がっているので，π^* 軌道との重なりはほとんどない．そのために，$n\pi^*$ 遷移の確率は $\pi\pi^*$ 遷移より数桁低くなる．

2）電子のスピン関数

電子のスピン関数とは，電子のスピンの状態を表す波動関数である．同じスピンの向きをもつ軌道同士は電子のスピン関数の重なりが大きいが，逆向きのスピンは重なりがきわめて小さい．したがって，スピンの反転を伴う遷移の確率はきわめて小さい．

3）原子核の振動の波動関数

原子核の振動の波動関数とは，常温では常に振動している原子核同士の位置関係を表した関数である．この波動関数は，吸収波長やスペクトルの形状に大きく関与する．原子核間距離に関する近似ポテンシャルを表したのがモースポテンシャルである（図 5）．2 つの原子が結合している場合，互いの斥力と引力のバランスでポテンシャルエネルギーが極小となる距離（r_0）が存在する．しかし，原子核間の距離は r_0 で固定されているわけではなく，この点を中心に振動している．振動のエネルギーは離散的（とびとびの値をとること）である．このことによって振動エネルギー準位が形成される．図 5 には，それぞれの振動準位における原子核の振動の波動関数が書き込まれている．この波動関数の変位量は，その核間距離での存在確率を表している．

常温において，基底状態では，ほぼすべての分子が最低の振動エネルギー準位（S_0v0）をとっている．励起状態においても，ポテンシャルエネルギーと核間距離には基底状態と同様の関係が認められるが，電子の 1 つが反結合性軌道に移動しているため，基底状態と比較して核間距離が少し長いところでポテンシャルエネルギーが最低となる．しかし，光の吸収過程では核間距離が変化することはない（フランク・コンドンの原理）．これは光の吸収による電子の摂動に要する時間（1 波長分の電磁波が分子上を通過する時間，10^{-15} 秒程度，図 3 b）が分子の振動運動の

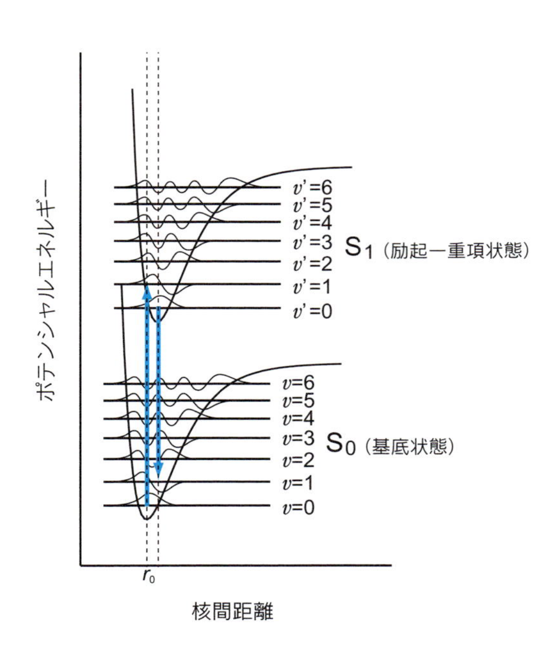

図5　モースポテンシャル

分子がとりうる振動エネルギー準位を $v=0, 1, 2, \cdots$ で示しており，それぞれの状態での原子核の振動の波動関数をそれぞれの準位に重ねて表示している．ここで，変位量は存在確率の高さを表すことになる．上向きの青い矢印で示したように，光の吸収過程は S_0v0 の準位から起こるので，S_1 のうち核間距離 r_0 での変位量が大きい振動エネルギー準位（この図の例ではおもに $S_1v'1$ および $S_1v'2$）への遷移確率が高くなる．蛍光過程も同様に波動関数の重なりが大きいほど遷移確率が高くなる（$S_1v'0$ から S_0v1，下向きの青い矢印）．

速度（10^{-13} 秒程度）に比べて十分速いためである．このため，励起状態の振動エネルギー準位のうち，原子核の振動の波動関数が S_0v0 とよく重なる準位ほど電子が移動しやすくなる．原子核の振動の波動関数の積分項を「フランク・コンドン因子」といい，この因子によって吸収スペクトルの形が決定される．光を吸収して励起状態へ移行し，まだ核間距離が変化していない状態を「フランク・コンドン状態」と呼ぶ．フランク・コンドン状態は振動エネルギーの高い不安定な状態なので，振動という形ですぐにエネルギーを失い，励起状態の中では最低の振動エネルギー状態（$S_1v'0$）となる．蛍光による発光過程は，$S_1v'0$ から基底状態のいずれかの振動エネルギー準位への移動である．発光過程は光へのエネルギーの変換であり，吸収過程と同様，10^{-15} 秒のオーダーで引き起こされるため，フランク・コンドンの原理が適用され，途中で分子の構造が変わることはない．したがって吸収のときと同様，フランク・コンドン因子によって蛍光スペクトルの形が決定される．吸収スペクトルと蛍光スペクトルはミラーイメージになることが多い．これは多くの物質において基底状態と励起状態の振動構造が似ているためである．

V　ヤブロンスキーダイアグラム

振動エネルギー準位を含めた蛍光およびリン光の過程をまとめたものがヤブロンスキーダイアグラムである（図6）．S_0 は基底状態，S_1 は最低励起一重項状態，T_1 は最低励起三重項状態を表す．ここで「最低」とは，反結合性軌道のなかで最もエネルギー準位の低い軌道を意味する．S_2 は上位の励起一重項状態，すなわち，よりエネルギー準位の高い軌道を表している．ヤブロンスキーダイアグラムでは，それぞれの状態に対する振動エネルギー準位も考慮されている．蛍光は以下のステップの順に進む．

1) 光の吸収：光の吸収はほぼすべて S_0v0 から起こり，S_1 のさまざまな振動エネルギー準位，または，さらに上位の一重項状態へ移行する．

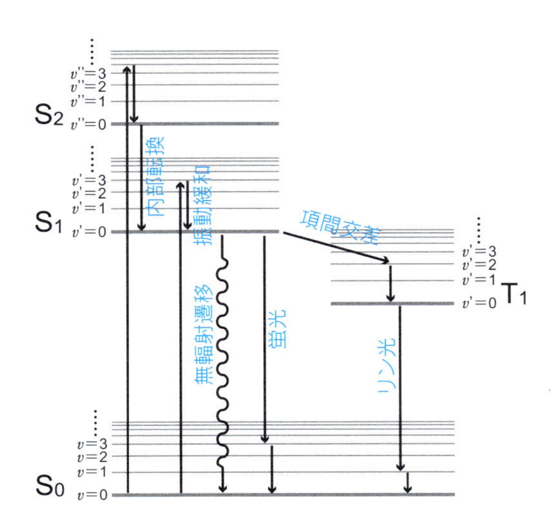

図 6　ヤブロンスキーダイアグラム

2) $S_1v'0$ への移行：S_1 へ励起された直後の分子はその大部分が上位の振動エネルギー準位にあるが，振動緩和によって $S_1v'0$ へ遷移する．S_2 などの上位の一重項状態にある分子は光を放出することなく S_1 へと遷移し（無輻射遷移），さらに $S_1v'0$ へ遷移する．同じスピン多重度での無輻射遷移を内部転換と呼ぶ．

3) 発光：$S_1v'0$ から蛍光を発しつつ，S_0 のさまざまな振動エネルギー準位へ遷移する（輻射遷移）．その後，振動緩和によって S_0v0 へと移行し，反応が完了する．

上記 3) では $S_1v'0$ から蛍光による S_0 への緩和を考えた．おもな $S_1v'0$ からの遷移過程は蛍光過程の他に 2 つある．1 つは内部転換や振動緩和の組合せによる無輻射での S_0 への緩和，もう 1 つはスピンの反転による T_1 への遷移である．T_1 への遷移のようにスピンの反転を伴う無輻射遷移を項間交差と呼ぶ．蛍光過程は，$S_1v'0$ より始まるさまざまな無輻射遷移と競争的に起こるので，それぞれの速度定数によって $S_1v'0$ に留まる時間（蛍光寿命）と蛍光を発しながら基底状態に戻る分子の割合（蛍光量子収率）が決定される．

蛍光寿命についてもう少し考えてみよう．ある瞬間に発する蛍光の量は，そのときに $S_1v'0$ にある分子の数と蛍光過程の速度定数によって決定される．実測の蛍光寿命は，パルスによって励起された分子集団が放つ蛍光強度の経時変化の時定数で表されるが，これは $S_1v'0$ に留まっている分子の数の経時変化を表している（図 7）．すなわち，蛍光強度の減衰曲線は無輻射過程を含めた複数の指数関数の重ね合わせになっている．紫外・可視領域の光を吸収する物質は，実はほぼすべてが蛍光を発する．しかし，われわれはその多くの物質を「蛍光性の物質」とは認識していない．これは無輻射過程の寄与が大きく，蛍光量子収率がきわめて小さいためである．このような分子の蛍光寿命は 10^{-12} 秒オーダーである．われわれが「蛍光性の物質」と認識するのは，無輻射過程の寄与が小さく，おおむね 10^{-9} 秒オーダーの蛍光寿命をもっている物質である．

項間交差によって T_1 へ移行した場合，光を放出する緩和過程はリン光である．この場合，三重項のままでは基底状態に戻れない（パウリの排他原理に反するため）ので，スピンの反転が伴う．スピンの反転を伴う遷移は波動関数の重なりがきわめて小さいので，T_1 から S_0 の遷移確率はきわめて低い．このことは T_1 に留まる時間が長い，すなわちリン光寿命が長いことを意味す

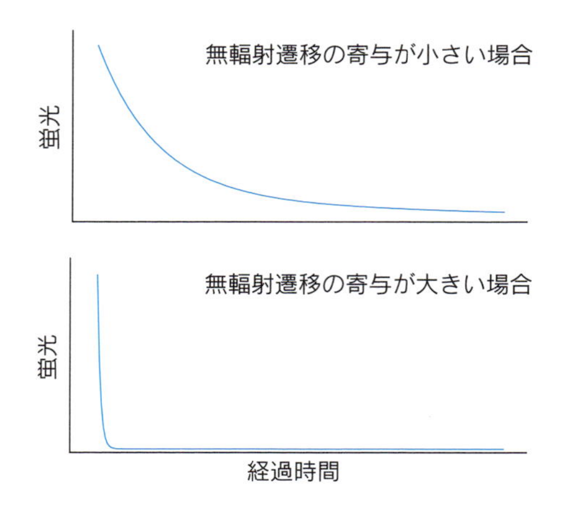

図 7　パルス励起後の蛍光強度変化

ある瞬間の蛍光強度はそのときに $S_1v'0$ にある分子の量と蛍光過程の速度定数に比例する．無輻射遷移の寄与が小さい場合はおもに蛍光過程によって減少し，緩やかなカーブを描く．蛍光過程の速度定数が同じでも，無輻射遷移の寄与が大きくなると，この遷移過程によって速やかに $S_1v'0$ にある分子の量が減少し，蛍光寿命が短くなる．

る．

Ⅵ 蛍光の偏光性

光は横波（光の進む方向に対して垂直に振れる波）である．したがって，光を進行方向から観察すると，電場の変位は一定の方向を向いている．この方向と光の進行方向で形成される面を偏光面と呼ぶ．1つの光子が分子に到達して電子が摂動する際，この電場の変位の方向に沿って動く．多くの光はさまざまな偏光面の光が重なっている．また，溶液中にある分子はランダムな向きを向いており，電子の振動方向が基底状態と励起状態の分子軌道を移動するのに適したときのみ電子の移動が可能であり，光の吸収が起こる．

特定の偏光面をもつ光のみを取り出したものを偏光と呼ぶ．偏光を溶液に照射すると，遷移双極子モーメントが偏光とそろった分子のみが光を吸収し，蛍光も偏光性をもつ．この偏光性は励起状態での分子の回転を伴う拡散によって解消される（蛍光偏光解消）ので，蛍光寿命が長いほど，物質の分子量が小さいほど，また溶媒の粘度が低いほど，解消は大きくなる．蛍光分子が他の分子と結合すると見かけの分子量が大きくなり，蛍光偏光解消が小さくなる．この性質を利用して分子間相互作用の解析が可能である．

Ⅶ フォトブリーチング

蛍光イメージングを行う際に強い励起光を当て続けると蛍光が徐々に弱くなり，最終的には見えなくなってしまう．このように，蛍光を発しなくなる現象を蛍光退色（フォトブリーチング）といい，これは何らかの反応によって物質が励起状態から変化するためである．励起状態にある分子は，基底状態と比べて反応性が高い状態にあり，化学反応を起こす確率が高くなっている．関与する反応はさまざまであるが，そのいくつかは活性酸素種の1つである一重項酸素が関与していると考えられている．活性酸素を取り除く物質の添加がフォトブリーチングを抑えるのに有効な場合もあり，それらの物質は退色防止剤として市販されている．

通常の蛍光観察ではフォトブリーチングはやっかいな現象であるが，FRAP（fluorescence recovery after photobleaching）など，フォトブリーチングを利用した手法もある．FRAPとは，細胞に局所的に光を当てることによって特定の部位に存在する蛍光物質をフォトブリーチングさせ，領域外からの蛍光物質の移動による蛍光回復を調べることで，物質の動く速度を算出する方法である．詳細は第16章「FRAPの基礎」，第17章「FRAPの定量的解析」および実習6「FRAP・FLIP」を参照いただきたい．

Ⅷ FRETとFLIM

FRET（fluorescence resonance energy transfer）とは，2つの発色団の間で光子を介することなく励起エネルギーが移動する現象である．この際，エネルギーを供与する発色団をドナー，受容する発色団をアクセプターと呼ぶ．ヤブロンスキーダイアグラム上で考えると，ドナーの$S_1v'0$からアクセプターのS_1へエネルギーが移動する．FRETの効率を決定する因子は，おもに，1）ドナーの蛍光スペクトルとアクセプターの吸収スペクトルの重なり，2）ドナーとアクセプターの距離，3）ドナーとアクセプターの相対的な向き，の3種である．そのため，FRETを利用して分子間相互作用やタンパク質のコンフォメーションチェンジなどを観察することが可能である．またFRETが起こる状況ではドナーの$S_1v'0$からアクセプターへの遷移が起こるため，ドナーの蛍光寿命が短くなる．蛍光寿命を可視化するFLIM（fluorescence lifetime imaging microscopy）を用いるとFRETの絶対的な定量が可能であり，今後その発展が期待される．FRETに関する詳細は第19章「FRETの基礎」，第20章「FRETの測定法と評価」および実習7「FRET」を参照いただきたい．

Ⅸ π共役のひろがりと吸収波長

エチレンは2個の炭素がもつ合計2個のp_z軌道から1個のπ軌道と1個のπ^*軌道を形成しており，いわば分子軌道の基本単位である．ブタジエンは4個の炭素が二重結合，一重結合，二重結合の順につながった構造として記載されるが，実際には共役二重結合，すなわち4個のp_z軌道から2個の結合性軌道と2個の反結合性軌道を形成し，電子は非局在化した状態になる（図8）．基底状態において電子を収容しているなかで最もエネルギー準位の高いものをHOMO（highest occupied molecular orbital），電子を収容していないなかで最もエネルギー準位の低いものをLUMO（lowest unoccupied molecular orbital）と呼ぶ．非共有電子対をもたない分子種では，S_0からS_1への遷移はHOMOからLUMOへの遷移と考えられるので，HOMO–LUMO間のエネルギーギャップ（ΔE）が吸収波長を決める．ブタジエンのHOMO–LUMO間のエネルギーギャップはエチレンより小さく，したがって吸収波長はブタジエンのほうが長波長にシフトしている．一般に分子軌道の形成に参加する原子核が増えるほどHOMO–LUMO間のエネルギーギャップが小さくなるので，共役系が広がるほど吸収波長が長くなる．

共役系の広がりと吸収波長の関係を，蛍光タンパク質の一種であるKaedeの発色団形成を例に考えてみよう［1,2］（図9）．Kaedeは紫外線照射によって緑から赤に色が変わる蛍光タンパク質である．その発色団は他の蛍光タンパク質と同様，自身のアミノ酸残基（Kaedeの場合はHis

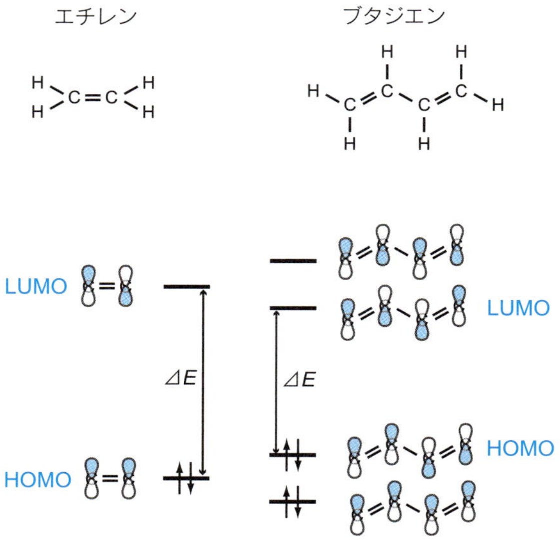

図8　共役二重結合とエネルギー準位

ブタジエンでは共役系の広がりによって4個の炭素から分子軌道が形成されるため，p_z 軌道の位相状態から，図に示したような4種類の軌道が存在する．隣り合う p_z の位相が重なるとより安定な軌道に，重ならない部分（節と呼ぶ）があるとより不安定な軌道になるので，それぞれの場合のエネルギー準位は図に示したようになる．

62–Tyr63–Gly64）から形成される．発色団の中心を担うチロシンは，発色団を形成するまでは280 nm付近に吸収があると予想される（図9a，この段階ではタンパク質の他の部分にあるチロシンと区別がつかない）．発色団形成に伴い，グリシンのアミノ基がヒスチジンのカルボニル炭素を求核的に攻撃することによって環化，脱水し，イミダゾリノン環が形成される．またチロシンの Cα–Cβ 間が還元反応によって二重結合になる．結果的に π 共役がベンゼン環からイミダゾリノン環まで広がり，吸収極大が390 nmまで長波長側へシフトする（図9b）．また発色団が完成した状態では，チロシンの水酸基の pK_a が下がり，中性付近ではプロトンがはずれる．脱プロトンによって共鳴系が成立し，この結果，エネルギーが安定化し，吸収極大は508 nmとなる（図9c）．これがKaedeグリーンフォームの発色団の構造である．Kaedeは400 nm付近の光を照射すると赤色化（フォトコンバージョン；光変換）する性質をもっている．この光の照射によってβ–脱離反応が起こり，ヒスチジンの Cα–N 間が切断されるとともに Cα–Cβ 間が二重結合となり，結果的に π 共役がヒスチジンのイミダゾール環まで広がる．これがレッドフォームの発色団の構造で，吸収極大は572 nmまでシフトする（図9d）．

蛍光タンパク質に限らず，多くの蛍光分子は，このように広く π 共役系が広がった構造をもっている．広がりの大きさは吸収波長の目安ではあるが，共役系以外にも軌道の安定化に関わる因子は多数あり，これらすべての因子が関わってHOMO–LUMO間のエネルギーギャップの大きさ，すなわち波長が決定されることになる．

顕微鏡や蛍光色素は，それぞれおもに物理学や化学の範疇であり，生物学を中心に研究する者にとっては十分に理解するのは大変かもしれない．しかし，高度な蛍光イメージング法で得られた実験結果を正しく評価するには，あるいはさらに高度なイメージング法を開発するには，蛍光を化学的に理解することが不可欠である．まずは蛍光色素のもつ化学的特性を十分に把握して蛍光イメージングを正しく行うことが重要であるが，さらにその知識を活かし，蛍光プローブや新

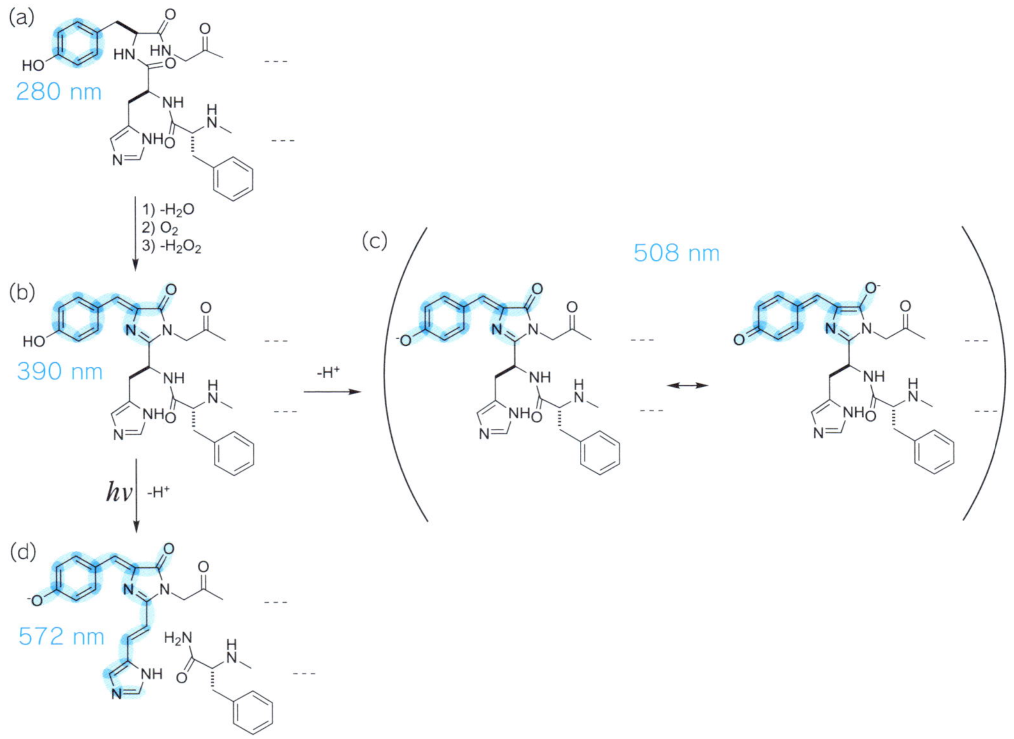

図9 Kaedeの発色団形成とフォトコンバージョン

発色団の構造．(a) 発色団形成前，(b) グリーンフォーム，プロトン付加型，(c) グリーンフォーム，脱プロトン型，(d) レッドフォーム．(c) のかっこおよび双方向の矢印は共鳴構造を意味する．それぞれの青色の影は π 共役の広がりを表している．

規イメージング法の開発にも挑戦していただきたい．なお，本書では，波動関数の計算など詳細な化学的説明には踏み込まなかった．興味のある方は文献3，4，5を参照していただきたい．

文 献

[1] Ando, R. *et al*.: *Proc. Natl. Acad. Sci. USA*, **99**, 12651–12656, 2002
[2] Mizuno, H. *et al*.: *Mol. Cell*, **12**, 1051–1058, 2003
[3] Lakowicz, J. R.: Principles of Fluorescence Spectroscopy, Plenum Press, 1983
[4] 井上晴夫 他：光化学 I，丸善，1999
[5] 杉森 彰：光化学，裳華房，1998

[水野秀昭]

第16章
光退色後蛍光回復(FRAP)の基礎

細胞内の生体分子の動態を測定する方法として，フォトブリーチしたのちの蛍光の回復を利用するFRAP（fluorescence recovery after photobleaching；光退色後蛍光回復）法がある．この方法では，蛍光分子の動きを，数ミリ秒から数時間まで，幅広いレンジにわたって測定することが可能であり，蛍光分子の拡散速度，あるいは他の分子や構造体との結合の安定性を明らかにすることができる（図1）．FRAP実験は市販の共焦点顕微鏡を用いることにより比較的簡単に行うことができるが，得られた結果を正しく評価するには，その背景となる理論や特性など [1-4] を十分に理解しておくことが必要である．本章では，FRAPの基本的な原理，方法，注意点について解説する．

I フォトブリーチ解析の原理

フォトブリーチ法は，蛍光分子が強い励起光を受けることで蛍光中心に不可逆的変化がもたらされ，退色する（二度と蛍光を発しなくなる）ことを利用した技術である（図2）．蛍光分子は，励起光の吸収と蛍光の放出をくり返すが，励起された分子が常に蛍光を放出して基底状態に戻るとは限らない（図2A）．退色する理由はさまざまであり，一過性に退色したのちに再び蛍光を発する場合もあるが，強い励起光を照射して退色した多くの場合は不可逆である（図2A）．フォトブリーチ法は，特定の場所に存在する蛍光分子を不可逆的に退色させ，残った（ブリーチした場所以外の）蛍光分子がどのような速さでブリーチした場所に流入してくるのかを調べる方法である．たとえば，蛍光分子が細胞全体に存在する場合を考えてみたい（図2B）．細胞の下半分をブリーチすると，その領域に存在する分子は蛍光を発しなくなる（図では淡グレーで表され

こういう疑問があるときは，ブリーチしてみるのも一案

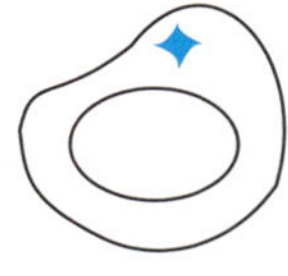

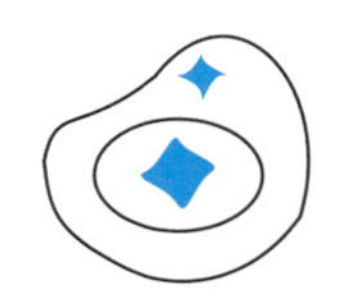

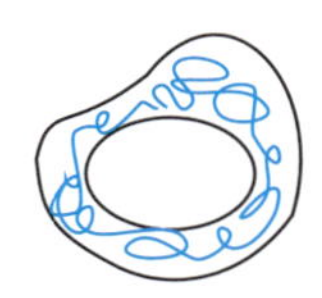

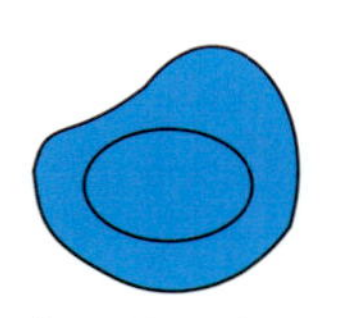

図1　フォトブリーチの用途

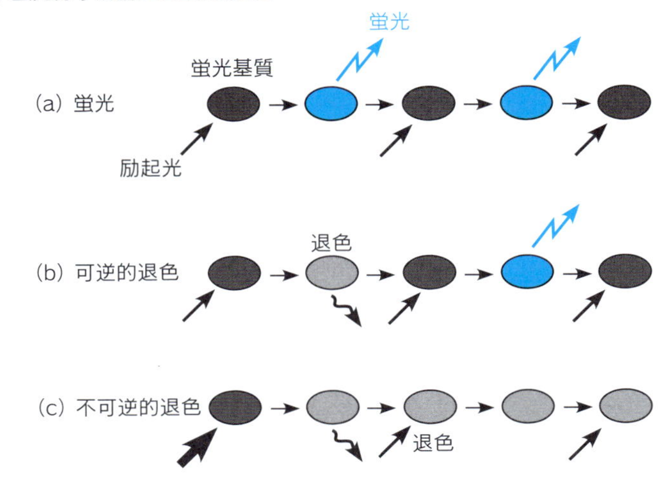

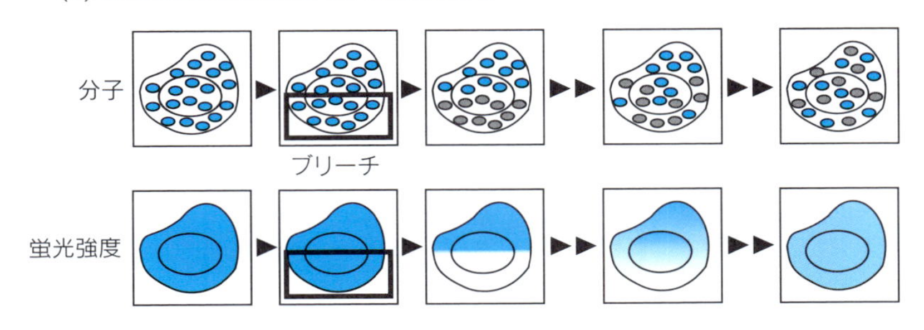

図2　フォトブリーチ（蛍光退色）を用いた蛍光分子動態解析法の原理

(A) 蛍光分子は，励起光のエネルギーを吸収して励起状態になったのち，蛍光を放出し基底状態に戻る．1つの分子でこのサイクルが何度もくり返されることで蛍光が持続する (a) が，励起された分子が常に蛍光を発するとは限らず，たとえば，三重項状態への励起や光異性化などにより一過性に蛍光を発しなくなる可逆的退色も見られる (b)．また，蛍光中心に不可逆的化学変化が起こり，二度と蛍光を発しなくなる不可逆的退色も起こる (c)．一般に，強い励起光を照射したときに不可逆的退色が起こりやすい．
(B) 蛍光退色を用いた分子動態解析の模式図を示す．上段では，蛍光分子は青，不可逆的退色により蛍光を発しなくなった分子は淡グレーの楕円でそれぞれ表される．また，下段は実際の観察に近い，蛍光強度（青）を示す．細胞の下半分（黒の長方形で囲まれた領域）をブリーチすると，そこに存在する分子が退色する．拡散による分子の移動に伴い，ブリーチした領域と，ブリーチしていない領域の境界が消失し，下半分では蛍光の回復が，上半分では蛍光の低下が見られる．最終的に蛍光パターンは元の均一化した状態に戻るが，この例の場合，半分の分子が退色したため蛍光強度は半分になる．

る)．そして，分子が細胞中を動き回るような場合，蛍光分子（青）と退色した分子（淡グレー）はやがて細胞全体に行き渡ることになる．実際には，図2B（下）のように，ブリーチした領域と残った領域の境界があいまいになり，蛍光強度が徐々に均一化する．この例では，細胞の下半分の蛍光分子がすべて退色するため，最終的な蛍光強度は元の半分になる．このブリーチした領域の蛍光の回復を調べることで，分子の動態（拡散や細胞内構造体への結合・解離の速さ）を計測する方法がFRAPである．FRAP以外のフォトブリーチや光刺激については第18章「光退色と光刺激」を参照してほしい．

Ⅱ FRAPの原理

FRAPでは，細胞の一部に強い励起光を照射して蛍光を退色させ，その照射した領域の蛍光回復を測定する（図3に，比較的一般的なスポットブリーチの模式図を示す）．上述したように，FRAPにおける蛍光回復は，ブリーチした領域の外に存在する蛍光分子の流入による回復であることが前提である．したがって，蛍光分子が動かない場合は，蛍光強度・パターンとも変化しない（図3a）．蛍光分子が動き回る場合は，ブリーチした領域の内外で蛍光強度が変化し，そのパターンも元に戻る．このとき，動きが速ければ速いほど，蛍光は速やかに回復する（図3b）．そして，ブリーチした領域の蛍光強度を時間軸に沿ってプロットすることで，その分子の動態に応じた蛍光回復曲線が得られることになる（図3c）．それでは，この蛍光回復曲線をどのように読み取ればいいのであろうか？

純粋な溶液中でFRAP解析を行った場合，蛍光分子のブラウン運動によるブリーチ領域への流入に従って蛍光回復が起こるため，FRAP曲線を解析することで蛍光分子の拡散速度を測定できる．しかし，生きた細胞の内部では，タンパク質分子はさまざまな状態で存在しうる．まず考えられるのは，溶液中のように細胞内でも自由にブラウン運動できる状態である．単一のポリペプチドからなる単量体として存在する場合もあるだろうし，大きなタンパク質複合体として存在する場合もありうる．次に考えられるのは，細胞内の構造体を構成するような場合や，構造体に結合して，ある場所に一時的に滞留した状態である．原理的には，FRAPを用いて，1) タンパク質の拡散の速さ（見かけの拡散係数）とその値から推測されるタンパク質の大きさ，2) タンパク

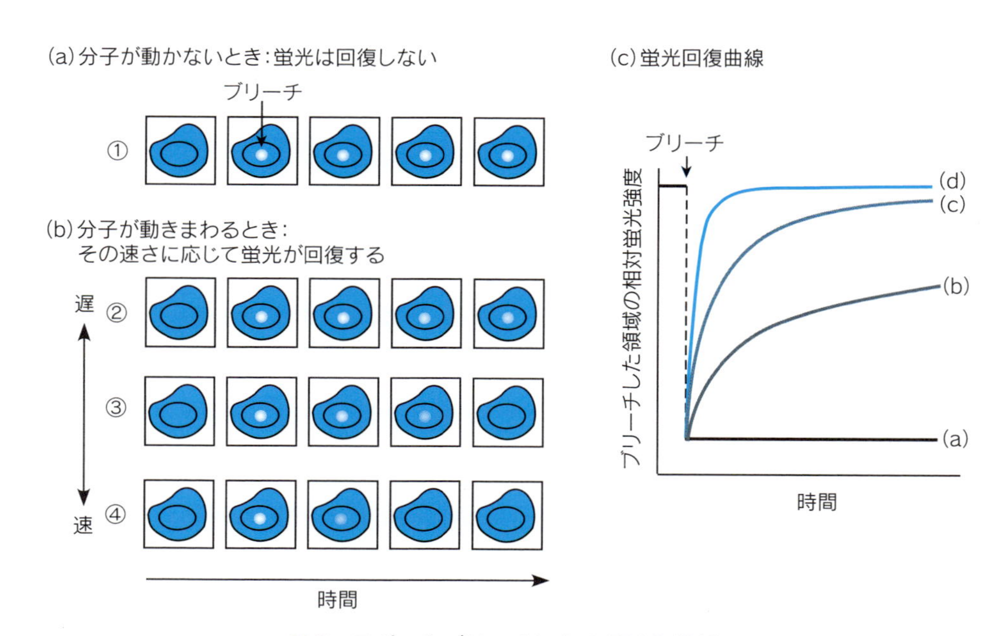

図3 スポットブリーチによるFRAP解析

FRAPの基本は，スポットブリーチによる解析であり，通常，直径2 μm以下の円をブリーチし，その領域の蛍光回復を測定する．蛍光分子が移動しない場合は，ブリーチ後の回復が見られない（a①）．蛍光分子が移動する場合，その速さに応じて蛍光が回復し（b②〜④），蛍光強度を測定することで蛍光回復（つまり移動の速さ）を比較解析することができる（c）．

質の構造体との結合・解離速度（たとえば，分子が何秒間構造体に結合しているのか），3）ブラウン運動する分子と構造体に結合した分子の割合，4）構造体との結合様式（方向性の有無）などを明らかにすることができる．

具体的に，たとえば細胞内に1本のフィラメントがあると想定し，そこに結合するタンパク質の挙動を考えてみる（図4）．このタンパク質はフィラメントに結合するが，すべての分子がフィラメントに結合しているわけではなく，その半分が細胞中に拡散しブラウン運動していると仮定しよう（図4a）．一定の領域をブリーチすると，その瞬間にその場所に存在した蛍光タンパク質が退色する（実際には退色する分子の割合は励起光の強さや波長などに依存する；図4b）．拡散する分子は，その拡散の速さ（見かけの拡散係数）に応じてブリーチ領域に流入（あるいは領域から流出）し，退色した分子と蛍光分子が入れ替わった結果，ブリーチ領域の蛍光強度が増加する（蛍光回復が起こる；図4c）．拡散による蛍光回復は必ずブリーチ領域の周辺部位から起こり（図4c，断面図の途中経過），また蛍光回復の速さはスポットサイズに依存する．一般に，動物培養細胞でFRAPを行ったときに，ブリーチのスポットサイズが2 μm程度であれば，単純拡散するタンパク質の蛍光回復は数秒以内で起こる．もし，分子がフィラメントへ結合している時間が拡散による移動時間に比べて圧倒的に長いならば，蛍光の回復は一時的にプラトーに達する（図4c，時間経過）．このときの蛍光回復曲線の傾きを解析することで，分子の見かけの拡散係数を導き出すことができる［5,6］．また，プラトーに達したときの蛍光強度から（拡散により），'動く'分子と'動かない'分子の割合を求めることも可能になる．この場合，半数の分子が拡散しているという仮定なので，蛍光の回復は1/2でプラトーに達するはずである．文献上でも，よく'mobile'，'immobile'という表現が使われているが，ここでいう'動く（mobile）'，'動かない（immobile）'というのは，あくまでも「測定時間内（と，そこから外挿した範囲内）」における挙動であり，'動かない'成分が永遠に動かないことを保障するものではないことに注意してほしい．この点を考慮して，'一時的に動かない（transiently-immobile）'という表現も使われている．

実際，多くのタンパク質成分は，構造体との結合と解離をくり返すことが知られている．したがって，より長時間観察を続けると，分子のフィラメントからの解離時間を計測することが可能になる（図4d①）．このとき，結合・解離に比べて拡散時間が十分に速いと，蛍光分子はブリーチ領域内のどの場所にも均等に結合する機会があるため，蛍光の回復はブリーチした領域内で平均的に起こるはずである（図4d①，断面図）．またその場合，蛍光回復の速さはスポットサイズに依存しない．この蛍光回復曲線からは分子のフィラメントへの結合・解離に関する定数を求めることができる（図4d①，時間経過）．結合部位がすべて埋まっていて分子の解離が律速段階であるような（常に結合できる拡散分子が存在するようなほとんどの）場合は，解離定数が求まる［7,8］（詳細は第17章「FRAPの定量的解析」を参照）．

また，蛍光強度の地理的情報から，フィラメント上の蛍光回復がどのように行われるのかを推測することができる．図4d①ではフィラメントに結合する分子の移動が必ず拡散を介して行われる場合を示しているが，それ以外の可能性も考えられる．たとえば，フィラメントから離れることなく一次元で拡散する場合である（膜タンパク質がそれにあたる；図4d②）．この場合は，あくまでも拡散であることから，蛍光回復はブリーチ領域の周辺から起こる．したがって，蛍光

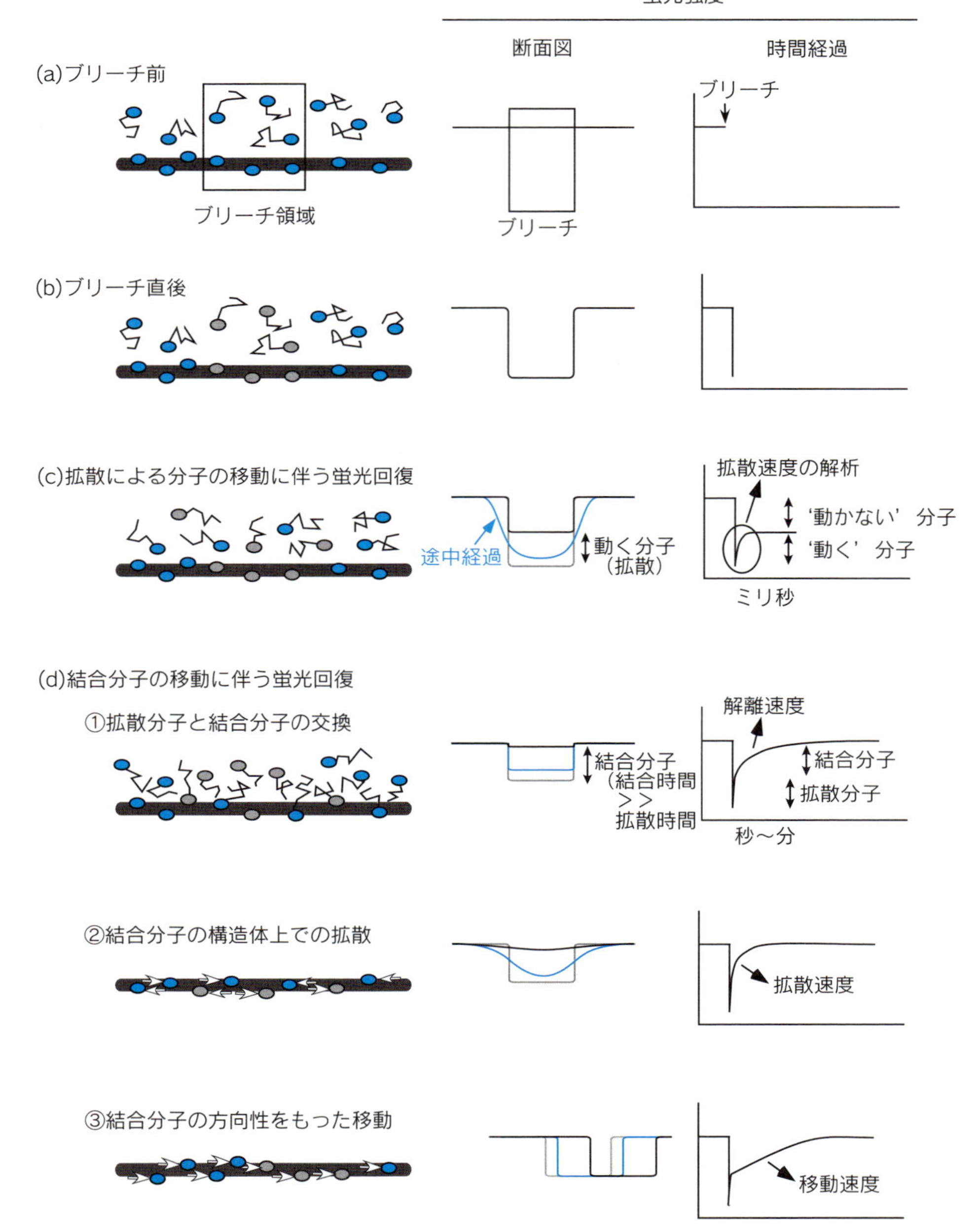

図 4　細胞内の構造に結合するタンパク質についての FRAP 解析の模式図

蛍光分子を青，退色した分子を淡グレーの楕円でそれぞれ表し，細胞内構造（フィラメント）を棒（濃グレー）で示している．この例では，定常状態で蛍光分子の 1/2 が拡散，残りの 1/2 がフィラメントに結合しており，また，拡散による移動は分子のフィラメントとの解離に比べて非常に速いと仮定している．ブリーチ領域には，拡散する分子とフィラメントに結合した分子が存在し (a)，ブリーチにより蛍光を失う (b)．その後，まず拡散による素早い蛍光回復が起こり (c)，次いで，フィラメントに結合した分子の移動による蛍光回復が起こる (d)．フィラメント上の蛍光回復は，液層の拡散分子との交換（①），フィラメント上での拡散（②），方向性をもった移動（③）などに起因すると考えられ，それらは蛍光回復の地理的情報（断面図）を基に区別可能である．（注：この例では，設定した領域がきれいな井戸状にブリーチされているが，レーザー強度はスポットの中心から正規分布するので，ブリーチした領域とされていない領域の境界は実際はこのようなきれいな形にならない場合が多い．とくにブリーチ領域が狭い場合はその影響を受けるので，解析の際は注意が必要である [5,6].）

回復がブリーチ領域で均等に起こるような拡散分子との交換反応（図4d）と区別することが可能である．一方，方向性をもった動きを示す場合は，一方向から回復が起こり，ブリーチ領域がそのまま移動していくため，やはり区別が可能である（図4d③）．しかし実際の実験では，構造体そのものが動くことも多いので，蛍光回復が分子の移動によるものか，構造体の移動によるものかを見極める必要がある．さらに，拡散時間と結合・解離に要する時間が近接しているとき，例にあげたような拡散と結合の単純な区別はできず，その複合的な結果が蛍光回復曲線として現れてくる．また，拡散そのものが単純拡散でない場合や分子量の異なる複数の複合体が存在するときには，既存のモデルに当てはめることができないこともある．さまざまな解析法については，第17章「FRAPの定量的解析」を参照してほしい．さらに，FRAPのみに頼らず，速い動きの解析にはとくに威力を発揮するFCSなどを併用すると，より詳細な分子動態の解明に迫ることができると考えられる[8]．

Ⅲ FRAPの注意点

これまで述べてきたように，FRAPは分子動態をミリ秒から数時間以上にわたる広いレンジで定量的に解析できる優れた方法である．しかしながら，他の方法と同様に，限界やさまざまな制約がある．まず，一般的に用いられている定量解析法は，「ブリーチしている時間に分子が動かない」ことを前提として構築されている．つまり，瞬時にすべての蛍光分子をブリーチできるという理想的条件で計算式が立てられている．さらに，ブリーチ直後に一過性の蛍光消失が起こることからも，拡散などの速い分子の動きの解析にはとくに実験条件や解析法を厳密に検討する必要がある[4,5]．また，ほとんどのモデルは1次元または2次元空間を基に立てられ，しかも均一系を想定したものであり，実は細胞内の複雑な3次元空間を正確には反映していない．また，ブリーチそのものが細胞にどのような影響を与えるのかもまだ不明である．条件の設定を適切に行い，必要以上のレーザー照射を避ければ，DNAに対する損傷もほとんどなく，転写やDNA複製，染色体分配などにはあまり影響を与えない[9,10]．実際に実験を行う場合は多くのコントロールを取り，かつ結果の解釈はあらゆる可能性を排除せずに考えてほしい．先に述べたように，他の方法と併用するのも望ましい．

実験手法や解析法に加えて，基本的に最も重要なことは，対象としている細胞や蛍光分子が解析に値するかどうかを検証することである．FRAPでは蛍光分子の動態を解析するが，その解析を通じて明らかにしたいことは，ほとんどの場合，その内在性のタンパク質の機能である．それはつまり，蛍光が付加されたタンパク質が内在性タンパク質を代表しているという前提に立脚している．したがって，蛍光が付加されたタンパク質が内在性タンパク質と同様の性質をもち，発現量が過剰でないことを示したうえで実験を行うことが望ましい．たとえば，過剰発現した転写因子はクロマチンへの結合時間が長くなることが多く，注意が必要である．酵母などではGFP融合タンパク質を内在性のものと完全に置き換えることが可能であり，また遺伝学的にGFP融合タンパク質の機能を示すことができる．動物細胞でも遺伝子置換が可能になってきたものの，この操作は今でもそれほど容易ではないので，配慮が必要である．

Ⅳ FRAPに必要な装置

最近のレーザー走査型共焦点顕微鏡はほとんどがブリーチ実験に対応しており，イメージングとブリーチの条件をそれぞれ適切に設定すればよい．しかし，分子の速い動きに対応するためには，スキャンスピードを速くするのに加えて，ブリーチを効率よく行い，ブリーチからイメージングへの切り替えを素早く行う必要がある（図5a）．そこで，ブリーチ（刺激）用の光源を別に用意することができれば，より高速で自由度の高いブリーチ実験が可能になる（図5b）．実際，刺激用レーザーを取り付けたシステムもいくつか市販されている．また，刺激用外部レーザーを用いることで，イメージングをレーザースキャンで行う必要がなくなり，CCDを用いた画像の取得と組み合わせることも可能になっている．このように，現在は多くの選択枝の中から，実験の目的に合った最適のシステムを選ぶことができる．しかし，最新の特別な装置がないからといって何もできないわけではない．定性的な情報を得るだけなら，通常の蛍光顕微鏡で絞りを使って細胞の一部だけをブリーチすることもできる．古い機種の共焦点顕微鏡を使って何とかなる場合も多い．既製の装置や材料，手法に頼らず，自らの手で新しい道を切り開くことも志してほしい．

(a) 画像の取得とブリーチ（刺激）を同一の光源で行う場合

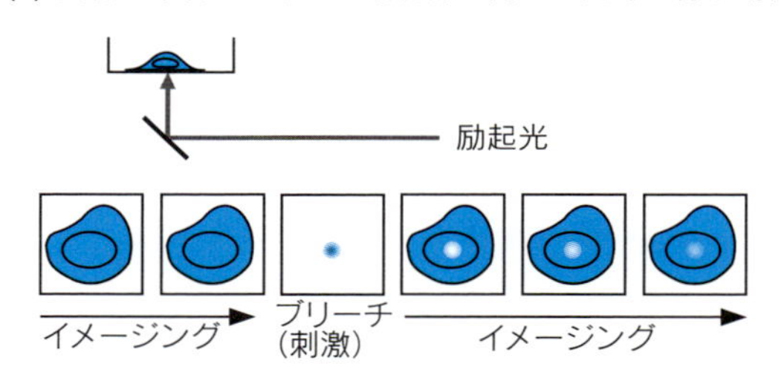

(b) 画像の取得とブリーチ（刺激）を別の光源で行う場合

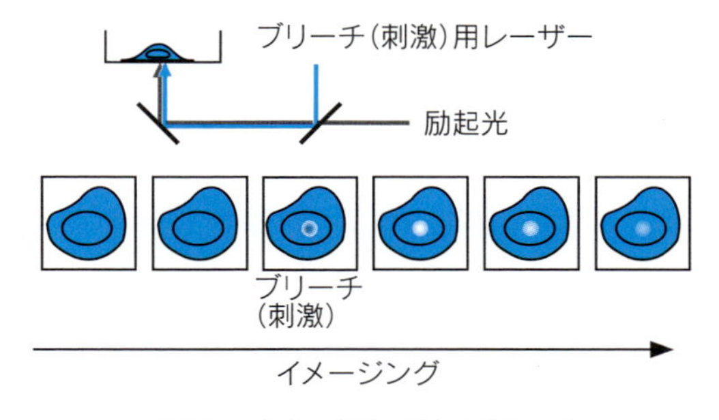

図5　イメージングとブリーチ

FRAPでは弱い励起光によるイメージングと強い励起光によるブリーチの両方を行う必要があるが，その2つを1つの光源で行う場合（a）と，それぞれで専用の光源を用いる場合（b）がある．通常のレーザー顕微鏡や蛍光顕微鏡を使用した場合，単一の光源を用いるため，イメージング→ブリーチ→イメージングというプロセスをシーケンシャルに行うことになる（a）．したがって，速く動く分子の動態を解析するためには，ブリーチからイメージングへの切り替えを高速で行う必要がある．一方，ブリーチ用の光源を別に用意すると，イメージングと同時にブリーチを行うことができるため，より速い動きへの対応が可能になるのに加え，ブリーチの自由度も高くなる（b）．

文 献

[1] Axelrod, D. *et al*.: *Biopys. J*., **16**, 1055–1069, 1976
[2] Houtsmuller, A.B., Vermeulen, W.: *Histochem. Cell Biol*., **115**, 13–21, 2001
[3] Lippincott-Schwartz, J. *et al*.: *Nature Rev. Mol. Cell. Biol*., **2**, 444–456, 2001
[4] Phair, R.D., Misteli, T.: *Nature Rev. Mol. Cell. Biol*., **2**, 898–907, 2001
[5] 木村 宏：実験医学，**22**，1739–1745，2004
[6] 木村 宏：実験医学，**22**，1851–1856，2004
[7] 木村 宏：クロマチン・染色体実験プロトコール（押村光雄・平岡 泰 編），羊土社，2005
[8] 和田郁夫 他：バイオイメージングがわかる――細胞内分子を観察する多様な技術とその原理（高松哲郎 編），羊土社，pp.62–75，2005
[9] Hoogstraten, D. *et al*.: *Mol. Cell*, **10**, 1163–1174, 2002
[10] Kimura, H. *et al*.: *J. Cell Biol*., **159**, 777–782, 2002

[木村 宏・和田郁夫]

講義編

第 17 章
FRAP の定量的解析

本章ではいくつかの例を基にして，FRAP の定量的な解析を説明する．目的分子や対象とする生物現象によって，FRAP データの取得や解析のやり方は大きく異なる．FRAP では時空間での変化を調べることになるので，正しいモデリングを行うためには，モデルの意味だけでなく，対象とする分子の性質や存在する場に関する理解がとくに重要となる．

I FRAP シミュレーションによる拡散係数の理解

拡散する分子の動きがどのように記述できるかを見ていこう．まず，ある物質が 2 次元において拡散する場合を考える．このとき，中心から r の距離での，ある時間 t におけるその物質の濃度変化 $\frac{\delta C(r,t)}{\delta t}$ は，フィックの第二法則，

$$\frac{\delta C(r,t)}{\delta t} = D\nabla^2 C(r,t) \tag{1}$$

で表わされる．D が拡散係数，$\nabla^2 C(r,t)$ は 2 次元のラプラシアン $\left(\frac{\delta^2}{\delta x^2}+\frac{\delta^2}{\delta y^2}\right)$ である．ここで，物質濃度を蛍光強度と置き換えてみよう．中心部を 100% ブリーチしたときの 2 次元の各地点における蛍光強度の時間変化について，VCell を用いてシミュレートした結果を示す（図 1）．図 1 a には，30 μm の円の中に拡散係数が 1 $\mu m^2/s$ の蛍光分子を 2.7 μm の円でブリーチした直後の X–Y 像と，その中心を通る Y 軸の 1 次元の像を時間方向に展開したキモグラフ（kymograph）を示す（図 1 a，中央，Y–t 像）．ブリーチ領域の蛍光回復は，この次元の画像表示を見るとわかりやすい．また，ブリーチ中心を横切る X 軸上の蛍光強度の変化を示したものがその右の図となり，ブリーチ後に周辺から分子が侵入して，ブリーチされた分子が広がる様子がよくわかる．異なる拡散係数を持つ分子に対して，ブリーチ直径を 1.9 μm として，中心地点での蛍光強度変化をプロットした図が図 1 b となり，これがフィックの法則に従った場合の回復曲線になる．

見かけの蛍光回復率には，ブリーチ領域の大きさも影響する．図 1 c 左では，拡散係数が 1 $\mu m^2/s$ の蛍光分子の，ブリーチ中心での蛍光の回復率を示した．ブリーチ領域が大きくなるにつれて，蛍光回復に時間がかかるのが分かる．ブリーチ直径が 2.7 μm の場合，立ち上がる前にラグが見られるが，これは，周辺から流れ込んでくる蛍光分子が中心地点に到達する時間を反映している．ブリーチ領域の大きさの影響は，ブリーチ領域内の平均蛍光強度をとった場合でも観測される（図 1 c 右）．

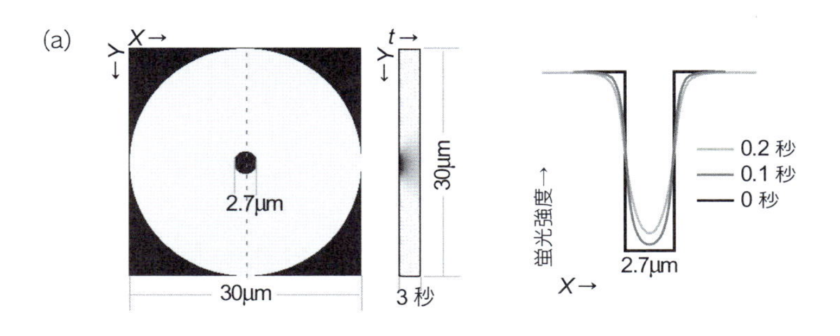

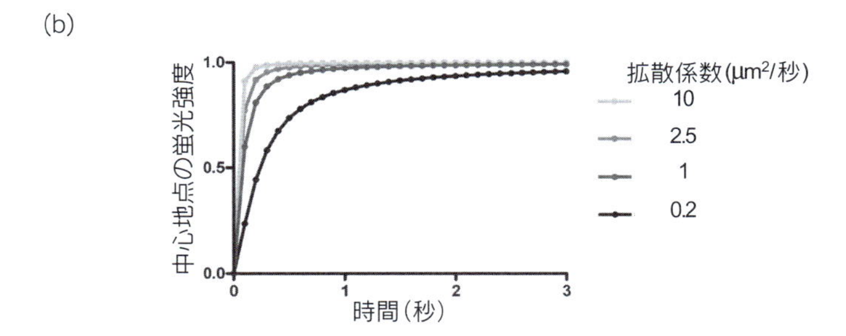

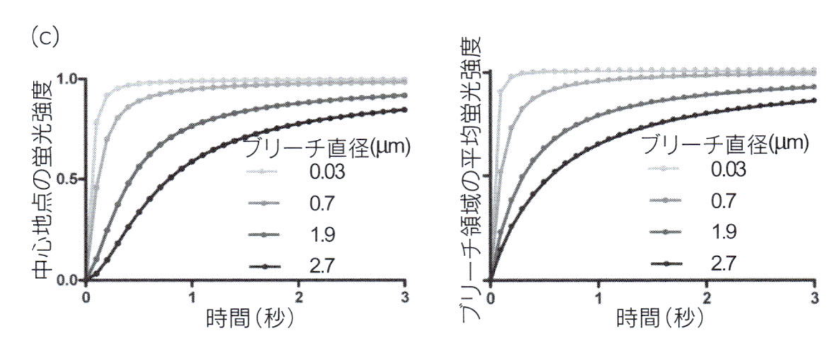

図1　拡散過程のシミュレーション

(a) 直径 30 μm の円の中心部 2.7 μm の円を完全にブリーチした直後の *X*-*Y* 像（左）と，点線における 1 方向 1 ピクセルの像の 3 秒間の回復過程のキモグラフ（*Y*-*t* 像，中央）．さらに，中心部を通る直線の，時間変化（0〜0.2 秒）に伴う蛍光強度の変化（左）．拡散係数は 1 μm²/秒．シミュレーションは VCell（http://www.nrcam.uchc.edu）を用いた．
(b) 異なる拡散係数をもつ蛍光分子に対して，パネル A の空間条件でブリーチした場合の，ブリーチ中心地点での蛍光強度の変化．
(c) 蛍光回復に対するブリーチ径の影響．拡散係数を 1 μm²/秒として，異なるブリーチ径でブリーチしたときの，ブリーチ中心地点での蛍光強度変化（左）とブリーチ領域全体の平均蛍光強度の変化（右）．

Ⅱ 拡散のみを考慮する場合

このようなシミュレーションで得られた値と，実際の実験で得られた実測値を比較することによって，目的分子の拡散係数を求めることもできる．これには，たとえば上記の VCell の中にある VFRAP や，ImageJ のプラグインの 1 つである simFRAP なども利用できる．ただ，単純拡散する分子の拡散係数を求めるのであれば，上記の微分方程式の解を直接用いた方が容易な場合も多い．理想的な測定系における消光した領域への蛍光の回復過程はAxelrodによって詳細に検討され，1976年には解が報告されている [1]．これは

$$F(t)=I_{\text{final}}\sum_{n=0}^{\infty}\left[\frac{(-K)^n}{n!}\right]\left[1+n\left(1+\frac{2t}{\tau_{\text{D}}}\right)\right]^{-1}$$

となり，K は下記に述べる消光した量を表すブリーチ定数，I_{final} が最大回復率，τ_{D} は拡散時間である．これはFRAPの基本となる考え方なので，後に少し詳しく説明する．また，ブリーチ領域がuniform diskプロファイル（後述）と見なせる場合，上記のモデルとは逆に消光した分子の広がりを考えることで，蛍光回復過程は

$$F(t)=I_{\text{final}}\exp\left(-\frac{2\tau_{\text{D}}}{t}\right)\left[I_0\left(\frac{2\tau_{\text{D}}}{t}\right)+I_1\left(\frac{2\tau_{\text{D}}}{t}\right)\right]$$

と，閉形式で表されることが1983年にSoumpasisにより示された [2]．この解は使いやすく，I_0 と I_1 は変形ベッセル関数 $I_{\text{n}}(x,\ n)$ で，エクセル関数ではBESSELI$(x,\ n)$ となり，エクセルのソルバー機能を使うことで容易にフィッティングできる．

Axelrodの方法を少し見ていこう．図1aではブリーチ領域の蛍光強度が0で，消光されてない領域の蛍光強度が最大とするuniform（circular）diskプロファイルを想定した．しかし，ブリーチに用いるレーザー光の強度は境界領域で連続的に変化する．このレーザー光の強度分布は，照射面から非照射面においてほぼ正規分布（ガウス分布）をとる（コラム1参照）．蛍光回復過程は，図1cで示したように計測領域の径が大きな影響を与えるので，このレーザー強度の中心から周辺に向けての減衰のプロファイルが，拡散係数の推定に影響を及ぼすと予想される．そこでAxelrodの方法では，消光した量をブリーチ定数 K で表した．K が大きいほど，図1aのようなuniform diskに近づき，その回復過程はVCellによるシミュレーションに近づく．なお，K は，蛍光分子が動かないように化学固定した細胞でブリーチ中心からの距離と蛍光強度の関係をプロットすることで求めることができる．これは木村による解説 [3] に詳しく，中心から半径 r の中の蛍光量は，ブリーチ前を1として，実効ブリーチ半径（e^{-2} の高さとなる半径）w を用いて，

$$Fr=\exp -K\ (\exp(-2r2wF\ (r)))=\exp\left[-K\ (\exp(\frac{-2r^2}{w^2}))\right]$$

として表される．ただ，ブリーチ半径がレンズの分解能（0.61×用いる波長/NA）よりも遥かに大きな場合（目安として5倍）には，ほぼuniform diskと見なせることが示されている [4, 5]．すなわち，たとえばNA1.4のレンズを用いて488 nmのレーザーでブリーチする場合は，ブリーチ半径を1 μm以上に大きくするとブリーチ領域をuniform diskと見なしても大きな誤差は出ない．

なお，GFPなどの速い拡散の場合（目安として>10 μm^2/sec）には，ブリーチ径をあまり大きくするとuniform diskプロファイルからのずれが増大するので注意が必要である．これはブリーチングの手法に原因があり，今ではAxelrodの時代とは異なり，ほとんどのFRAP実験はレーザースキャニング顕微鏡で行われるが，この場合のFRAPは，ブリーチ領域全体が瞬時にブリ

ーチされるわけではなく，先にブリーチされたところから回復がはじまる．このため，Axelrodが仮定していた状況（つまりブリーチ領域外から一斉に蛍光分子が流入することによって蛍光回復が均一に起こるということ）は，厳密に言えばありえず，とくに拡散が速いほどずれが顕著になる．このスキャンによるずれを考慮したモデルも報告されている [5–7]．これらの手法はより厳密に計測時空間を考慮しており，現に，溶液でのFITC–dextranのように素早く拡散するものについては，Axelrodの式で得られた拡散係数よりも理論値に近くなる．ただ，このようなモデルを用いるには生細胞での実効ブリーチ径を求める必要がある．Axelrodの式で必要とされる固定した細胞での実効ブリーチ径ならば，蛍光強度の空間分布を測ることで求まるが，拡散しつつある分子の実効ブリーチ径の計測を細胞内で行うことは容易ではなく，皮肉なことに，速く拡散する分子ほどより困難になる．

速く拡散する分子の解析はとくにブリーチ直後の数フレームに大きく依存するが，ここの解析をさらに困難にする要因として，一過性の蛍光消失（reversible photobleaching，photoswitching，photochromismなど）の問題がある．これは蛍光タンパク質の特性として，強い光により蛍光を失った分子の一部が速やかに蛍光を再び発する現象で，その光化学的過程の詳細は明らかでは

コラム 1

正規分布（ガウス分布）

たとえば，レーザー光線で1点をスポットした場合，実際には光は1点に集約せず，光の強さは確率に従って分布する．それは，1つ1つの光子がスポット面上のどこに存在するのかが確率的だからである．レーザーの強度は一般的に正規分布（ガウス分布）を示す．正規分布は，以下の式で表され，$f(x)$ は確率密度関数，μ は平均，σ^2 は分散である．

$$f(x)=\frac{1}{\sqrt{2\pi\sigma}}\exp\left(-\frac{(x-\mu)^2}{2\sigma^2}\right)$$

そして，典型的には以下のような曲線になる．なお，図で，$f(x)$ が極大となる x の点が平均（μ）である．また，$\mu\pm\sigma$ の範囲に含まれる確率は約68%，$\mu\pm2\sigma$ の範囲に含まれる確率は約95%となる．

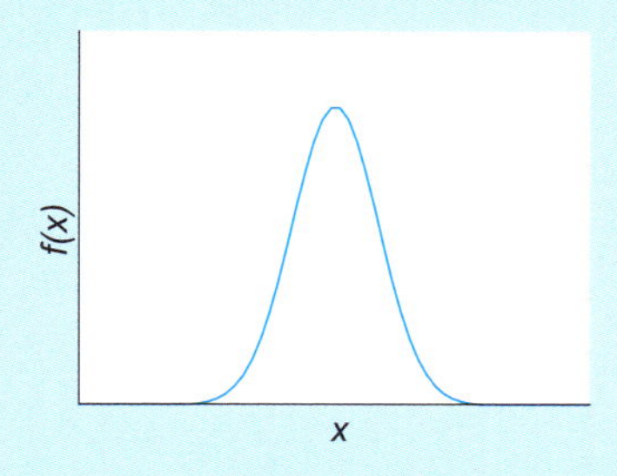

Axelrodの方法を用いて拡散速度を解析するときは，スポットブリーチした領域の形をこの正規分布関数を基本とした数式を用いてフィッティングし，ブリーチの形状を示す定数（ブリーチ定数 K）を求める [3]．

ないが，蛍光分子の種類に依存してその程度は異なり，ほぼすべてのFRAPにおいて見ることができる [8]．速い拡散の解析を正確に行うには，この補正も考慮する必要もあり，補正のやり方は上記論文に記されているので参考にされたい．また，蛍光タンパク質ではなく，HaloTag融合タンパク質とテトラメチルローダミンを用いることで，この問題が解決できることも報告されている [9]．

FRAPは汎用のレーザー顕微鏡で分子の動きや反応を知る事ができる優れた手法だが，細胞内での小さな分子の単純拡散を厳密に測定することは不得手である．これには別章の蛍光相関分光法のほうがふさわしく，この点については終節でふれる．FRAPの有用性はむしろ，次節の反応解析にあるように思える．

Ⅲ 細胞内成分への結合が起きる場合

前節では，拡散だけの場合について述べた．しかし，細胞内での分子の動きは，実際にはほとんどの場合，他の分子との結合過程を含むはずである．ブリーチからの回復過程の解析から，この結合を読み取ることも可能である．この点について，以下にBragaによる考察 [10] を用いて解説する．

もし蛍光分子Fが，他の細胞内タンパクSと結合してCという複合体を作るという結合反応，$F+S \rightleftarrows C$ が起きているとする．この場合，ブリーチ後のFとCの時間変化は，平衡状態での濃度をeqと表記すると，前節で用いた拡散の項に結合反応の項目が加わり

$$\frac{\delta F}{\delta t}=D_{\mathrm{F}}\nabla^2 F-k_{\mathrm{on}}S_{\mathrm{eq}}F+k_{\mathrm{off}}C$$
$$\frac{\delta C}{\delta t}=D_{\mathrm{C}}\nabla^2 C+k_{\mathrm{on}}S_{\mathrm{eq}}F-k_{\mathrm{off}}C$$

となる．$k_{\mathrm{off}}/k_{\mathrm{on}}$ がこの反応の解離定数 K_{D} である．見かけのon rateである k^*_{on} を使って表すと，$k^*_{\mathrm{on}}=k_{\mathrm{on}}S_{\mathrm{eq}}$ なので（詳しい議論は文献 [11] を参照），

$$\frac{\delta F}{\delta t}=D_{\mathrm{F}}\nabla^2 F-k^*_{\mathrm{on}}F+k_{\mathrm{off}}C$$
$$\frac{\delta C}{\delta t}=D_{\mathrm{C}}\nabla^2 C+k^*_{\mathrm{on}}F-k_{\mathrm{off}}C$$

として表現できる．この2つを足すと

$$\frac{\delta F}{\delta t}+\frac{\delta C}{\delta t}=D_{\mathrm{F}}\nabla^2 F+D_C\nabla^2 C \qquad (2)$$

となる．ここで，もしも結合の過程が拡散に比べて遙かに速い場合には，ブリーチからの回復過程で絶えず局所的な結合反応の平衡が起きている事になるので，$k^*_{\mathrm{on}}F$ は $k_{\mathrm{off}}C$ とほぼ等しくなる．そこで $C\approx(k^*_{\mathrm{on}}/k_{\mathrm{off}})F$ と見なすと，式(2)は，

$$\frac{\delta F}{\delta t}=\frac{D_{\mathrm{F}}+\dfrac{k^*_{\mathrm{on}}}{k_{\mathrm{off}}}D_{\mathrm{C}}}{1+\dfrac{k^*_{\mathrm{on}}}{k_{\mathrm{off}}}}\cdot\nabla^2 F$$

と表される．この過程を1つの拡散過程と見なすと（effective diffusionと呼ぶ），その拡散係数 D_{eff} は，式(1)より

$$D_{\mathrm{eff}} = \frac{D_{\mathrm{F}} + \frac{k_{\mathrm{on}}^{*}}{k_{\mathrm{off}}} D_{\mathrm{C}}}{1 + \frac{k_{\mathrm{on}}^{*}}{k_{\mathrm{off}}}} \tag{3}$$

に相当することがわかる．この回復過程は結合・解離の比 $k_{\mathrm{on}}^{*}/k_{\mathrm{off}}$ に依存する．この比は，平衡状態においては，蛍光分子 F が他の分子 S と結合している割合 p と解離している割合 $(1-p)$ の比と等しいはずなので，結局，(3)の式は

$$D_{\mathrm{eff}} = (1-p) D_{\mathrm{F}} + p D_{\mathrm{C}}$$

と変形される．つまり，素早い結合・解離を行いつつ拡散する分子は，2 成分（結合した場合とフリーの場合）のフィッティングを行えば，それぞれの拡散係数とともに，結合・解離の比 $k_{\mathrm{on}}^{*}/k_{\mathrm{off}}$ も知ることができる．もしも D_{C} さえ別の実験で知ることもできれば，k_{on}^{*} と k_{off} 自体の値を推定することができる．

あるいは，分子の理論値を D_{F} と仮定することもできる．この D_{F} は，Einstein–Stokes の式

$$D = \frac{k_{\mathrm{B}} T}{6\pi\eta R} \quad (k_{\mathrm{B}}\text{：ボルツマン定数，}T\text{：絶対温度，}\eta\text{：粘性，}R\text{：分子半径})$$

に従うはずなので，たとえば，GFP や調べている分子が細胞内成分とは結合しない球形の分子と仮定した場合，GFP の拡散係数と調べる分子の分子量から，その分子単体の D_{F} を推定できる．これと実測値とのずれから，k_{on}^{*} と k_{off} 自体の値を求めることも不可能ではない．ただし，この場合にはとくに仮定や近似が多くなるので，慎重な検討が必要になる．

拡散が結合よりも圧倒的に速く，回復過程において拡散が無視できて，結合反応が律速となる場合（reaction dominant）には，

$$F(t) = 1 - \frac{k_{\mathrm{on}}^{*}}{k_{\mathrm{on}}^{*} + k_{\mathrm{off}}} \exp(-k_{\mathrm{off}} t) \tag{4}$$

となることが示されており [12]，k_{on}^{*} と k_{off} の値を容易に得ることができる．この典型的な例を図 2 a に示した．ここでは，小胞体内のマイクロドメインである ER exit site に結合する COPII コート成分である Sec23 の，細胞質プールとの交換反応 [13] を測定している．このマイクロドメインは動きがきわめて少ない構造なので，ブリーチからの回復過程をキモグラフで見ると，時間経過での蛍光強度の変化が直線で表され，蛍光の回復過程が理解しやすい．

このブリーチされたスポットへの蛍光の回復は，細胞質にある Sec23–GFP と，このドメインに結合しているブリーチを受けた Sec23–GFP との交換によって起こる．言うまでもなく，この交換に先立って拡散も起こっているが，exit site における蛍光強度が周辺と比べて充分高いこと，この回復過程（数秒かかっている）に比べて拡散がきわめて速いことの 2 点から，拡散は事実上回復過程に影響しない．実際に，この回復曲線が拡散の場合とは形が異なることは，双方のモデルでフィッティングを行ってベストフィットの理論値と実測値の差である残差プロットを求めるとよくわかる．これを上記の式 (4) を用いてフィッティングすると，k_{on}^{*} は 2.025，k_{off} は 0.1971 の値が得られる．$k_{\mathrm{on}}^{*}/k_{\mathrm{off}}$ はほぼ 10 となり，圧倒的に結合に反応が傾いていることがわかる．さらに結合部位への滞在時間（residence time）を計算すると（k_{off} の逆数と見なされるので），5

秒程度と見積もることができる．つまり，これの解析から，Sec23-GFPは，ER exit site上で5秒程度滞在した後，細胞質プールと交換していると推定できるのである．このようにFRAPを使うことで，生きた細胞内での複雑な反応過程も解析することが可能となる．

Ⅳ どのモデルを用いるべきか？

図2aのような場合には，蛍光の回復がスポット以外の場所（スポット周辺部）に存在するSec23-GFPとの交換反応によるものであることは明白であり，拡散モデルを間違えて用いることはないだろう．しかし，たとえば，比較的大きな構造に局在するようなタンパク質のときなどに画像を見ても，どの方法を使うべきか判断がつかない場合がある．そのような場合にはブリーチ径を変えて回復曲線がどのように変化するかを検討すべきである[14]．図1cからわかるように，もし拡散が含まれるならば，ブリーチ径を変えれば回復曲線が変化する．しかし，結合が主な場合には，式（4）にブリーチ径の項が無いことからもわかるように，ブリーチ径を変えても影響しない．ブリーチ径を変えて変化するならば拡散であり，それが分子量から予測されるよりもずっと遅い場合には，effective diffusionと考えられる．いずれにせよ，ブリーチのサイズや形状に合わせたモデルを用いる必要がある[14]．実際に細胞生物学の研究が対象とする多くの事象は，このeffective diffusionと見なされるという．

なお，用いたモデルが正しいかは，他の測定法と同様にモデルと実測値の差をとって得られる残差プロットを見ることで判断できる場合が多い．正しいモデルであれば，その残差のばらつきはランダムになるはずで，もし残差に時間変化に伴って平均値が大きくゆらぐようなパターンが見られる場合には，そのモデルは適切ではなく他のモデルを考慮する必要がある．

Ⅴ FRAPとFCSの与える情報

上述したように，細胞内での単純拡散を，一般的に普及しているレーザー走査型共焦点顕微鏡を使って測ると，ブリーチに要する時間のために問題が生じる．たとえば図2aにおいて，ER exit site外の細胞質におけるSec23-GFPの拡散を測ろうとすると，FRAPではかなり困難を伴う．これは，高速でスキャンして十分なS/N比を得るには，低速でのスキャンよりもより高い輝度が必要になるからで，これを回避するには，照射するレーザー強度を上げるか，発現量を上げることで対処するしかない．しかし，前者は記録の際にブリーチが起こりやすく，後者では発現過剰という非生理的な状況の増大という問題がある．これらはスキャンするライン数を減らすことである程度改善が出来るが，速い回復における一過性蛍光消失の問題は残る．

もっとも正確な測定法は，FCSを使う方法である．FCSは，ブリーチを使うことなく，蛍光そのものが微小空間からどれくらい速く消失するかを連続的に計測する．FCSの計測ではノイズは消失し，ある決まった時間パターンで動く分子が存在する場合にだけ相関シグナルが現れる．

図2cでは，Sec23-GFPの場合に，exit siteを含まない場所に測定地点をおいて，FCSを使って測定した結果を示した．比較のために，同様の実験をGFPに対して行った結果も附した．FRAPでは十分なシグナルを得ることが困難だが，FCSを用いると十分な自己相関シグナルが得

(a)

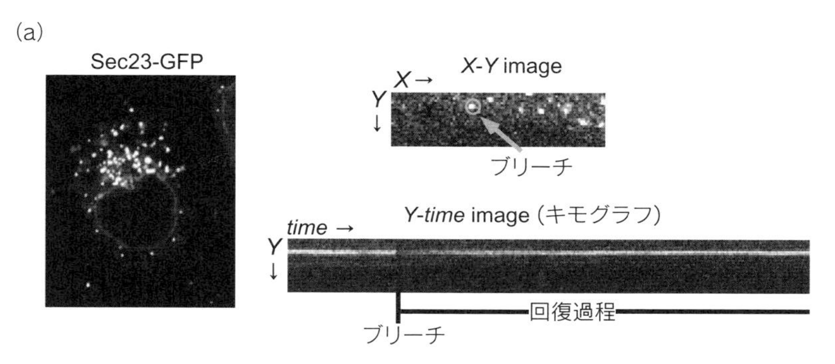

(b) exit site への結合の式

$$f(t)=I_{\text{final}}\left\{1-\left(\frac{k^{*}_{\text{on}}}{k^{*}_{\text{on}}+k_{\text{off}}}\right)\exp(-k_{\text{off}}t)\right\}$$

蛍光強度(規格化)

Sec23-GFP

回復時間(秒)

I_{final} : 0.902

K^{*}_{on} : 2.025 s^{-1}

K_{off} : 0.197 s^{-1}

(c) 細胞質拡散の場合

G(τ)

× Sec23-GFP

GFP

τ (ミリ秒)

	拡散時間	%
Sec23-GFP	415 μs	75.3
	3812 μs	24.7
GFP	238 μs	100

図2　Sec23-GFP の FRAP

(a) NRK 細胞で安定発現する Sec23-GFP（左；細胞 1 個の全体像）の，1 つのスポット（ER exit site）に対して，円で描いた範囲をブリーチした（右上）．この領域の中心地点を横切る Y 方向の 1 ピクセルラインを時間に対して展開したキモグラフを示した（右下）．横軸は時間．ブリーチからの回復過程を視覚化することができる．
(b) (a) のようにして行った FRAP 計測を 10 カ所で行い，平均化–規格化したものを reaction dominant の式（本文参照）でフィッティングした．見かけの k_{on} 値と k_{off} 値が得られている．
(c) パネル (a) で見られる ER exit site 以外の領域を，FCS を使って計測し，得られた 10 カ所の測定点の平均の自己相関関数を示した．これは 2 つの拡散成分をもつ場合のフィッティングとよく一致し，右表で示す値が得られた．対照として，安定発現した GFP の自己相関関数も示した．

られ，その減衰曲線の解析から，拡散時間 T には 2 成分存在し，GFP のほぼ 2 倍遅いものが 3/4 程度存在し，それより一桁遅い動きのものが 1/4 程度存在すると推定された．Sec23–GFP の計算分子量は 113 K だが，この分子は分子量 66 K の Sec24 とタイトな 1：1 複合体を作るので，併せて 179 K となる．これは GFP の計算分子量の約 6.6 倍で，球状タンパク質と仮定すると，分子半径は GFP の約 1.88 倍である．拡散時間は分子半径（分子量の立方根）に比例するので，GFP の拡散時間（238 μ 秒）に 1.88 を乗じた 447 μ 秒が Sec23–GFP（＋Sec24）の理論的な拡散時間となる．これは得られた415 μ 秒と大変近く，細胞内という複雑な環境下においても，この手法の正確さが発揮されうることがわかる．

ところで，この拡散時間は，FCS で測定される半径0.15 μm 程度の空間における分子の拡散時間であり，$D = \omega^2/(4T) = 0.15^2/(4T)$ を用いて拡散係数に変換することができる．したがって，Sec23-GFP（＋Sec24）の細胞質における拡散係数は約13.6 μm^2/sec となる．では3812 μ 秒（拡散係数1.5 μm^2/sec）のマイナーな成分は何だろうか？　これには2つの可能性がある．1つは，小胞体膜に結合した複合体である可能性，もう1つは，この複合体がCOPII コートを形成するためのもう1つの複合体であるSec13/31 複合体等とさらに結合し，COPII コートを形成しているという可能性である．FCS の高い時間分解能により，このように異なる速さで動くものが混在していても，比較的容易にその成分の存在を推定することができる．

FCS は拡散計測において強力な威力を発揮する反面，あまり動かない成分に関する解析は苦手とする．これは，単純に動きが少ない分子であれば分子の動きによって生じる輝度変化の発生回数が減るからで，結果的に相関として得られるパターンはほとんど光化学的反応のみになる．このために，たとえば小胞体内で凝集したタンパク質のダイナミクスを見ようとしても得られる情報は自由に動く成分のみとなりがちで，凝集している成分は見つけにくい．これに対して，FRAP ではその成分は最大回復率として現れる．また，スポットだけの情報であるFCS に対して，FRAP は画像情報なので，FRAP のデータの中にはブリーチ領域だけでない箇所に意味のある情報が含まれることも多く，たとえば不均一な分布をする分子に対してもFRAP は重要な情報を与えるかもしれない．

Ⅵ 最後に

細胞内での蛍光タグを付加した分子の動きには必ず拡散の成分を含み，また細胞内構造に結合しながら拡散する場合も多いので，本章で述べたような解析法は多くの場合にあてはまる．しかし，細胞内での分子の動きには，拡散ではなく，たとえば「流れ」のような，方向性を持つ（時間と移動距離が比例する）動きも含むこともある．この動きは明らかに何らかの分子装置によって制御された結果であり，生物学的な意味を持つ場合も多いが，FRAP 解析で蛍光消光からの回復過程でこれを抽出することは大変難しい．また，FCS の場合には自己相関関数の項目に取り込んでフィッティングして流速を求めることは可能だが，その精度には難がある．むしろ，これはキモグラフなどによる画像の時系列変化の解析が有用な場合が多い．

最近では，量の変動についてモデルを建てて微分方程式を組み合わせてシミュレーションで解明することの有用性が示されてきている．本章に記したような方法を参考にしつつ，特定の手法にこだわることなく，新たなアプローチを目指して欲しい．

文 献

[1] Axelrod, D. *et al*.: *Biophys. J*., **16**, 1055–69, 1976
[2] Soumpasis, D. M.: *Biophys. J*., **41**, 95–7, 1983
[3] 木村　宏：実験医学，**22**, 1851–1856, 2004
[4] Braeckmans, K. *et al*.: *Biophys*. J., **85**, 2240–52, 2003

[5] Braga, J. *et al*.: *Mol. Biol. Cell*, **15**, 4749–4760, 2004
[6] Kang, M. *et al*.: *Biophys. J*., **97**, 1501–11, 2009
[7] Kang, M. *et al*.: *Traffic*, **13**, 1589–600, 2012
[8] Mueller, F. *et al*.: *Biophys. J*., **102**, 1656–65, 2012
[9] Morisaki, T. *et al*.: *PLoS One*, **9**, e107730, 2014
[10] Braga, J. *et al*.: *Biophys. J*., **92**, 2694–703, 2007
[11] Sprague, B. L. *et al*.: *Biophys. J*., **86**, 3473–95, 2004
[12] Sprague, B. L. *et al*.: *Biophys. J*., **91**, 1169–91, 2006
[13] Gurkan, C. *et al*.: *Nat. Rev. Mol. Cell Biol*., **7**, 727–38, 2006
[14] Mueller, F. *et al*.: *Biophys. J*., **94**, 3323–39, 2008

［和田郁夫・木村 宏］

第 18 章

光退色と光刺激

フォトブリーチ（光退色）法は，細胞内分子動態の解析に非常に有用である．その代表的手法が FRAP (fluorescence recovery after photobleaching) であるが，そのほかにも，FLIP (fluorescence loss in photobleaching；光退色蛍光減衰）や iFRAP（inverse FRAP）と呼ばれる手法も用いられる．また，ブリーチではなく photoactivation（フォトアクティベーション；光活性化）や photoconversion（フォトコンバージョン；光変換）などの光刺激により，蛍光分子の動態をより直接的に観察することも可能になっている．本章では，FLIP を中心に，これらの光による操作を用いたさまざまな分子動態解析法について解説する．

I FLIP

第 16 章「光退色後蛍光回復（FRAP）の基礎」で述べたように，FRAP は，細胞の一部をブリーチし，その場所の蛍光強度の回復を測定する方法である．それに対して，FLIP は，ブリーチ中（またはブリーチ後）に「ブリーチした領域以外の場所」の蛍光強度がどのように変化するのかを測定する技術である．FLIP を理解するために，GFP 単体のような細胞中で速く拡散する分子の FRAP ついて，あらためて考えてみたい（図 1）．理想的な FRAP では，ブリーチ領域内に

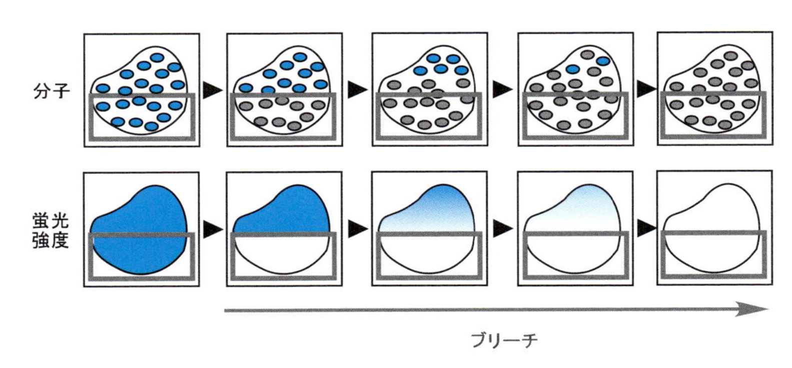

図 1　FLIP の原理

上段では，蛍光分子は青，不可逆的退色により蛍光を発しなくなった分子は灰色の楕円でそれぞれ表される．また，下段は実際の観察に近い蛍光強度（青）を示す．細胞の下半分（灰色の長方形で囲まれた領域）をブリーチすると，そこに存在する分子が退色する（左から 2 番目のパネル）．[FRAP の場合，ここでブリーチを停止し，ブリーチした領域の蛍光強度を測定することで分子の移動の速さを解析する．] 時間経過に伴って蛍光分子がブリーチ領域に流入（退色した分子は流出）し，ブリーチをくり返すことによって，流入した蛍光分子が次々とブリーチされていくので，細胞全体の蛍光強度が低下していく（FLIP が起こる）．

存在する分子の蛍光を瞬時に退色させてその蛍光回復を計測する．しかし，ブリーチ時間を長くしていくと，ブリーチ中に分子が動き回るため，ブリーチ領域外の蛍光も徐々に消失し，最終的にすべての分子が消光してしまう（図 1）．このブリーチ中の蛍光の消失（fluorescence loss in photobleaching）が，すなわち FLIP である．定量的 FRAP 解析のためにはできるだけ FLIP が起こらないようにすることが重要であるが，逆にこの現象を利用して，分子動態に関してさまざまな情報を得ることができる．

1．FLIP の方法

FLIP は，細胞の一部をブリーチして，ブリーチ領域外の蛍光強度やパターンの変化を解析する方法である（図 1）．通常のレーザー走査型共焦点顕微鏡を使って FLIP を行う場合（図 2 a，

(a) イメージングとブリーチを交互に行う方法

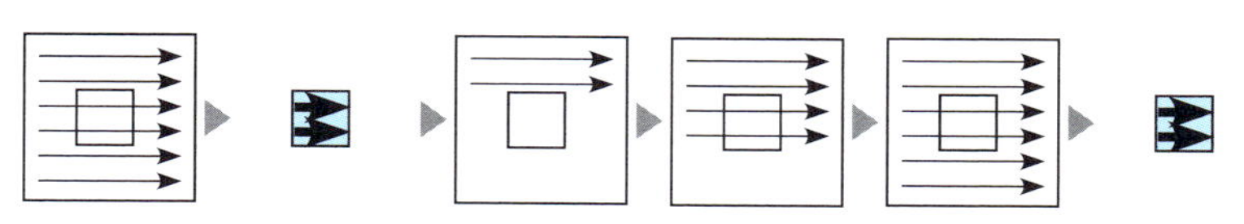

(b) スキャンしながらブリーチする方法

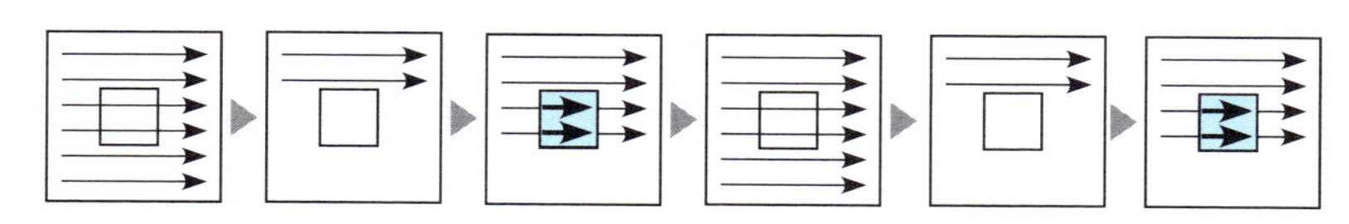

(c) イメージングとブリーチを独立に行う方法

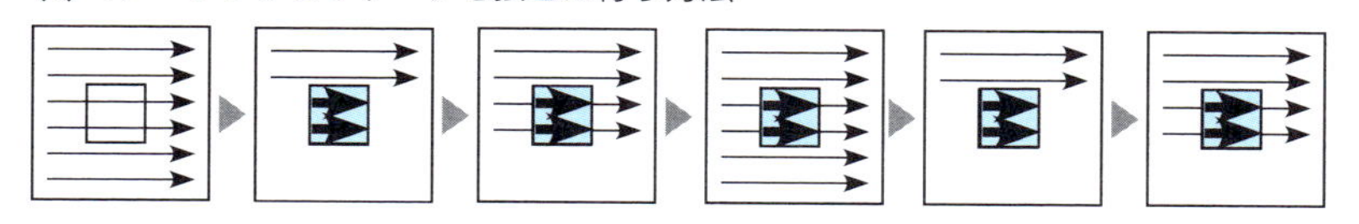

図 2　FLIP の方法

レーザー走査型共焦点顕微鏡を用いて FLIP を行うときに，3 通りの方法が考えられる．
(a)，(b) 走査ユニットが 1 つの通常の顕微鏡を使用した場合：(a) イメージングとブリーチを交互にくり返す方法，(b) イメージングのスキャン中に必要な領域にだけ強いレーザーを照射する方法．(c) ブリーチ用の走査ユニットをイメージング用とは独立にもつ顕微鏡を使用した場合：ブリーチを連続して行う方法．
(a) または (b) の方法では，ブリーチは間欠的になる．ブリーチ領域外の蛍光強度の変化（FLIP）は，ブリーチ時間やブリーチ間隔によって大きな影響を受ける．たとえば，極端にブリーチ時間が短く，かつブリーチ間隔が長いと，速く動く分子と遅く動く分子を区別できない．それは，両者とも一度のブリーチで同程度の数の分子が退色し，ブリーチとブリーチの間にどちらも細胞全体に行きわたるためである．したがって，両者を区別するためには，ブリーチ時間を長くするか，ブリーチ間隔を短くする（あるいはその両方を行う）必要がある．ブリーチ時間を長くすると，速く動く分子はブリーチ領域に頻繁に出入りするため，より多くの分子が退色するが，遅く動く分子は最初に存在した分子とブリーチ中にゆっくり入れ替わった分子しか退色しない．そのため，動きやすさに応じて退色される分子の数に差が出やすくなる．同様に，ブリーチ間隔を短くすると，遅い分子の拡散が進む前にブリーチされるので，やはり差が出やすくなる．また，ブリーチする領域の場所や大きさも，蛍光消失の速さや異なる分子間での差に影響を与える．ブリーチする領域が細胞の端にあるほど（また，小さいほど），分子の長い移動距離が必要になってくるため，蛍光消失はゆっくりとなる．
(c) の方法では，連続的にブリーチが行われるため，速度論のモデルが立てやすい．しかし，上述のように細胞のような限定された空間では，ブリーチする領域（大きさと位置）によって蛍光消失の速さは変化する．したがって，この場合では未だに一般的な定量的解析法は確立していない．

b)，一定領域でブリーチを間欠的に行い，ブリーチした領域外の蛍光の消失を経時的に測定する．この蛍光消失の速さは，時間や間隔などのブリーチ条件，およびブリーチ領域や測定場所に大きく依存する（図2，図の説明）．したがって，FRAPと異なり，FLIPでは，その蛍光消失の速さから絶対的な分子の動きやすさの指標（拡散係数や結合・解離定数）を算出するための一般的な方法論は確立されていない．しかし，同一実験条件下での相対的移動度の差を調べることは可能であり，とくにFRAPではむずかしいような速い動きを示す分子間での移動度の違いを容易に比較することができる．また，FRAPやFCSが細胞内の局所的な動き（測定地点近傍からの分子の流入）を測定するのに対して，FLIPでは，オルガネラ間のように広い領域での分子拡散を解析できる．

2．分子の移動度

FLIPでは，FRAPと同様に細胞中の分子の移動の速さを測定することができる．図3に示すように，分子が動く場合は，ブリーチ領域内と領域外の分子が入れ替わるため，ブリーチ領域外の蛍光強度が低下する（図3a①，②）．その際，分子が速く動くほど蛍光強度の低下が速く起

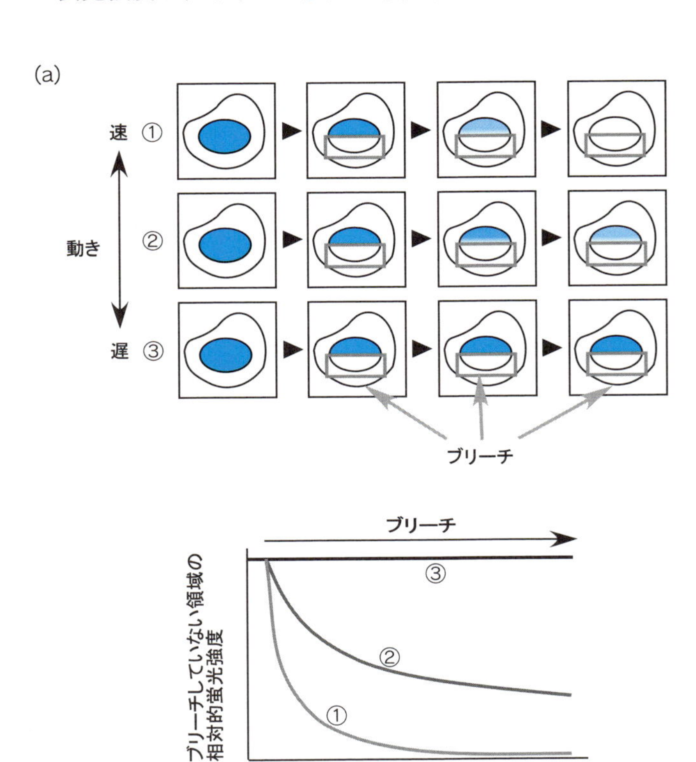

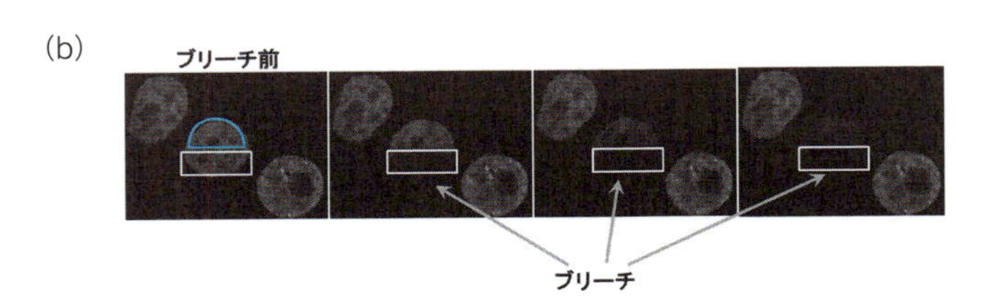

図3　FLIPの例

(a) 蛍光分子の移動の速さとFLIPで期待される結果の模式図.
速く動き回る分子（①）は，ブリーチ領域の内外で速く入れ替わるので，ブリーチ領域外の蛍光強度が速く減衰する（グラフ，①）．その減衰は分子の動きが遅いと小さくなる（②）．また，分子が動かない場合は，ブリーチ領域外の蛍光強度に変化は見られない（③）．
(b) 転写因子のFLIP.
図2(b)の方法でFLIPを行うと，ブリーチしていない領域（青で囲われた部分）の蛍光強度が徐々に減衰することがわかる．ブリーチしない細胞（左上，右下）を同時に画像取得することで，イメージングに伴う蛍光退色のコントロールになる．

こる（図3a①，②）．一方，分子が動かない場合は，ブリーチ領域外での蛍光強度の低下は起こらない（図3a③）．上述したように，FLIPでは実験条件によって蛍光強度の減衰曲線は変わってくるため，絶対的な値を求めるのは困難である．しかし，同一のブリーチ条件下で，異なるタンパク質の相対的な移動の速さの違い，あるいは異なる培養条件下での同一タンパク質の挙動の違いなどを簡便に調べることができる．とくに，FRAPでは条件設定がむずかしい，拡散が速いタンパク質の場合でも，FLIPを用いることで相対的移動度の違いを検出することが可能である．たとえば，GFP融合RNAポリメラーゼⅡのFLIP解析（図3b）により，GFP単体との移動度の差や転写阻害剤の作用機序が明らかになっている [1]．

3．細胞構造（構造の連続性，障壁）

FLIPでは，細胞内の広域での分子拡散の様子を観察することが可能であるため，どこに分子拡散の構造的障壁があるかを理解することができる．たとえば，細胞内に何も障壁がないと仮定した場合，ブラウン運動する蛍光分子のFLIPを行うと，ブリーチ領域から距離に依存した蛍光消失が起こるはずである（図4a）．しかし，細胞内に自由拡散を妨げる障壁（diffusion barrier）があると，距離の依存性が乱れることが予想できる．たとえば，GFP単体は細胞に均一に分布するが，細胞質をブリーチすると細胞核が浮かび上がってくる（図4a，b）．これは細胞質と細胞核の間に核膜が存在し，自由拡散を妨げているからである．このように，ブリーチする領域と他の領域との間の障壁や連続性をイメージとして示すことができるのがFLIPの特徴である．また，図4(c) に示したように，FLIPで細胞の一部（この場合，細胞質）の蛍光を消失させたのちイメージングを続けると，別の場所（この場合，細胞核）からの蛍光の流入による回復を検出することもできる．

細胞内構造の連続性の解析にFLIPを使用したもう1つの例を図4(d) に示す．小胞体（ER）の内腔に局在するタンパク質をYFP融合タンパク質として細胞に発現させると，ERを可視化することができる．そして，小胞体の一部を含む領域をブリーチすると小胞体の蛍光が細胞全体から消失する．このことは，小胞体は全部がつながった1つのネットワークとして存在することを示すものである．このように，FLIPを用いると，細胞内構造の連続性や障壁などについての解析を容易に行うことができる．

その他にも，フォトブリーチを用いたさまざまな実験が考案されている．たとえば，細胞全体の蛍光をブリーチして，新規に合成された蛍光タンパク質の動態をイメージングやFCSにより解析することもできる．また，拡散する分子をブリーチにより消光させることで，細胞内の構造に安定に局在する蛍光分子のみをより明確に浮かび上がらせることも可能である．なお，FRAPでは細胞の一部に強い励起光照射を一度だけ行い，その後は通常のイメージングを行うので，細胞機能に対するダメージはあったとしても限定的であると考えられる．それに対しFLIPでは，ブリーチを幾度も行い細胞全体のスキャンをくり返すため，細胞により大きなダメージを与える可能性が高い．このような場合，ラジカルスカベンジャーを使用するとダメージが軽減されることもある [2]．

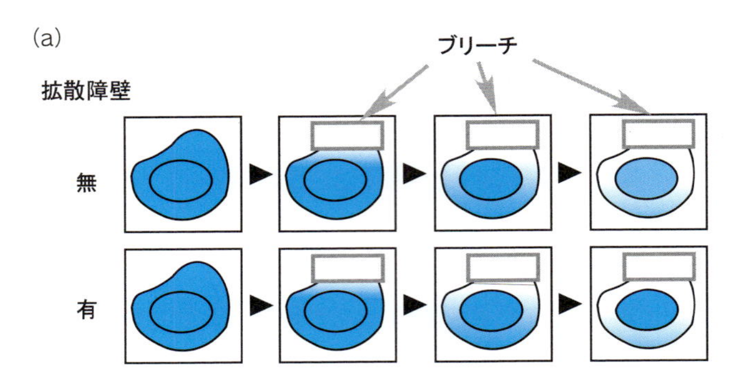

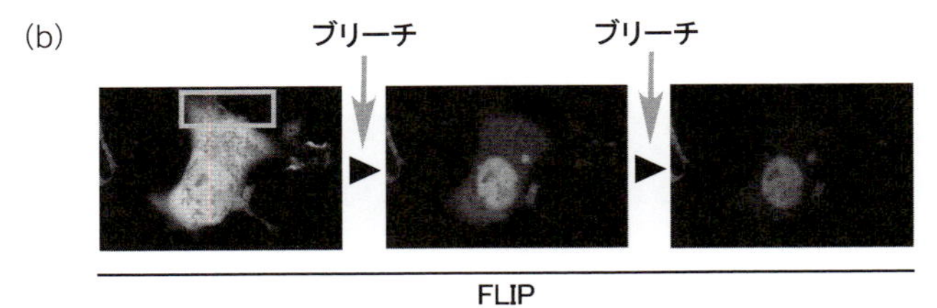

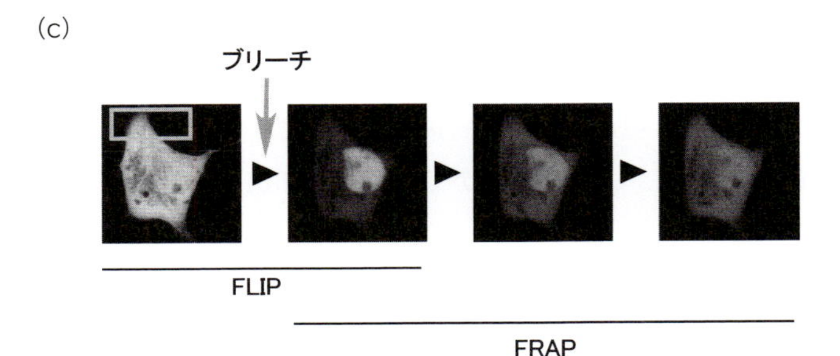

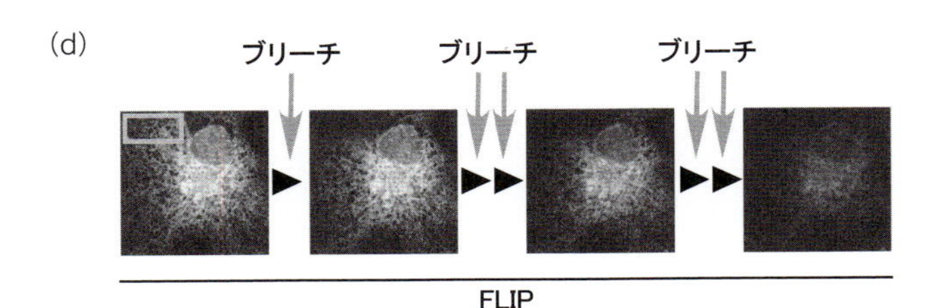

図 4　FLIP を用いた細胞構造の解析

(a) 細胞構造解析の模式図.
細胞核と細胞質の間に分子拡散の障壁がない場合は，細胞質をブリーチしたときにブリーチ場所からの距離に応じて細胞核からも均等に蛍光が消失する（上段）．しかし，細胞核と細胞質に核膜という障壁がある場合は，細胞質の蛍光消失が先に起こる（下段）．
(b) GFP 単体の FLIP.
GFP 単体を発現する細胞の細胞質をブリーチすると，細胞核の蛍光が残る．これは，細胞質と細胞核の間に拡散の障壁があることを示しており，(a) の下段のモデルを支持する．
(c) GFP 単体の FLIP-FRAP.
GFP 単体を発現する細胞の細胞質をブリーチし，細胞質の GFP の蛍光を退色させる（FLIP）．その後のイメージングにより，細胞核から細胞質への GFP 単体の移動が確認できる（FRAP）．
(d) ER 内腔タンパク質の FLIP.
ER の一部をブリーチしたとき，YFP 融合 ER 内腔タンパク質の蛍光は ER 全体から消失する．したがって，ER が連続した構造であることがわかる．

Ⅱ iFRAP

細胞内にはタンパク質や核酸の集合した多数の構造体（オルガネラやオルガネラ内外に存在する微細構造を示す）が存在するが，これらの構造体に局在するタンパク質の動態は FRAP により解析できる（第 17 章「FRAP の定量的解析」の Sec23 の例を参照）．しかし，生きた細胞では細胞内構造体も動くため，その構造体に比較的安定に結合するタンパク質の動態を FRAP で解析する場合，構造体の動きに合わせて蛍光の回復を調べなければならない．しかし，ブリーチして蛍光が消失してしまうと，構造体の場所がわからなくなるという問題がある（図 5）．このような場合に，iFRAP（inverse FRAP）が威力を発揮する．iFRAP では，目的の構造以外の場所の蛍光を消失させることで，構造に残った蛍光の消失の速さを解析できる [3,4]（図 5）．iFRAP で測定

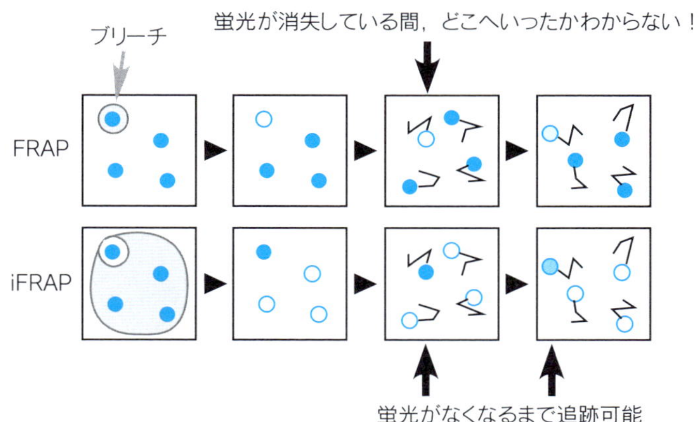

図5　iFRAP

通常のFRAPでは，スポット（青丸）をブリーチし，その蛍光回復を観察するが，そのスポットが動いてしまうと，蛍光が明らかに回復するまで測定ができない（上段）．iFRAPで一部のスポット以外をブリーチすると，その残ったスポットがどこに動いても蛍光が完全に消失するまで追跡が可能である（下段）．

される構造体からの蛍光の消失は，速度論的にはexponential decay（$Y = e^{-kt}$，Y は蛍光強度，k は解離定数，t は時間）で一般的に説明される．iFRAPでは，次節に述べる光活性化と同様，ある場所からの蛍光分子の移動の様子を直接観察できるが，広い領域をブリーチしなければいけないため，速く動く分子の解析には向かない（FLIPが起こってしまう）．

Ⅲ photoactivation と photoconversion

これまで述べてきたFRAP，FLIP，iFRAPは，いずれも蛍光をブリーチして動態解析を行う方法である．したがって，見たい対象を間接的にしか見ることができないことがある．また，ブリーチには強い励起光を照射する必要があるため，光そのものの細胞毒性やブリーチに伴うラジカルや活性酸素の生成による毒性など，さまざまな考慮が必要である．ブリーチの生体分子に対する影響に関しては，CALI（chromophore-assisted light inactivation）やFALI（fluorophore-assisted light inactivation）と呼ばれる，蛍光分子の近傍にある生体分子をブリーチによって局所的に破壊する方法が考案されていることからもわかる[5]（ただし，GFPなどの蛍光退色では比較的ラジカルの発生は少ない[6]）．ブリーチによるこれらの問題は，photoactivatable GFP（PA-GFP）を用いることで解決しうる．PA-GFPは，紫外から紫の波長の照射を受けると活性化し，蛍光を発するようになるタンパク質である[7]（第13章「蛍光タンパク質の利用」を参照）．レーザー走査型共焦点顕微鏡では，405～408 nmのブルーレーザーを用いて，任意の場所のPA-GFPを活性化することができる．その活性化に必要な光はブリーチに比べてはるかに微弱ですむことから，細胞へのダメージはかなり軽減されると考えられる．また，活性化のプロセスはブリーチより速いことから，速い拡散の解析にも向いている．さらに，活性化されたタンパク質を直接検出できるため，光刺激した領域に存在していたタンパク質が細胞の他の場所へどのように拡散あるいは集積するのかを可視化できる．このように，光活性化はブリーチに比べて優れている点が多い（表1に比較を示した）．

表1　ブリーチとアクティベーション

	ブリーチ	アクティベーション
光化学的性質		
刺激に用いる光の強度	強	弱
変換速度	遅	速
細胞レベル		
細胞へのダメージ	強	弱
動態追跡	間接	直接
発現場所の特定	易	難
発現量の推測	易	難

PA-GFPの難点としては，活性化前にはその局在が見えないため，光刺激する場所を特定できないこと，および発現量の見当がつかないことである（表1）．しかしこれらの問題は，別の蛍光タンパク質を発現させて細胞構造を可視化することや，安定発現株を樹立して発現量を見積もることなどにより解決しうる．たとえば，他の蛍光タンパク質で転写の場所を標識し，新しく合成されたRNAがそこから拡散する様子などがPA-GFP融合RNA結合タンパク質を用いて観察されている[8]．また，GFP以外の蛍光特性を持つ分子に同様のphotoactivatable（PA）特性を付与されたものも数多く開発されており，なかでも赤色蛍光タンパク質mCherryのPA型であるPA-mCherryはその光活性化後のブリーチ耐性が比較的高く，定量的解析にも適しているようである[9]．

また，GFPとPA-GFPの長所を合わせもつような，刺激によって蛍光の特性が変化するようなタンパク質を用いると，多様な動態解析を行うことができるはずである．これら光変換（photoconversionやphotoswitching）が可能なタンパク質も多く開発されている[10]．これらは検出が容易なので，分子動態解析だけでなく，細胞内構造や特定細胞の追跡が可能であり，幅広い応用への道を開いている．現在では，これらの多くは非営利団体であるAddgene（http://www.addgene.org/）より入手でき，このサイトでは蛍光タンパク質のほぼ最新のリストも得ることができる．

Ⅳ バクテリアから生体まで

ここまで，FRAPなどの光操作技術を，動物培養細胞を例として紹介してきた．ガラスボトムディッシュ上で培養された細胞は，開口数の高いレンズで観察することができ，かつターゲットとなる細胞構造も比較的大きいため，光操作を比較的容易に行うことができる．しかし，これらの技術は動物培養細胞に限らず，さまざまな生物種に利用可能である．小さな対象では，たとえばバクテリア（細胞骨格タンパク質）[11]や酵母（細胞核タンパク質や細胞骨格タンパク質）[12,13]での動態解析にFRAPが用いられている．また，生体に近いところでは脳スライスやショウジョウバエ個体[14]なども解析対象にすることができる．これらの超ミクロまたはマクロな対象を扱うには，ブリーチ条件やステージ上への固定などに関して新たな工夫が必要であるかもしれないが，さまざまな対象物にいろいろな操作を行って新規の知見を得てほしい．

文 献

[1] Kimura, H. *et al*.: *J. Cell Biol*., **159**, 777–782, 2002
[2] Manders, E. M. *et al*.: *J. Cell Biol*., **144**, 813–822, 1999
[3] Dundr, M. *et al*.: *Science*, **298**, 1623–1626, 2002
[4] Mikami, Y. *et al*.: *Mol. Cell. Biol*., **25**, 10315–10328, 2005
[5] Hoffman-Kim, D. *et al*.: *Methods Cell Biol*., **82**, 335–354, 2007
[6] Bulina, M. E. *et al*.: *Nature Protoc*., **1**, 947–953, 2006
[7] Patterson, G. H. *et al*.: *Science*, **297**, 1873–1877, 2002
[8] Shav-Tal, Y. *et al*.: *Science*, **304**, 1797–1800, 2004
[9] Subach, F. V. *et al*.: *Nature Methods*, **6**, 153–159, 2009
[10] Adam, V. *et al*.: *Curr. Opin. Chem. Biol*., **20**, 92–102, 2014
[11] Carballido-Lopez, R. *et al*.: *Dev. Cell*., **4**, 19–28, 2003
[12] Berlin *et al*.: *J. Cell. Biol*., **160**, 1083–1092, 2003
[13] Cheutin, T. *et al*.: *Mol. Cell. Biol*., **24**, 3157–3167, 2004
[14] Ficz, G. *et al*.: *Development*, **132**, 3963–3976, 2005

［木村 宏・和田郁夫］

第19章
共鳴エネルギー移動(FRET)の基礎

GFP テクノロジーが発展した現在，FRET（Förster resonance energy transfer．F は一般的には fluorescence があてられる）は，より身近な道具になりつつある．たとえば，CFP と YFP を適当につないだプラスミドを細胞に発現させ，この細胞を適切な波長の光で励起すれば，CFP から YFP へのエネルギー移動は起こる．しかし，FRET を生化学現象のプローブとして用いたり，FRET シグナルを解析して未知の生命現象を明らかにしたりするためには，FRET の理論を理解することが重要である．この章の目的は，FRET の基本的な原理 [1, 2] を示し，FRET プローブの基本的な仕組みと作製方法の概要を提供することである．

Ⅰ FRET とは

誤解を恐れずに言えば，FRET は距離を測る手段である．分子スケールの定規だと考えていただきたい．FRET は，光学顕微鏡の分解能よりもはるかに小さな距離を測ることができる定規である．しかし少々難儀な点もある．プラスチックや金属でできた定規は温度が変わると伸び縮みしてしまうが，FRET プローブの精密な定規も蛍光色素の向いている方向が変わると多少伸び縮みしてしまう．このような場合には，距離の絶対的な尺度としてではなく，距離の相対的な変化を観察するために FRET は使われる．また，偽物の定規が混じっていることがあって，本物との区別がむずかしい場合がある（第 20 章「FRET の測定法と評価」を参照）．さらには，性能の良い定規を作れるようになるまでに多少の熟練が必要なことがある．前途多難なようであるが，エネルギー移動の基本原理を理解すると，想像以上にシンプルな FRET の概要が見えてくるはずである．こうしたハードルを乗り越えていくことで，分子の微細な変化を生体内で実時間計測できるほぼ唯一の方法を手にすることができるようになる．

Ⅱ FRET の物理化学

原子や分子のようなミクロのレベルでは，電子軌道は連続的ではなく，飛び飛びの値しかとることができない．このような離散的な軌道はエネルギー準位と呼ばれ，図 1 のようなダイアグラムで表される．最もエネルギーの低い軌道である基底状態（S_0）の電子が光を吸収すると，励起状態（S_1）へと遷移する．この状態はある程度安定であるため，電子はしばらくこの準位に留まる．この S_1 に留まっている時間を S_1 寿命（蛍光寿命）と呼ぶ．

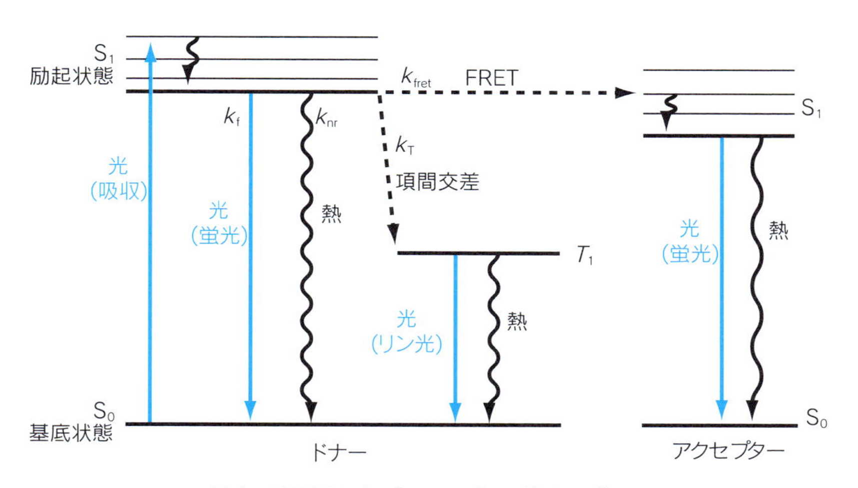

図 1　FRET のヤブロンスキーダイアグラム

光の放射を伴う遷移は直線で，無放射的な遷移は波線でそれぞれ表す．

励起された電子は，より安定でエネルギー準位の低い基底状態へ自発的に遷移するが，このときに失われるエネルギーは電磁波として放出される．これが蛍光である．S_1 から S_0 への遷移には，蛍光過程の他にも，項間交差による三重項への遷移や，熱を放出する過程などがある．S_1 から S_0 への遷移の速度定数 k_D は，それぞれの競合する過程の速度定数の和として，以下の式(1)で表される．

$$k_D = k_f + k_{nr} + k_T = \frac{1}{\tau_D} \tag{1}$$

ここで，k_f は蛍光過程の遷移速度定数，k_{nr} は熱過程の遷移速度定数，k_T は三重項への遷移速度定数，τ_D は S_1 寿命（蛍光寿命）である．

ある色素の電子が S_1 状態にあるとき，このすぐ近傍に存在する別の色素が S_0 状態にあると，S_1 状態の色素から S_0 状態の色素へ光の放出を伴わないエネルギー移動が起こる．これが FRET である．エネルギーを渡す側の色素をドナー，受け取る側の色素をアクセプターとそれぞれ呼ぶ．励起状態にあるドナー色素から見れば，FRET は S_0 への経路の 1 つにすぎない．このときのドナー色素の S_1 から S_0 への遷移速度定数 k_{DA} は，FRET の速度定数を k_{FRET} として，以下の式 (2) で表される．

$$k_{DA} = k_f + k_{nr} + k_T + k_{fret} = \frac{1}{\tau_{DA}} \tag{2}$$

また，k_{FRET} は以下の式で求められる．

$$k_{fret}(r) = \frac{1}{\tau_D}\left(\frac{R_0}{r}\right)^6 \tag{3}$$

ここで，τ_D はドナーが単独のときの S_1 寿命，r はドナーとアクセプターとの間の距離，R_0 はフェルスタ距離と呼ばれる，FRET 効率が 50% になるときのドナーとアクセプター間の距離である．

R_0 と r が等しい距離にあるとき，すなわちドナーとアクセプターがフェルスタ距離にあるとき，k_{fret} はドナー単独のときの S_0 への遷移速度定数（$1/\tau_D$）と等しくなり，このときの FRET 効

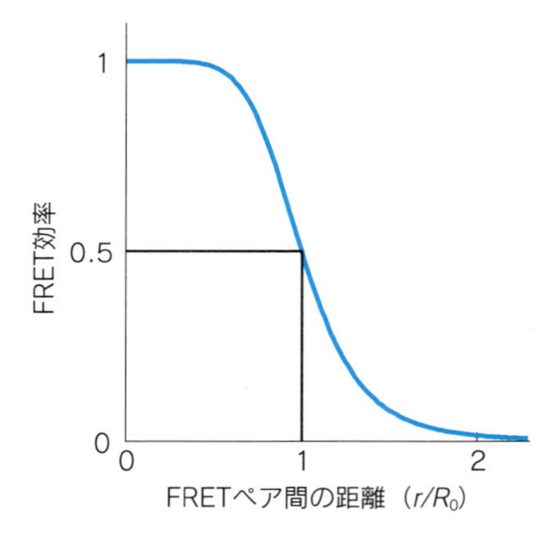

図 2　FRET ペア間の距離と FRET 効率との関係

率は 50% である（図 2）.

フェルスタ距離は以下の式により求められる．κ^2 は配向因子，n は媒質の屈折率，Q_D はドナーの蛍光量子収率，J はドナーの蛍光とアクセプターの吸収の重なり積分である．R_0 の単位はナノメートルである．

$$R_0 = 9.78 \times 10^2 (\kappa^2 n^{-4} Q_D J)^{1/6} \tag{4}$$

また，重なり積分は以下の式 (5) で求められる．F_D はドナーの蛍光スペクトルを全蛍光量で 1 に規格化した値，ε_A はアクセプターのモル吸光係数（$M^{-1}cm^{-1}$），λ は光の波長（cm）をそれぞれ表す．J の単位は $M^{-1}cm^3$ である．

$$J = \int_0^\infty F_D(\lambda)\,\varepsilon_A(\lambda)\,\lambda^4 \partial\lambda \tag{5}$$

FRET 効率（E）は，吸収したエネルギーのうち，アクセプターに移動するエネルギーの割合であるから，

$$E = \frac{k_{\mathrm{fret}}(r)}{\frac{1}{\tau_D} + k_{\mathrm{fret}}(r)} \tag{6}$$

で求められる．この式に式 (3) を代入すると，

$$E = \frac{1}{1 + \left(\frac{r}{R_0}\right)^6} \tag{7}$$

となる．ここから，タンパク質などに導入された蛍光色素が R_0 の距離にあるときに 50% のエネルギー移動効率が得られ，また，距離の変化に対して非常に感受性が高い（距離の 6 乗に反比例する）ことがわかる（図 2）.

さらに式 (1) と式 (2) を式 (6) に代入すると，

$$E = 1 - \frac{\tau_{DA}}{\tau_D} \tag{8}$$

が得られる．ドナー単独時のドナーの S_1 寿命（τ_D）と，FRET が起こっているときのドナーの

S_1 寿命（τ_{DA}）から FRET 効率が求められる．また，蛍光色素の減衰は以下の関数で表される．これは，蛍光色素をパルス励起し，ナノ秒単位の短い時間で S_1 から蛍光を放出しながら基底状態へ遷移する様子を測定することで得られる．I_0 は $t=0$ での蛍光強度，τ は色素の S_1 寿命としたとき，以下の式 (9) で表される．

$$I(t) = I_0 e^{-t/\tau} \tag{9}$$

ここから，S_1 寿命と蛍光強度が比例することがわかり，

$$E = 1 - \frac{F_{DA}}{F_D} \tag{10}$$

が得られる．F_D はドナーが単独のときの蛍光強度，F_{DA} は FRET が起こっているときのドナーの蛍光強度である．これは，アクセプターブリーチングなどにより FRET 効率を求めるときに使われる式である．

FRET でドナーとアクセプターの距離を計算する際には，まず FRET ペアの J（スペクトルの重なり積分）を求める（式5）．これには，F_D（ドナーの蛍光スペクトル）と ε_A（アクセプターのモル吸光係数）があればよい．次に R_0（フェルスタ距離）を計算するが，κ^2（配向因子），n（媒質の屈折率，通常 1.33），Q_D（ドナーの量子収率）から，式 (5) を用いて計算する．さらに実験データから式 (8) や式 (10) を用いて E（FRET 効率）を求め，このときの r（ドナーとアクセプターの実際の距離）を式 (7) から求める．

さて，やっかいな値として κ^2（配向因子）がある．これはドナーの発光遷移モーメントとアクセプターの吸収遷移モーメントの相対的な配向がどのような状態にあるかを示す値である．それぞれの遷移モーメントが一直線上に同じ向きに並んだときが 4，平行に並んだときが 2，直交しているときが 0 である．この値を正確に求めるためにはそれぞれの蛍光色素の相対的な配向を観察する必要があるが，これは現時点では困難である．蛍光色素が“速く”回転している場合，蛍光が等方的に放射されていると仮定すると $\kappa^2 = 2/3$ と近似できるので，この値を用いて計算されることが多い．この仮定で気を付けなくてはならないのが，蛍光色素の回転運動が S_1 寿命に比べて十分に速いということである．蛍光を等方的に放射するためには，励起光を吸収して蛍光を放出するまでの間に色素は十分に回転する必要がある．フルオレセインやローダミンのような小さな色素であれば（回転速度が S_1 寿命に比べて十分に速いので），通常は回転速度が問題になることはない．しかし GFP のような高分子の場合は，S_1 寿命に対して回転速度が有意に遅い．このため，GFP の蛍光は等方的にならず，$\kappa^2 = 2/3$ とした場合に無視できない誤差が生じてしまう．κ^2 が正確に求まらないと R_0（フェルスタ距離）も正確に求めることができない．このため，現状の技術では，GFP を用いた FRET で絶対的な距離を計測することは困難であり，GFP 間 FRET はもっぱら生体内分子の相互作用を定性的に可視化するために使われる．また，GFP 間 FRET に基づく機能プローブを用いてイオン濃度などを定量的に計測するためには，プローブのキャリブレーションが必要である．

Ⅲ FRETペアの選択方法[3]

FRETペアには，通常2種類の蛍光色素を用いる．“通常”と述べたのは，それ以外の場合があるからである．たとえば，アクセプターは吸収スペクトルさえあれば蛍光性でなくてもエネルギー移動が起こるので（クエンチャに相当する），FRETを検出することができる．この場合はドナーの蛍光強度の増減を観察することになるが，FRETに依存した蛍光強度の変化とそれ以外の要因（たとえば，プローブの局在変化など）に伴う蛍光強度変化を区別することができない．したがって，生細胞でのFRET測定のように条件にさまざまな制約がある場面では，2種類の蛍光色素を用いたほうが有利である．その理由は，ドナーとアクセプターの蛍光強度がレシプロカルに変動するため，その比（レシオ）を取ることでより大きなS/N比を得ることができるからである．

FRETペアの2種類の蛍光色素を選択する際には，一般の多色観察で考慮する点（クロストーク，細胞毒性，退色，イオン感受性，観察機器との相性など）に加え，なるべくFRETが起こりやすいペアを選択することが重要である．FRET効率の低さからシグナルを得ることが困難なケースが多々あるため，FRETが起こりやすいペアを選択することでなるべく高いFRETシグナルを得たいからである．FRETが起こりやすいペアとは，フェルスタ距離の大きなペアである．しかし前述したように，GFPを用いたFRETプローブではフェルスタ距離を正確に求めることが困難である．したがってGFPを用いる場合には，ドナーとアクセプターの重なり積分（J）を基準にFRETペアを選択することが適している．

前述した，重なり積分を求める式をもう一度示す．

$$J=\int_{0}^{\infty} F_{\mathrm{D}}(\lambda)\,\varepsilon_{\mathrm{A}}(\lambda)\,\lambda^{4}\partial\lambda \tag{5}$$

F_{D}はドナーの蛍光スペクトルを全蛍光量で1に規格化した値であり，無単位である．ε_{A}はアクセプターの各波長でのモル吸光係数（$\mathrm{M}^{-1}\mathrm{cm}^{-1}$）である．$\varepsilon_{\mathrm{A}}$を求めるためには吸収スペクトル，あるいは励起スペクトルを用いる．ただし，吸収スペクトルには蛍光に寄与しない部分も含まれるため，吸収スペクトルと励起スペクトルが完全には同一でない場合があるので注意を要する．FRETのアクセプターにとっては光の吸収能が重要であり，蛍光の放出は必須ではない．このため吸収スペクトルを用いるほうが物理的には正確である．吸収スペクトルがモル吸光係数で表されている場合はそのまま計算できるが，吸光度で表されている吸収スペクトルや励起スペクトルを使う場合は，スペクトルをピークの値でいったん1に規格化し，アクセプターの最大モル吸光係数で乗算することで，各波長でのモル吸光係数が得られる．

λは光の波長であるが，ここでは単位をcmとして扱う．単位の換算で混乱することがあるので注意が必要である．フェルスタ距離を求める式(4)は，重なり積分（J）の単位を$\mathrm{M}^{-1}\mathrm{cm}^{3}$としたときに，計算で得られるフェルスタ距離の値がナノメートルの単位となるようにするための式である．

このような計算は，表計算ができるコンピュータソフトウェア（たとえばExcelなど）を用いれば，多数の蛍光色素のペアの組合せに対して短時間で行うことができる．それによって，理論上最も相性のよいペアを短時間内に計算して選び出すことができる．膨大な組合せの中から可能性を絞り込むためにはこのような計算が有効であるが，残念ながら計算だけでは高いFRET効率が得られないこともある．これは，たとえば立体障害による発色団の機能阻害や，アクセプター以外へのエネルギー移動の可能性が，上記の計算では考慮されていないからである．現在の技術では，このような可能性は実験的にしか確認することができない．したがって，FRETペアの候補を計算によりある程度絞り込んだうえで，複数の候補から実験的にFRET効率の最も大きなペアを同定するのが，現時点での効率のよい方法である．

また，式(5)のλ^4に注目すると，これは長波長側の蛍光色素ペアがFRETに有利であることを示唆している．まったく同じドナーとアクセプターのスペクトルであっても，λの値を200 nmほど長波長側にずらすだけでフェルスタ距離が大幅に増加する．Jはλの4乗に比例するので，たとえばλが20%増加するだけでJは2倍程度に上昇する．一般的に，長波長領域の色素はモル吸光係数も高いので，さらに有利な条件を得ることができる．他の状況が許せば，より長波長側のペアを選択することは理にかなっている．

Ⅳ GFP間FRETに基づく機能指示薬の作製方法[4]

上記の計算や使用する機材との兼ね合いなどから，FRETに用いるGFPペアが決定すれば，次の段階は「どのようにしてつなぐか」である．刺激に応じて構造が変化するタンパク質Xが存在するとして，この構造変化をFRETにより検出したい場合，大きく分けて3通りのつなぎ方がある（図3）．

最も素直な考え方がサンドイッチ法であり，作製の容易さから，多くの場合このつなぎ方がまっ先に試される．これは，タンパク質XのN末端とC末端にそれぞれドナーとアクセプターを

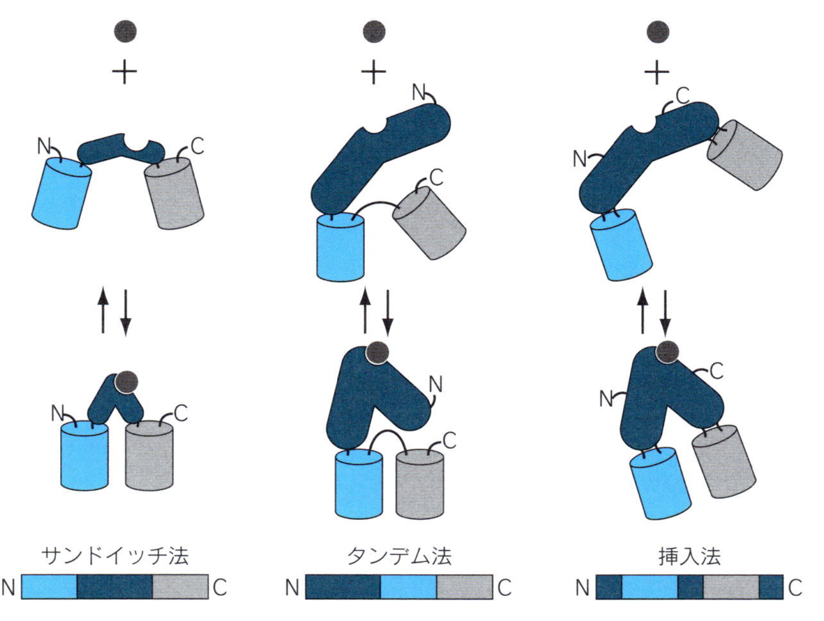

図3　FRETペアのつなぎ方

青色がCFP，グレーがYFP，濃青色がタンパク質X，丸い濃灰色がタンパク質Xの構造変化を誘発するエフェクターをそれぞれ表す．

つなぎ，FRETペアでタンパク質Xをサンドイッチする方法である．この方法は，タンパク質Xの構造変化によりFRETペアの距離や配向が変化することに基づいている．FRET効率の向上には，後述するリンカーや配向の最適化が有効なことが多い．GFPと比較してタンパク質Xが十分に小さい場合は有効なことが多いが，タンパク質Xの大きさや立体構造によっては，N末端とC末端の距離がフェルスタ距離を大幅に上回ってしまうことがある．このようなケースではFRETシグナルを得ることはできない．

別のアプローチとしてタンデム法がある．ある程度柔軟性のあるリンカーでFRETペアをつなぎ，その末端にタンパク質Xをつなぐ方法である．サンドイッチ法とは逆に，タンパク質XがGFPと比較して大きい場合や，大きな複合体を形成する場合，膜などの構造物近傍で用いる場合に有効である．考え方としては，構造変化に伴いタンパク質XがFRETペアへ何らかの力を加え，これがFRETペアの相対距離または配向を変化させ，シグナルの変化を誘発するというものである．作製手順としては，まず多様なリンカーでFRETペアをつなぎ，FRET効率がある程度高いペアを複数ピックアップしておく．これらの候補ペアをタンパク質Xの末端に導入し，構造変化に対して最もFRETシグナルの変化量の大きなペアを選択する．これとは逆に，FRET効率の低いペアをタンパク質Xにつなぎ，構造変化によりFRET効率の上昇を期待する方法もあるが，スクリーニングの効率などから前者のほうが一般的である．

挿入法は，タンパク質Xの内部にFRETペアを挿入し，タンパク質Xの構造変化によりFRETペアの距離変化を検出する方法である．サンドイッチ法でシグナルが得られない場合でも有効なことがある．タンパク質XとGFPの機能を互いに阻害しない形で挿入することが肝要であるが，しばしば困難を伴う．サンドイッチ法やタンデム法に比べて作製の難易度が高く，リンカーなどの最適化もむずかしいことがある．しかし，タンパク質Xの大きさや構造によっては，挿入法が唯一の選択肢の場合もある．作製には2通りのアプローチがあり，2次構造予測や原子座標データなどから機能をなるべく阻害しない挿入部位を予測する方法と，トランスポゾンなどを応用してランダムに挿入部位を試行する方法とがある．いずれにしても，タンパク質Xの機能阻害が最小でFRET変化が最大の挿入部位を見いだすまで，多くの検体を解析する必要がある．

いずれの方法を選択しても，初期段階で得られるプローブは変化率が低いため，FRETペアの距離と配向を最適化する必要がある．たとえば，さまざまな種類のリンカーを導入し，FRET変化量の大きなクローンをスクリーニングすることで，ドナーとアクセプターの間の距離を最適化することができる[5]．図2を再度見ていただきたいが，FRET効率の変化が許容される距離のダイナミックレンジは非常に狭いため，タンパク質の構造変化が最適なFRETペアの距離の変化になるようにリンカーを最適化する必要がある．また，GFP同士が接近しすぎるとタンパク質のフォールディングが阻害されるなど，そもそもの吸収や蛍光がなくなることもあるため注意が必要である．

距離と同時にFRETペアの配向を最適化することも重要である．GFPの円順列変異体を用いると，本来のタンパク質末端とは別の部位に新たな末端を創出し，ここに別のタンパク質をつなぐことができる[6]．配向因子の説明でも述べたように，GFPは分子量が大きいため配向はランダムと仮定できない．またリンカーの種類によっては，GFPの相対的な配向がきわめて制限されることもある．これは逆に考えれば，配向因子を 2/3 以上にすることが可能であることを示している．計算で最適な配向を求めることは困難であるが，さまざまな円順列変異を導入することで非常に変化率の大きなプローブを作製することが可能である．Ca^{2+}指示薬の Cameleon などにおいて，このような最先端の手法が大きな成功を収めている [6]．

ここまで FRET プローブの原理と作製方法を述べてきたが，少々詰め込みすぎの感がある．FRET や蛍光についてさらに深く理解するためには，ぜひ Lakowicz の教科書 [1] をひもといていただきたい．FRET は純粋に物理化学的な原理に基づく現象であり，その原理の理解は測定データを正確に解釈するうえで重要である．また，使いやすい FRET プローブを作製するためには，FRET の基本原理の正しい理解に加えて，それに基づいた効率のよい生物学的スクリーニングも重要である．本章を通じて，FRET プローブ作製のための概要をつかんでいただければ幸いである．

文 献

[1] Lakowicz, J.R.: Principles of Fluorescence Spectroscopy, 3rd ed., Springer, 2006
[2] 永井健治：蛋白質 核酸 酵素，**51**，14，1989–1997，2006
[3] 永井健治・小寺一平：実験がうまくいく蛍光・発光試薬の選び方と使い方，pp.158–162，羊土社，2007
[4] 永井健治・宮脇敦史：タンパク質構造・機能解析実験実践ガイド，p.173，メディカルドゥ，2005
[5] Nagai, T., Miyawaki, A.: *Biochem. Biophys. Res. Commun.*, **319**, 72–77, 2004
[6] Nagai, T. *et al*.: *Proc. Natl. Acad. Sci. USA*, **101**, 10554–10559, 2004

[永井健治・小寺一平]

第20章

FRETの測定法と評価

前章「FRETの基礎」では，FRETの物理化学的な原理，FRETペアの選択法，および蛍光タンパク質間のFRETに基づく機能指示薬の作製に関する留意点を述べた．本章では，分子間FRETと分子内FRETの違い，FRETを観察・評価する方法，ならびにFRETの真偽判定法を解説する．シンプルなFRETの原理とは裏腹に，その観察と評価については厳密に行う必要があることを理解してもらうことが本章のねらいである．

I 分子間FRETと分子内FRET

FRET効率は，色素分子間の距離とそれらの遷移双極子モーメントの相対的配向に大きく依存する（前章「FRETの基礎」参照）．この性質を利用して，分子間相互作用や分子構造の変化を測定することができる．分子間相互作用は相互作用を調べたい分子ペアのそれぞれに，エネルギーのドナーとアクセプターになる色素を標識してFRETを観測する（分子間FRET，図1a）．一方，分子構造の変化は，1つの分子の中にドナーとアクセプター色素の双方を標識し，その色素間で起こるFRETを観測する（分子内FRET，図1b）．どちらもFRETを観測する点では変わりはないが，分子間FRETを観測し解析するほうが圧倒的にむずかしい．その理由としては，お

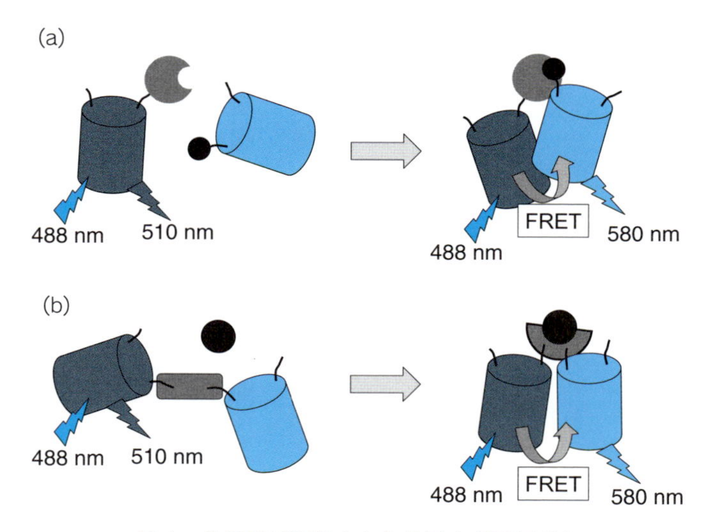

図1　分子間FRET (a) と分子内FRET (b)

もに以下の4点があげられる．

1）ドナーおよびアクセプターで標識された解析対象分子は，相互作用するまではそれぞれ異なる局在をしている場合が多いので，それぞれを別々に観察する必要が出てくる．そのためドナーを励起したときのドナーからの蛍光シグナルとアクセプターからの蛍光シグナルに加えて，アクセプターを直接励起したときのアクセプターからの蛍光シグナルを取得する必要がある．
2）分子間FRETにおいては，分子内FRETにおいて成立する「ドナーとアクセプターが1対1の量比で存在する」という前提が成立しない．たとえば，分子間相互作用を調べたい2つのタンパク質（AとB）のそれぞれにCFPとYFPを融合（CFP–A，YFP–B）し，細胞に共発現させた場合を考えてみると，2つの融合タンパク質の発現比率は，各細胞によって異なってくる．CFP–Aの発現量がYFP–Bに比べ多い場合，つまりドナーが過剰な場合は，FRETに寄与しないCFP–Aが相対的に多くなるため，FRETの変化量が小さくなる．一方，YFP–Bの発現量が多い場合には，ドナーCFPの励起波長によるYFPの直接励起に伴うシグナル量が相対的に多くなるため，やはりFRETに伴うシグナルの変化量が小さくなる．
3）共発現させたタンパク質（CFP–AとYFP–B）に加え，もともと細胞に発現している内在性のタンパク質（AとB）も分子間相互作用に寄与するため，2）の例ではAとB，AとYFP–B，CFP–AとB，CFP–AとYFP–Bの4つの相互作用の組合せが考えられる．このうちFRETに寄与するのはCFP–AとYFP–Bとの組合せのみであるので，やはりFRETの変化量は小さくなる．さらに，A，B，CFP–A，YFP–Bそれぞれの発現量の違いによっても，FRETの変化量に違いが出てくる．
4）FRETの変化量とは関連しないが，融合タンパク質CFP–AとYFP–Bの過剰発現は，つまりAとBの過剰発現となるため，その効果も念頭において実験結果を検討しなければならない．

このようなさまざまな条件に分子間FRETは依存するため，観測する細胞ごとにデータが異なってくる．一見，再現性が得られないように見えてしまうが，そのように考える前に，少なくとも上記のどのパラメータがばらついているのかをチェックしてみてほしい．もし，パラメータのいくつかを固定させることができれば，細胞間でのばらつきの少ないデータ取得につながるはずである．一方，1対1のドナー/アクセプター量比が保障される分子内FRETについては，上記の1)〜3) の制約はないので，分子間FRETほど注意を払わなくても，ばらつきの少ないデータが得られやすい．

Ⅱ FRETを観察する方法

第19章「FRETの基礎」の章のくり返しになるが，FRETとは，「色素の電子がS_1状態にあるとき，このすぐ近傍に存在する別の色素がS_0状態にあると，S_1状態の色素からS_0状態の色素へ無放射的にエネルギー移動が起こる」ことである．そしてエネルギーを渡す側の色素をドナー，受け取る側の色素をアクセプターとよぶ．ドナー，アクセプターともに“蛍光性”色素であれば，FRETによりドナーが放射する蛍光は消光し，アクセプターからの蛍光が増加する（図2）．したがって，FRETの検出にはアクセプターとドナーの両方の蛍光，もしくは少なくとも一方の蛍光

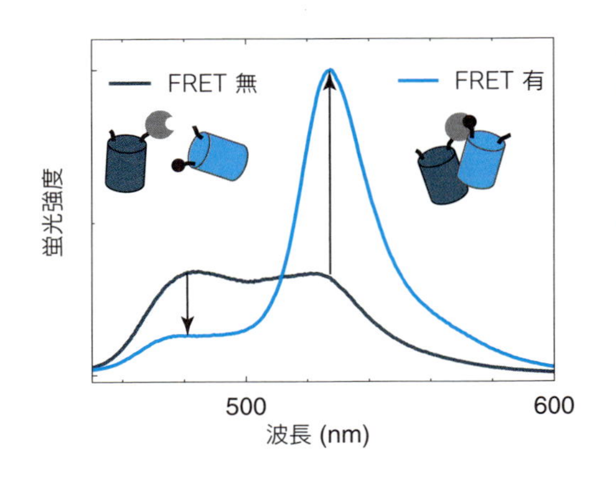

図 2　FRET による蛍光スペクトル変化

CFP と YFP を FRET ペアに用いた場合の，FRET が起きていないときと，起きているときの蛍光スペクトルをそれぞれグレーと青で示す．FRET によりアクセプターからの 530 nm の蛍光強度は増加し，ドナーからの 480 nm の蛍光強度は減少する．

を測定すればよい．しかし，“真の FRET シグナル”だけを取り出すことはそう簡単ではない．そればかりか不十分な理解で測定結果を解析すると，FRET シグナルでないものを FRET シグナルと見誤ってしまうことすらある．そこで，ここではまず，最もオーソドックスな FRET 測定法として広く利用されている“レシオ測定法”（II-1 項）について，その利点・欠点を解説する．その次に，より正確かつ定量的に FRET シグナルを抽出する方法として，“増感蛍光を抽出する方法”（II-2 項）と“ドナーの蛍光寿命を測定する方法”（II-3 項）を取り上げる．

1．アクセプターとドナーの蛍光強度比を測定する方法（レシオ測定法）

“レシオ測定法”は，プローブの濃度や局在変化などに伴う蛍光強度変化を補正する方法として，定量的な蛍光イメージングを行うために広く用いられてきた手法である．2 波長励起 1 波長測定型や 1 波長励起 2 波長測定型などに分類されるが，FRET 測定は後者である．というのも，FRET が起きるとドナーの蛍光強度は低下し，アクセプターからの蛍光が増加するので，ドナーを励起したときのドナーとアクセプターの両方の蛍光を測定，つまり 1 波長励起 2 波長測定すればよいことになるからである（図 2）．これにより，プローブの濃度変化など，FRET 以外に起因する蛍光強度の変化分を相殺できるだけでなく，FRET の増減に依存するドナーとアクセプターの蛍光強度の変化がレシプロカル（逆相関）であるため，それらの比（レシオ）を求めることでシグナル変化量を増加させることができる．

2 波長を測定する方法としては，ドナー・アクセプター蛍光用の干渉フィルターをフィルターチェンジャーなどで交互に切り替え，取得するのが一般的である（第 5 章「マルチカラータイムラプス蛍光顕微鏡」参照）．ただし，フィルターチェンジャーによるフィルターの切り替えには通常 100 ミリ秒前後を要するので，ドナーを取得する時間と，アクセプターを取得する時間に差が生じてしまう．もしこの時間内に見たい生理現象が刻々と進行してしまうと，ドナーとアクセプターの蛍光を測定したときの生理状態は異なるものになってしまい，レシオの値は無意味なものになってしまう．そこで，高い時間分解能で FRET のレシオ測定を行いたい場合は，2 分割光学系（図 3）や 3CCD（図 4）を利用してドナーとアクセプターの蛍光シグナルを“同時に”測定する．2 分割光学系は，浜松ホトニクスの W-View やジーオングストローム社のジーオングベースなどを用いて，ドナーシグナルと FRET シグナルに分離し，1 台の CCD カメラの左右にそれぞれ結像させる（これらは比較的簡単に自作可能）．後者の場合は，3CCD カメラに内蔵され

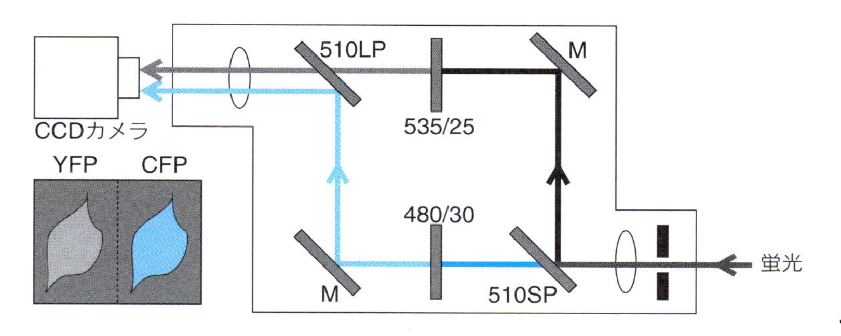

図3　2分割観察光学系によりFRETを観察する方法

M：ミラー，510SP：510 nm よりも短い波長，長い波長をそれぞれ透過，反射させるミラー．
535/25：535 nm を中心波長とする半値幅が 25 nm の干渉フィルター．
480/30：480 nm を中心波長とする半値幅が 30 nm の干渉フィルター．

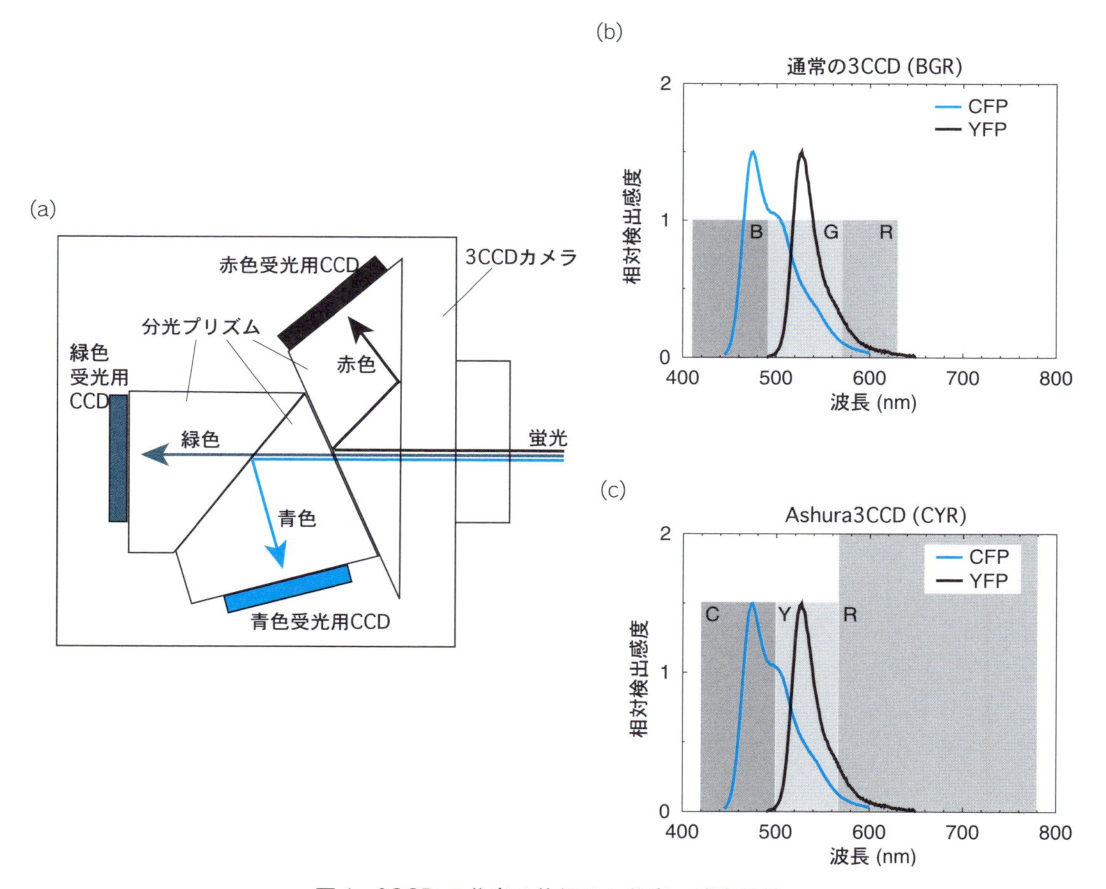

図4　3CCDの分光の仕組みと分光・感度特性

(a) 3CCD の概念図．3CCD に入射した蛍光はダイクロイックプリズムによって 3 つの波長帯（赤，緑，青）に分光され，それぞれ独立した 3 つの CCD 面上に結像する．
(b) 通常の 3CCD カメラの分光・感度特性．
(c) CFP–YFP FRET ペアに特化した 3CCD の分光・感度特性．

るダイクロイックプリズムによって3色に分光した蛍光を3つのCCDに結像させる．3つのCCDのうち，2つを使えばドナーシグナルとFRETシグナルを取得できる．ちなみに，浜松ホトニクスからは2種類の3CCDカメラ（カラー3CCDとAshura 3CCD）が出ており，このうちAshura 3CCDはダイクロイックプリズムの分光特性がCFP–YFPペアに適したCYR（シアン，イエロー，レッド）に改変され，かつ通常のカラー3CCDよりも感度が高い（図4）．CFPとYFPをもっぱらFRETペアとして用いるのであれば，お勧めである．

レシオ測定法によるFRETの検出は，ドナーとアクセプターの2波長測定でも検出できるが，連続的な蛍光スペクトルから抽出することもできる．後述するように，蛍光検出に分光機能を有する蛍光顕微鏡が現れ出したので，この機能をFRET観察に利用しない手はない（第6章「スペクトルイメージング」参照）．ただし，本方法の真価はスペクトル分離演算との併用により発揮され，“増感蛍光の抽出”を行う場合にきわめて有効となる．その詳細はⅡ–2–B「蛍光スペクトル測定とスペクトル分離演算」の項で述べる．

さて，レシオ測定法はFRET変化を簡便に測定する方法であるが，厳密な意味でFRETシグナルを抽出しているわけではない．ドナーとアクセプターの蛍光シグナルがレシプロカルに変動することを根拠に，FRETが起きていると結論することはできない点を銘記されたい（Ⅲ–2項参照）．とくに，本方法を“分子間”FRETに適用する場合は，たとえばドナーとアクセプターの細胞内局在の変化によってもレシオ値が変化するため，FRETの評価には細心の注意が必要である．

2．増感蛍光を“抽出”する方法

分子間FRETを測定するためには，レシオ測定法のような簡便な測定法ではなく，FRETによって生じる「増感蛍光」を抽出する方法が正確さ・信頼性の点で優れている．そのためには，FRETシグナルを検出するチャネルに紛れ込むその他のシグナル（クロストークシグナル）を分離しなければならない．ここでは，クロストークシグナルを除去する代表的な2つの方法を解説する．

A. 3フィルターセット法 [1]

増感蛍光を干渉フィルターを通して取得しようとすると，1) ドナー蛍光のアクセプター蛍光チャネルへの漏れ（蛍光のクロストーク）と，2) 直接励起されたアクセプターからの蛍光（励起のクロストーク）という2つの無視できないシグナルが，真の増感蛍光シグナル（＝FRETシグナル）と混ざった形で検出される．この混ざったシグナルから増感蛍光シグナルを抽出するには，検出したシグナルを補正しなければならない．これには，表1のようにFRETフィルターセット，ドナーフィルターセット，アクセプターフィルターセットの3つのフィルターセットを用いることで達成できる．ドナーとアクセプターを含むFRETサンプルを，FRETフィルターセット，ドナーフィルターセット，アクセプターフィルターセットで計測して得られる蛍光シグナルをそれぞれFf，Df，Afとする（表記法は表1を参照）．上記のクロストークがなければ，FfをFRETシグナルとしてよいが，現実にはクロストークの寄与を補正する必要がある．ドナーだけをFRETフィルターセットとドナーフィルターセットで計測したシグナルをFd，Ddとすると，ドナーを励起したときにドナーの蛍光のうちFRETフィルターに漏れる割合はFd/Ddである．

表1　3フィルター法のフィルターセットの構成と蛍光シグナルの表記法

フィルターセットの構成	励起フィルター	蛍光フィルター
FRET セット(F)	ドナー	アクセプター
ドナーセット(D)	ドナー	ドナー
アクセプターセット(A)	アクセプター	アクセプター

サンプルの種類＼フィルターセット	(F)	(D)	(A)
ドナー＋アクセプター(f)	Ff	Df	Af
ドナー (d)	Fd	Dd	Ad
アクセプター (a)	Fa	Da	Aa

注：ドナーフィルターセットでのアクセプターシグナル Da および　アクセプターフィルターセットでのドナーシグナル Ad は，選択するドナー用蛍光フィルターと蛍光色素しだいで，0 にできる．

したがって，FRET 計測時のドナー蛍光の FRET へのクロストークの寄与は，Df（Fd/Dd）となる（蛍光のクロストーク）．同様に，アクセプターだけを FRET フィルターセットとアクセプターフィルターセットで計測したシグナルを Fa，Aa とすると，FRET フィルターセットで励起されるアクセプターシグナルの割合はアクセプターフィルターセットで励起されるシグナルに対して Fa/Aa であり，FRET 計測時に直接励起されたアクセプターからのクロストークの寄与は Af（Fa/Aa）となる（励起のクロストーク）．この 2 つのクロストークを差し引くと，真の FRET シグナル

$$[\mathrm{FRET}] = \mathrm{Ff} - \mathrm{Df}\left(\frac{\mathrm{Fd}}{\mathrm{Dd}}\right) - \mathrm{Af}\left(\frac{\mathrm{Fa}}{\mathrm{Aa}}\right)$$

が得られる．さらに Df と Af，および係数 G（使用する蛍光色素と光学系の特性によって決まる係数．ただし，G は 1 としてもよい場合が多い）に対して規格化することで，ドナーおよびアクセプターの濃度の影響を相殺した，規格化 FRET シグナル

$$[\mathrm{FRETN}] = \frac{\mathrm{Ff} - \mathrm{Df}\left(\frac{\mathrm{Fd}}{\mathrm{Dd}}\right) - \mathrm{Af}\left(\frac{\mathrm{Fa}}{\mathrm{Aa}}\right)}{G \cdot \mathrm{Df} \cdot \mathrm{Af}}$$

が得られる．

以上はむずかしい計算がいっさい出てこないため，研究者個人で計算することが可能であるが，画像解析ソフトを利用することでコンピュータまかせにすることも可能である*1．

B．蛍光スペクトル測定とスペクトル分離演算 [2]

3 フィルター法は，FRET チャネルに紛れ込むドナーのシグナルや，アクセプターのクロス励

＊1　自分で計算するのが面倒な場合，たとえば，ニコンの共焦点レーザー顕微鏡 C1 の画像解析ソフトを用いれば，わずらわしい計算をコンピュータまかせにすることができる．また，アクセプターのクロス励起が無視できる FRET ペア（たとえば CFP と YFP）を用いる場合には，アクセプターフィルターを除いた 2 つのフィルターで FRET シグナルの抽出を行うことが可能になる．本方法はすでに述べた 2 分割光学系（図 3）や 3CCD（図 4）での FRET 測定とすこぶる相性がよい．いずれの装置を利用した場合でも，たとえば，浜松ホトニクスの画像解析ソフト AquaCosmos にオプション装備される「マルチバンドイメージング」のような画像解析ソフトを用いることで，FRET シグナルの抽出を自動的に行うことが可能である．

起に伴うシグナルを排除して，FRETシグナルとその他のシグナルを干渉フィルターを用いて分離するのが最大の目的である．しかしながら，もし，ドナーとアクセプターの蛍光ピークが近接していると，その分離はかなりむずかしいものとなってしまう．なぜなら，蛍光フィルターはたいていの場合，数10 nm程度の波長範囲の蛍光を透過させるように設計されており，10 nm程度しか蛍光ピークが離れていない場合は，ほとんど分離が困難になるからである．もちろん，レーザーラインフィルターのような透過波長域がきわめて狭いフィルターを使用すれば，分離はいくぶん容易になるが，蛍光のクロストークは排除できない．また，取得できる蛍光量が制限されるため，相当暗い画像になってしまう．

第19章「FRETの基礎」で学んだように，FRETを効率よく行わせるための1つのパラメータ，J値（スペクトルオーバーラップ）を大きくしようとすると，必然的にドナーとアクセプターの蛍光ピークが近接してくる．したがって，効率のよいFRETペアを選択すればするほど，蛍光観察の波長分解能を上げなければならなくなる．そのためには，蛍光分光光度計のように，蛍光を回折格子などで細かく分光して“スペクトル”の形で測定する必要性が出てくる．

共焦点蛍光顕微鏡の中には，マルチカラー蛍光観察に対応すべく，蛍光検出に分光機能を有するものがある（第6章「スペクトルイメージング」参照）．この機能をFRET観察に利用しない手はない．顕微鏡下での分光測定法は大別して2つの方法があり，ピクセルごとの蛍光を回折格子あるいはプリズムにより分光し32個の光電子増倍管（PMT）で受光するものと，プリズムで分光した蛍光を任意の波長幅（～数nm）で任意の範囲を走査し，スペクトル画像を取得する方式とに分けられる．この方法を用いると，フィルターで分光する場合よりもはるかに高い波長分解能で分光できるだけでなく，スペクトルの線形分離法（スペクトルアンミキシング；linear unmixing）を併用することで，複数成分の蛍光を分離することも可能となる．このスペクトルアンミキシング機能は，多重染色した試料において，発光波長が近接した蛍光色素でも蛍光スペクトルの違いによって識別し，クロストークを減じる画像処理機能として各種共焦点レーザー顕微鏡に装備されだしたものである．もちろん，FRET観察にも利用することで非常にわずかなFRETの変化を捕らえることができるようになるのみならず，上述した大きなJ値（第19章「FRETの基礎」参照）をもち，FRETに有利な蛍光色素のペア（たとえばSapphireとYFP，図5）を使用することも可能になる．

以上，アクセプターからの蛍光を抽出する2つの方法を述べたが，最後に重要な点を1つ付け加えておく．それは，「ドナー励起により，アクセプターから蛍光が観察される」からといって「FRETが起こっている」と結論できないことである．確かにFRETが起こるとアクセプターからの蛍光が観察される．しかし，その逆は真ならずである．したがって，アクセプターからの蛍光を抽出してFRETを観測する場合は，その実験に加え，FRETが起きているのかどうかの評価をしっかり行う必要がある．この点については，後述する第Ⅲ節「FRETの真偽評価法」を参照されたい．

3．ドナーの蛍光寿命を測定する方法 [3]

FRETが起こるとドナーの蛍光強度が低下する，あるいは蛍光寿命（S_1寿命）が短くなる（前章参照）．ドナーの蛍光強度の増減から，FRETの変化を測定するのは技術的に簡便であるが，

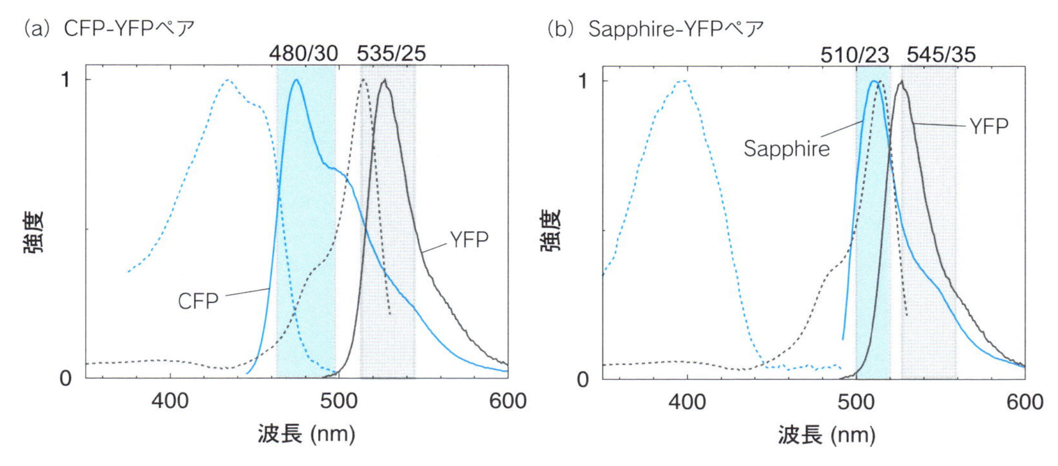

図5　FRETペアのスペクトル

(a) CFPとYFPの吸収スペクトル（破線）および蛍光スペクトル（実線）と，(b) SapphireとYFPの吸収スペクトル（破線）および蛍光スペクトル（実線）.
(a) CFPの蛍光スペクトルとYFPの吸収スペクトルが適度にオーバーラップし，CFPとYFPの蛍光ピークが十分離れているため，480/30と535/25の干渉フィルター（それぞれ影付け）で十分，分離できる.
(b) Sapphireの蛍光スペクトルとYFPの吸収スペクトルがかなりオーバーラップしているため，より効率よくFRETが生じる．しかしながら，SapphireとYFPの蛍光ピークが近いため，YFPの蛍光取得チャネルにSapphireの蛍光がかなり混入する．しかも，510/23の干渉フィルターでSapphireの蛍光を取得する場合，YFP蛍光取得用の干渉フィルターを長波長側に少しずらした545/35などを使用する必要があるため，YFPの蛍光を効率よく取得できない.

すでに述べたように，FRETに依存した蛍光強度の変化と，それ以外の，たとえばプローブの濃度や局在変化，退色などに伴う蛍光強度変化を区別することはむずかしい．とくに，分子間FRETによりタンパク質間相互作用を解析しようとする場合は，ドナー分子とアクセプター分子の量比や局在の変化に伴う“見かけのFRET変化”を蛍光強度から補正することはほとんど不可能である．一方，ドナーの蛍光寿命の測定を行えば，光の強度情報の変化に依存しない，蛍光寿命という絶対的な物理パラメータが得られるため，きわめて正確かつ定量的なFRET観察が可能になる．また，上述したレシオ測定法や増感蛍光を抽出する方法と異なり，FRETの“真偽評価”がその測定自身に含まれているため，“偽のFRET”を拾うことがなく信頼性が高い．したがって，本手法は最良のFRET測定法といっても過言ではない.

蛍光寿命を測定する方法には，大別して時間分解法と位相変調法の2つがある（図6）．時間分解法は，短パルスの励起光を蛍光プローブに照射し，試料から放射される蛍光強度の減衰を時間分解能の高い検出器で観察する（図6a）．おもな測定方法としては，時間相関単一光子計数法（time-correlated single photon counting；TCSPC）やストリークカメラを用いて，時空間変換によってスペクトルと時間波形を一度に測定するものがあげられる．TCSPCは「1回の励起事象による光子1個の発光確率分布が，励起によって発する全光子の，時間軸上での実際の強度分布になる」という概念に基づいており，多数回のパルス励起ののち，単一光子発光を検出することで，この確率分布を求めるという方法である．ストリークカメラは測定光の時間情報を位置情報に変換して検出することで，超高速（ピコ秒のオーダー）に起こる光現象を捕らえるカメラである．蛍光タンパク質の蛍光寿命が数ナノ秒のオーダーであるため，ストリークカメラを用い

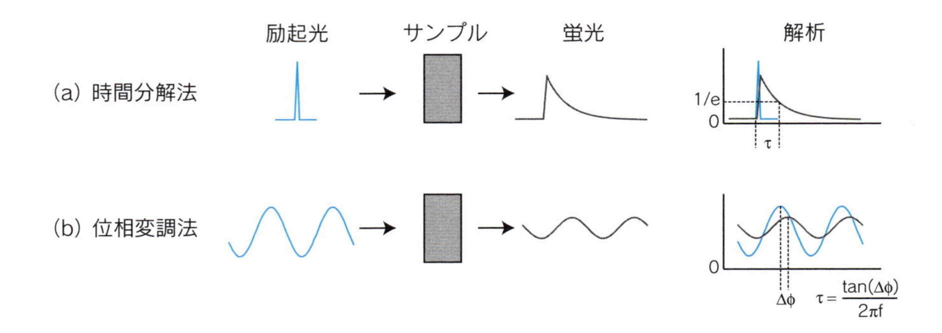

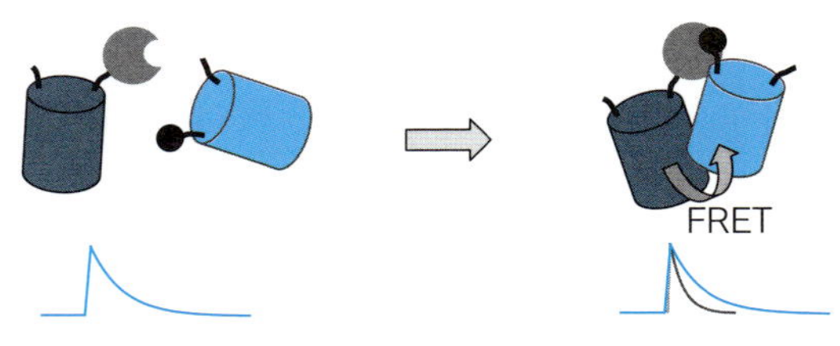

図 6　蛍光寿命測定の原理

ることで蛍光寿命の変化を高い時間分解能で測定することができる．一方，位相変調法は数十 MHz の正弦波に変調した光で蛍光プローブを励起し，観測される蛍光と励起光とのなす位相差と，変調信号の振幅変化から蛍光寿命を算出する方法である（図 6 b）．

いずれの方法も原理的には優れた定量性を有するが，バイオイメージングの分野では（とくに日本では）まだまだ普及するには至っていない．顕微鏡下でのリアルタイム画像測定も現時点ではむずかしい．しかし近年，いくつかのメーカーが蛍光寿命を測定できる顕微鏡（FLIM）システムを市販化しており，近い将来 FRET イメージングに蛍光寿命測定を用いる頻度が高くなっていくものと予想される．

III FRET の真偽評価法

FRET が起きているかいないかを定量的に評価するには以下の 3 つの方法がある．

1) アクセプターブリーチング法
2) 蛍光寿命測定法
3) ドナーブリーチング法

このうち，蛍光寿命測定法についてはすでに述べたので，ここではそれ以外の 2 つの方法に関して概説する．

1．アクセプターブリーチング法 [4]

アクセプターブリーチング法は最も広く用いられている FRET の真偽評価法である．これはアクセプターを光学的に退色（ブリーチング）させたときにドナーの蛍光回復が起きるかどうかで FRET を評価する方法である．エネルギーを渡す相手（アクセプター）がいなくなるので，

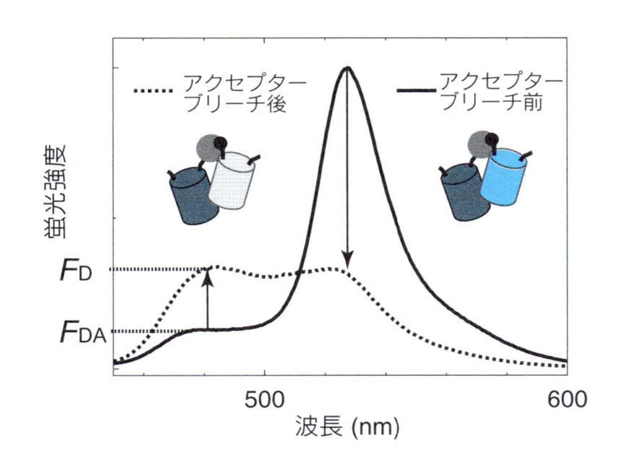

図 7　アクセプターブリーチングによる蛍光スペクトルの変化

アクセプターブリーチングにより，アクセプターの蛍光は減少し，消光していたドナーの蛍光が増加する．アクセプターブリーチ前とブリーチ後のドナーの蛍光強度をそれぞれ F_{DA}，F_D とすると FRET 効率は $1-\frac{F_{DA}}{F_D}$ となる．

消光していたドナーが再び発光できるようになるという原理を利用している（図 7）．この方法ではドナーの蛍光回復量から FRET 効率という物理量を算出することも可能である．算出方法はきわめて簡単で，アクセプターが存在するときのドナーの蛍光強度を F_{DA}，アクセプターがない（ブリーチした）ときのドナーの蛍光強度を F_D とすると，FRET 効率 E_t は

$$E_t = 1-\frac{F_{DA}}{F_D}$$

で導出される．

原理的にも手技的にもシンプルなこの方法は，FRET を評価するうえで非常に信頼性の高い方法であるが，FRET と再吸収機構を区別できないという欠点がある．再吸収機構とは，蛍光分子の濃度が高いときに，ドナーから放射された蛍光が試料中のアクセプターになりうる蛍光分子に再吸収され，もう一度蛍光として放射されることをいう．再吸収機構の結果，ドナーの蛍光強度は減少し，アクセプターの蛍光強度は増加する．一見，FRET が起きているときと同じことが観察されるのだが，この現象はドナーとアクセプターの距離に依存しないため，なんら物理的な情報を引き出すことができない．したがって“trivial mechanism（無価値な機構）”あるいは“偽 FRET”ともいわれる．この偽 FRET が起きているときにアクセプターを退色させると，ドナーからの発光が増加するので，真の FRET と区別ができない．したがって，アクセプターブリーチング法で FRET の評価をする場合は注意を要する．とくに，FRET プローブを細胞膜や核膜などの微小空間に発現させると，プローブの濃度が高くなるだけでなく，ドナーとアクセプターの遷移双極子モーメントの配向が揃いやすくなるため，偽 FRET が観察されると思っておいたほうがよい．細胞質のように比較的プローブの動きの自由度が高い場所であっても，蛍光タンパク質の発現量が多すぎると，やはり FRET 偽陽性の測定結果が出てしまう．蛍光分光光度計で蛍光測定する場合，蛍光溶液の励起波長における吸収が O.D.（光学濃度）= 0.05 以下になるように推奨されている [5]．それよりも吸収が多い場合には再吸収機構がはたらくためである．顕微鏡下で光学濃度を測定するのは不可能なので，観察者は極端に明るく光る細胞をできうるかぎり FRET の観察対象から外すべきであろう．

2．ドナーブリーチング法 [6]

FRET が起こるとドナーの蛍光量子収率は低下し，その結果，蛍光寿命が短くなる（前章参

照）．これとまったく同じ理屈でドナーの項間交差量子収率も低下し，その結果，ドナーのブリーチ速度が遅くなる．一方，偽 FRET ではこのようなことは起こらない．そのため FRET に伴うドナーブリーチングの速度を測定することで FRET と偽 FRET の区別が可能となる．これがドナーブリーチング法である．なぜ，項間交差量子収率が減少するとドナーのブリーチング速度が遅くなるのであろうか？　このことを理解するためには，なぜ蛍光分子が励起光照射によってブリーチングするのかを知る必要がある．励起光が照射され S_1 状態になった蛍光分子は，ある確率で項間交差し，三重項励起状態になる．この状態の蛍光分子は基底状態の酸素（三重項酸素）を励起して一重項酸素（活性酸素の一種）を産生したり，他の分子種と反応してさまざまなラジカルを発生させたりする．これらのラジカル種はきわめて反応性が高く，それを生み出した蛍光分子自身を酸化し，不可逆的に蛍光性（吸光性も）をもたない化学構造へ変化させてしまうのである．これが，蛍光分子のブリーチングのメカニズムである．ドナーブリーチング法はアクセプターブリーチング法と同様，通常の蛍光顕微鏡があれば実行可能であり，かつ FRET と偽 FRET を見分けることができるという点で信頼のおける方法であると思われる．ただし，ドナーをブリーチングさせる光によって直接アクセプターもブリーチングされる場合は，データの評価がまったくできなくなるので，ブリーチングに強いアクセプターを用いる必要がある．蛍光タンパク質で言えば，現在汎用されている CFP–YFP ペアは YFP の光安定性が低いために本方法には適さない．BFP–GFP ペアや YFP–RFP ペアなど，ドナーのほうがアクセプターよりも光安定性が低いペアを選ぶとよい．

実際の測定方法としては，ドナーがブリーチングする強度の励起光に設定して，一定時間（たとえば１秒）光照射し，励起光を通常の蛍光観察時の強度にして，蛍光画像を撮影する．これをドナー蛍光がゼロに近づくまで，何度もくり返す．撮影後，観察試料の平均強度を時間に対してプロットすることで減衰曲線が得られる．FRET が起こっていない場合は減衰が速く，FRET が起こっている場合は減衰が遅くなる．50% の蛍光強度まで減衰する時間を解析することで項間交差量子収率が求められ，そこから FRET 効率を求めることができる．

以上，FRET の観察法や評価法を網羅的に述べてきた．ここで取り上げたことは，得られたデータを正しく評価するために必要な最小限の知識として十分に理解し，ぜひ実践に活かしてほしい．

文 献

［1］Gordon, G. W. *et al*.: *Biophys. J*., **74**, 2702–2713, 1998
［2］Zimmermann, T. *et al*.: *FEBS Lett*., **531**, 245–249, 2002
［3］Lakowiz, J. R. *et al*.: *Anal. Biochem*., **202**, 316–330, 1992
［4］Miyawaki, A. *et al*.: *Methods Enzymol*., **327**, 472–500, 2000
［5］木下一彦・御橋廣眞（編）：蛍光測定—生物科学への応用—，p. 55，学会出版センター，1983
［6］Jovin, T. M. *et al*.: *Annu. Rev. Biophys. Biophys. Chem*., **18**, 271–308, 1989

［永井健治・齊藤健太］

第21章
蛍光相関分光法(FCS)の基礎

蛍光相関分光法（fluorescence correlation spectroscopy；FCS）は，蛍光測定法の１つであり，細胞内の微小な領域に存在する蛍光分子の蛍光強度の時間変化を測定することにより，蛍光ラベルされた生体分子の動く速さを調べる方法である．それによって，分子の大きさや分子の数，他の生体分子との相互作用の有無など，目的の生体分子に関するさまざまな情報を生きた細胞から得ることができる．この測定法の原理はきわめて単純であり，溶液中でブラウン運動する分子の動きがその大きさに依存して遅くなる，分子同士の結合・離合によって見かけの分子数がそれぞれ減ったり増えたりする，というルールを利用しているだけである．本章では，蛍光相関分光法の原理と，その測定からどのような分子情報が得られるかについて解説する．

I 蛍光相関分光法の原理

1リットルの液体に，1モル（M）濃度の蛍光分子が溶けていれば，その液中にはアボガドロ数（6×10^{23} 個）の分子が存在する．その溶液を，ミリモル（mM），マイクロモル（μM），ナノ

分子の数は？ ＝濃度(M)×容積(ℓ)×アボガドロ数

体積	溶液濃度					
	1M	**10^{-3}M(mM)**	**10^{-6}M(μM)**	**10^{-7}M**	**10^{-8}M**	**10^{-9}M(nM)**
1ℓ	6×10^{23}	6×10^{20}	6×10^{17}	6×10^{16}	6×10^{15}	6×10^{14}
10^{-3}ℓ(mℓ)	6×10^{20}	6×10^{17}	6×10^{14}	6×10^{13}	6×10^{12}	6×10^{11}
10^{-6}ℓ(μℓ)	6×10^{17}	6×10^{14}	6×10^{11}	6×10^{10}	6×10^{9}	6×10^{8}
10^{-9}ℓ(nℓ)	6×10^{14}	6×10^{11}	6×10^{8}	6×10^{7}	6×10^{6}	6×10^{5}
10^{-12}ℓ(pℓ)	6×10^{11}	6×10^{8}	6×10^{5}	6×10^{4}	**6000**	**600**
10^{-15}ℓ(fℓ)	6×10^{8}	6×10^{5}	**600**	**60**	**6**	**0.6**
10^{-16}ℓ(0.1fℓ)	6×10^{7}	6×10^{4}	**60**	**6**	**0.6**	**0.06**

FCSの捉える領域

図1　溶液濃度と体積あたりに含まれる分子数

モル（nM）と1,000倍ずつ希釈していくと，1リットル中に分子が何個存在するかが計算できる．希釈率を1,000倍にすると 6×10^{20} 個，さらに1,000倍なら 6×10^{17} 個で，さらに1,000倍だと 6×10^{14} 個の分子が存在する，と計算できる（図1）．同じように，濃度を1Mで一定とした場合でも，注目している領域（容量）を1ミリリットル（mℓ），1マイクロリットル（μℓ），1ナノリットルと（nℓ）と，1,000分の1ずつ小さくしていくと，見える分子の数は減っていくことになる．それらの操作を表にしたのが図1である．10ナノモル（10×10^{-9} M）濃度の溶液を仮定して，この領域を小さくしていくと，1フェムトリットル（fℓ）で6個となり，0.1フェムトリットルで0.6個というように，分子は数えられるくらいの数になっていく．ここで，0.6個というちょっと奇妙な数が出てくることに気付くだろう．分子は1個以下に分けることはできない．それでは，この0.6個という数字をどう考えればよいのか．これはすなわち，分子はブラウン運動によって動き回り，領域を出入りしているので，特定の時間に存在する分子の数が平均0.6個になるということである．これからわかることは，十分に小さい観察領域では，分子の数というものは一定ではなく，常に変動しているのが観察され，分子の数の時間的なゆらぎが見えてくるということである．

それでは，顕微鏡を使ってこのような微小領域を観察できるのであろうか．図2に示すように，市販の共焦点顕微鏡と高性能対物レンズ，レーザー光を用いて励起光を絞ると，小さな観察領域

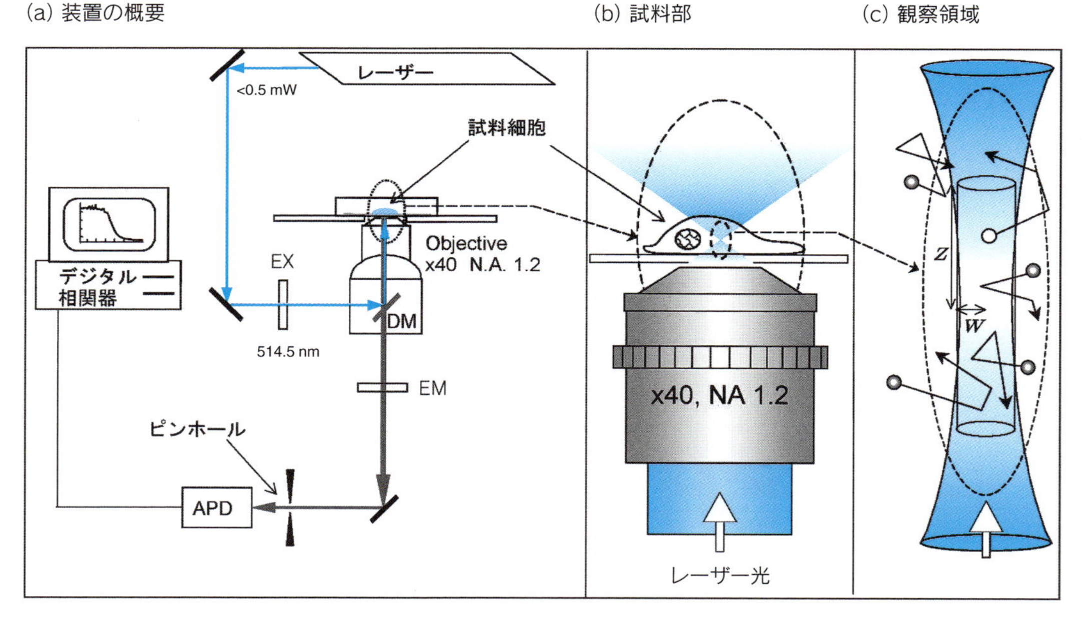

図2　蛍光相関分光装置

(a) 蛍光相関分光（fluorescence correlation spectroscopy；FCS）装置全体の模式図．励起光源のレーザー，光を絞るための対物レンズ，検出器としてのAPD（アバランシェフォトダイオード）または光電子増倍管（PMT）ならびに相関器で構成されている．EX：励起フィルター，DM：ダイクロイックミラー，EM：バリアフィルター．
(b) 試料測定部の模式図．レーザー光は対物レンズで絞られ，カバーガラス上の溶液や細胞の中の1点に集光される．
(c) 観察領域の拡大模式図．観察領域はここでは半径 w，軸長 $2z$ で定義される円柱状の領域として示した．蛍光分子（○）はブラウン運動により溶液の中を自由に動き回り，この円柱の中で蛍光を発する．

を作ることができる．ただし，どんなに励起光を絞っても，光の回折限界があり波長以下には小さくできないため，この観察領域が無限に小さい点になることはなく，ある一定の体積を持つ．その大きさは測定に用いるレンズやレーザーの波長で決まるが，実際のところ，幅0.5 μm，高さ0.5～1 μmにまで小さくすることができる．この領域の容量を計算すると0.1～1 fℓ になる．もし観察する溶液（または，細胞内の蛍光分子）が0.1 μM濃度以下に希釈されていれば，ここにはわずか数個から数十個，もしくは1個以下の蛍光分子しか存在しないことになる．これは，市販の顕微鏡を用いて，数えられるほどの少数の分子を観察できるということを示している．FCSは，このような小さな容量中に存在する，少数の蛍光分子の動きの時間変化を計測することによって，分子のもつ拡散速度や大きさの情報を引き出す顕微鏡法なのである．

Ⅱ FCS測定装置

市販の蛍光相関分光装置は，通常，共焦点蛍光顕微鏡をベースに，励起光源としてのレーザーシステム，それを試料へ導くための蛍光顕微鏡の本体と対物レンズ，蛍光検出器，ならびに相関器から構成される（図2，図3a）．通常の共焦点蛍光顕微鏡との違いは，蛍光を検出する検出器として高感度のアバランシェフォトダイオード（APD，図3b）と，その信号の記録・解析を行うためのハードウェア相関器またはソフトウェア相関器を備えていることである．図2で示されるように，カバーガラスの上に溶液やゲル，細胞などの試料が直接置かれ，試料からの蛍光は共焦点位置に設置したピンホールを通過したのち検出されるよう構成されている．通常の共焦点蛍光顕微鏡にFCS測定の装置を加えたシステムがすでに市販されている．それを用いると，共焦点蛍光顕微鏡による画像取得とFCS測定の両方が1台の顕微鏡で行うことができる（図3）．生きた細胞に対してFCS測定を行う場合，タイムラプス観察の場合と同じように，細胞を一定条件で培養するための温度コントローラやCO_2調整装置を用いる必要がある．

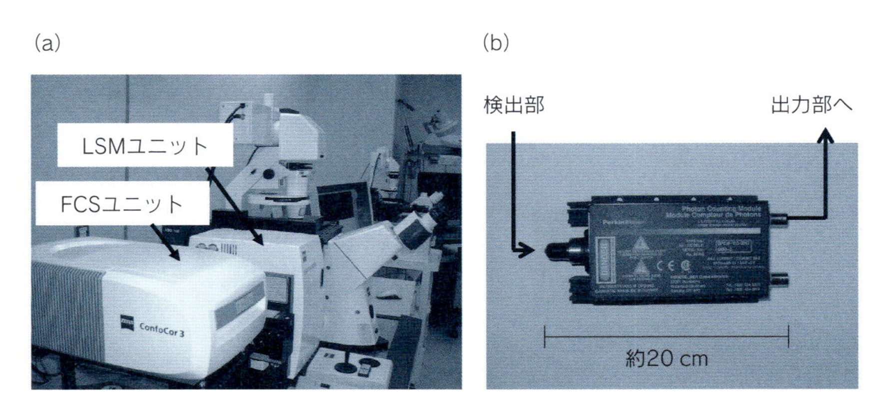

図3　市販されている蛍光相関分光顕微鏡の写真

(a) この装置ではレーザー走査型蛍光顕微鏡の検出装置（LSMユニット）に直列するように蛍光相関分光装置（FCSユニット）が取り付けられている．
(b) 蛍光相関装置の検出部分に組み込まれているAPD（アバランシェフォトダイオード）．FCS装置にはAPDが1台，第23章に出てくるFCCS装置の場合は2台が組み込まれる．比較的小型の装置であるが，熱に弱いのでしばしば放熱方法が問題になる．装置の大きさは約20 cm.

Ⅲ 蛍光強度のゆらぎからわかること

「ゆらぎ」をみることによって，何がわかるのだろうか？　ある蛍光分子が小さな観察領域を通る場合を考えよう．蛍光分子は，ブラウン運動によって，観察領域に入った後，外に出る．その場合，観察領域の蛍光強度は，いったん上がって，それから減少する（図4a）．大きな分子だと，この強度はゆっくり増加して，ゆっくり減少する（図4b）．つまり，蛍光強度の「ゆらぎの速さ」をみることにより，蛍光分子を付けた生体分子の「分子の大きさ」がわかるのである．この場合，実際に観察しているのは，分子がどのくらい速く動いているかという「分子のブラウン運動の速さ（拡散係数）」である．「ゆらぎ」を測定することは，これだけではなく，もう1つ情報を与えてくれる．たとえば，観察している蛍光分子の数が1個かそれ以下ならば，その蛍光分子が領域に入ってくると蛍光強度は急激に増加し，分子が出ていくと急速に低下し（真っ暗になり），光の点滅が激しく見えるということになる（図4c）．これは，この条件では蛍光強度は0%か100%かで大きくゆらぐことを示している．その反対に，この領域に多数の蛍光分子が（たとえば，平均100個くらい）存在する場合を考えると，常に100個近い分子が領域内に存在するうえに，10個の分子が入ってきたとしても，蛍光のゆらぎは10%にしかならず，平均の蛍光強度に対する相対的なゆらぎの幅は小さくなる（図4d）．観察領域の分子の数が多くなるにつれて，相対的なゆらぎの幅は小さくなる．つまり，「ゆらぎの大きさ」を見ることにより「分

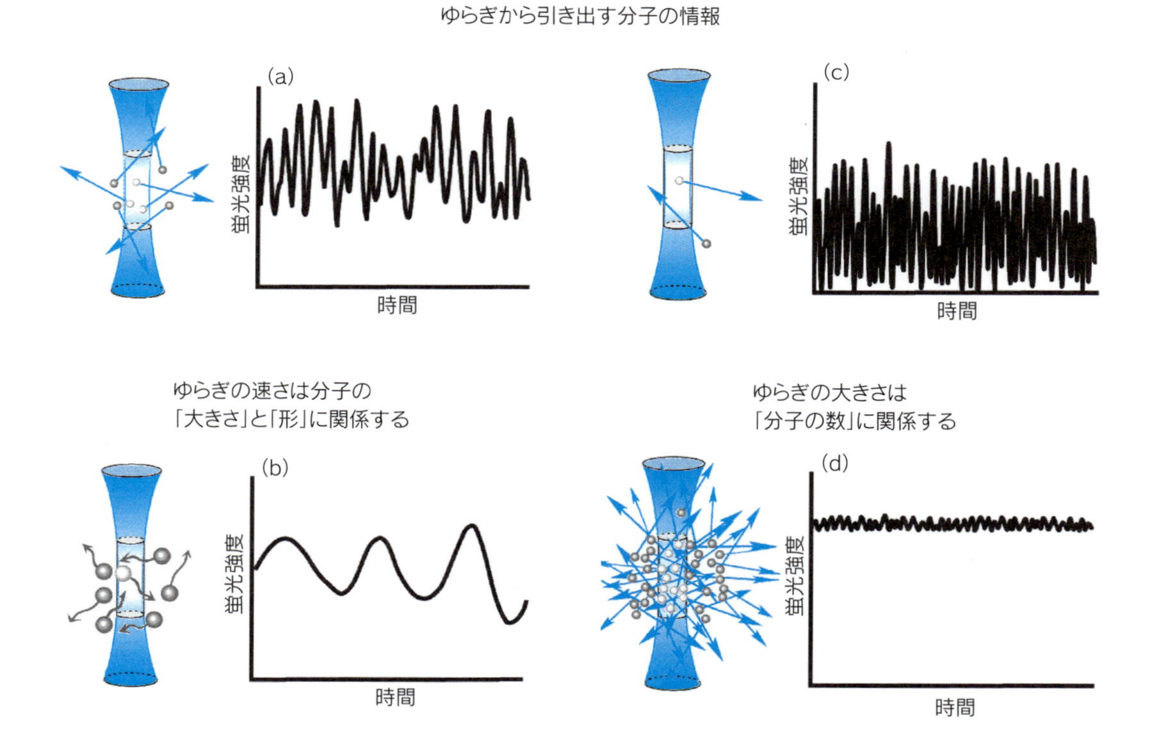

図4　FCSの測定対象領域を出入りする蛍光分子の挙動と，そこから検出される蛍光強度のゆらぎの関係
(a) 小さな分子の場合と速いゆらぎ．(b) 大きな分子と遅いゆらぎ．(c) 分子の数が少ないときの大きなゆらぎ．(d) 分子数が多いときの平均化された小さなゆらぎ．

子の数」を推定することができる．

Ⅳ 相関関数による解析

ここでは，蛍光相関分光装置で検出される「蛍光強度のゆらぎ」の中には，微小領域中の分子の動きに関する情報がどのように含まれているのか，具体的に考えてみる．図4cに示すように，もし観察領域に含まれる蛍光分子の数が，分子の出入りにより一定していないときは，いわゆる「数ゆらぎ」が起き，それに応じて時間とともに蛍光強度がゆらぐ（図5a）．実際の測定は単一光子計測のためデータは離散的であるが，この図では説明の簡便さのために連続関数で表現している．

時間 t における蛍光強度 $I(t)$ の値と，t からある値 τ_1 時間後の強度 $I(t+\tau_1)$ がどの程度同じなのかを調べるためには，この両者の積を作り，すべての時間ポイント t_n におけるこの積の平均を求める（後の式の〈 〉はこのようなアンサンブル平均操作を表す）．次に，別の時間間隔 τ_2 を設定して同様の操作をくり返す．これを示すのが式 (1) であり，自己相関関数と呼ばれる．

$$C(\tau)=\langle I(t)I(t+\tau)\rangle \tag{1}$$

測定中の平均蛍光強度を $\langle I\rangle$ とすると，時間 t ならびに $t+\tau$ における蛍光強度 $I(t)$ と $I(t+\tau)$ は平均強度からのずれ $\delta I(t)$ と $\delta I(t+\tau)$ を用いて，$I(t)=\delta I(t)+\langle I\rangle$，$I(t+\tau)=\delta I(t+\tau)+\langle I\rangle$ と表すことができる．

これらを用いると，式 (1) は次のように変形される．

$$C(\tau)=\langle[\delta I(t)+\langle I\rangle][\delta I(t+\tau)+\langle I\rangle]\rangle \tag{2}$$

展開すると

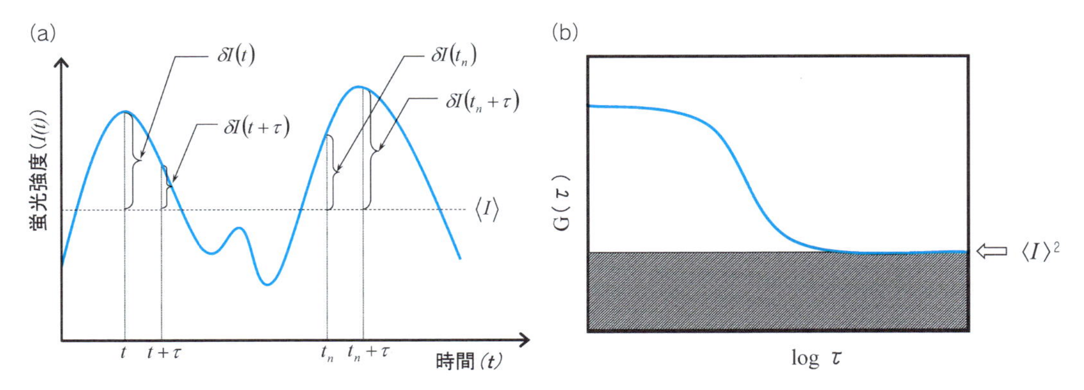

図5 観察される蛍光強度のゆらぎと相関関数の関係

(a) 数ゆらぎに起因する蛍光強度の時間変化．平均蛍光強度を $\langle I\rangle$，平均からの偏差を $\delta I(t)$ とすると，$I(t)=\delta I(t)+\langle I\rangle$，$I(t+\tau)=\delta I(t+\tau)+\langle I\rangle$ とすることができる．ここではアナログ測定を例に示した．

(b) 蛍光強度のゆらぎ (a) の自己相関関数 $G(\tau)$ は，蛍光強度 $I(t)$ から次の式で求められる．

$$G(\tau)=\langle I(t)I(t+\tau)\rangle=\langle(\delta I(t)+\langle I\rangle)(\delta I(t+\tau)+\langle I\rangle)\rangle$$

十分長い時間が経過すると蛍光強度の相関はなくなるので，τ が大きくなると $G(\tau)$ は平均蛍光強度の2乗 ($\langle I\rangle^2$) に近づいていく．

$$C(\tau) = \langle \delta I(t)\delta I(t+\tau)\rangle + \langle I\rangle\langle \delta I(t)\rangle + \langle I\rangle\langle \delta I(t+\tau)\rangle + \langle I\rangle^2 \tag{3}$$

ここで$\langle \delta I(t)\rangle$，$\langle \delta I(t+\tau)\rangle$は，ともに平均強度に対するゆらぎの平均（つまり偏差）であり，いずれも値は0になるので，最終的に

$$C(\tau) = \langle \delta I(t)\delta I(t+\tau)\rangle + \langle I\rangle^2 \tag{4}$$

となる．

この式は，一定値（平均強度の2乗$\langle I\rangle^2$）と，時間に依存して変化する項（$\langle \delta I(t)\delta I(t+\tau)\rangle$）から成り立っている（図5b）．実際，$\tau$に対してプロットした自己相関関数のグラフでは灰色で示した定常的な部分と時間に依存する部分に分けることができる．

Ⅴ 相関関数と分子の数

図5bのグラフは，ある時刻tの蛍光強度とそれからτ時間が経った蛍光強度の積をアンサンブル平均した値をτの関数として示している．τが長ければ長いほど，ランダムさの影響で蛍光強度変化に相関がなくなり，平均値の2乗と同じとなる．

さて，(4)式を平均強度の2乗で規格化すると次のように示される．

$$\frac{C(\tau)}{\langle I\rangle^2} = G(\tau) = 1 + \frac{\langle \delta I(t)\delta I(t+\tau)\rangle}{\langle I\rangle^2} \tag{5}$$

ここでy軸切片にあたる$\tau=0$のとき相関関数の値を考えると，

$$G(0) = 1 + \frac{\langle \delta I(t)\delta I(t+0)\rangle}{\langle I\rangle^2} = 1 + \frac{\langle (\delta I(t))^2\rangle}{\langle I\rangle^2} \tag{6}$$

となるが，蛍光強度は蛍光分子の数Nに比例するから，$I=kN$（kは比例定数）とすると，次のように分子数で表現できる．

$$G(0) = 1 + \frac{\langle (\delta N(t))^2\rangle}{\langle N\rangle^2} \tag{7}$$

この右辺第2項の分子$\langle (\delta N(t))^2\rangle$は分散（偏差の2乗平均）と同じである．いま考えている観測系では，各蛍光分子の動きは互いに独立であり，各々ランダムな動きをするから，視野内にある蛍光分子数はポアソン分布に従うと考えられる．ポアソン分布の性質から平均と分散は等しくなるので，

$$\langle (\delta N(t))^2\rangle = \langle N\rangle$$

となる．したがって，(7)式は

$$G(0) = 1 + \frac{1}{\langle N\rangle} \tag{8}$$

となり，平均蛍光強度で規格化された相関関数$G(\tau)$のy軸切片から，視野中に観測される平均分子数が求められることになる．

Ⅵ 分子の動き

相関が減衰する速さの意味するところを考えてみよう．自己相関関数の減衰がゆっくりであるということは，観測している系の蛍光強度のゆらぎがゆるやかであることを示す．それは，観察領域に出入りする蛍光分子の動きが遅い（つまり並進拡散係数が小さい）ことを反映している．逆に，相関関数の減衰が速やかであれば，並進拡散係数が大きいと考えてよい．並進拡散運動に由来する蛍光強度のゆらぎと蛍光自己相関関数の関係については，1993 年に Rigler らにより定式化された．観察領域を光軸に沿った円柱と見なし，その半径を w，高さの半分を z とすると，円柱の形状は $s = z/w$ で表される*1．観察領域の形状が s，相関時間が τ_D のとき，自己相関関数 $G(\tau)$ は式 (9) で与えられる [1,2]．

$$G(\tau) = 1 + \frac{1}{N}\left(\frac{1}{1+\frac{\tau}{\tau_D}}\right)\left(\frac{1}{1+\left(\frac{1}{s}\right)^2\left(\frac{\tau}{\tau_D}\right)}\right)^{\frac{1}{2}} \tag{9}$$

また，並進拡散係数を D とし，

$$\tau_D = \frac{w^2}{4D} \tag{10}$$

の関係を用いると，式 (9) は，

$$G(\tau) = 1 + \frac{1}{N}\left(\frac{1}{1+\frac{4D\tau}{w^2}}\right)\left(\frac{1}{1+\frac{4D\tau}{z^2}}\right)^{\frac{1}{2}} \tag{11}$$

と表すことができる．

τ_D の意味するところは，蛍光分子が円柱状の観察領域を通過するのに必要な平均的な時間，もしくは円柱内に滞在する時間と考えることができる．分子が大きくなると動きが遅くなるため，視野を通過するのに要する時間は長くなる．このときの所要時間は観察領域の大きさ，すなわち装置に依存する数値ではあるが，測定する生体分子の大きさと比例関係を示すために頻繁に利用される．

式 (9) もしくは (11) を用いて，ゆらぎから求めた相関関数を模式的に示したものが図 6 であり，最終的に 1 まで減衰する曲線で示される．得られた曲線の中には，前節で述べた 2 つのパラメータの情報が入っている．1 つは分子の動きを反映した時間のパラメータ，もう 1 つは分子の数を反映したゆらぎの強さのパラメータである（図 6）．先にも述べたが，FCS で得られる相関時間は観察領域内を分子が通過するのに要する平均時間（または滞在時間）なので，拡散時間とも呼ばれる．したがって，図 6 で示す自己相関の減衰曲線（図 5 b も参照）は分子の動きが遅くなると右へシフトする．一方，y 軸（縦軸）はゆらぎの大きさを示すので，数が少ないほどゆらぎが大きく（y 軸切片が大きい），数が多いほどゆらぎが小さくなる（y 軸切片が小さい）．この図では，具体的には，y 軸切片から 1 を引いた値の逆数がその領域に存在する平均分子数を示し

---

*1　s は構造因子（structure parameter）と呼ばれるもので，観察領域の大きさと形状を反映する．一般に標準的な色素，ローダミン 6G などを用いて決定されることが多い．また，論文によっては $s = w/z$ で示されることもあるので，注意が必要である．本章では，市販されている装置の解析式に従って $s = z/w$ を使用した．

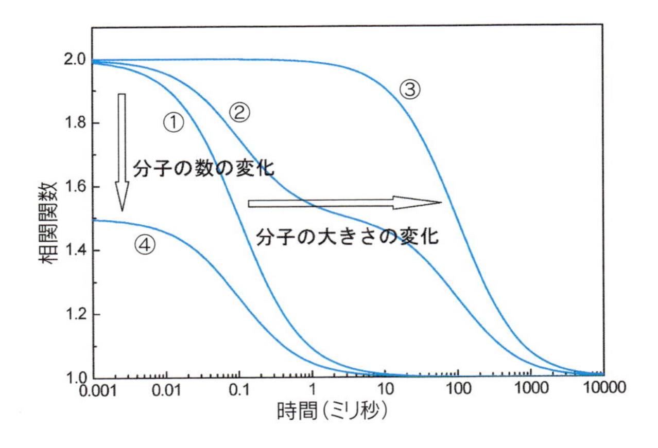

図6　分子数，分子の動きと相関関数の変化
分子の大きさが大きくなると，水平の矢印が示すように自己相関関数は①から③へ減衰が遅くなるよう変化する．②は大きな分子と小さな分子が50%ずつ混ざった状態を示す．一方，観察領域に含まれる平均分子数が増加するとゆらぎは小さくなるために，垂直の矢印が示すように，自己相関関数は①～④へと変化する．

ている（図6）．FCS解析のより詳しい解説は，本書の第22章「FCS解析の実際」や，他の論文[2-5]を参考にしてほしい．

Ⅶ 蛍光相関関数の解釈

FCS測定で得られるのは，基本的には「分子の大きさ」と「分子の数」の2種類の情報である．観察領域の大きさがわかっていれば「分子の数」は分子の濃度に換算できる．このような情報を得るためには，生物学の分野ではゲルクロマトグラフィーまたはゲル電気泳動法などが使われる．たとえばゲルクロマトグラフィーでは，横軸に時間もしくは分子量，そして縦軸にはそのフラクションに存在する物質の吸光度，すなわち濃度が示される．これと同じような関係が，FCSの相関関数のグラフから見てとることができる．FCSでも，横軸に分子の大きさを，そして y 軸切片に分子の数を示している．同じ情報を得るためには，ゲルクロマトグラフィーやゲル電気泳動法を用いると，かなり大量のサンプルが必要だが，FCSなら極微少量（数 μL～数十 μL）で十分なだけでなく，生きた細胞中で測定できる点が何よりも大きな特長といえる．

FCS測定によって分子量と分子数の情報が得られるとこれまで述べてきたが，FCSで得られる直接的な測定値は拡散時間 (τ_D) である．ただし実際には，式(8)を利用して逆数関係にある並進拡散係数（D）を算出し，利用することが多い．これは拡散時間が装置に依存するパラメータであるのに対して，並進拡散係数は装置に依存しないためである．

この拡散係数 D（並進拡散係数）は，分子を球と仮定すれば，その半径 r を用いてストークス-アインシュタイン（Stokes–Einstein）の式で与えられる．k_B はボルツマン定数，T は絶対温度，η は溶媒の粘性である．

$$D = \frac{k_B T}{6\pi\eta r} \tag{12}$$

結局，式(10)，(12)から拡散時間 τ_D，拡散係数 D，半径 r の関係は下のように示され，拡散時間や拡散係数の大小が，分子の大きさの大小を示すことになる．

$$\tau_D \propto \frac{1}{D} \propto r \tag{13}$$

ここで注意してほしいことは，τ_D，もしくは D は「分子の大きさ（容量；少し後では分子量としている）ではなく，分子の半径に比例する」ことである．つまり，分子の半径が10倍大きいと，τ_Dも10倍大きくなるが，そのときの分子の大きさ（分子量）は1,000倍大きいことになる．このように書くと，この測定法で分子の大きさを測定する精度はあまり高くないと思われるだろう．上述した関係は，分子の形状が球形と仮定できるときのものであり，棒状の分子の場合はほぼ分子量に比例することがわかってきた[6,7]．

Ⅷ 一分子あたりの平均蛍光強度

FCS測定では蛍光強度のゆらぎを測定している一方で，通常の蛍光測定と同じく平均蛍光強度も得られる．観測された平均蛍光強度を分子数で割ると，「一分子あたりの蛍光強度（counts per molecule, CPM）または一粒子あたりの蛍光強度（counts per particle, CPP）」というパラメーターが得られる．FCS測定では直接的には，「拡散時間」，「分子数」，「蛍光強度」の3つのパラメーターが得られ，さらに間接的にもう1つの情報として，CPM（CPP）が得られる．これら4つのパラメーターは，測定条件や測定に用いる色素に依存して変化する．また，CPMは，測定系全体（測定装置・環境条件・材料など）のパフォーマンスの指標となるので，同じ蛍光色素を用いた計測を実験ごとに行い，それを比較することにより，実験条件の妥当性を確認するのが良い（第22章「FCS解析の実際」，p221も参照）[8]．

FCSはさまざまな実施例や応用例が報告されてきているが，まだハードウェアやソフトウェア，また，測定の条件などを改良していく必要がある技術だと考えている．そのことは逆に，研究者のアイデアで発展させていくことが可能であることを示している．FCSの溶液や細胞での応用例などについては文献9，10などを，またFCSとFRAPなど他の手法との比較についての解説については文献11，12，または第17章「FRAPの定量的解析」を参考にしてほしい．

文 献

［1］Rigler, R. *et al*.: *Eur. Biophys. J*., **22**, 169–175, 1993
［2］Elson, E. & Rigler, R.: Fluorescence Correlation Spectroscopy – Theory and Applications, Springer Series in Physical Chemistry, **65**, Springer, Boston, 2001
［3］Schwille, P. & Haustein, E.: http://www.biophysics.org/education/schwille.pdf
［4］金城政孝　蛍光相関分光法による一分子検出　蛋白核酸酵素　**44**，1431–1438，1999
［5］金城政孝，西村吾朗：蛍光分光とイメージングの手法（御橋廣真　編），pp133–160，学会出版センター，2006
［6］Bjorling, S. *et al*.: *Biochemistry*, **37**, 12971–12978, 1998
［7］Pack, C. *et al*.: *Biophys. J*., **91**, 3921–3936, 2006
［8］M. Kinjo, H. Sakata, M. Shintaro: "Live cell imaging. A laboratory manual. Second Edition", R. Goldman, J. Swedolow, D. Spector 編, pp 229 (2010), (Cold Spring Harbor Press). First Steps for Fluorescence Correlation Spectroscopy of Living Cells.
［9］Haustein, E. *et al*.: *Current Opinion in Structural Biology*, **14**, 531–540, 2004
［10］Joseph R. Lakowicz, "Principles of Fluorescence Spectroscopy, Third Edition", Springer; p797–840 (2006)
［11］Lippincott-Schwartz, J. *et al*.: *Nat. Rev. Mol. Cell Biol*., **2**, 444–456, 2001

［山本条太郎・金城政孝］

第 22 章

FCS 解析の実際

FCS は生物学者から見ると一見むずかしい解析法と思われがちであるが，実際には計測方法や解析方法はすでに確立しており，解析に必要なデータさえ実測できれば，生体分子の拡散係数など，重要な情報を比較的簡単に得ることができる優れた方法である．得られたデータの生物学的な意義を考えるうえで，測定から得られる物理量（パラメータ）の意味を理解することが重要である．本章では，実際の FCS 測定で得られるパラメータのもつ意味を，おもに溶液系の測定を例にあげて解説する．

I 蛍光相関関数解析

1．モデル式による多成分のカーブフィット

FCS は蛍光ゆらぎを測定する方法であり，そのゆらぎは，並進拡散のほか，回転拡散や溶液の流れなどによって影響を受ける．また，後述するように，励起光を受けたあとの蛍光分子内で起きる物理化学的現象，たとえば三重項（triplet）状態の存在によっても影響を受ける．これらの要因をすべて含めて一般化されたモデル式も存在するが，生物学的にとくに問題となるのは，分子の並進拡散運動（以下，単に「拡散」と呼ぶ）なので，まず，拡散について考える．

FCS 測定から得られた結果は，数学的モデル式と合わせること（カーブフィットという）によって，測定データに含まれているさまざまなパラメータを引き出すことができる．単一の拡散速度成分の場合は，第 21 章「蛍光相関分光法（FCS）の基礎」で述べたように，式 (1)（第 21 章の式 (9) と同じ）に従って自己相関関数 $G(\tau)$ のカーブフィッティングを行えばよい．

$$G(\tau)=1+\frac{1}{N}\left(\frac{1}{1+\tau/\tau_{\mathrm{D}}}\right)\left(\frac{1}{1+(1/s)^{2}(\tau/\tau_{\mathrm{D}})}\right)^{\frac{1}{2}} \tag{1}$$

ただし，N は観察領域（レーザーと光学系により決定される confocal volume）内に存在する蛍光分子の平均分子数，τ_{D} は相関時間．s は観察領域の長軸半径（z）と短軸半径（w）の比であり，structure parameter（z/w）と呼ばれる値である．蛍光色素の動きを測定しているのは実際には 3 次元の空間であるが，structure parameter（s）を導入することで，2 次元面（xy 平面；レーザービームの断面積）を通過する時間（τ_{D}）を導き出すことができる（第 21 章「蛍光相関分光法（FCS）の基礎」参照）．

拡散速度が異なる i 種類（$i=1$，2，3，…）の成分が存在する場合には，式 (1) を一般化して，

式 (2) が得られる．

$$G(\tau)_{\text{diffusion}} = 1 + \frac{1}{N}\sum_i \left(\frac{f_i}{1+\tau/\tau_i}\right)\left(\frac{1}{1+(1/s)^2(\tau/\tau_i)}\right)^{\frac{1}{2}} \tag{2}$$

ここで，f_i は全体の蛍光分子数に対する i 番目の分子種の割合，τ_i は i 番目の分子種の平均拡散時間である．式 (2) では，異なる拡散時間をもつ分子種を，数学上はいくつでも設定できるが，通常行われる溶液中や細胞中の計測では，3 成分以内（$i=1, 2, 3$）を考えるだけでほぼ間に合う．また，測定された拡散時間（τ_i）と物性を示す拡散係数（D）の関係は，式 (3) で与えられる（第 21 章の式 (10) に対応）．w は，測定領域の半径である．

$$\tau_i = \frac{w^2}{4D_i} \tag{3}$$

2．カーブフィットにおける triplet の扱い

蛍光は，蛍光色素が励起一重項（singlet）状態から基底状態に戻るときに発する光であり，その寿命はおよそナノ秒である．この蛍光過程に加えて，ほとんどの蛍光分子（蛍光タンパク質を含む）は，マイクロ秒の寿命をもつ（T_{triplet} 項として検出される）triplet 状態を取りうる（第 15 章「蛍光の化学的理解」参照）．この triplet 状態になった分子は，観察視野内で，光っている状態から急に光らない状態へ変化してしまうため，あたかも速く拡散する分子が存在するかのように計測される．その相関時間が拡散時間と異なる場合は，数理モデルを使って分離することが可能である．ゆらぎとして検出される T_{triplet} 項の値は，分子が置かれた生理的環境条件によって変化するので，FCS 解析では，$G_{\text{diffusion}}(\tau)$ に $T_{\text{triplet}}(\tau)$ を含めたモデル式 (4) を使う場合が多い．1 成分の式 (1) に $T_{\text{triplet}}(\tau)$ 項を含めると，式 (4) が得られる．T は triplet 状態にある蛍光分子の割合を示し，τ_{triplet} はこの状態の寿命である．triplet の存在を考慮に入れる必要がある場合は，この式に従ってカーブフィッティングを行う．しかし，triplet 項がほとんど見えない量子ドット（半導体ナノ粒子，quantum dot）のような特別な蛍光色素を用いる場合，その項を無視することも可能である．

$$G(\tau)_{\text{triplet+diffusion}} = 1 + \frac{\left(1-T+T\exp\left(\frac{-\tau}{\tau_{\text{triplet}}}\right)\right)}{N(1-T)} \times \left(\frac{1}{1+\tau/\tau_{\text{D}}}\right)\left(\frac{1}{1+(1/s)^2(\tau/\tau_{\text{D}})}\right)^{\frac{1}{2}} \tag{4}$$

3．triplet を扱う際の注意点

triplet に関するパラメータは色素分子の物理化学的な性質や励起光などに依存する．triplet が無視できる場合は，式 (2) を用いることで比較的解析も簡単であるが，T の値が大きくなると，分子の数（N）の評価について，式 (4) を使って補正する必要がある．とくに蛍光分子の triplet の性質を知る必要がなければ，励起光量を変化させる，あるいは triplet 成分の少ない蛍光分子を選択するなど，T の割合を減らす条件を探すのがよい．たとえば長波長側の Cy5 や Alexa Fluor660 などは triplet 寿命が拡散時間に近く，その影響が大きいのに対して，最近発売された Atto647N や MR121 などは triplet 寿命が拡散時間に比べ比較的短く，またその割合が少ないため，

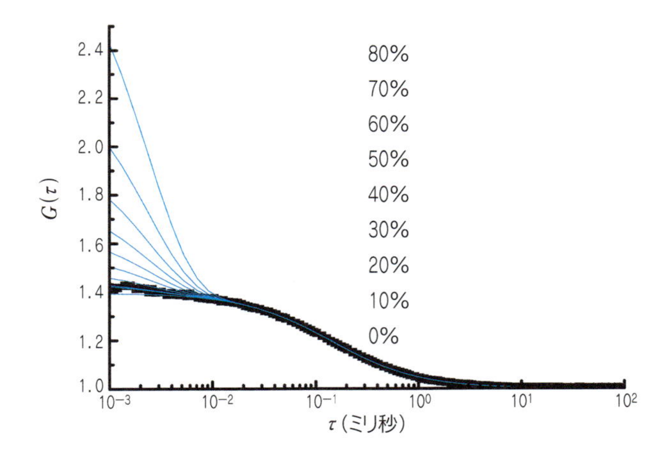

図1　相関関数への triplet の影響

相関関数には顕著に現れない．また，短波長側の色素の場合は triplet の影響が顕著に現れない場合が多いが，励起光の強さによってその割合が大きく変わってくることがある．したがって，使用する蛍光色素の triplet の性質をあらかじめ調べておくことが望ましい．図1は，1種類の蛍光分子を用い，FCS 測定から得られた相関関数（■；太線に見える部分）と，それに対して triplet が 0% から 80% まで変化するときの相関関数の形や，$G(0)$ の値がどのように変化するのかをシミュレーションしたグラフである．図1で示したようなカーブフィッティングまたはモデル式のシミュレーションは，一般の解析用ソフト（Origin，GNUplot，Sigmaplot，Prism など）を用いるか，あるいは Microsoft Excel のソルバー機能を活用することで行える．また，Leica の FCS 解析ソフトウェアや Zeiss の ZEN＋FCS 解析アドインでは，異常拡散モデルや回転拡散を組み合わせるなど，ユーザーが実験系に合わせたモデルを簡便に選択してカーブフィットができるようになっている．それらの装置で測定したオリジナルデータに対してカーブフィッティングを行う際には活用するとよい．また，プログラミング言語に通じていれば自身で解析プログラムを構築することもできる．

Ⅱ 蛍光相関関数解析からの物理量の導出

1．ストークス–アインシュタイン関係

蛍光相関関数をカーブフィットして得られた拡散時間（τ_D）から，分子の大きさを推定するためのさまざまな物理量が計算できる．以下に示すストークス–アインシュタイン関係式 (5) は，球状分子の拡散係数（D）と分子の半径（r_h），溶媒の粘性（η），温度（T）の関係を結びつける重要な関係式である．k_B はボルツマン定数（1.38×10^{-23} J/K または，1.38×10^{-16} erg/K），T は絶対温度（K；ケルビン），η は溶媒の粘性（1 cP= 10^{-3}Ns/m^2；水の粘性は，20℃ では 1.005 cP，25℃ では 0.894 cP），r_h は球状分子の半径（hydrodynamic radius；溶媒と分子の形の効果を含む半径）を示す．

$$D = \frac{k_B T}{6\pi\eta r_h} \tag{5}$$

$6\pi\eta r_h$ は，剛体球の摩擦係数ともいう．この式からわかるように，拡散係数（D）は，粘性（η）

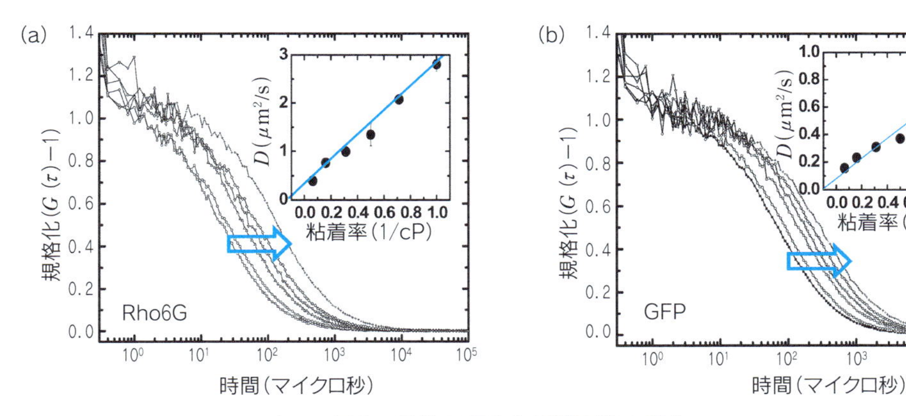

図 2　粘性の変化と相関関数の変化

(a) ローダミン 6G，(b) GFP.

や温度（T）に依存するので，計測の際にはサンプルの温度を一定にするのが重要である．また，溶液中に SDS のような界面活性剤が存在すると，蛍光分子の種類によっては界面活性剤のミセルと結合して拡散時間が大きくなることもあるので，データの評価には注意が必要である．さらに，生細胞内では，生育温度以下の環境では細胞骨格の脱重合や生合成反応の低下など，拡散測定において無視できない変化が生じることがあるので，温度管理には一層注意したい．

2．溶液の粘性と相関関数の関係

ストークス-アインシュタイン関係式 (5) からわかるように，拡散係数は粘性に反比例するため，溶液の粘性が変わると拡散時間も変わってくる．注意すべきことは，粘性も実は温度に依存していることである．温度を一定にしたとき，溶液中の拡散時間は粘性と分子の大きさといった 2 つの独立的なパラメータによって変化する．図 2 に，溶液の粘性を変えながらローダミン 6G (a) と GFP (b) を測定して得られた蛍光相関関数を示す（比較するため，縦軸は最小値を 0，最大値を 1 として規格化してある）．溶液の粘性を変えるために，その濃度に対する粘性（20℃ 基準）が既知のショ糖（10，20，30，40，50% w/w）を用いた．粘性が増加することによって，相関関数が徐々に右にシフトする（拡散時間が長くなる）ことがわかる．挿入図は相関関数のカーブフィットから得られた拡散係数を溶液粘性の逆数に対してプロットした結果を示しており，拡散係数は粘性に反比例することがよくわかる．このように，溶液の粘性によって分子の拡散運動は大きく変わりうるので，溶液を変えながら実験をする際には溶液の粘性の性質もよく調べておく必要がある．また，この関係を利用して，生きた細胞内における平均粘性も評価することができる．細胞内の局所的な平均粘性がわかれば，それを基準にして，さまざまな分子量や機能の異なる生体分子の拡散運動の詳細な解析が可能になる．

3．蛍光分子の分子量計算

次に，蛍光色素で標識したタンパク質分子を使った FCS 測定から，どれくらい正確に分子量の評価が可能なのかを説明する．球状分子の分子量は分子半径の 3 乗に比例することから，次の

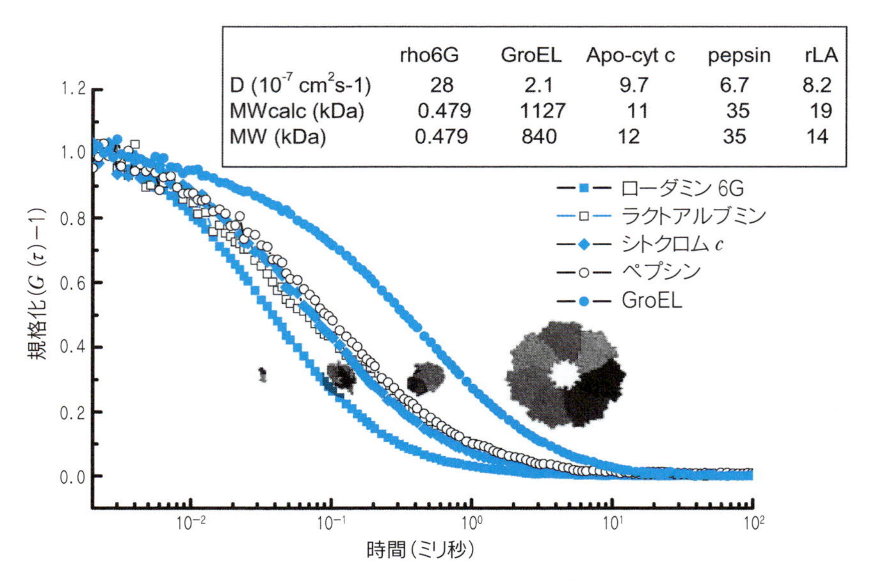

図 3　タンパク質の大きさと相関関数の関係

各種タンパク質の大きさをX線結晶構造解析モデルで示した．タンパク質の大きさが大きくなると相関関数は右へシフトする．標準物質であるローダミン 6G の拡散時間を指標にしたタンパク質の分子量と，構造式から見積もられる分子量の比較を表に示している．

ように求められる．

$$MW_{\mathrm{sphere}} = \left(\frac{\tau_{\mathrm{sample}}}{\tau_{\mathrm{Rho6G}}}\right)^3 \times MW_{\mathrm{Rho6G}} \tag{6}$$

ローダミン 6G は，分子量（MW）479 Da の蛍光分子であり，蛍光効率がよく退色が少ないという理由で，FCS 測定で標準色素として利用されている．この分子（ローダミン 6G）と対象タンパク質を同一条件で FCS 測定することで，タンパク質分子の分子量が計算できる．実際に，蛍光色素で修飾したタンパク質や GFP などの溶液中での FCS 測定から計算される分子量は，電気泳動で得られた分子量とよく一致する．図 3 に，ラクトアルブミン，シトクロム c，ペプシン，GroEL をそれぞれテトラメチルローダミンで修飾したのち，FCS 測定した結果から得られた相関関数，およびローダミン 6G を標準蛍光分子として上の式から計算された分子量を示す [1]．比較のため相関関数の縦軸を規格化したが，この図から，分子が大きくなるほど相関関数の減衰が遅く（つまり拡散時間が長く）なることがわかる．図 3 挿入表に示したとおり，ラクトアルブミン，シトクロム c，ペプシンの場合，測定した拡散時間から式 (6) を用いて求めた分子量と，アミノ酸組成から計算される分子量がほぼ一致している．GroEL の場合は実際の分子量より測定値が大きくなっているが，これは GroEL の中心には大きな空洞があり，見かけ上の分子サイズが大きくなっていることによる影響ではないかと考えられる．このように，さまざまなサンプルについて，FCS 測定により分子量を予測できることがわかる．また，FCS を用いることで溶液中のみならず生細胞内における目的分子の分子量推定も可能になる．

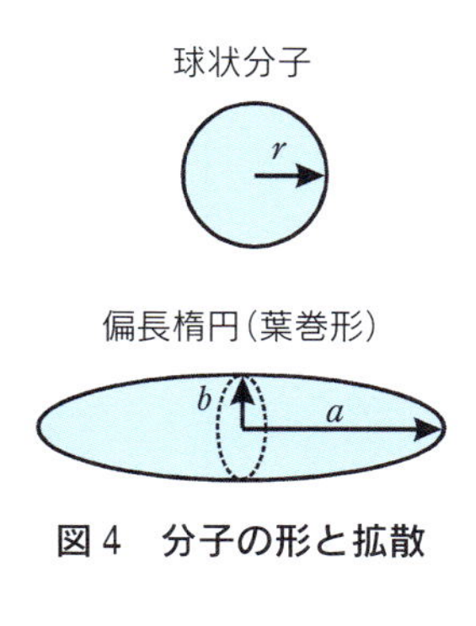

図 4　分子の形と拡散

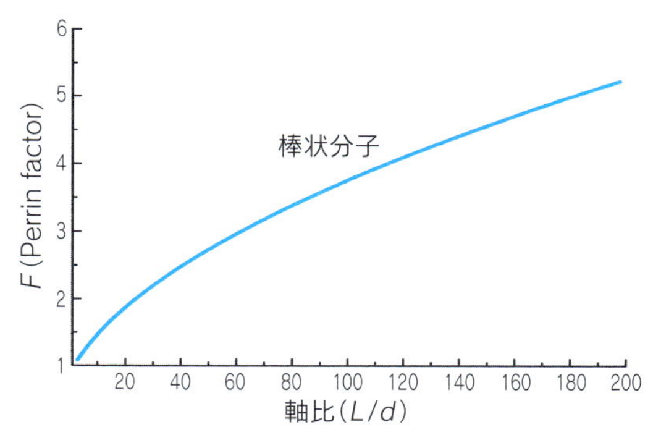

図 5　軸比と Perrin factor

4．分子の形と拡散運動の関係

上述したように，分子量の変化は 3 分の 1 乗でしか拡散時間を変化させないので，分子量変化を調べる目的では FCS による拡散時間の計測はあまり感度がよくない．ただし，溶液中の分子の自由拡散速度は，分子の大きさだけではなくその形状によっても変化する．それは分子の形が変わることによって，分子と溶媒との摩擦状態が変化するためである（図 4）．つまり，拡散時間（拡散係数）は分子の摩擦係数にも依存する．たとえば球状分子と楕円形分子の摩擦係数の比は次のように書ける．

$$\tau_{\text{ellips}} = \tau_{\text{sphere}} \frac{f}{f_0} \tag{7}$$

$$F = \frac{f}{f_0} = \frac{(1-p^2)^{1/2}/p^{2/3}}{\ln\left[\left\{1+(1-p^2)^{1/2}\right\}/p\right]} \tag{8}$$

ここで f_0 と f はそれぞれ溶液中の球状分子と同じ体積の楕円形分子の摩擦係数を示し，p は軸比 b/a（長軸 a，短軸 b）を示す（図 4）．F は Perrin factor といい，並進拡散や回転拡散が分子の形にどのくらい依存しているかを示すパラメータである．図 5 には，DNA 分子のような棒状分子の長さが変わることに対する F 値の変化をグラフで示した．軸比が大きくなると棒状として長い分子となり，それに従い拡散時間が長くなる．このことは，棒状分子のように溶媒からの摩擦を受けやすい分子は，同じ分子量の球状分子よりも拡散しにくいことを意味している．そのため FCS では，球状分子の分子量変化による拡散時間の変化を検出するだけではなく，分子の形の変化も検出できる．次に，分子の形に関する FCS 解析の具体例を示す．タンデム型 GFP（GFP1〜GFP5）をヒト由来培養細胞 HEK293 で発現させ，調製したタンパク質サンプルを溶液中で測定し，それぞれの相関関数（図 6）とカーブフィットから得られた拡散時間（図 7）を得た [2]．タンデム型 GFP のサイズが大きくなるに従って，相関関数が右にシフトしていくことがわかる（図 6）．分子量と分子の形から拡散時間が予想できるため，予測されるタンデム型 GFP の形に合わせて拡散時間と実測値を比較した（図 7）．図 7 の破線はタンデム型 GFP を球状分子

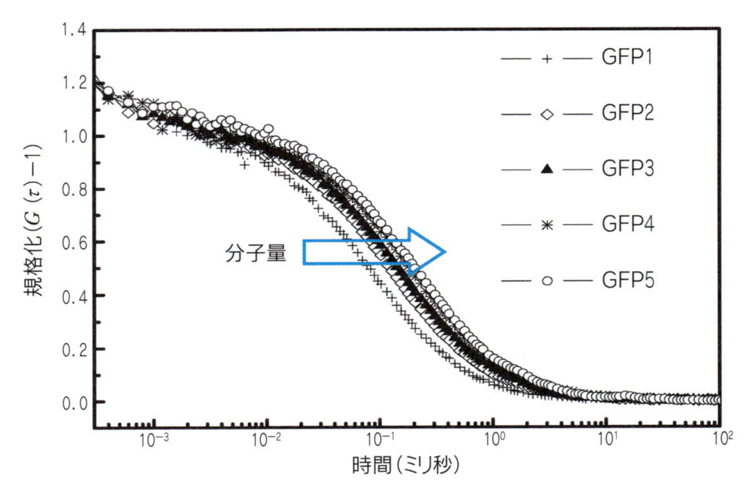

図 6　タンデム型 GFP の大きさと相関関数の関係

タンデム型 GFP の数が大きくなる（したがって，分子量が大きくなる）と，相関関数は右へシフトする．

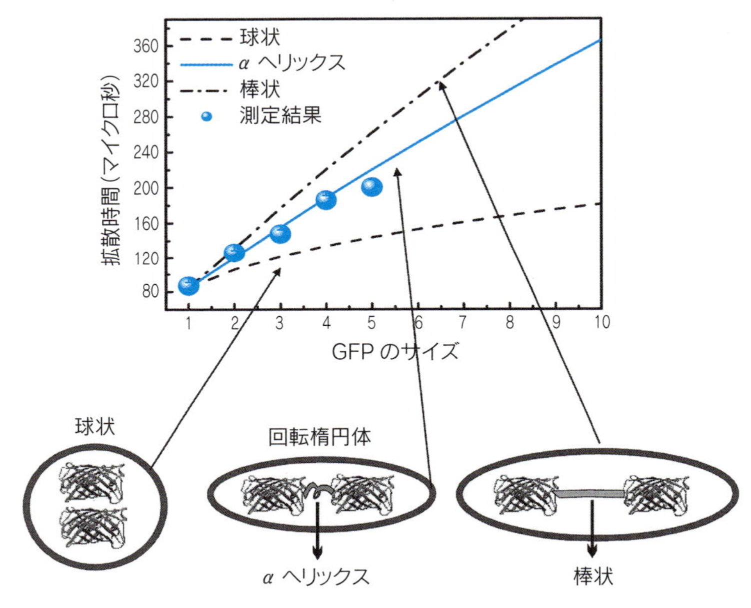

図 7　タンデム型 GFP の形と拡散時間

それぞれの線は，タンデム型 GFP を，それぞれ球状分子，棒状分子（伸びたリンカー），棒状分子（α ヘリックスのリンカー）と見なしたときの拡散時間のシミュレーションプロット．●は図 6 から求めた各タンデム GFP の拡散時間．

に見なしたときの，一点鎖線は棒状分子として見なしたときの，拡散時間のシミュレーションプロットである．FCS の測定結果（青丸）とこれらの予測値とを比べると，タンデム型 GFP は球状分子というよりは棒状分子に近い形で自由拡散運動をしていることがわかる．

5．拡散係数の計算

FCS 測定では，観察視野が半径 w のときの拡散時間（τ_D）を測定する．この拡散時間（τ_D）

と蛍光分子の拡散係数（D）との関係は，式(3)に示したとおりである．ローダミン6Gを標準色素（II-3項参照）として同一条件下で目的のサンプルを測定した場合，その拡散係数は以下に示すように，簡単に求めることができる．

式(3)を変形すると

$$D \cdot 4\tau_D = w^2 \quad (\text{一定}) \tag{9}$$

となり，w が一定であるため，

$$\frac{D_{\mathrm{sample}}}{D_{\mathrm{Rho6G}}} = \frac{\tau_{\mathrm{Rho6G}}}{\tau_{\mathrm{sample}}} \tag{10}$$

となる．ローダミン6Gの拡散係数（D_{Rho6G}）は414 μm^2/秒として実測されている．FCS測定を行う際には，毎回ローダミン6Gを最初に測定して拡散時間をカーブフィットで求めておく．そうするとローダミン6Gの拡散係数（D_{Rho6G}）と拡散時間（τ_{Rho6G}）の値を用いて，自分が測ったサンプルの測定値（拡散時間；τ_{sample}）からその拡散係数（D_{sample}）が簡単に計算できる．ConfoCor 2またはConfoCor3（Zeiss）を用いた標準的な測定法（励起光488 nm，C-Apochromat，40×，NA 1.2，ピンホールサイズ70 μm[*1]）の場合，τ_{Rho6G} がおおよそ20マイクロ秒（室温）になる．

6．相関関数の y 軸切片（G(0)）と分子数（濃度）の関係

第21章「蛍光相関分光法（FCS）の基礎」で示したように，$\tau = 0$ のときの相関関数の y 軸切片値は，蛍光分子の数 N と $G(0) = 1 + 1/N$ の関係があり，観察視野内の分子の数が求められる（第21章の式(8)）．また実験的には，上記のように標準サンプルのローダミン6Gの測定から観察視野の大きさが計算できるので，サンプルの濃度が求められる．

図8には，ローダミン6Gの濃度を0.25 μMから10 nMまで薄めながら測定した，平均蛍光強度（上図）と相関関数（下図）を示す．図9には，得られた平均蛍光強度と分子数，濃度をプロットした．サンプル濃度が2倍ずつ薄まるに従って，蛍光強度（count rate）もほぼ2倍ずつ減少し（図9の青丸），逆に相関関数の y 軸切片値（$G(0)$ の値）は増加することがわかる．この $G(0)$ 値は，相関関数のモデル式（$G(0) = 1 + 1/N$）からわかるように，サンプル溶液中の蛍光分子の逆数を表している．y 軸切片値から求めた分子数 N は，濃度の濃いほうからそれぞれ37，18，11，6，3.6，2.6，1.8である（図9の黒丸）．分子の数がわかると，あらかじめ求めておいた観察領域の体積（confocal volume）から，サンプルの濃度も算出できる．挿入図は図9のそれぞれの濃度での相関関数を用いて，y 軸切片値を2に規格化して示したものである．それぞれの相関関数は完全に一致しており，濃度と関係なく拡散時間はすべて同じであることがわかる．

FCSは低濃度で感度よく測れることから，細胞内のGFPもしくはGFPタグを付けたタンパク質を測るときは，分子数が観察領域に20個以下（$< 10^{-7}$ M）の細胞を選んで測定することが望ましい．つまりFCSは，非常に低い濃度で測定することになる．したがって，FCS測定は，過剰発現したものではなく，生理的濃度に近い発現量のタンパク質を解析できる方法ということが

＊1　このレンズを用いた場合の，Airy diskの第1暗点までの大きさに相当．最高分解能が出る条件で最も明るい蛍光が撮れる大きさ．他の装置においても1 Airy Unitとなるようにピンホールサイズを設定する必要がある．

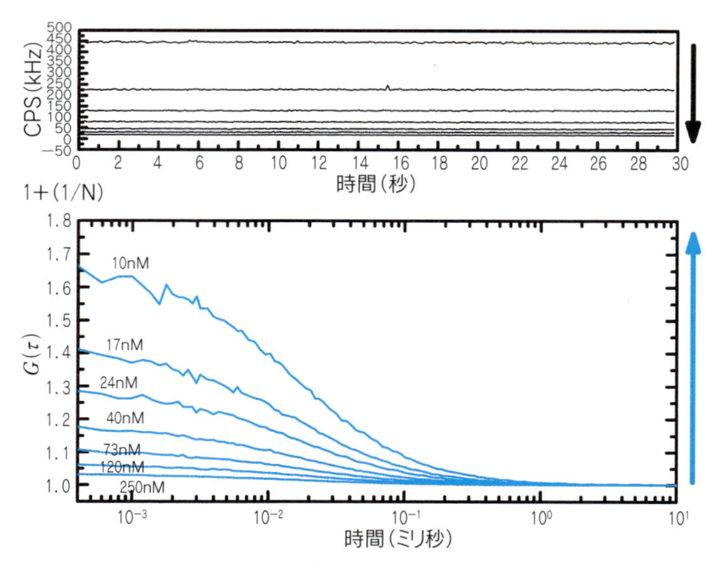

図8　サンプル濃度と $G(0)$ の関係

上段に蛍光強度を示す．下段は相関関数の濃度に依存する変化を示す．蛍光強度は色素濃度が低くなるにつれて低下する．一方，相関関数の強さ（y 軸切片の高さ）は，濃度が低くなるにつれて大きくなる．

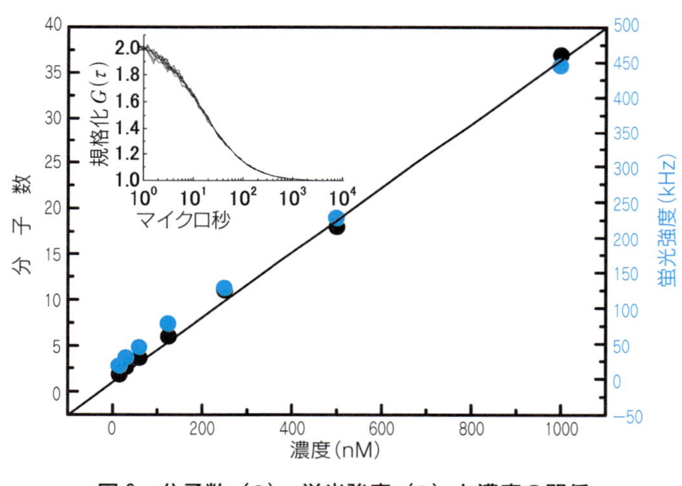

図9　分子数（●），蛍光強度（●）と濃度の関係

できる．

蛍光相関関数解析から物理量を導出する方法については，文献［3–6］も参照されたい．

Ⅲ FCS による細胞内での拡散速度の測定

FCS を用いた拡散速度の解析を通じて，細胞内の構造や分子機能についての新たな知見も得られている．たとえば，野生型の EGFP–GR（グルココルチコイドレセプター）も，2 量体を形成しない変異体や DNA 結合能をもたない変異体も，リガンド添加に伴い細胞質から核へと局在が変化し，共焦点画像だけではGRの変異に対する違いはよくわからない．しかし，FCS解析では，野生型では，リガンドの添加前に比べ，添加後では拡散速度が15.3%まで減少する（動きが約6.5倍遅くなる）が，2量体を形成しない変異体はリガンドを添加しても拡散速度は35.0%までしか減少せず，有意な差が検出された．また，DNAと結合しない変異体でも（拡散速度は61.7%となり），やはり有意な差が検出されている．これらのことは，FCS測定が，GRの二量体化やDNA結合の有無を検出していることを示している．このように，共焦点画像の蛍光強度では差がないときでも，FCSを用いた解析により拡散速度の変化を明らかにすることで，細胞やタンパク質の機能の解明に結びつけることが可能である．同じく核内レセプターの1つであるエストロゲンレセプターの動きをFCSで測定し，得られた拡散速度を単純に平均化するのではなく，ある拡散速度がどの程度の頻度で得られるのか，その分布を求めた報告がある[7]．この分布解析をもとに，細胞内において他のタンパク質とのダイナミックな相互作用の種類がどの程度あるのかを推定解析することができる．FCS測定で得られる拡散速度は，細胞内においては単純な3次元の拡散だけでなく，生体膜のような2次元拡散や束縛された拡散，能動輸送などさまざまな影響を受けることが考えられる．それらについては文献[9]を参考にしてほしい．また，細胞膜のラフトの形成のモデルとしてGUVs（giant unilamellar vesicles）を用いて，脂質二重層膜でのリン脂質や膜結合タンパク質の拡散速度をコレステロールや脂質成分を変化させながら測定を行うことで，タンパク質とラフトや脂質の相互作用が解析されている[10]．

Ⅳ Counts per molecule（CPM）に着目する意義

FCS測定では，観察領域内の平均蛍光強度（count rate）と，平均分子数（number of molecules）を求めることができる．平均蛍光強度を平均分子数で割ることにより，一分子あたりの平均蛍光強度（CPMまたはCPPと呼ばれることもある）を算出できる（第21章「FCSの基礎」Ⅷ参照）．このCPM値に着目することで，測定の確からしさに加え，分子の会合状態について考察することができる．生物学的に重要なこととして，CPM値は蛍光ラベル分子の自己会合状態（ホモオリゴマーの存在）に関する情報を与えてくれる[11]．たとえば，文献[12]では，凝集しやすいタンパク質である筋萎縮性側索硬化症（ALS）関連変異型SOD1が生細胞内で凝集前駆体のオリゴマーを形成する過程についてFCS解析を行っている．このとき，拡散時間の増加だけでは変異型SOD1がオリゴマーを形成しているのか，その他の内在性タンパク質と結合しているのかを確定できないが，CPM値が野生型SOD1に比べて上昇することから，変異型SOD1オリゴマーを形成していることがわかる．また，文献[13]では，血管新生異常を引き起こす，もやもや病責任遺伝子産物のmysterinタンパク質についてFCS測定を行っている．Mysterinは，アミノ酸相同性解析から六量体を形成するAAA+ファミリーに属し，生細胞内でも六量体を形成していることが予想されていた．しかし，mysterin-GFPのCPM値はGFP単量体と同等であったことから，mysterinは生細胞内では単量体として存在することが示唆された．一方で，拡散時間から予測された分子量は単量体から想定される値より大きく，FCS測定結果に対する2成分解析から，およそ半分は単量体として拡散しており，残りの半分は細胞内の内在性分子と複合体を形成していることがわかった．このように，CPM値の比較と，拡散時間から予測された分子量を比較することにより，生きた細胞の中で生体分子の会合状態について明らかにすることができる．ただし，測定されたCPM値は絶対量ではないことに注意しなければならない．具体的には，装置や測定条件，蛍光色素などによって変化するので，標準蛍光物質を同条件で測定したときの値で規格化してから比較する必要がある．

V FCS計測の留意点

市販の装置（たとえばZeiss ConfoCorシステムまたはLSM780/880）を用いた場合の，FCS測定における留意点をまとめる．第1に，すべての蛍光観察にとって重要なことであるが，蛍光退色を抑えることである．そのためには，水銀ランプでの落射照明による観察の際，照明を当てている時間をできるだけ短くしたり，共焦点画像を撮る際に励起レーザーの出力をできるだけ抑えたりすることが必要である．第2に，FCS測定中に起こる蛍光退色にも注意が必要である．それは，退色が大きいとフィッティングの精度が落ち，拡散時間の算出が困難となるためである．FCS測定中の蛍光退色を抑えるには，先にも述べたが，励起レーザーの出力を抑えることが重要である．測定している蛍光のCPMが1以下にならない程度を目安にレーザー出力を最小限にするとよい．また，なるべく蛍光の発現量が低い細胞を選ぶこともとくに重要で，FCS測定時の蛍光強度（count rate）は100 kHz（1秒あたり10^5蛍光シグナル）以下が目安である．第3に，測定条件にもよるが，一般にFCS測定は1点につき数十秒から数分程度必要である．FCSはとくに微小な領域で測定しているため，計測点の位置精度の影響を強く受ける．とくに細胞では，均一な溶液での計測と異なり，細胞の事情で起こるさまざまな要因（細胞内の構造が不均一なことや，細胞が動くことなど）によって，計測点の環境が変動しうることを念頭において，データを解釈しなければならない．

文 献

［1］Pack, C-G. *et al*.: *Biochem. Biophys. Res. Commun*., **267**, 300, 2000
［2］Pack, C-G. *et al*.: *Biophys. J*., **91**, 3921, 2006
［3］金城政孝：蛋白質 核酸 酵素，**44**, 1431, 1999
［4］金城政孝 他：蛍光分光とイメージングの手法（御橋廣真 編），p. 133，学会出版センター，2006
［5］Elson, E., Rigler, R.: Fluorescence Correlation Spectroscopy: Theory and Applications, Springer Series in Physical Chemistry, Vol. 65, Springer, 2001
［6］Thompson, L. T.: Fluorescence Correlation Spectroscopy: Topics in Fluorescence Spectroscopy（ed. Lakowicz, J. R.）, Vol. 1, p337, Plenum, 1991
［7］Mikuni, S. *et al*.: *FEBS Letter*, **581**, 389, 2007
［8］Jankevics, H. *et al*.: *Biochemistry*, **44**, 11676, 2005
［9］Vukojević, V. *et al*.: *Cell. Mol. Life Sci*., **62**, 535, 2005
［10］Kahya, N.: *Chem. Phys. Lipids*, **141**, 158, 2006
［11］北村 朗，バイオイメージング，**23**, 12-17, 2014
［12］Kitamura, A. *et al*.: *Genes Cells*, **19**, 209-224, 2014
［13］Morito, D. *et al*.: *Scientific Reports*, **24**, 4442, 2014

［北村朗・白燦基・金城政孝］

第23章

蛍光相互相関分光法（FCCS）

蛍光相互相関分光法（fluorescence cross correlation spectroscopy；FCCS）は生細胞における分子間相互作用検出に重点をおいた測定方法である．基本的にはFCSが1種類の蛍光色素のゆらぎから“分子の動き”と“分子数”を求めることができるのに対して，FCCSは2種類の蛍光色素のゆらぎの同時測定から，FCSから得られる情報に加え，2種類の分子の「時間的・空間的同時性」を求めることができる．この“同時性”の解析から，2種類の分子の間の相互作用を検出する方法である．本章では，FCCSの原理と解析法について説明する．

I 原理

1．蛍光相互相関分光法（FCCS）

第21章「蛍光相関分光法（FCS）の基礎」，第22章「FCS解析の実際」で紹介したFCSは，細胞内における生体分子の動きを解析する方法であり，生体分子の拡散速度の測定やタンパク質複合体形成の解析などに利用されてきた．しかし一方で，分子の大きさが1,000倍変化しても，実際に計測される拡散速度は10倍程度しか変化せず，同じ大きさの分子同士が結合した（つまり分子量が2倍になる）程度では，相関関数の変化はほとんど見られない．つまり，2分子間の相互作用を検出する測定法として，FCSはそれほど敏感な方法とはいえない．このようなFCSの弱点を克服する手法の1つとしてFCCSがある．FCSが1種類の蛍光色素のゆらぎを測定しているのに比べて，FCCSは2種類の蛍光色素のゆらぎを同時に測定できるようにした方法である．

FCCSの詳細な原理と装置に関しては，他の文献を参考にしてほしい［1,2］．ここでは，簡単に原理を説明する．まず2種類の蛍光色素を，それぞれ別々の分子に結合させる．本章では蛍光発光のうち，短い波長（青，シアン，緑など）を青色蛍光とし，長い波長（橙や赤，近赤外など）を赤色蛍光と称することとする．青色と赤色に蛍光標識された分子同士が結合したり同一の複合体に含まれている場合，2種類の蛍光色素はFCCSで測定される微小な観察領域に同時に出入りするはずである．このとき，それぞれの蛍光分子の動きに由来する蛍光強度のゆらぎのシグナルが検出され，それぞれの蛍光自己相関関数が得られることになる（図1a，b）．そして，2つの蛍光のゆらぎのシグナルを重ね合わせると，相互作用している2つの分子が同時に観察視野を出入りする場合には，大部分のシグナルがオーバーラップすることが理解できるであろう．こ

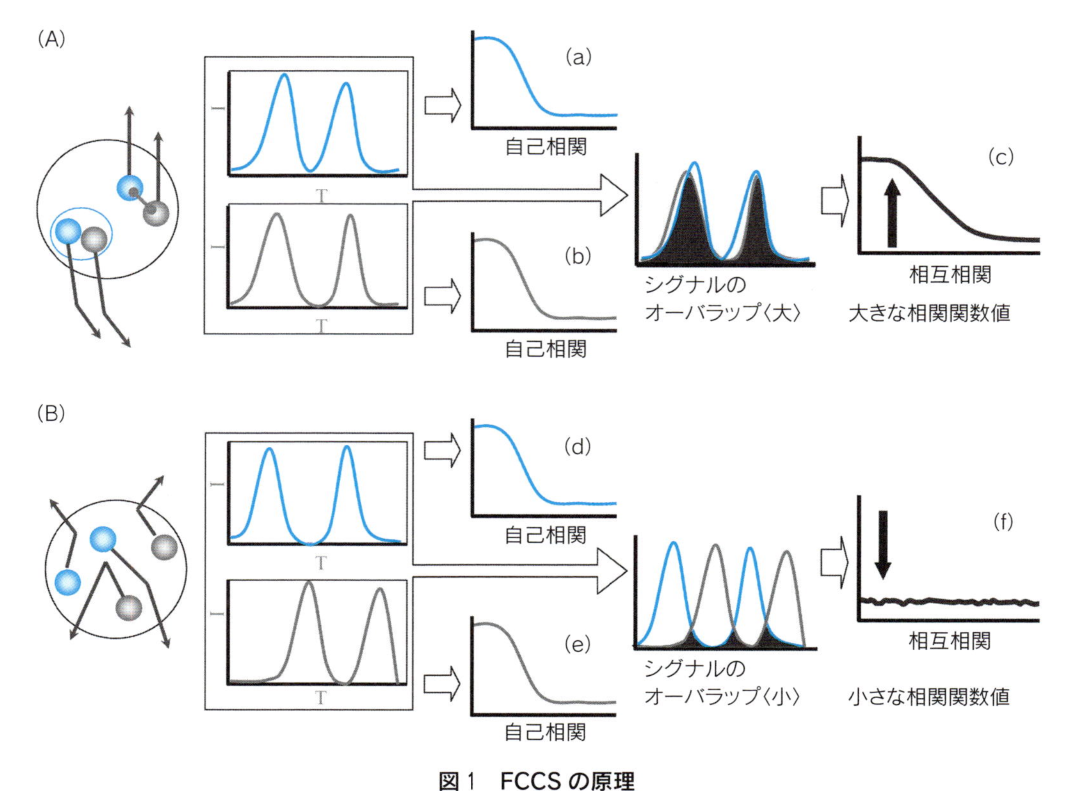

図 1　FCCS の原理

(A) 相互作用（結合や複合体形成など）をしている 2 種類の蛍光色素は微小領域に同時に出入りする．2 種類の蛍光を同時に測定すると，それぞれの蛍光に由来する独立したシグナルと同時に，2 つのシグナルの重ね合わせを求めることが可能である．その重ね合わせの相関を計算することで，蛍光相互相関関数が得られる．
(B) 2 つの蛍光色素が相互作用をしていないときには，2 つのシグナルの重ね合わせは少なく，したがって相互相関関数は小さくなる．

のオーバーラップの度合いを表したのが蛍光相互相関関数であり，オーバーラップが大きいと相互相関は大きくなる（図 1 c）．反対に，2 種類の蛍光ラベルした分子同士が相互作用しないときは，それぞれの蛍光相関関数は得られるが（図 1 d，e），2 つのシグナルのオーバーラップは少なく，したがって，相互相関関数は小さくなる（図 1 f）．

2．FCCS 測定装置

FCCS 測定装置は，2 種類の蛍光を同時に励起測光するので，FCS 測定装置に加えて，蛍光励起用光源としてのレーザーと検出器の追加が必要である．レーザーで励起され，発光した 2 色の蛍光はメインダイクロイックミラーを透過したのち，次のダイクロイックミラーで分離され，バリアフィルターを透過して検出器に導かれる．FCCS では，2 種類の蛍光を同時に励起するため，発光した 2 色をいかに効率よく，かつクロストーク[*1] なく分けるかということが重要になる．フ

＊1　クロストークとは，一般的には通信回線における「混線」を意味する言葉で，ある一方の回線の信号が他の回線に漏れることで生じる現象である．蛍光測定，とくに蛍光タンパク質を用いる場合は，蛍光ピークより長波長側に延びる長い「すそ」のため，短波長側の蛍光シグナル（たとえば GFP の蛍光）が長波長側の検出器（たとえば DsRed 用）で検出されることが問題になる．

ィルターの設定やピンホールの数や位置など，市販の装置はそれぞれ仕様が異なっているので，使用者はその特性や特徴を十分理解して使う必要がある．相関器は通常2チャンネル（2色に対応）の構成となっているため，追加する必要はないことが多い．

3．蛍光相互相関関数

FCSでは，1種類の蛍光色素からの蛍光強度シグナルと，ある時間遅れたとき（τ 秒後）の蛍光強度シグナルの掛け合わせの平均を求めたのに対して，FCCSでは種類の異なる蛍光色素からのシグナルの“時間遅れ”を掛け合わせてシグナルの変化の速さを求める[1]．観測時間 t における青色蛍光と赤色蛍光の相関関数 $G_g(\tau)$，$G_r(\tau)$ は，それぞれ次の式(1)，(2)で表される（第21章「蛍光相関分光法（FCS）の基礎」を参照）．ここで，$I_g(t)$，$I_r(t)$ は，観測時間 t における青色又は赤色蛍光強度である．$G_{gr}(\tau)$ は2色の蛍光色素を含む分子（相互作用をしている分子複合体）の相関関数である（式(3)）．

$$G_g(\tau)=\frac{\langle I_g(t)I_g(t+\tau)\rangle}{\langle I_g(t)\rangle^2} \tag{1}$$

$$G_r(\tau)=\frac{\langle I_r(t)I_r(t+\tau)\rangle}{\langle I_r(t)\rangle^2} \tag{2}$$

$$G_{gr}(\tau)=\frac{\langle I_g(t)I_r(t+\tau)\rangle}{\langle I_g(t)\rangle\langle I_r(t)\rangle} \tag{3}$$

式(1)，(2)の分母は青色蛍光と赤色蛍光それぞれの平均の蛍光強度 $\langle I(t)\rangle$ の2乗であるが，式(3)の相互相関関数の分母は，青色蛍光と赤色蛍光の平均強度の掛け合わせとなっている．

これを模式的に表したのが図2である．

FCCSでは，以上の式(1)，(2)，(3)により計算された2つの自己相関関数と，1つの相互相

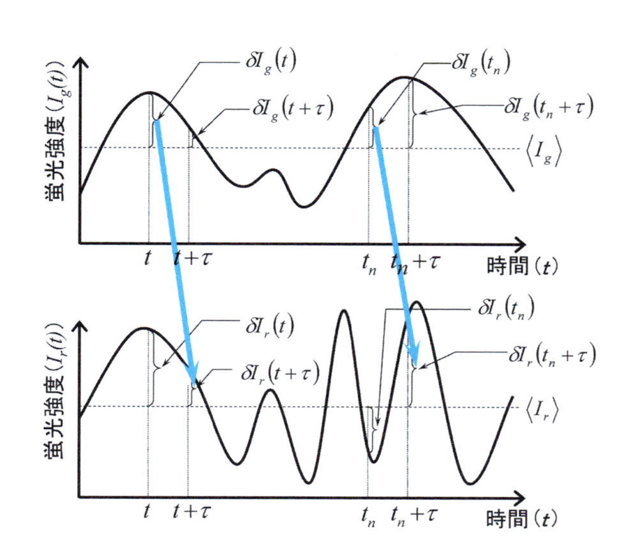

図2　相互相関関数の解析方法の原理
2つのゆらぎのシグナルの測定を行い，時間 t に対して，別のシグナルの時間遅れ（τ 秒後）のシグナル強度を掛け合わせる．それを，すべての時間 t_n に対して測定し，平均を求める．FCS（第21章「蛍光相関分光法（FCS）の基礎」を参照）と異なることは，掛け合わせる相手が同じ蛍光色素の蛍光ではなく，別の種類の蛍光色素のシグナルであること．τ の大きさを変化させて，上記と同じ操作をくり返す．

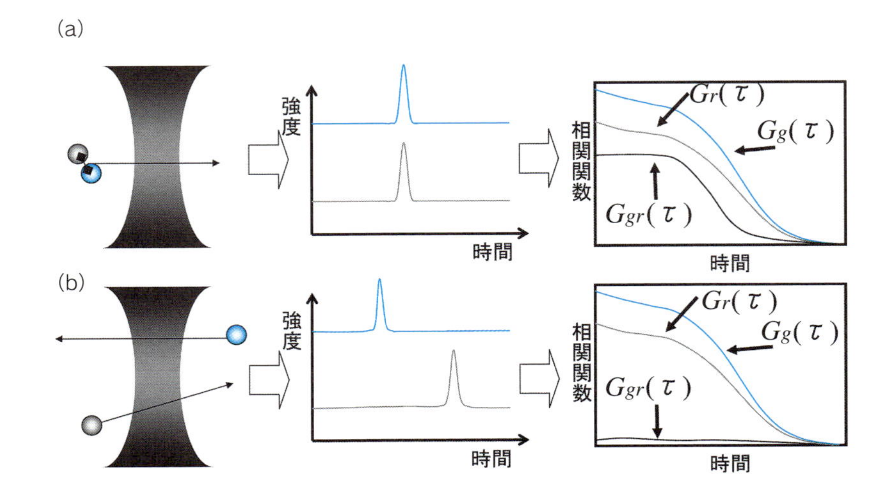

図 3　蛍光相互相関関数の概念図

(a) 2 種類の蛍光融合タンパク質間に相互作用があると，シグナルは同時に検出され，相互相関関数の y 軸切片値も大きい．
(b) 2 種類の蛍光融合タンパク質間に相互作用がなく独立に観察領域に出入りしていると，シグナルの同時性は検出されず，それぞれの自己相関関数（青とグレー）と，低い相互相関関数（黒）が示される．

関関数の，合計 3 つの相関関数曲線が得られる（図 3）．分子間相互作用が 100% で，装置が理想的であると仮定すると，これら 3 つの曲線はすべて一致するはずである．しかし，波長の異なる 2 種類のレーザー光を回折限界まで絞って，それぞれ最小の観察領域（confocal volume）とした場合に，その 2 つ領域をサブミクロンオーダーで 3 次元的に一致させることは大変むずかしい．それは，波長の異なる光は試料やガラスなどの媒質中で屈折率が違うために，領域を正確に合わせて観察するのが困難だからである．したがって，分子間相互作用が 100% だったとしても，小さい相互相関しか得られないこともある．この問題は，たとえば 1 波長励起 2 波長発光を行い光学系をシンプルにすることによって軽減できると考えられる [3]．

また FCCS では，2 つの蛍光色素を同時励起・測光するために，蛍光間のクロストークが問題になる．とくに蛍光タンパク質を用いる場合，GFP，CFP などの青色蛍光タンパク質の蛍光は，蛍光極大より長波長（赤色）側に伸びる長い「すそ」をもつため，赤色蛍光側の検出器に漏れこんでしまう．FCCS 測定では 2 色の蛍光色素の同時性を観察しているので，クロストークの寄与が大きいと，2 種類の蛍光タンパク質がばらばらに動いていたとしても，あたかも 2 種類の蛍光タンパク質が同時に動いているように観察される（偽の相互相関）．これは青色蛍光側の検出器に入るシグナルと，赤色蛍光側の検出器に入る「もれ」のシグナルが 100% の同時性をもっているためである．クロストークを最小限にするためには，赤色蛍光がなるべく強く検出されるように観察用の光学系を工夫することが求められる．これと同じ効果は，細胞内で発現する蛍光タンパク質の量を調節することによっても得られる．つまり，それぞれの目的タンパク質を蛍光融合タンパク質として細胞に発現させるときに，青色蛍光タンパク質より赤色蛍光タンパク質の蛍光量が多くなるように工夫するとよい．しかし，対象とするタンパク質によっては上記の工夫が実現できない場合もある．クロストークの寄与が大きい場合は「もれ」のシグナルの寄与をあらかじめ定量し，相互相関関数から得られる相互作用している分子の濃度を補正する必要がある[4]．

また，蛍光タンパク質を目的タンパク質のN末端，C末端のどちらに融合させるかによっても，結果が変わることがある．相互作用に必要なドメインが判明している場合は，そのドメインから遠い側の末端に融合させるとよい．また細胞内でのFCCS測定においては，内在性のタンパク質が存在する場合，外来の蛍光融合タンパク質同士の相互作用の割合が低下するので，相互相関関数の強度が低下する．内在性のタンパク質をすべて蛍光融合タンパク質に置き換えることが理想的である．

このように，FCCS測定にはさまざまな要因が影響するので，実験にあたってはポジティブコントロールとネガティブコントロールをしっかりと取ることが求められる．ポジティブコントロールには，2つの蛍光色素が1つの分子上に存在するもの（たとえば，GFP–RFPタンデム2量体）を，ネガティブコントロールには，相互作用しない2つの蛍光分子（たとえば，GFPとRFPそれぞれの単量体）の混合溶液，あるいは共発現細胞を用いる．

4．FCCSのデータ解析

FCCS測定によって得られた相関関数は，通常FCCS測定装置（ConfoCor2やConfoCor3など）のソフトウェアを用いてフィッティング解析が行われる．フィッティングに関する注意点は実習8「FCS」を参照のこと．青色蛍光色素や赤色蛍光色素の自己相関関数は三重項成分（triplet timeおよびtriplet fraction）を含めたフィッティングを行うが，相互相関関数に関しては三重項成分を含めないフィッティング式を用いる．なぜなら青色蛍光色素と赤色蛍光色素の三重項成分同士には相互作用がないためである．

フィッティングによって得られたパラメータの中で，相互作用の指標として用いるのは相関関数のy軸切片（$G_g(0)$，$G_r(0)$，$G_{gr}(0)$）で，分子数に関する情報を含んでいる．得られた相互相関関数のy軸切片$G_{gr}(0)$は，直接，相互作用の程度を示すものであるが，その絶対値はタンパク質の発現量などの条件によって変化するため，細胞間あるいはタンパク質の種類間の比較には用いることができない．そのためFCCSの測定現場では，式(4)で定義されたrelative cross-correlation amplitude（RCA）という値を用いることが多い[5]．

$$\mathrm{RCA}_g = \frac{G_{gr}(0)-1}{G_g(0)-1} \tag{4}$$

または

$$\mathrm{RCA}_r = \frac{G_{gr}(0)-1}{G_r(0)-1} \tag{4'}$$

ここで，$G_g(0)$，$G_r(0)$は青色，赤色蛍光の自己相関関数のy切片，$G_{gr}(0)$は相互相関関数のy切片を示す．つまり，RCA_g，RCA_rはそれぞれ，青色，赤色蛍光の自己相関関数の振幅に対する相互相関関数の振幅の比を示している．

RCAの値が表す意味を考えてみよう．測定領域内での青色，赤色蛍光の分子数N_g，N_r，および，相互作用している分子の分子数 N_{gr} は以下(5)と(6)式で定義される．

$$G_g(0)-1=\frac{1}{N_g} \qquad G_r(0)-1=\frac{1}{N_r} \tag{5}$$

$$G_{gr}(0)-1=\frac{N_{gr}}{N_g \cdot N_r} \tag{6}$$

式(5)(6)を用いると式(4)，(4')は以下のように変換される．

$$\mathrm{RCA_g}=\frac{G_{gr}(0)-1}{G_g(0)-1}=\frac{N_{gr}}{N_g \cdot N_r}\times N_g=\frac{N_{gr}}{N_r} \tag{7}$$

または

$$\mathrm{RCA_r}=\frac{G_{gr}(0)-1}{G_r(0)-1}=\frac{N_{gr}}{N_g \cdot N_r}\times N_r=\frac{N_{gr}}{N_g} \tag{7'}$$

つまり，得られたRCAは，観察領域内に存在する赤色（または青色）蛍光分子のうち何割が青色（または赤色）蛍光分子と結合しているかを示している．ここで注意してほしいのが，たとえば，$\mathrm{RCA_g}$ は相互相関関数の振幅を「青色の自己相関関数の振幅」の比として示されているが，分子数の比としては，「赤色蛍光分子」のうち何割が相互作用しているかを示していることである．また，式(7)，(7')からもわかるように，RCAは直接 N_g，N_r および N_{gr} からも算出することが可能であるが，この場合はRCAという表記は避け，bound ratio of number（あるいは単にbound ratio）として表記すべきである．さらに，bound ratioを計算するときの注意点として，FCCS解析ソフトウェアの種類によっては N_{gr} が正しく表示されていない場合がある．したがって，まずは $G_g(0)$，$G_r(0)$，$G_{gr}(0)$ の値から式(6)を用いて N_{gr} を算出し，ソフトウェア上で表示されている値が正しいかどうか確認しておくことが望ましい．また，最近では $\mathrm{RCA_g}$ と $\mathrm{RCA_r}$ を平均した値“Averaged RCA”として相互作用を評価する場合もある．

RCA（あるいはbound ratio）の値は相互作用の程度を評価するのに便利であるが，青色分子と赤色分子とその複合体の3者の関係は分からない．これを知るためには，青色分子と赤色分子とその複合体の数（それぞれ N_g，N_r，N_{gr}）をそれぞれ濃度に換算した後，解離定数（Kd）として相互作用を評価することが望ましい（本章後述，詳細は実習9「FCCS」を参照のこと）．

Ⅱ FCCSによる細胞内分子間相互作用の解析

ここではまず分子内の切断反応の解析を紹介する．GFPとmCherry（赤色蛍光タンパク質の一種）をカスパーゼ3の認識アミノ酸配列であるDEVDを含むリンカーでつないだタンデム複合タンパク質(GFP–DEVD–mCherry)をHeLa細胞に発現させ，FCCS測定を行った結果を図4aに示す．GFPとmCherryは直接結ばれており，細胞内で同時に動いていると見なされるため，相互相関（図4a，青線）が観察された．さらに，このGFP–DEVD–mCherry発現細胞にアポトーシスを誘導させたのち，FCCS測定を行うと，相互相関はほぼ見られなくなった（図4b，青

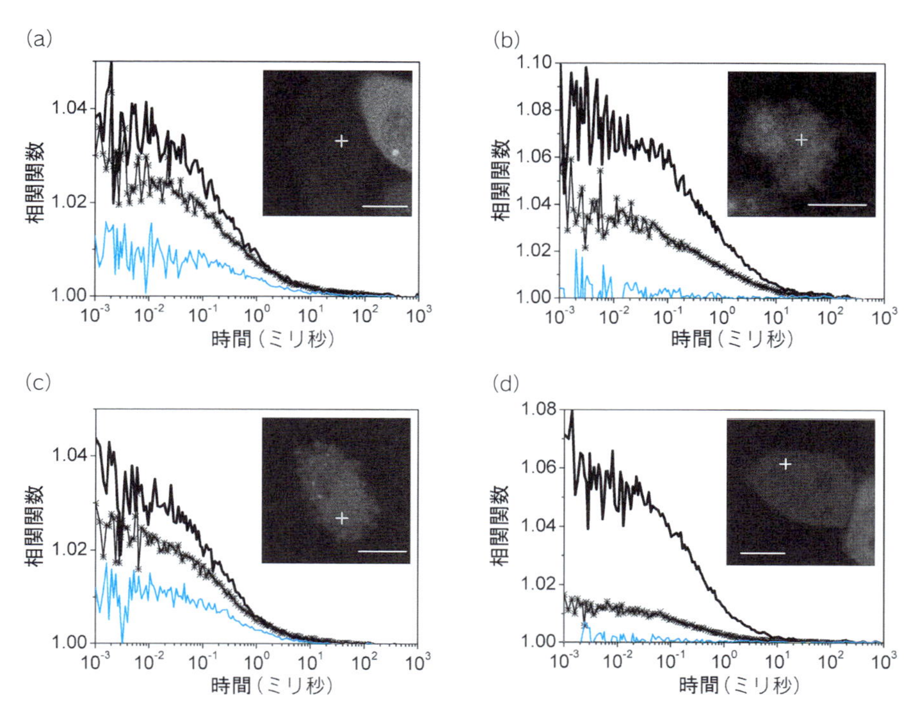

図4　FCCS 測定例（切断活性の測定）

黒太曲線：GFP の自己相関関数，黒＊印曲線：mCherry の自己相関関数，青曲線：GFP–mCherry の相互相関関数．
(a)，(b) GFP と mCherry がカスパーゼ 3 認識配列を含むリンカーでタンデムに結合されたタンパク質 GFP–DEVD–mCherry を発現した HeLa 細胞．(a) はアポトーシス誘導前，(b) は誘導後を示す．
(c) GFP と mCherry がカスパーゼ 3 に認識されない変異体配列を含むリンカーで結合されたタンパク質 GFP–DEVG–mCherry を発現した HeLa 細胞（ポジティブコントロール）．
(d) GFP と mCherry の共発現 HeLa 細胞（ネガティブコンコントロール）．
(a)～(d) の内挿図は，FCCS 測定した細胞の蛍光画像（2 色の蛍光を色づけして重ねたもの）で十字印は FCCS 測定点を示す．画像の蛍光強度が弱いので，画質は低い．スケールバー：10 μm

線）．これはアポトーシス誘導に伴うカスパーゼ 3 の活性化により DEVD の位置で切断が起き，GFP と mCherry の動きがばらばらになったことを示している．また，ネガティブコントロールとして，HeLa 細胞に共発現させた GFP と mCherry を FCCS 測定した結果を図 4 d に示した．GFP と mCherry は，HeLa 細胞に共発現させても互いに結合せず，ばらばらに細胞内を動いているため相互相関は観察されない．一方で，ポジティブコントロールとして，カスパーゼ 3 で切断されない配列 DEVG をリンカーとして含むタンデム結合タンパク質（GFP–DEVG–mCherry）を発現させた細胞においては，アポトーシスを誘導させたあとにおいても相互相関関数の減少は観察されなかった（図 4 c）．

次に FCCS を用いた細胞内の結合反応の例を紹介する [6]．炎症に関与する遺伝子の転写を制御している転写因子の 1 つに NF–κB がある．NF–κB は 2 つのサブユニット p50 と p65 で構成されており，p50–p65 ヘテロダイマーを形成することが知られている．U2OS 細胞に，p50 の相互作用ドメインに mCherry のタンデム 2 量体（mCh_2）を融合させたタンパク質（p50–mCh_2）と p65 の相互作用ドメインに EGFP を融合させたタンパク質（p65–EGFP）を共発現させ（図 5 a），FCCS 測定を行った．図 5 b の青線が示すように，高い相互相関関数が得られた．

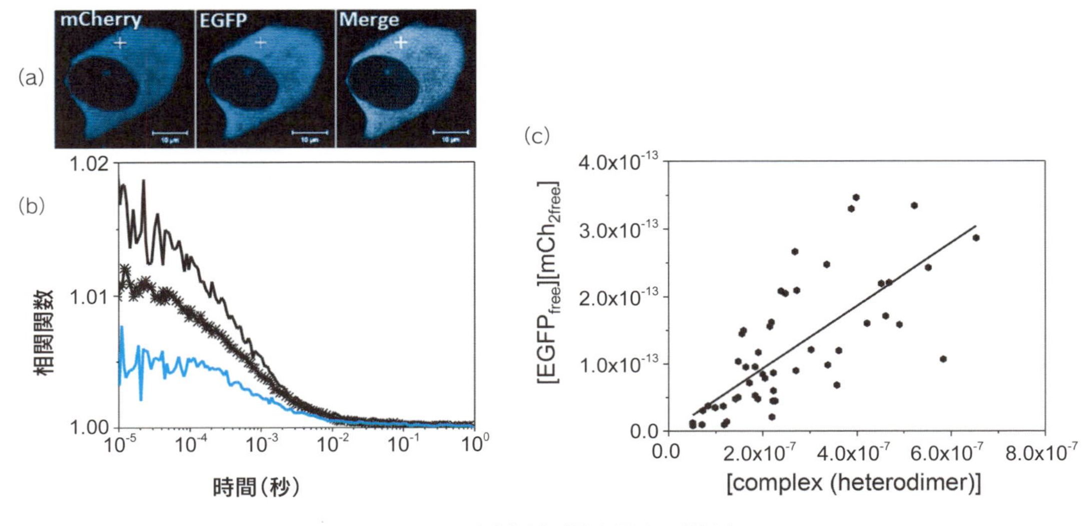

図5　FCCS 測定例（結合反応の測定）

(a) p50 の相互作用ドメインに mCherry のタンデム 2 量体（mCh_2）を融合させたタンパク質（p50–mCh_2）と p65 の相互作用ドメインに EGFP を融合させたタンパク質（p65–EGFP）を共発現した U2OS 細胞の共焦点蛍光画像．FCCS 測定点は＋で示す．スケールバーは 10 μm．クロストークの影響を少なくするために mCherry の蛍光強度が EGFP より強い細胞を選んで行った．⇒口絵 8 参照
(b) FCCS 測定結果．黒太曲線（GFP の自己相関関数），黒＊印曲線（mCherry の自己相関関数），青曲線（GFP–mCherry の相互相関関数）．高い相互相関関数が得られ，p50–p65 ヘテロダイマーが観察された．
(c) p50–mCh_2 と p65–EGFP 間の解離定数（Kd）の算出．縦軸は相互作用していないフリーの p50–mCh_2 と p65–EGFP の濃度の積，横軸は p50–mCh_2 と p65–EGFP のヘテロダイマーの濃度（$n=50$）．直線回帰解析により得られた傾きが Kd に相当する．ここで得られた p50–mCh_2 と p65–EGFP との結合の Kd は 0.46 μM であった．

FCCS では生細胞内における相互作用している分子数だけでなく，各色（この場合，mCh_2 と EGFP）でラベル化されたタンパク質それぞれの分子数を算出することができる．つまり，相互作用している分子と相互作用していない分子の濃度を容易に算出することができるため，生細胞内での解離定数（dissociation constant：Kd）を直接的に求めることができる．図 5 c では生細胞内 FCCS 測定から得られた p50–mCh_2/p65–EGFP ヘテロダイマーの濃度，およびフリーの（相互作用していない）p50–mCh_2 と p65–EGFP の濃度から Kd を算出した例を示す．p50–mCh_2 と p65–EGFP 間の Kd は 0.46 μM であった（Kd の詳細な算出方法は実習 9「FCCS」を参照のこと）．

FCCS は，2 種類の蛍光色素のシグナルが時空間的に同時に存在するかどうかを検出し，分子間相互作用を解析する方法である．目的としているタンパク質分子や生体分子に蛍光色素を標識する必要があるものの，標識の自由度は FRET と比較するとかなり高い [7]．しかし，蛍光標識がもたらす分子間相互作用の低下の可能性は常に考慮しておく必要がある．また，励起光源としてのレーザーや検出器全体の調整も常に最適な状態に保つ必要がある．一方で，顕微鏡装置の発展や新たな蛍光色素の開発は，FCCS においてもさまざまな改良や感度の上昇を期待させるものである．たとえば，励起波長と発光波長が離れている蛍光タンパク質を利用することで，1 波長励起 2 波長発光による FCCS が可能になった [3]．その結果として，これまでに比べて，より高感度に細胞内の分子間相互作用を検出できるのではないかと期待される．

コラム

LSM 画質と FCS，FCCS 測定

これまで生細胞内 FCS，FCCS 測定において，共焦点蛍光顕微鏡（LSM）画像は光電子増倍管（PMT）で撮影し，FCS，FCCS の測定はアバランシェフォトダイオード（APD）で測定することが行われていた．その場合，PMT はアナログ電圧出力，APD はデジタル単一光子計測などの違いから，一般に暗い LSM 画像が得られる程度が FCS や FCCS 測定には最適，という経験則があった（第 22 章「FCS 解析の実際」を参照）．しかし近年，FCS，FCCS に利用されている APD を用いて単一光子計測での LSM 画像を撮影することが可能となり，FCS，FCCS 測定における最適な蛍光強度でも比較的明るい LSM 画像が撮れるようになってきた．さらに最近では一光子検出感度を持つガリウムヒ素リン酸（GaAsP）光電面を有する PMT を搭載する顕微鏡が市販されてきており，LSM 画像取得のための GaAsP-PMT ユニットを用いた FCS，FCCS の測定が可能となった．

文献

[1] Schwille, P. *et al*.: *Biophys. J*., **72**, 1878–1886, 1997
[2] Jankowski, T. *et al*.: Fluorescence Correlation Spectroscopy: Theory and Applications（eds. Elson, E., Rigler, R.）, Springer Series in Physical Chemistry, Vol. 65, pp. 331–345, Springer, Boston, 2001
[3] Kogure, T. *et al*.: *Nature Biotechnology*, **24**, 577–581, 2006
[4] Bacia, K. *et al*.: *Chem. Phys. Chem*., **13**, 1221–1231, 2012
[5] Saito, K. *et al*.: *Biochem. Biophys. Res. Comm*., **324**, 849–854, 2004
[6] Tiwari, M. *et al*.: *Biochem. Biophys. Res. Comm*., **442**, 28–34, 2013
[7] Bacia, K. *et al*.: *Nat. Methods*, **3**, 83–89, 2006

［三國新太郎・武藤秀樹・金城政孝］

講義編

第24章

2 光子励起顕微鏡

2 光子励起顕微鏡はこれまでのレーザー走査顕微鏡にはないすぐれた特徴をもっているが，その原理をよく理解していないと，画像の取得やその解釈を適切に行うことがむずかしいシステムでもある．漠然と「2 光子励起顕微鏡を使うと組織深部の観察ができる」，「2 光子顕微鏡では長波長の光で励起できるので試料へのダメージが少ない」という宣伝文句を信じて使ってみても，実際には謳い文句ほどの効果が得られない，という場合が多い．この章では 2 光子励起の原理について解説したうえで，このユニークな光学システムを活かす観察方法について解説する．

I 2 光子励起現象と 2 光子顕微鏡の原理

蛍光色素が光と相互作用する場合には，1 個の光子が蛍光分子にぶつかり，この結果として蛍光分子内の電子のエネルギーレベルがより高い状態に遷移する．光子 1 個のもつエネルギーは hc/λ（h：プランク定数，c：真空中の光速度，λ：光の波長）で決まり，可視光であれば 10^{-19} J（ジュール）程度になる．蛍光分子が光を吸収して電子が励起状態に遷移するのにかかる時間はだいたい 10^{-11} 秒程度であり，この時間は蛍光分子が励起状態に存在する全時間（10^{-9} から 10^{-8} 秒程度）に比べれば非常に短い．この短時間の励起状態への遷移過程を 1 個の光子との相互作用ではなく，2 個の光子との相互作用によって引き起こすのが 2 光子励起である [1–3]．この場合には 2 個の光子は 10^{-16} 秒程度の時間幅で（同時に）1 個の蛍光分子と衝突する必要がある．1 個の光子が衝突する場合に比較して，2 個の光子が同時に蛍光分子にぶつかる確率はきわめて低い．したがって，2 光子励起の効率を上げるには瞬間的な光密度を上げる必要がある．

1．吸収断面積（1 光子）

蛍光分子が光と相互作用する“しやすさ”を表す指標として，吸収断面積（absorption cross section）が使われる．1 光子による吸収断面積をまず考える．光子が，ある平面に雨のように降ってくる状況を想像する（図 1）．蛍光分子をある面積をもった円板であるとすれば，その円板の面積が大きい分子は光と相互作用しやすく，小さい分子は相互作用しにくいことになる．この円板の面積が吸収断面積に相当する．1 光子励起過程での分子の励起速度，吸収断面積と励起光の強度の関係は，次のように表せる．

(a) 1 光子励起

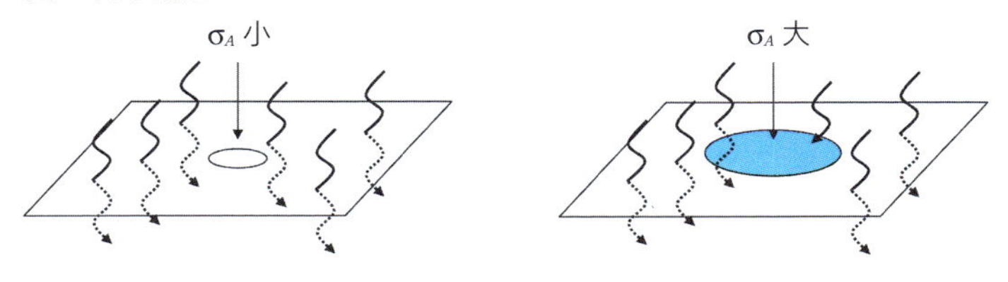

(b) 2 光子励起

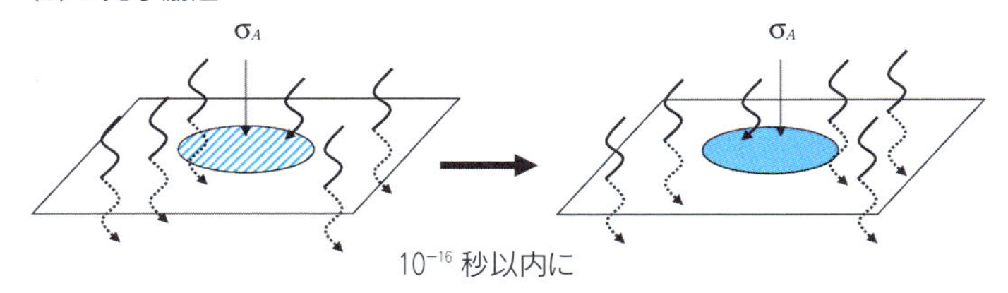

図1　1光子励起と2光子励起における吸収断面積の概念

(a) 1光子吸収断面積：光子（波線）が同じ密度であれば，より吸収断面積の大きい分子のほうが光子と相互作用しやすい．
(b) 2光子吸収断面積：1光子とほぼ同じ吸収断面積に，非常に短時間に2回，光子が相互作用すると考えることができる．

$$W_A = \sigma_A \times \frac{I}{A} \times \frac{1}{hC/\lambda}$$

W_A：分子の励起速度（回/秒），σ_A：1光子吸収断面積（cm^2），A：励起光の断面積（cm^2），I：励起光の出力（J/秒），h：プランク定数（J･秒），λ：励起光の波長（m），C：真空中の光速（m/秒）

この式で I/A は単位面積×時間あたりの光のエネルギー，これを光子1個あたりのエネルギーで割り算して光子数を求め，σ_A と掛けることで単位時間あたり何個の光子によって励起されるのかが求められる．さまざまな蛍光色素の σ_A が実測されており，EGFPについては約 2×10^{-16} cm^2 である．

2．連続発振レーザーによる1光子励起での画像取得

ここで，アルゴンレーザーの488 nmの光（1 mW = 10^{-3} J/秒）でEGFP発現細胞を観察する場合を考えてみる．EGFPの細胞内での発現濃度をだいたい1 μMから100 μMと見積もり，ここでは中程度の発現状態として10 μM（0.28 mg/mℓ）と仮定する．波長488 nmの光子1個のエネルギーは 4.1×10^{-19} Jである．開口数（NA）0.9の対物レンズを使用したとすれば，レーザー光は直径460 nm，高さ930 nm程度の微小円柱内に絞り込まれる．この円柱の断面積は 1.7×10^{-19} cm^2，体積は 3.1×10^{-13} cm^3 になる．上の式にこれらの値を入れると

$$W_A = \frac{2 \times 10^{-16} \times 10^{-3}}{1.7 \times 10^{-9} \times 4.1 \times 10^{-19}} = 3.1 \times 10^{8}$$

となり，EGFP 1分子を1秒間に励起する光子数がわかる．励起された蛍光分子が蛍光を出す確

率を量子効率（quantum efficiency）と呼び，EGFPでは0.6程度であるので，放出光子数は1.9×10^8個となる．EGFPの濃度が10 μMの場合，励起領域の微小円柱内におよそ1,900個の分子が存在するので，その数を掛けると，3.6×10^{11}個（1秒あたり）の光子が放出される．

次に，放出された光子の検出について考える．レーザーを走査して，512×512のピクセルサイズで1フレーム1.6秒という速さで画像を作成することにしよう．この場合に，1ピクセルにレーザー光が滞在する時間（pixel dwell time）は6×10^{-6}秒になる．したがって，この間に放出される光子の数は$3.6\times10^{11}\times6\times10^{-6}=2.2\times10^6$となる．放出された光子はレンズにその30%程度が集められ，対物レンズおよび中間光学系で70%程度が失われ，光電子増倍管（PMT）によって40%程度がシグナルに変換される．したがって，放出光子の3%程度（6.6×10^4）が最終的には電気的シグナルとなる．レーザー顕微鏡の画像は12ビット（4,096階調）で表示されることが多いので，1万個以上の光子由来のシグナルがあれば十分な階調をもった画像となる．

3．吸収断面積（2光子）

以上の議論を2光子励起に拡張する．まず2光子吸収断面積（σ_{2A}）という考えを導入する[4]．2つの光子と蛍光分子が相互作用する場合に，1個目と2個目の光子と蛍光分子の相互作用の起こりやすさはほぼ同じで，1光子の吸収断面積（σ_A）に近い値をとると考えられる（10^{-16}〜10^{-17} cm^{2}程度の大きさ，図1(b)）．2光子吸収の場合には，2つの光子の衝突時間がどの程度近ければ大丈夫なのか，という要素が入ってくる．この時間間隔（τ）はだいたい10^{-16}秒程度になるので，これらの値から，σ_{2A}は

$$\sigma_{2A}=\sigma_A\times\sigma_A\times\tau\ (\mathrm{cm}^4\ \text{秒})$$

と定義できる．実際にはσ_{2A}の値は$10^{-17}\times10^{-17}\times10^{-16}=10^{-50}$程度の大きさになる．2光子励起現象の可能性を予言したドイツの物理学者Maria Göppert-Mayerを記念して，σ_{2A}の単位は1 GM$=10^{-50}$ cm^{4}秒と定められた．次に，2光子の場合の分子励起速度と励起光の強度の関係は，以下の式で表される．

$$W_A=\left(\sigma_A\times\left(\frac{I}{A}\times\frac{1}{hC/\lambda}\right)\right)\times\left(\sigma_A\times\left(\frac{I}{A}\times\frac{1}{hC/\lambda}\right)\right)\times\tau=\sigma_{2A}\times\left(\frac{I}{A}\times\frac{1}{hC/\lambda}\right)^2$$

1光子励起での式と比較してもらうと，1光子励起に相当する励起過程が2回起こる効率に，その出来事が起きうる時間幅を掛けて，分子励起速度を見積もっていることがわかる．

4．連続発振レーザーによる2光子励起

ここで再び，連続発振レーザーの900 nmの光（1 mW$=10^{-3}$ J/秒）による2光子励起でEGFP発現細胞を観察する場合を考えてみる．EGFPのσ_{2A}はおよそ100 GM，EGFP濃度は先ほどと同じ10 μM（0.28 mg/mℓ）とし，波長900 nmの光子1個のもつエネルギーは2.2×10^{-19} Jであるとして計算すると$W_A=7.3$となり，1分子あたり1秒間に7回しか2光子励起が起きないことになる．この結果は，普通のレーザー光による照明では，2光子励起によって生じる蛍光が少なすぎて観察できないことを示している．

5．パルスレーザーによる2光子励起での画像取得

2光子励起を効率よく起こすには，連続発振レーザーではなく，パルスレーザーを使用する．一般的に2光子励起顕微鏡の光源として使用されているのはTi:sapphireを媒質としたフェムト秒レーザーであり，パルス幅は100フェムト秒（10^{-13}秒），パルスのくり返し周波数は8×10^{7} Hz程度である（図2）．つまり，レーザーが発振しているのは1秒のうち$10^{-13}\times8\times10^{7}=8\times10^{-6}$秒であり，エネルギーは短時間に集中する．したがって平均出力が1 mWの場合，瞬間的なレーザー出力は1.3×10^{5}倍（8×10^{-6}の逆数）に濃縮され，

$$I = 10^{-3}\,(\mathrm{J/秒}) \times 1.3 \times 10^{5} = 1.3 \times 10^{2}\,(\mathrm{J/秒})$$

となる．また分子の励起速度は，前ページで導出した数値を用いて，

$$W_A = 100 \times 10^{-50} \times \left(\frac{1.3 \times 10^{2}}{1.7 \times 10^{-9} \times 2.2 \times 10^{-19}} \right)^{2} = 1.2 \times 10^{11}$$

と表される．この速度で2光子励起が起きているのは1秒のうち8×10^{-6}秒という短時間なので，連続発振レーザーと比較して約10万倍（1.3×10^{5}倍）の励起効率が得られる．これを掛けて平均励起速度を求めると9.6×10^{5}という値が得られる．連続発振レーザーと比較して10万倍の励起効率が得られる．この状態で，分子励起の飽和がどの程度起きているのだろうか．Ti:sapphireレーザーのパルス幅は前述した蛍光分子が励起状態に維持される時間（10^{-9}〜10^{-8}秒）に比較してはるかに短いので，1発のパルスは蛍光分子を1回しか励起できない（図2）．そのため，1個の蛍光分子が1秒間に励起されうる回数の上限は発振周波数（80 MHz）と等しい．したがって，蛍光分子の励起飽和度は$(9.6\times10^{5})/(8\times10^{7})=0.012$となり，1％程度に抑えられている．

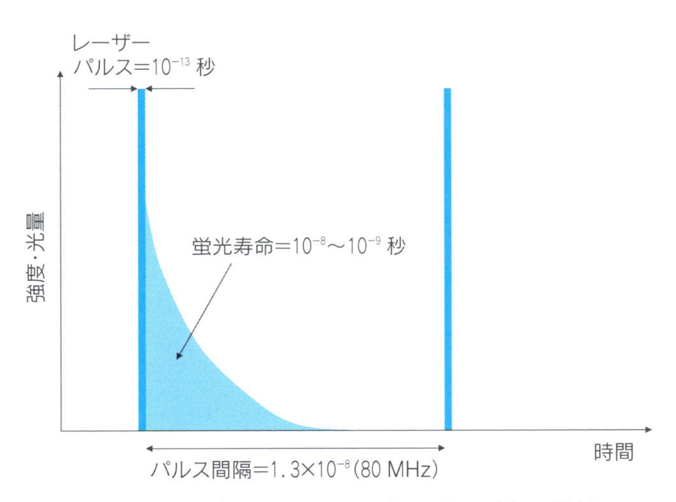

図2　蛍光寿命とパルスレーザーによる励起の関係

蛍光寿命の長さに比較して，レーザーのパルス幅はずっと短く，パルス間隔は長いことに注意．したがって，1発のパルスが同じ分子を2回励起することはない．

次に，先ほどと同様，放出された光子の検出について考える．1ピクセルにレーザー光が滞在する時間中に放出される光子の数は $0.6 \times (9.6 \times 10^5) \times 1{,}900 \times (6 \times 10^{-6}) = 6.6 \times 10^3$ となる．放出光子の 3％が最終的な電気的シグナルになれば，200 個のシグナルが得られる．レーザー顕微鏡の画像の階調（4,096 階調）と比較して，この出力ではシグナル強度が依然として十分でない．ではレーザーの出力を 10 mW にするとどうなるだろうか．計算は省略するが，励起飽和度は 1.2，検出される電気的シグナルは 2.0×10^4 となり，デジタル画像の階調に見合った値となる．しかし，レーザーの出力を 10 倍にしたことで，励起飽和度は 1 を超えてしまっている．これ以上出力を上げても光子密度が最大の部分からのシグナルは増加せず，むしろ 2 光子励起が起きる体積を増加させて解像度の低下を引き起こす．

6．2 光子励起による画像取得のポイント

以上の定量的な議論をまとめると，2 光子励起を利用した顕微鏡観察で注意すべきポイントは以下のようになる．

(1) 2 光子励起が飽和した状態で標本 1 ピクセルあたりから得られる光子の数は，10 μM の GFP 分子を発現する細胞を NA 0.9 のレンズで観察した場合，6×10^5 個である．この数は 1 光子励起で得られる光子数に比較すると少なく，光子を効率よく集める検出系が必要となる．

(2) 標本局所へのレーザー光の集中が 2 光子励起の効率を決める．したがって，NA の低いレンズはきわめて効率が悪く，NA の高いレンズを使用しても，収差や標本内での光散乱などによって集光率が低下すると 2 光子励起は起こらなくなる．

(3) 前述の試算で，レーザーの出力が 1 mW から 10 mW に変化すると，飽和度が 1％から 100％に増加した．つまり 2 光子励起ではレーザーの出力調整を厳密に行う必要がある．また (1) のポイントと関連して，2 光子顕微鏡で過剰に「明るく見える」条件を作ると，すでに 2 光子励起自体は飽和している．そのような条件では蛍光の消退が急速に起こり，タイムラプス観察などのくり返しの画像取得は不可能となる．

Ⅱ 2 光子励起顕微鏡の特徴

2 光子励起顕微鏡の大きなメリットは 2 つある．1 つは，焦点面以外での蛍光分子の励起が起こらないことである．したがって，くり返し *X–Y* スキャンを異なった焦点面で行っても，蛍光の消退や光によるダメージは最小に抑えられる．もう 1 つは，励起された光は試料内の微小領域に由来し，その光シグナルをすべて検出すれば画像が得られること，つまり検出光学系を単純化できることである．

1．焦点面での選択的励起

2 光子励起を使うと，焦点面の局所だけで蛍光励起することができる．他の領域は励起しない．その例として，NA が 0.9 の水浸対物レンズを用いて一様に蛍光分子が分布する標本（蛍光色素を含むアガロースを想像してもらいたい）の深さ 20 μm の位置にレンズの焦点を置く（図 3）．NA 0.9 のレンズでの光の最大入射角は約 42.6 度である．このような円錐状の光が焦点面では非

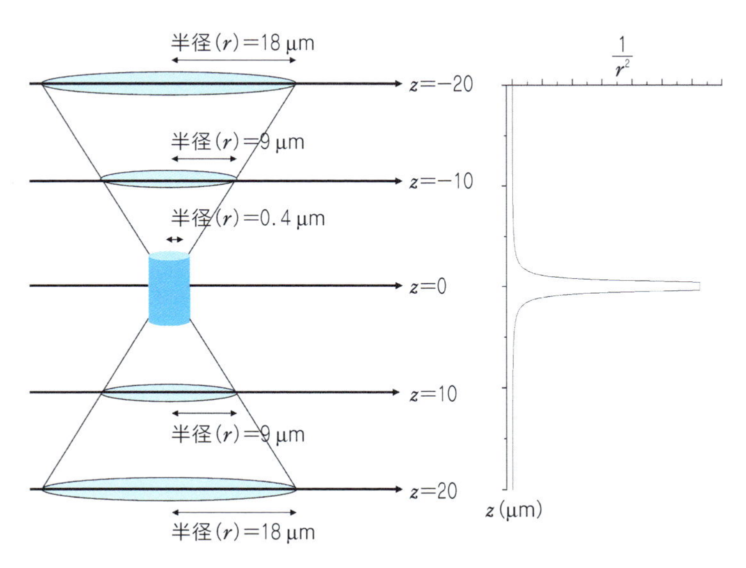

図3　2光子励起による対物レンズ焦点面での選択的励起

左：焦点面から上下 20 μm の範囲における対物レンズから射出された光の照射範囲を示す．焦点面近傍での光束の集束の程度はレンズのNAに依存する．
右：この場合における2光子励起される蛍光分子の各平面あたりの総数（$1/r^2$ に比例）を示す．

常に小さなスポットになるが，その集光の程度はレンズのNAに依存する．NA 0.9 の水浸対物レンズでは半径 0.4 μm の円内に全体の 95% の光子が集中する．

次に各平面内で励起される蛍光分子の総数を考える．どの断面でも光子の総数は変わらず，したがって全エネルギーも同じであると仮定すれば，平面内での光の強度は通過する円の半径を r として $1/r^2$ に比例する．

$$I = \frac{k_1}{r^2} \quad (k_1 \text{ は定数})$$

2光子励起の効率は光の強度の2乗に比例するので，単位時間，単位面積あたりの励起される蛍光分子の数（F）は

$$F = k_2 \cdot I^2 = k_2 \left(\frac{k_1}{r^2}\right)^2 = \frac{k_1^2 \cdot k_2}{r^4} \quad (k_2 \text{ は定数})$$

となる．さらに各断面で励起される蛍光分子の単位時間あたりの総数（T）は

$$T = F \cdot \pi r^2 = \frac{k_1^2 \cdot k_2 \cdot \pi r^2}{r^4} = \frac{\pi \cdot k_1^2 \cdot k_2}{r^2}$$

となり，各断面に由来する蛍光シグナルは $1/r^2$ に比例することがわかる．半径 r は焦点面近傍ではおよそ 0.4 μm，離れると焦点面との高さの差（z）に比例（$r = 0.91 \cdot z$）することから，z と T の近似的な関係は図3のようになる．焦点面から 2 μm 以内で選択的な蛍光分子の励起が起きている．

一方で，通常の1光子励起では，

$$T = F \cdot \pi r^2 = \frac{k_1 \cdot k_2 \cdot \pi r^2}{r^2} = \pi \cdot k_1 \cdot k_2$$

となり，焦点面からの距離に依存せずにTの値は一定になる．つまりある深さを1光子励起でスキャンしている際には，その前後のすべての深さにおいて同じ数の蛍光分子が常に励起されていることになる．2光子励起の場合にはこのような「必要のない場所の無駄な励起」が存在しないので，とくにX–Y–Z画像のくり返し取得では大きなメリットがある．

2．検出光学系の単純化

2光子顕微鏡のもう1つのメリットは，共焦点顕微鏡のように，試料から出てきた光を再度ガルバノスキャナーを通して励起光の通ってきた道筋を戻してやり，さらにピンホールを通してから検出する，という複雑な光学系が必要ない点である．すでに励起が空間選択性をもっているので，とにかく出てきた光子をなるべく多く検出することを目指せばよい．そのために考慮すべき点として，以下の4つがあげられる．

(1) **PMTと対物レンズの位置関係**：理想的には対物レンズの直後にビームスプリッターを入れて，短波長側の光を直接PMTに導入すればよい．どの位置にPMTを置けるかは顕微鏡の設計にも依存する．

(2) **PMTの受光面積**：感度が高くても受光面積が狭いPMTは，対物レンズを出て散乱する光を効率よく捕らえることができないので注意が必要である．

(3) **対物レンズの倍率**：焦点位置で励起された蛍光分子に由来する光は，組織内で散乱するために，あたかも焦点位置とは別の場所から生じた光のように振る舞う．このような組織内で生じた散乱光を拾うには，同じNAであれば，より広い受光面をもつ低倍のレンズが有利である．

(4) **対物レンズの反対側に向かう光子の検出**：蛍光分子から出る光子は360度全方向に向かうので，その半分は対物レンズとは反対方向に向かって失われる．*in vivo* イメージングでは不可能だが，スライス標本などを用いた2光子励起では，対物レンズとは反対側にコンデンサーレンズを置き，その下に反射鏡を入れることで反対側に射出された光子の一部を検出することが可能である．あるいはコンデンサーレンズの下にPMTを置き，2つのPMTからのシグナルを用いて画像を作成することもできる．

Ⅲ 2光子励起顕微鏡の実際

これまでの議論を基に，実際の2光子顕微鏡のセットアップを説明する（図4）[5, 6]．

(1) フェムト秒レーザーの対物レンズを出た時点での出力が10 mWあれば吸収断面積の大きい分子は飽和近くまで励起できる．しかし，吸収断面積の小さな蛍光分子の使用や，試料内での出力の損失を考えると，150 mW程度の出力があることが望ましい．

(2) 対物レンズ，顕微鏡内部の光学系，スキャナーユニット内でのレーザー出力の損失はおよそ80%と見積もることができる．したがって，スキャナーユニットに入る前の段階でのレーザー出力は750 mW必要である．

(3) スキャナーユニットに導入する前に，レーザー光は適切なビーム径にコリメーターレンズを用いて調整する必要がある．またパルス光は，レンズなどの媒質を通過する間に波長ごとに

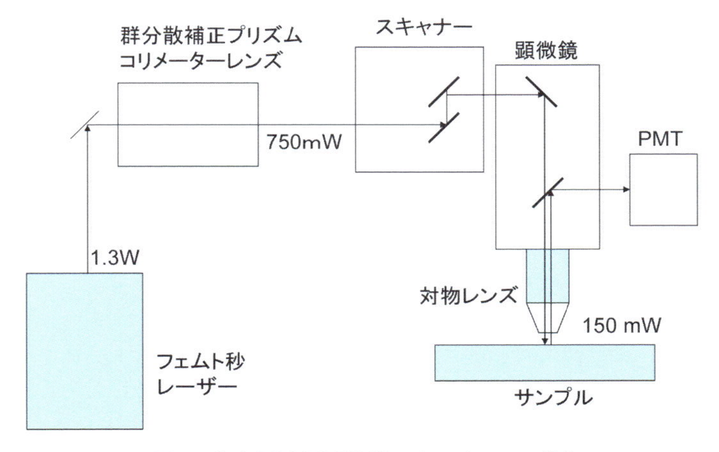

図 4　2 光子励起顕微鏡のセットアップ例

顕微鏡システムに必要なパーツとそれぞれの部位におけるレーザーの出力を示す.

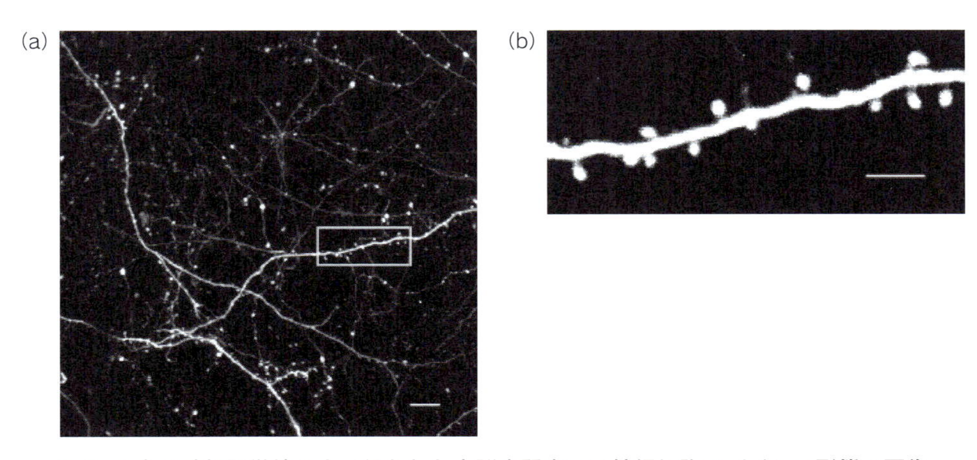

図 5　2 光子励起顕微鏡により得られた大脳皮質内での神経細胞スパインの形態の画像

生きたマウスの大脳皮質内に存在する神経細胞の樹状突起表面構造を解像することが可能である.
スケールバー：(a) 10 μm，(b) 5 μm.

進み方がずれてパルス幅が増加してしまう．その補正を光学的に行うためのプリズム（ネガティブチャープ系）を通過させる際にも出力の損失がある．この部分での出力の損失を 40% と見積もると，フェムト秒レーザーを出た直後に必要な出力は 1.3 W となる．現在市販されているフェムト秒レーザーは，900 nm を超える波長域で 1 W 以上の出力をもっており，以上の条件を満たす顕微鏡システムの構築が可能である．

(4) 2 光子顕微鏡の検出器側の設計はきわめてシンプルである．対物レンズの近傍に感度が良く受光面の大きい PMT を置けばよい．PMT の量子効率としては 0.5 を超えるものが利用可能になりつつある．

このようなシステムを利用して，生きたマウス個体での脳深部イメージングを行った例を図 5 に示す．NA 0.9 の水浸対物レンズを用いて大脳皮質内で神経細胞の樹状突起に存在するスパイン構造を GFP 蛍光により検出した．1 個のスパインは直径 1 μm 程度の大きさであり，組織深部の微細な構造が画像化されている [7].

文 献

[1] Denk, W. *et al*.: *Neuron*, **18**, 351, 1997
[2] Zipfel, W. *et al*.: *Nat. Biotech*., **21**, 1369, 2003
[3] Svoboda, K. *et al*.: *Neuron*, **50**, 823, 2006
[4] Xu, C. *et al*.: *J. Opt. Soc. Am. B*, **13**, 481, 1996
[5] Majewska, A. *et al*.: *Pflügers Arch*., **441**, 398, 2000
[6] Nikolenko, V. *et al*.: *Methods*, **30**, 3, 2003
[7] Helmchen, F. *et al*.: *Nat. Methods*, **2**, 932, 2005

[岡部繁男]

第25章
全反射顕微鏡と1分子計測

全反射蛍光顕微鏡は，入射光が界面で全反射するときに界面からにじみ出る光の場「消失場」を励起光として使う蛍光顕微鏡である．消失場は界面から奥行き方向に急速に減衰するので，背景に存在する蛍光分子の励起が少なく，蛍光観察時の背景光を極端に減らすことができる．そのため，個々の蛍光分子を識別できる高いコントラストの画像が得られるので，蛍光1分子の可視化に利用されている．本章では，全反射蛍光顕微鏡法の原理と，1分子計測の目的を解説する．

I 全反射蛍光顕微鏡

1．全反射蛍光顕微鏡の原理

A．全反射

屈折率差のある媒質1と2の界面に斜めに光が入射すると，屈折と反射が起こる（図1）．屈折の角度はSnellの法則によって計算できる．

$$\frac{\sin\theta_1}{\sin\theta_2}=\frac{n_2}{n_1} \tag{1}$$

n_1とn_2は，それぞれ媒質1と媒質2の屈折率を示す．屈折角（θ_2）が90°になるときの入射角（θ_1）をとくに臨界角（θ_C）という．入射角が臨界角を超えると，媒質2にはもはや光（進行波）は透過せず，すべてが反射する．この現象は全反射（total internal reflection）と呼ばれる．全反射が起こるには，媒質2が媒質1よりも小さい屈折率をもっていなければならない．

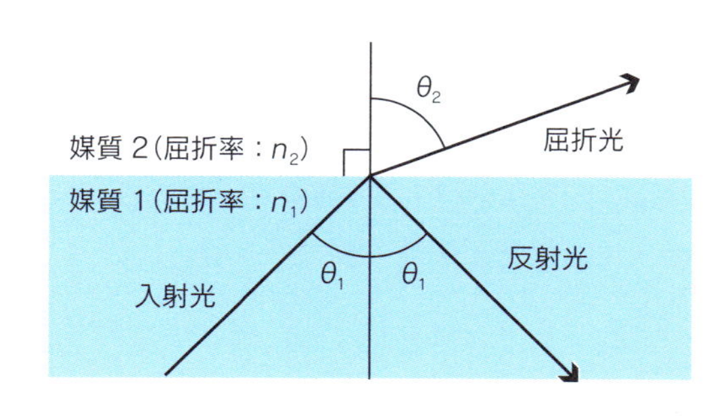

図1　反射と屈折

B. 消失場

全反射が起こっているとき，界面の媒質 2 側はどうなるだろうか．界面でいきなりすべての光が反射されるとすると，媒質 1 側には電磁場（光）が存在するが，それに接触する 2 側では存在しないことになって，界面で無限大の不連続が生じる．自然は飛躍を嫌うので，このような不連続は起きない．

実際には，界面から媒質 2 へ向かって光の場が浸み出している．ただし，（全反射が起こるのであるから）浸み出した光はやがてすべて媒質 1 側へ帰っていく．つまり，この浸み出した光は媒質 2 の深部へは進行しない．普通の光がどこまでも直進していくのとは違い，この光は界面にまとわりついた光の場である．この光の場の強度（$I(z)$）は，界面から離れるにつれて，指数関数で減少するので消失場（evanescent 場）と呼ばれる（z は深さ方向への距離）．

$$I(z)=I(0)e^{-z/d} \tag{2}$$

消失場の減衰長 d は波長（λ），媒質 1，2 の屈折率比（n_1/n_2），入射角（θ）の関数であり，以下の式で表される．

$$d=\frac{\lambda}{2\pi}\cdot\frac{1}{\sqrt{\sin^2\theta_1-(n_2/n_1)^2}} \tag{3}$$

ガラス（$n_1=1.52$）と水（$n_2=1.33$）の間で，Ar^+ レーザー（λ ＝488 nm），固体 green レーザー（λ ＝532 nm），He-Ne レーザー（λ ＝633 nm）が全反射するときの減衰長（d）を，入射角（θ_1）の関数としてプロットせよ．

2．全反射蛍光顕微鏡の装置

全反射によってできる消失場を使って蛍光色素を励起する光学顕微鏡を，全反射蛍光顕微鏡（total internal reflection fluorescence microscope；TIR-FM）という [1]．全反射蛍光法による細胞の観察は 1981 年に Axelrod によって最初に報告された [2]．

生物試料を見る場合には，普通，ガラス（カバーガラスなど）と試料を取り囲む水溶液の界面で全反射を起こさせる．照射光の入射角が一定であることが望ましいので，平行度を高くできるレーザー光が光源として使われることが多い．

全反射を実現するための光学系は，さまざまな方式が考えられる．大きく分類すると，全反射角を超える入射角を得るために，プリズムを使う方式（プリズム型）と，油浸の対物レンズを使う方式（対物型）がある（図 2）．

ガラス（普通のカバーガラスの屈折率は 1.52）と水（屈折率 1.33）の間の臨界角を（1）式に従って計算すると，約 61° となる．対物レンズの開口角を θ とすれば，開口数（NA）は $n\sin\theta$ であるから，対物型の全反射蛍光顕微鏡は 1.33 を超える NA をもっていなければならない．逆に，NA 1.49 の油浸対物を使う対物型全反射蛍光顕微鏡の最大の入射角は約 79° である．プリズム型にはこのような入射角の上限はない．

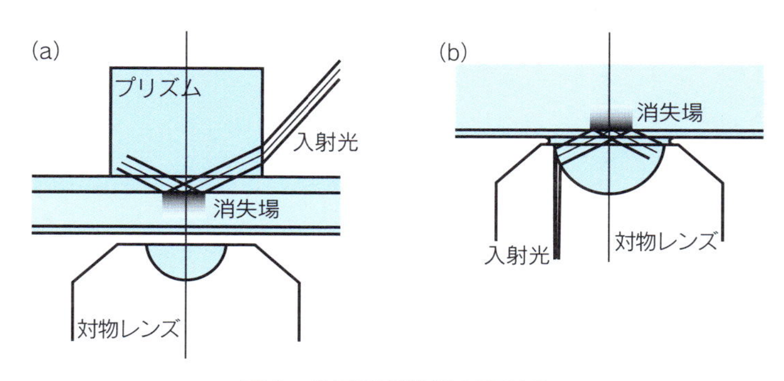

図 2　全反射顕微鏡の照射系

プリズム型の一例 (a) と対物型 (b).

カバーガラスに張り付いた細胞を観察する場合には，ガラスと細胞質の屈折率比が臨界角を決める．細胞質の屈折率は 1.36～1.38 であるといわれている．臨界角を計算してみよ．また，臨界角および 79° の入射角における減衰長を求めよ．

3．全反射蛍光顕微鏡法の特徴

A．深さ方向の空間分解能

(3) 式からわかるように，消失場の減衰長 d は入射角が大きくなるほど短くなる．(2) 式は，界面から d の深さにおける励起光強度が，界面の $1/e$ になることを意味している（e は自然対数の底，2.72）．$2d$ の深さでは $1/e^2 = 0.135$ 倍の励起強度になる．したがって，全反射蛍光顕微鏡では界面付近が強く励起される．典型的な観察条件では，$d = 100$～200 nm である．これは，界面から 100～200 nm の断面からくる信号が強く観察できることを意味し，全反射蛍光顕微鏡が深さ方向に高い分解能をもつことがわかる（図 3）．共焦点蛍光顕微鏡や 2 光子励起蛍光顕微鏡も，深さ方向の空間分解能をもつが，せいぜい 1 μm 程度にすぎない．全反射法は，界面しか見ることができないが，深さ方向の空間分解能ははるかに高いといえる．(界面付近の断層像が撮れるといっても，消失場は遠方まで続いており，100～200 nm から先がまったく見えないわけではないことに注意せよ．共焦点蛍光顕微鏡や 2 光子励起蛍光顕微鏡も同じである．)

横方向の空間分解能に関しては，全反射蛍光顕微鏡は普通の落射蛍光顕微鏡とほぼ同様である．

B．コントラスト

蛍光顕微鏡では，見たいものだけが暗闇で光っている．この選択性が蛍光顕微鏡の価値である．見たいものだけに光を当てれば背景光が減り，信号強度が相対的に大きくなる．励起あるいは検出体積を小さくすることは，コントラスト（選択性）を上げるうえで絶大な効果をもっている．このような例として，視野絞りの効果を思い出してほしい．

共焦点法や 2 光子法は，検出あるいは励起体積を小さくすることによって高いコントラストを実現しているが，全反射蛍光顕微鏡のコントラストはさらに高い．深さ方向の励起体積が，共焦

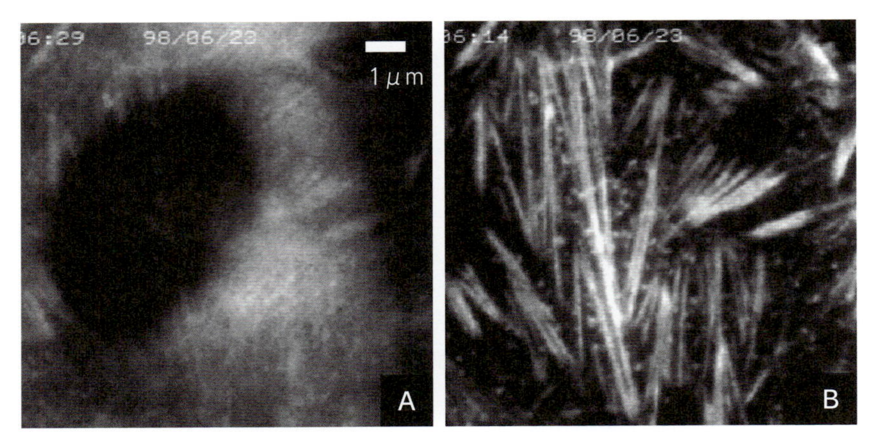

図 3　落射蛍光顕微鏡像と全反射蛍光顕微鏡像の比較

GFP-アクチンを発現する CHO-K1 細胞を落射蛍光顕微鏡 (A) と全反射蛍光顕微鏡 (B) で観察した．顕微鏡の焦点は細胞の基底膜面（全反射面）．両像の明るさのダイナミックレンジをほぼ同じにして表示してある．(A) に見える中央の丸く暗い部分は核．(B) では基底膜面にあるストレスファイバーが高いコントラストで観察されるが，(A) では非焦点面からの蛍光によりコントラストは著しく低下している．

点法や 2 光子法と比べて数分の 1 から 10 分の 1 程度しかないためである．

全反射蛍光顕微鏡の励起体積（横方向は回折限界とする）あたり 1 個の蛍光分子が存在するときの，蛍光色素濃度を計算してみよ．この値が，1 分子計測可能な最高の蛍光色素濃度である．

C．偏光

光（電磁波）は進行方向に垂直に電場・磁場が振動する横波である．電場の振動が特定の方向だけに起こっている光を（直線）偏光という．一方，蛍光色素は電気双極子（アンテナ）であり，双極子の向きと同じ振動方向をもつ電場と共鳴して励起される．この性質を利用して，偏光で色素の向きを測ることができる．

自由に運動している，あるいはランダムに分布している色素はあらゆる方向を向きうるが，光は横波なので，進行方向と平行に振動する電場成分は存在しない．したがって，光の進行方向と平行な向きを向いている蛍光色素は，普通の偏光計測には掛からない．

全反射蛍光顕微鏡を使うと，レンズの光軸と平行に振動する偏光成分を作ることができる．全反射蛍光顕微鏡では斜めに光が入射してくるため，図 4 (a) に示す x–z 面内を振動してくる光は深さ（z 軸）方向の偏光成分をもっている．深さ方向の偏光を利用すると，分子の向きを 3 次元的に計測することが可能である（図 4 b）．

この性質は，全反射蛍光顕微鏡にやっかいな問題をもたらす．図 4 (a) の x–z 面を振動する偏光が z 成分に分かれた分だけ消失場の x 成分が減少するのに対し，それとは垂直な方向（紙面に垂直な方向）に振動しながらやってくる偏光は，z 方向の成分をもたず，すべて y 成分になる．したがって，図 4 のような全反射蛍光顕微鏡で無偏光，ランダム偏光あるいは円偏光の励起光を

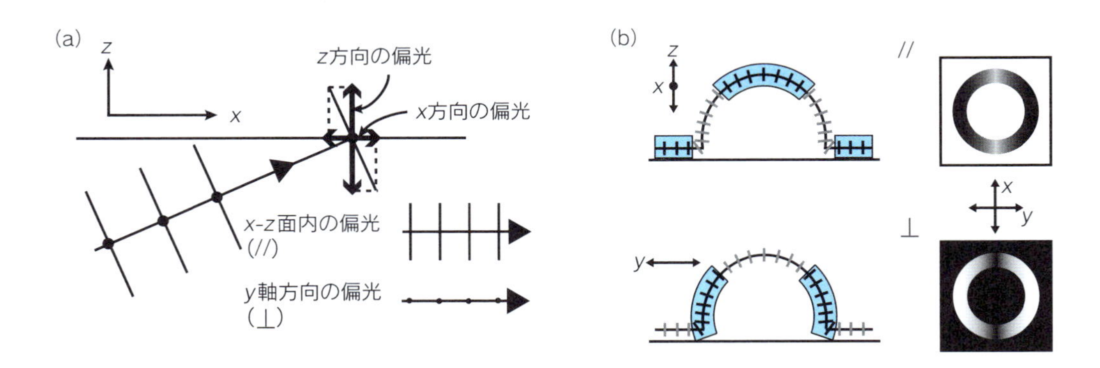

図 4　全半射蛍光顕微鏡による偏光計測

(a) x–z 面内を振動する偏光（//）を斜めに照射すると，z 方向の偏光成分を作ることができる．
(b) 陥入をもつ膜に垂直に刺さっている蛍光色素（吸収・発光ベクトルが膜に垂直）を観察すると，// 方向の偏光（上）と ⊥ 方向の偏光（下）で異なった画像が得られる．

使うと，x 方向と y 方向の励起光強度が変わってしまう．この問題を回避するには，y 方向から同じ角度で入射してくるもう 1 本の励起光を導入するか，あるいは全方位からの輪帯照明を採用する必要がある．実際の多くの場合には，色素は比較的自由に運動しているので，この問題が大きく現れることは少ない．しかし，偏光計測を行う場合には注意すべきである．

4．全反射蛍光顕微鏡変法としての斜光照明蛍光顕微鏡

臨界角直前の入射角で励起光を入射する蛍光顕微鏡を，（低角）斜光照明蛍光顕微鏡（low-angle oblique illumination microscope）と呼ぶ．全反射蛍光顕微鏡の光学系があれば，斜光照明は簡単に実現できる．この顕微鏡は全反射蛍光顕微鏡ほどではないが，通常の蛍光顕微鏡に比べると，格段によいコントラストをもっている．

全反射蛍光顕微鏡が，主として界面しか観察できないのに対し，斜光照明にはそのような限界がないことが利点である．たとえば細胞の内部や上面などを，高コントラストで観察するのに適している．さらに光学系を工夫して薄層斜光照明とすれば，断層像を得ることもできる．

Ⅱ 蛍光 1 分子可視化計測法

1．蛍光色素 1 分子が見えるか？ [3, 4]

A. 1 分子が出す信号

個々の蛍光色素分子を画像として検出する方法を，蛍光 1 分子可視化計測法という．蛍光色素 1 分子が出す蛍光信号を計算してみよう．

励起光の吸収によって電子状態が励起された蛍光分子が，（3 重項状態を経由せずに）励起エネルギーを光として放出する過程が蛍光発光である．発光量は，光吸収の量（分子吸光係数あるいは吸収断面積に比例）と蛍光発光の効率（量子収率）の積になる．

以下の空欄を埋めよ．（有効数字は 2 桁でよろしい．）
色素が吸収する光の量は，照射する光の量と分子吸光係数の積である．波長 500 nm（青緑の光），光強度 20 mW の光を励起光として使うことにする．
この励起光エネルギー流（I_0）を単位時間あたりにくる光子数に変換するには，1 W＝1 J/s であり，1 光子のもつエネルギーが $h\nu$（h：プランク定数，ν：波数）であることを思い出せばよく，そういえば光子のエネルギーは波長と関係しているのであった．波長と波数の積が光速（3.0×10^8 m/秒）である．$h=6.6\times10^{-34}$ J·秒より，I_0＝[　　　] フォトン/秒．
視野内（厚み $d=200$ nm，さっそく全反射蛍光顕微鏡を使う．照射範囲は半径 100 μm の円としよう）に 100 分子の蛍光色素があるとすると，色素濃度（モル濃度：c）は [　　　] M.
光の波長 500 nm における色素のモル吸光係数 $\varepsilon=10^5$（/M/cm；慣例として cgs 単位）とすると，希薄溶液であるから（本当か？），吸収される光の量（ΔI）は Lambert-Beer の法則で計算できる．$\Delta I=2.3\,\varepsilon\cdot c\cdot d\cdot I_0$＝[　　　] フォトン/秒である．（100 分子ぶん）
量子収率 0.3 としておくと，1 分子からの蛍光発光量は [　　　] フォトン/秒と期待される．

蛍光発光は等方的に起こる．対物レンズで集められる光は全発光量の 1/3 程度である．対物レンズ，フィルター，その他の光学系の透過率も考慮すると，光検出器に到達するのは全発光量の 20% 程度だろう．

B. 倍率

光検出に入る前に，1 分子画像をどれくらい拡大するか考えておく．

デジタル画像は画素（ピクセル）から構成されている．光学顕微鏡の x–y 平面上の空間分解能は NA 1.4 の対物レンズで 260 nm である．この分解能で増減する信号パターンを保持するには，半分の 130 nm 以下の間隔でデジタル化を行えばよろしい（それ以上の間隔になると，信号の山や谷を塗りつぶしてしまう）．典型的なカメラの画素サイズ 16×16 μm なら，120 倍に拡大した画像を投影してやれば 1 画素 130 nm に対応する．60 倍の対物レンズを使って，中間レンズでさらに 2 倍に拡大すればよい――というわけにはいかない．

分解能以上に画像を拡大することを「馬鹿拡大（empty magnification）」という．意味がないから「馬鹿」というのだが，本当は効能がある．

まず，1 分子画像はただの点にすぎないので，画像が小さいとショットノイズと区別がつかない．また，拡大することによって，1 分子画像の空間プロファイル（信号強度の 2 次元分布）を知り，さらにその中心を精度よく決めることができる．空間プロファイルは 1 分子計測の確認（1 分子画像は点像分布関数 point spread function になっているはずである）に重要であり，また，分子の位置を精度よく決めることは，分子運動の追跡や，分子の共局在の解析に重要である．実験的には，1 ピクセル＝50 nm 程度に馬鹿拡大すると，十分に S/N 比の高い画像なら 1 nm 程度の位置精度が得られる [5, 6]．

そういうわけで，200～300 倍に画像を拡大して検出器に投影することになる．このとき，画像の中央部でも光量は 300 フォトン/ピクセル/秒ぐらいになってしまうだろう．1 秒 30 枚の画像を撮るなら，光量は 10 フォトン/ピクセル/フレームとなる．

C．光検出器

1分子を「画像として」捉えるのだから，検出器はカメラを使おう．ある高感度カメラの性能をあげてみる．

EM-CCDカメラ（背面照射，冷却，フレームトランスファーCCD，電子増倍型）

画素サイズ：16 μm×16 μm	量子効率（Q）：93%（at 600 nm）
増倍ゲイン（M）：4〜1,200倍	読み出しノイズ（R）：<1〜10電子（標準偏差）
平均暗電流（D）：0.01電子/ピクセル/秒	過剰雑音係数（F）：1.4

カメラは光のエネルギーを電荷に変換して蓄積し，読み出す．1光子を1電子に変換する効率が量子効率（Q）である．上のカメラでは，電荷はさらに増倍ゲイン分（M）だけ増幅される．

$P=10$ フォトン/ピクセル/フレームの光量から得られる信号（S）は，$S=Q \cdot P \cdot M$．

信号検出で問題になるのは信号の絶対値ではない．信号とノイズとの比（S/N）である．詳細は第9章「顕微鏡カメラの基礎」を参照していただくとして，読み出しノイズ（R），暗電流（D），光のショットノイズ（$\sqrt{Q \cdot P}$）とすると，トータルノイズ（N）は，$N=\sqrt{R^2+F^2 \cdot M^2(D^2+Q \cdot P)}$．$F$ は増幅によって生じる余分なノイズの係数である．CCDチップ上で生じる暗電流や光のショットノイズ（信号の統計ゆらぎ）は信号と同様に増幅されることに注意せよ．

上のカメラでは，増倍率が数百倍になれば，読み出しノイズはほとんど無視できることがわかる．また，暗電流も信号に比べて十分小さいので，結局のところ $S/N=\sqrt{Q \cdot P/F^2}$ となり，今の条件では，S/N＝2程度，つまり平均信号強度の半分程度のノイズがあることになる．かなり情けない画像のようだが，実際の蛍光強度は中心の1画素ではなく点像分布の全部を積分して求めるわけであり，実際には十分解析に耐えうる．また，たとえば結合・解離のように全・無的に反応が起こるときには，信号強度そのものを計測するのではなく，結合時間を計測すれば，計測のS/N比は必ずしも悪いとはいえない*1．

D．背景光

1分子からくる信号が画像化できたとしても，それだけで1分子が見えることにはならない．背景光と信号の比が問題なのである．夜になったら星が出るのではなく，星は昼も夜も同じ明るさで光っているが，夜にならなければ見えてこない．

水溶液中で蛍光1分子が初めて可視化されたのは，1995年のことである [7,8]．このとき，新しい技術はいかに背景光を減らすかという点だけにあり，それ以外は既製技術であった．

希薄な試料なら，落射蛍光顕微鏡でも光学系やフィルターを注意深く調製すれば1分子可視化は可能である．混雑した試料（比較的高濃度の蛍光色素を含む試料，光散乱の大きい試料）では，特別に背景光を減らす工夫がいる．全反射蛍光顕微鏡が1分子可視化に使用される理由は，コントラストの高さ（背景光の少なさ）による*2．

---

*1　S/N比の議論は生物システムの情報処理においても同様であるから，他人事ではない．

*2　Funatsuらの論文（1995）によれば，当時の（旧式の）落射蛍光顕微鏡で，回折限界あたり6,000フォトン/秒以上あった背景光が，フィルターの選択により140フォトン/秒まで減り（この時点で1分子が見えた），さらに全反射蛍光顕微鏡では3フォトン/秒に減ったという．このときの主要な背景光は，水やガラスのラマン散乱であろう．

E. 蛍光寿命と光退色

先の計算では 2×10^4 フォトン/秒ぐらいの蛍光を1分子に出させている．量子効率0.3とすれば，1分子が1秒あたり 6×10^4 回励起されていることになる．第12章「蛍光色素・蛍光タンパク質」，第15章「蛍光の化学的理解」のJablonskiダイアグラムを見直してほしい．蛍光色素が励起・発光のサイクルをくり返すには時間がかかる．ほとんどの時間は励起状態の寿命（蛍光寿命；fluorescence lifetime）である．たいていの蛍光色素の蛍光寿命はナノ秒のオーダーにあり，とくに1分子計測でよく使われる色素では1ナノ秒程度である．したがって，非常に強い励起光を当てれば，最大で 10^9 フォトン/秒，つまり先に計算した1万倍以上の信号強度が得られるということになる．10^9 フォトン/秒を達成できる強いレーザー（200 W）は普通にはないのでこれは実現できないが，10 Wぐらいのレーザーなら手に入るから，この1/20（5×10^7 フォトン/秒）程度なら実現できそうである．しかし，実際には，このような強いレーザーは使われない．その理由は，強い光で励起すると，あっという間に光退色が起こってしまうからだ．平均的な蛍光色素が水溶液中で退色するまでに出す光子数は，丈夫な色素でも 10^6 ～10^5 といわれている．先の条件（20 mW）でも5～50秒で退色が起こる．1/30秒で1枚の画像を撮るとすると，150～1,500枚の画像を撮る間に退色することになる．せいぜい1,000枚程度の画像で勝負するのが1分子可視化計測である．

2．何が計測できるか？[9–12]

1分子可視化法で見える画像は蛍光色素の点々（だけ）である．動画を撮れば点々の運動が見える．1個の蛍光輝点の画像から計測できる変数は位置，色，偏光，明るさである．動画を撮れば，これらの時系列（運動，寿命など）がわかる．複数の輝点が見えれば，これらの値の分布や時間・空間相関，分子の密度や数もわかる．

A. 蛍光分子の位置，数，密度，運動軌跡

ガラス基盤上の計測はともかく，細胞内1分子計測では分子の数や空間分布が重要な情報をもっている．1分子計測によって，細胞応答が数十から数百の情報分子の反応で起こることが直接見えてきた．

また，分子の運動は周囲の空間の性質を反映している．膜タンパク質の1分子運動計測から，膜ドメインや足場タンパク質の存在や性質を知ることができる．

B. 蛍光分子の色（スペクトル），偏光

蛍光分子の励起・発光スペクトル（ここでは蛍光スペクトルと呼ぶ）は環境（疎水性，pHなど）に依存して変化する．蛍光スペクトルの変化から蛍光標識したタンパク質の構造変化や，タンパク質周囲の環境変化を探ることが可能である．

蛍光スペクトルを得るには単に1分子の画像を撮るよりは多くの光子が必要であるが，秒オーダーの積算時間で1分子蛍光スペクトルが実際得られている．また，S/N比の悪い1分子蛍光スペクトルからも，スペクトル重心は比較的正確に計算することができる．ただし分光器が必要なので，2次元画像と蛍光スペクトルを完全に同時に得ることはできない．

Dual-view 光学系（2つの波長に分光する光学系；2分割光学系）のようなものを使って分光すれば，多波長画像を同時に撮ることができる．異なった蛍光色素で標識した分子の共局在検出や，単一蛍光分子間の FRET 計測（single-pair FRET；spFRET などと呼ばれる）も可能である．分子内 spFRET 計測は高分子の構造変化ダイナミクスの計測に利用されている．

1分子蛍光偏光計測も行われており，分子の配向，構造変化の計測に有効である．

C．蛍光分子の明るさ

光学顕微鏡の回折限界内に複数の分子が存在するとき，個々の分子を識別することはできないが，蛍光輝点の明るさから，そこに存在する分子の数を推定することができる．

蛍光1分子の明るさの分布は広く，単一分子でもかなりゆらぐので，1枚の画像からでは個々の輝点に存在する分子数を正確に決めることはできない．しかしこの場合でも，多数の輝点の輝度分布から会合数分布を調べることは十分可能である．

もし同一輝点に含まれる分子数が数個以下であれば，結合・解離あるいは退色による輝度変化が階段状に見える．1段の高さは1分子（もしくは結合・解離単位）の蛍光強度を表す．階段数を測れば，単一輝点の分子数（単位数）をより正確に決めることができる．

D．蛍光分子が見えている時間

水溶液中の蛍光分子は，速いブラウン運動のために通常のビデオ顕微鏡の時間分解能では輝点として観察できない．

ビデオレート（1/30秒）の間に，典型的なタンパク質分子が水中を拡散する範囲を計算してみよう．

Einstein によれば，拡散係数（D）と粒子の半径（a）の間には

$$D = \frac{RT}{N_A} \cdot \frac{1}{6\pi\eta a}$$

なる関係がある．ここで R：気体定数（8.3 J/M/K），T：絶対温度（300 K），N_A：アボガドロ数（6.0×10^{23}/M），η：粘性率（10^{-3} N･s/m^2）である．タンパク質分子が半径 2 nm の球状とすると，D =［　　］μm^2/秒となる．（J は N･s と同じ．）

3次元の平均2乗変位（mean square displacement；MSD）は $6Dt$ であるから，t = 1/30 秒の間では MSD =［　　］μm^2．これは原点から出発した粒子が時間内に平均で $(\mathrm{MSD})^{1/2}$ =［　　］μm 離れた位置に到達することを意味している．この距離は光学顕微鏡の回折限界に比べてはるかに大きい．

どれくらい遅く動いているものなら，輝点として見えるか計算せよ．逆に，水中の分子を可視化するにはどれくらいの時間分解能が必要か？　どれくらいの励起光強度があれば水中の分子が直視できるか？

したがって，輝点の出現は蛍光分子が静止あるいは遅く動いているものに結合したことを意味し，輝点の消失は解離あるいは退色を意味している．分子の見えている時間は，退色時間あるいは結合時間（結合事象が始まってから終わるまでの時間）である．たくさんの事象を集めて，時

間分布を反応モデル式で近似すると，退色の時定数や解離速度定数を求めることができる（後述）．

退色と解離は，個々の事象については区別できないが，励起光強度を変えて実験を行ったときの変化から統計的に区別できる．退色速度は励起光強度に比例するが，解離反応は普通，励起光強度に依存しない*3．

3．なぜ1分子計測をするのか？

われわれはなぜ蛍光1分子計測をするのか？　分子反応のメカニズム，細胞応答のメカニズムを知りたいからである．メカニズムに興味がなければ，わざわざ苦労して1分子を見る必要はない．「どんな分子があるのか」という疑問に1分子計測で答えることは多分できないし，「反応が起こっているかどうか」を知りたいのであれば，もっと簡単な計測法があるだろう．「どのように反応が起こっているのか」を知るために，1分子計測が使われる．

1分子可視化計測の利点として以下のようなことがあげられる．

A．高感度検出

普通の生化学でもナノグラム程度のタンパク質を取り扱うことができる．分子量数万のタンパク質1 ngは分子数10^{10}程度である．それに対して，たとえば細胞膜の情報タンパク質は細胞あたり10^{6}～10^{2}分子である．細胞は数分子の濃度差を見分けることができ，細胞あたり10～100分子の反応で細胞応答が起こることも1分子計測で明らかになってきている．個々の細胞の挙動を理解するには，1分子レベルの検出能が必要である．

B．反応を直視する

1分子計測は，多数分子の反応平均を見るのではなく，個々の分子，個々の反応事象を個別に直接検出する．それによって，以下のような利点が生まれてくる．

◎平均化による鈍りがない

複数の反応を平均化すると反応の詳細が鈍って見えなくなる．1分子計測では反応の平均化による鈍りは生じない．

◎定量的計測

1分子計測を使うと，分子反応や分子動態を数理モデルで記述する際に用いられるパラメータ，すなわち分子数，座標，反応速度定数，ミカエリス定数，拡散係数，輸送速度などの絶対値を，細胞内においてさえ比較的容易に決定することができる．

◎反応同期がいらない

反応キネティクスやダイナミクスを知るには，時間変動するパラメータを計測する（時系列解析）．多数分子計測の時系列解析では，濃度ジャンプや温度ジャンプなどによって分子の反応を同期させ，その後の応答を見ている．

＊3　ここでの議論は，新たな蛍光分子の生成を考えていない．しかし，最近では細胞内のタンパク質合成をGFP発光の出現により1分子計測している研究もある．

しかし，細胞内など複雑な反応ネットワークの中の素反応を，多数分子で同期させることは不可能な場合が多い．また，濃度や温度の急激な変化は系に摂動を与えることになる．したがって，定常状態で多分子時系列計測を行うことも困難である．

1分子計測では，異なった時間・空間で起こる事象を個別に記録し，事後的に反応開始点を揃えることによって，仮想的に反応同期をかけることができる．この性質が細胞内の定量的計測を可能にしている．

このとき，個別の反応の開始点を同期させていることに注意してほしい．多分子計測の急速混合で同期できるのは，混合点（濃度変化時刻）であって，反応開始点ではない．反応は確率的に起こるので，混合から個々の分子の反応開始までには統計的ばらつきがあり，これが多数分子平均計測で反応の詳細が鈍る理由の1つになっている．

実際に，1分子計測によって新たな反応中間体が見つかることがしばしばあるが，これは，1分子計測が多数分子計測よりも完全な（仮想的）反応同期ができることによる．

◎分布・ゆらぎが見える

1分子計測は個々の反応事象を見ているので，当然のことながら反応パラメータの平均値に加えて，分布（分子ごと，細胞ごとのばらつき）やゆらぎ（1分子，1細胞の時間変化）を知ることができる．

複雑な生物反応系を理解するには，反応系を単純化した数理モデルを作ってその性質を解析することが必要である．1分子計測は，反応が直接見えるので，数理モデル化に必要な素反応パラメータを決定することが可能である．このことは，1分子計測が複雑な生体反応ネットワークを解析するのに重要な手段となることを示している [13]．

4．蛍光1分子可視化計測を使う

1分子可視化によって得られた反応時間，運動軌跡から反応パラメータを求める際の基本的な考え方を説明する．実際の生体反応は複雑な場合が多いが，ここでは最も単純な場合を考える．

A．反応速度定数を求める [14]

ある反応事象，たとえば分子間結合の持続時間を1分子計測して，その時間分布を得たとする．この分布を記述する関数を考える．

$$\mathrm{A} \xrightarrow{k} \mathrm{B}$$

状態A（たとえば2分子が結合している状態）から状態B（たとえば解離状態）への状態変化が，単純な確率過程で起こる場合，多分子反応ではA状態の分子の消失速度は，

$$\frac{d}{dt}[\mathrm{A}] = -k\,[\mathrm{A}]$$

という反応速度式で表され，k を反応速度定数と呼ぶ．［　］は濃度を表す．

ところが，濃度は多数分子が存在してはじめて定義できる量なので，1分子反応式を濃度で記述することはできない．そこで1分子反応式では，濃度を確率に置き換える．ある分子がi状態

にある確率を P_i とすると，先の式は

$$\frac{d}{dt}P_A = -kP_A \tag{4}$$

と書き換えられる．分子はA，Bの2状態のいずれかにあるから $P_A + P_B = 1$．また，A状態が見えはじめた時間0の時点では，分子は必ずA状態にあるので，$P_A(0) = 1$ である．

実験的に求めたA状態の持続時間分布 $f(t)$ の時刻 t における値は，その時刻でのA状態の消滅確率密度（多分子反応なら消滅速度と思えばよい）$-d/dt(P_A)$ に他ならない．(4) 式を先の条件下で解くと，$P_A = e^{-kt}$ になるから

$$f(t) = ke^{-kt}$$

が得られ，速度定数 k を決定することができる．（$t \to \infty$ では $f(t) = 0$ である．）

結合・解離のように逆反応がある2状態遷移を多数分子平均で見ているとき，反応は $A \underset{k_-}{\overset{k_+}{\rightleftharpoons}} B$．したがって $\frac{d}{dt}[A] = -k_+[A] + k_-[B]$ のような反応速度式で記述される．初期状態 $[A_0] = 1$ から出発して $[B(t)]$ を計測することを考えてみよ．
多分子計測で直接決まるパラメータ $[B(t)]$ の指数の値）が k_+，k_- 単独の関数でなく両者に依存するのは，両方向の反応が並行しているためである．すなわち，両方向の反応の混在により，計測結果はぼけている．

B. 拡散係数を求める

特別な制御がなければ，分子は熱ゆらぎででたらめに動き回っている（ブラウン運動といい，酔歩，random walk の一例である）．

酔歩を特徴づけるパラメータは拡散係数である．多数の分子が原点から酔歩して分布が広がっていくとき，原点から各分子までの距離の2乗を多数の分子にわたって平均した値を平均2乗変位（mean square displacement；MSD）といい，時間に比例して増加する．この比例定数を2次元の酔歩であれば4で割った値が拡散係数であり，酔歩の速さを示す．

多数の1分子運動軌跡から拡散係数を求めることは当然可能であるが，せっかく1分子を見るのだから，1つの運動軌跡から拡散係数を求める方法を考えてみよう．

単純に酔歩している分子は過去の記憶をもっていない（だから酔歩という）．したがって，ある時間範囲にどちらの方向にどれだけ変位するかは，多数の粒子の運動の平均をとろうが，ひとつの運動軌跡から異なった部分を切り出してきて平均をとろうが，十分たくさんの平均をとれば同じになる．（ただし，どの粒子も，どの時刻も同じパラメータで運動しているとする．）

粒子の座標が時間間隔 Δt ごとに X_1，X_2，…，X_j，…のように変化するとして，

$$\mathrm{MSD}(\Delta t) = \left\langle (X(j+\Delta t) - X(j))^2 \right\rangle_j$$

のような平均をとれば（$\langle\ \rangle_k$ は k について平均をとる操作を表す．図5），多数粒子（X_1，X_2，

…，X_i，…）の平均で求めたMSD，

$$\mathrm{MSD}(t)=\left\langle (X_i(t)-X_i(0))^2\right\rangle_i$$

と同値な値が得られるはずである．

上の2つの値が一致しない場合を具体的に想像してみよ．何が起こっているか？
単純拡散運動のMSDは時間に比例する．すなわち拡散係数はどんな時間領域でも同じ値をとる．実際には（生物に限らず）いろいろなシステムで時間依存した（見かけの）拡散係数の変化が観察されている．タンパク質の拡散運動に時間依存性をもたらすメカニズムはいろいろ考えられる．3つ以上あげよ．

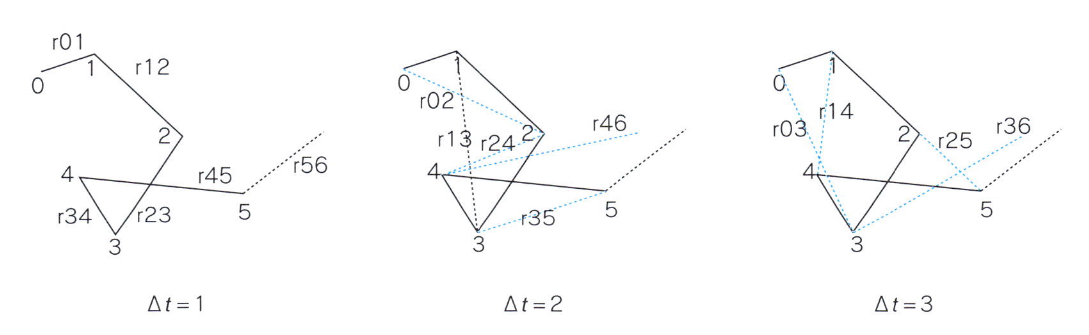

図5　1分子拡散係数計測
図の青色の点線のように2乗平均をとる．

5．反応の分布とゆらぎ

ここでは，各々の分子の反応パラメータの分子間分布を反応の分布（static disorder）と呼び，1分子反応パラメータの時間変動を反応のゆらぎ（dynamic disorder）と呼ぶ．

図6(a)は，われわれが計測した上皮成長因子受容体とアダプター分子Grb2の結合速度，解離速度，解離平衡定数の分布を示す．解離速度は1桁，結合速度と解離平衡定数は2桁近くにわたって分布している．図6(b)に見る細胞膜に結合したリン酸化酵素Raf1分子の拡散係数も1桁以上の分布の広がりをもつ．1分子の拡散係数を求めるときに考察したように，単純には，長い時間での反応ゆらぎの幅は，反応の分布の幅と同程度のはずである．

反応のゆらぎに関しては，さらに興味深いことが見つかってきた．いくつかの酵素反応で，酵素が反応速度に関する記憶をもっていること，すなわち速く反応サイクルを回ったあとは次回も速く反応し，遅く反応したあとは遅く反応しやすいことが明らかになってきたのである[15,16]．これは，タンパク質が反応速度の異なる複数のコンフォメーションをもち，さらに，コンフォメーション間の遷移が反応サイクルよりも遅く起こることを仮定すれば説明できる．実際に，このような例が種々のタンパク質で観察されている[18,19]．

統計的な乱雑さを超えた反応の分布・ゆらぎの原因は，分子がさまざまな状態をとることにある．複雑な構造をもつ生体高分子は，たくさんの準安定状態をもちうるが，それらの間の遷移は

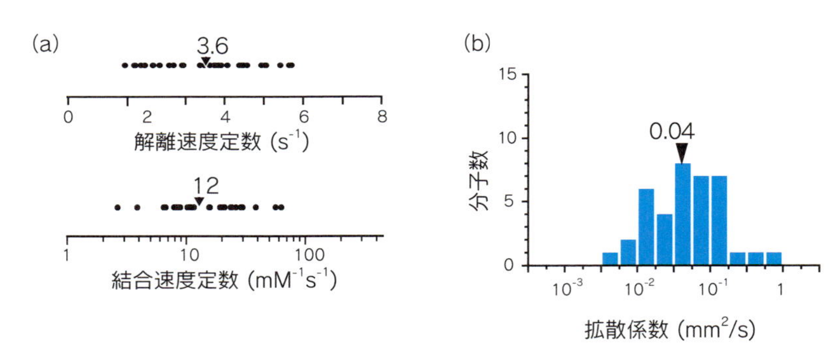

図6　反応パラメータの分布

(a) 膜タンパク質（上皮成長因子受容体）と細胞質タンパク質（Grb2）の結合・解離反応パラメータの分布．1点が1つの反応部位（森松らによる）．(b) 細胞膜へ結合したcRaf1の拡散係数の分布［17］．(a), (b) とも矢じりは中央値を示す．

しばしば自然に，つまり熱ゆらぎによって起こる．より大きなエネルギー障壁をもつ遷移，あるいは方向性をもった状態変化は，外部からのエネルギー供給を必要とする．しかし，その場合も代表的なエネルギー源であるATPが供給できるエネルギーは熱ゆらぎの10倍程度にすぎない*4．すなわち，生体分子反応は，低エネルギーで起こる（＝大きなゆらぎをもつ）反応である．

分子システムのはたらきを考えるときには，さらに別種のゆらぎが加わってくる．同じ状況にあるシステムでも，実際には1回ごとの，あるいはたくさんの並列したシステムのそれぞれに対する入力には統計的なゆらぎ（数のゆらぎ）が生じる*5．1分子計測により，細胞運動は10個程度の分子の入力で起こることがわかっている．統計的ゆらぎは平均入力数が小さくなるほど相対的に大きくなる．

熱ゆらぎ，数のゆらぎは，自然界のいかなる反応においても避けられないものであるが，生物システムの素反応は，それらのゆらぎの影響をとくに大きく受ける範囲ではたらいている．さらに複雑な生体システムでは，構造の非対称性やエネルギーを使った，ゆらぎの非線形な増幅が起こっている［20, 21］．

結局，生物システムを考えるときに，分布やゆらぎの問題を避けることはできない．逆に考えると，分布やゆらぎには，反応システムに関する情報が豊かに含まれている*6．1分子計測が分布やゆらぎを計測できることの意義は，この点にある．

1分子可視化計測は，反応の詳細を直視し，その分子機構を明らかにするため，そして生物反応の本質に迫るための有力な方法なのである．

＊4　ATP加水分解の自由エネルギー変化は31 kJ/Mである．37°Cでの熱ゆらぎのエネルギーは $k_B T = 4.3 \times 10^{-21}$ J だから，ATP 1分子が最大に供給できるエネルギーは $12\,k_B T$ にすぎない（k_B はボルツマン定数，T は絶対温度）．

＊5　II-1-C項の光のショットノイズと同じで，平均 N 分子の確率的入力は $\sqrt{N}$ の統計的ゆらぎをもっている．

＊6　同じ平均値を与える分布やゆらぎはたくさんある．最も簡単な例をあげよう．たとえば平均値が50%変化したとき，すべての分子の活性が50%変化したのか，半数が100%変化し，残りがまったく変化しなかったのかは，平均値だけではわからない．しかし，分布を測れば一目瞭然である．どちらの結果になるかで，考慮すべき反応モデルはまったく違うだろう．

文 献

[1] Axelrod, D.: *Traffic*, **2**, 764, 2001
[2] Axelrod, D.: *J. Cell Biol.*, **89**, 141, 1981
[3] 柳田敏雄：限界を超える生物顕微鏡（宝谷紘一・木下一彦 編），p.17，学会出版センター，1991
[4] 木下一彦：限界を超える生物顕微鏡（宝谷紘一・木下一彦 編），p.105，学会出版センター，1991
[5] Gelles, J. *et al*.: *Nature*, **331**, 450, 1988
[6] Yildiz, A. *et al*.: *Science*, **300**, 2061, 2003
[7] Funatsu, T. *et al*.: *Nature*, **374**, 555, 1995
[8] Sase, I. *et al*.: *Biophys*. J., **62**, 323, 1995
[9] Ishii, Y. *et al*.: *Trends in Biotech*., **19**, 211, 2001
[10] Sako, Y. *et al*.: *Nat. Rev. Mol. Cell Biol.*, **4**, SS1, 2003
[11] Wazawa, T. *et al*.: *Adv. Biochem. Eng. Biothech.*, **95**, 77, 2005
[12] Cornish, PV. *et al*.: *ACS Chem. Biol.*, **2**, 53, 2007
[13] Sako Y.: *Mol. Syst. Biol.*, doi: 10. 1038/msb4100100, 2006
[14] Xie, S.: *Single Mol.*, **2**, 229, 2001
[15] Lu, H. P. *et al*.: *Science*, **282**, 1998
[16] Edman, L. *et al*.: *Proc. Natl. Acad. Sci. USA*, **97**, 8266, 2000
[17] Hibino, K. *et al*.: *Chem. Phys. Chem.*, **4**, 748, 2003
[18] Kozuka, J. *et al*.: *Nat. Chem. Biol.*, **2**, 83, 2006
[19] Arai Y. *et al*.: *Biochem. Biophys. Res. Comm.*, **343**, 809, 2006 など
[20] 大沢文夫：講座・生物物理，丸善，1998
[21] 柳田敏雄：生物分子モーター，岩波書店，2002

[佐甲靖志]

実習1

蛍光顕微鏡の調整・基本操作

実習1－1 全視野顕微鏡の調整

目的
- 蛍光顕微鏡の各部の構造を理解する．
- 日常的な保守と調整を学ぶ．

実習内容 蛍光顕微鏡の調整，部品の着脱，水銀ランプの交換・調整，光路調整，フィルターの選択，対物レンズの取り扱い・調整，対物レンズのクリーニング，トラブルシューティングなど

関連の講義 第1章 蛍光顕微鏡の基礎

機材 市販の標準的な全視野蛍光顕微鏡 （受講生4〜5人に1台）

1 蛍光顕微鏡の構造と各部の名称

光源から接眼レンズ（またはカメラ）までの光路をたどる（図1）．調節つまみなどの位置と動作を確認．部品を着脱する．
- 水銀ランプ（ランプハウス）
- 集光レンズ
- 投光管
- 励起フィルター（フィルターキューブ）
- ダイクロイックミラー（フィルターキューブ）
- 対物レンズ
- 試料
- バリアフィルター（フィルターキューブ）
- 接眼レンズまたはカメラ

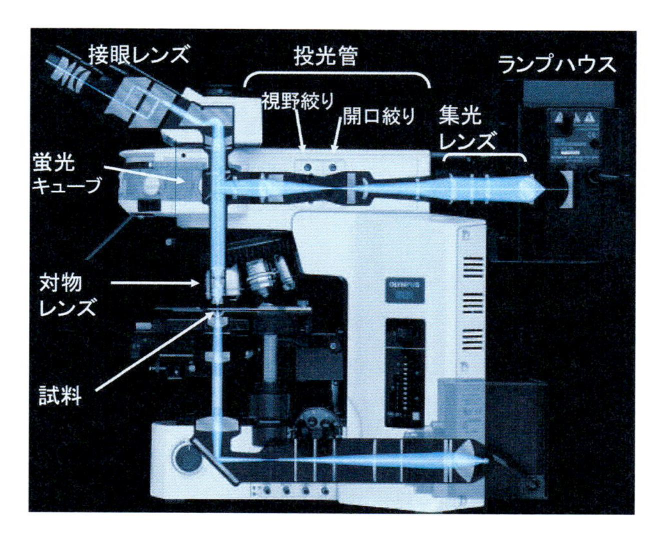

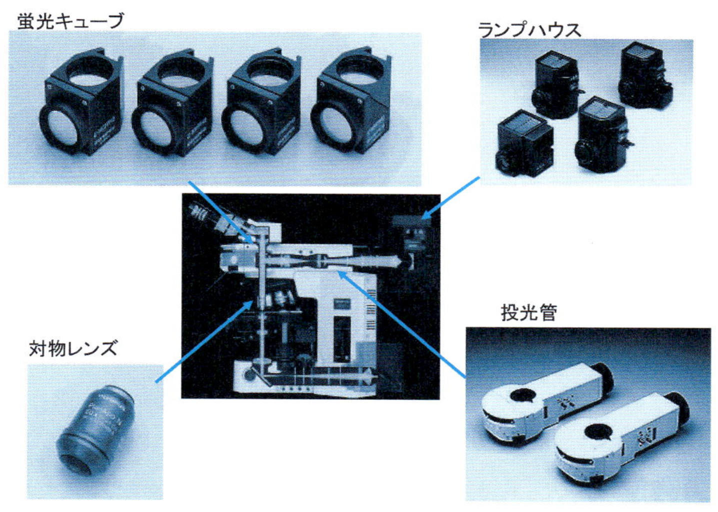

図 1　正立型蛍光顕微鏡の構造

［資料提供 オリンパス株式会社］倒立型蛍光顕微鏡は第 1 章，図 2 を参照．

❷ 水銀ランプの交換と光軸合わせ（芯出し）

水銀ランプは，点灯後 30 分程度して熱くなってから本格的に使用する．点灯後 30 分以上たってから消灯し，消灯後に再点灯するときは 30 分以上冷却させる．

水銀ランプは高圧水銀ガスの中で放電することによって光を発する．使用時間に応じて，電極が消耗し，電極間距離が大きくなるため，暗くなる（図 2）．点灯回数が多いほど消耗が早いが，だいたい 200 時間を目処に交換する．注意する点は，水銀ランプのガラス部分に触れないことである．指紋（皮脂）が付着すると，熱伝導が変わるため，熱したときにガラスが不均一に膨張し，割れることがある．指紋が付いたときは，アルコールで払拭する．

水銀ランプの交換と調整，および取り扱いの注意は，各社のマニュアルに従う．光軸調整の手順を手短にまとめる．

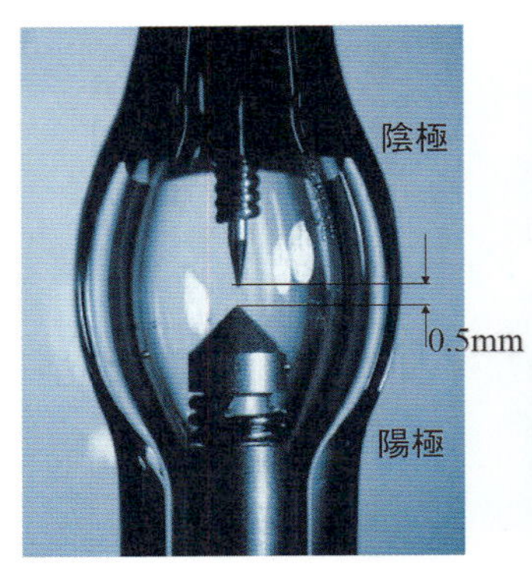

新品ランプ

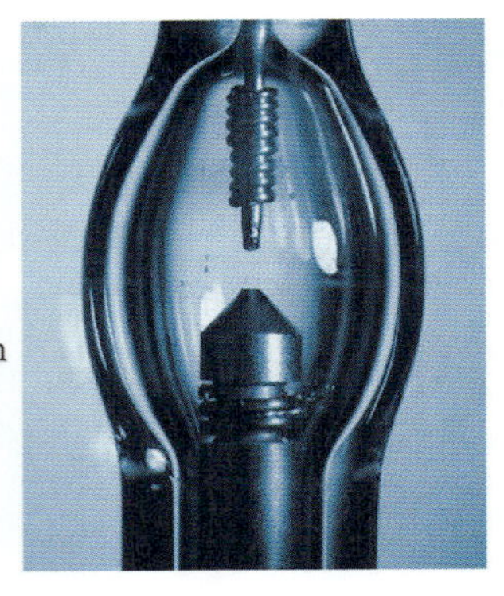
消耗したランプ

図 2　水銀ランプの寿命
［資料提供　オリンパス株式会社］

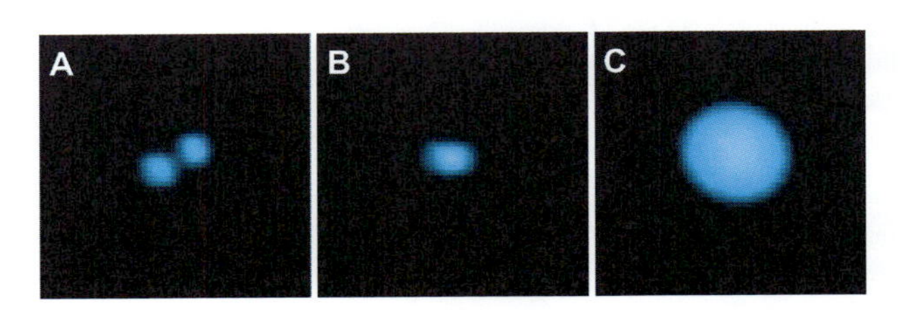

図 3　水銀ランプの光軸合わせ

①まず，ランプハウスの調整つまみを確認する．
　◇ランプとミラーを独立に調整するタイプでは，調整個所は次の 6 個所．
　　焦点の調整：集光レンズの焦点つまみ
　　ランプ位置の調整：水平位置つまみ・垂直位置つまみ
　　ミラー位置の調節：焦点つまみ・水平位置つまみ・垂直位置つまみ
　◇ランプハウスによっては，ミラー位置が固定されているものもある．調整個所は 4 個所．
　　焦点の調整：集光レンズの焦点つまみ
　　ランプ位置の調整：焦点つまみ・水平位置つまみ・垂直位置つまみ
②水銀ランプを点灯し，十分に熱くなるのを待って調整する．
③対物レンズを抜いて，顕微鏡ステージに白紙を置き，水銀ランプのアーク像を作る．
④ランプハウスの集光つまみを調節して，アーク像の焦点を合わせる．
⑤ランプ位置の調整つまみを微動して，アークの直接像とミラー像を少しずらす．
⑥ミラー像の焦点を合わせる
⑦アーク像とミラー像の両方に焦点が合ったところで，ランプの水平・垂直位置を調整し，中心にもってくる（図 3 A）．
⑧アーク像とミラー像を重ねる（図 3 B）．
⑨集光レンズの焦点をずらして，アーク像を開口いっぱいに広げ，ぼかす（図 3 C）．
⑩実際に観察に用いる対物レンズで，照明の視野むらや明るさを見ながら，必要に応じて微調整する．

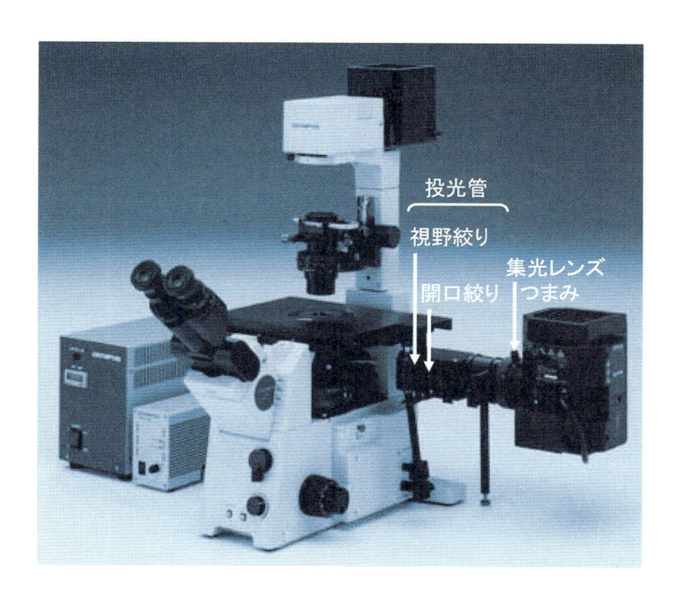

図 4　投光管（倒立型蛍光顕微鏡）
［資料提供　オリンパス株式会社］

3 投光管

- 視野絞りと開口絞り，ND フィルターの位置を確認する（図 4）．
- 視野絞りは試料面に投影される位置にあり，これを絞ると照明される領域が狭くなる．周辺部の不必要な退色を防ぐことができる．また，背景光を減らすことができる．一方で，照明の明るさに勾配ができるので，画像処理などに影響することがある．
- 開口絞りは照明光が平行光束になる位置にあり，これを絞ると照明光の光量が減る．
- ND フィルターを使用すると照明光の光量が減る．

4 蛍光フィルターキューブ

- フィルターキューブを取り外して，分解してみる．
- 3 枚のフィルターの配置と光路をトレースして理解する．
- フィルターの選択については第 5 章「マルチカラータイムラプス蛍光顕微鏡」を参照．

5 対物レンズの取り扱い・レンズクリーニング

- 対物レンズには衝撃を加えない．傷を付けない．
- 使用後は，対物レンズの汚れを除く（とくにオイルを付けた場合は必ず）．レンズペーパーにメーカー推奨の有機溶媒（各社のレンズを固定する糊を溶かさないもの）をしみこませて拭く．
- 定期的に対物レンズを取り外して，ルーペまたは実体顕微鏡で精査する．汚れがあれば，レンズペーパーを綿棒に巻き付けて，有機溶媒でクリーニングする．
- 意外に汚れているのがドライレンズや水浸レンズである．隣のオイルレンズからのオイルの飛沫で汚染する．オイルレンズは毎回クリーニングするが，ドライレンズは汚染したままになっていることがある．

6 トラブルシューティング

- 蛍光が暗いときや見えないとき，まず試料調整の問題か，顕微鏡の問題かを見分ける．
- 試料と同じ波長で絶対に見えるはずの標準試料（たとえば，以前に確かに見えた試料や，さまざまな蛍光色のプラスチック板などをカバーガラスサイズに成形したもの）を見る．
- 試料の問題でよくあるのは：

  単に染色不良 → 試料を作り直す

  試料マウントの問題（試料中の気泡，オイル中の気泡など）→ マウントし直す
- 光路を光源から接眼レンズ(あるいはカメラ)までたどり，ふさいでいる個所がないか確認する．
- 励起光学系の問題か，観察光学系の問題かを見分ける．
- 励起側の問題でよくあるのは：

  単に水銀ランプが点灯していない→ 電源スイッチをオンにする

  　それでも点灯しないときは，ランプハウスか電源の故障を疑う．

油浸レンズをドライで使ったら

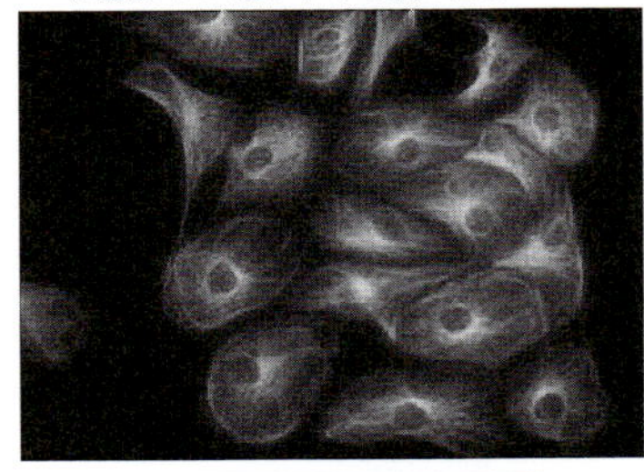

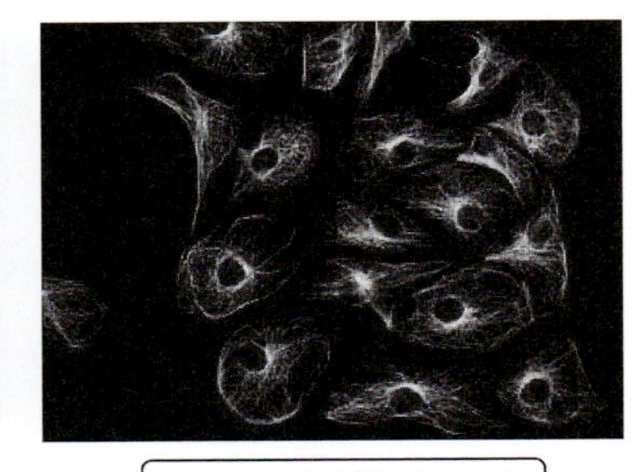

オイル対物をドライで使用　UPlanApo40 oil　オイル対物を適正に使用

図5　オイルの有無の影響

［資料提供　オリンパス株式会社］

補正環の調整が不十分だと

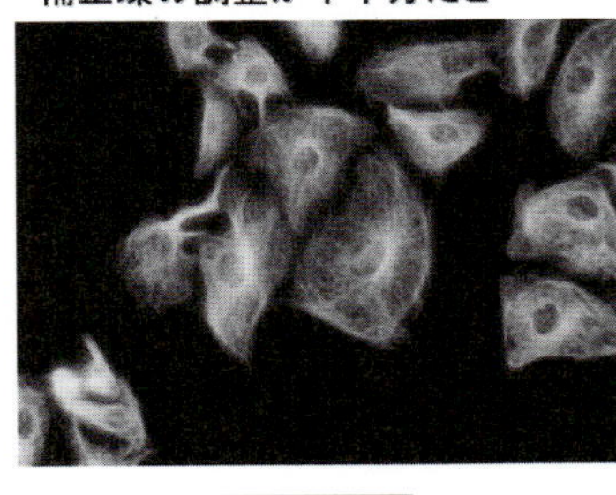

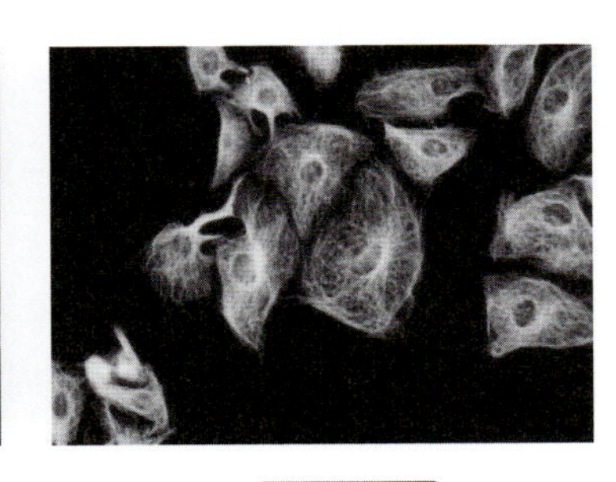

調整不充分　UPlanApo40 oil　適正に調整

図6　補正環の調整不良の影響

［資料提供　オリンパス株式会社］

ただし，電源およびランプハウスは数万ボルトの高電圧が負荷されているので，ユーザーは分解や改造を行わないこと．

水銀ランプの寿命や光軸のずれ → ランプの交換と光軸合わせ

シャッターや ND フィルター，絞りなどが光路に挿入されている→ 光路を点検

蛍光フィルターが入っていない，もしくはミスマッチ → フィルターを点検

- 観察側の問題でよくあるのは：

シャッターや絞りなどが光路に挿入されている→ 光路を点検

蛍光フィルターのミスマッチ → フィルターを点検

対物レンズの誤用（図 5，図 6）→ 正しく使用する

接眼レンズとカメラなど顕微鏡の光路の切り換えミス → 光路を点検

カメラの故障

［平岡 泰］

実習1－2 共焦点顕微鏡の基本操作

目的 レーザー走査型共焦点顕微鏡の基本操作を学び，使用目的や標本に応じたパラメータの設定方法を理解する．

実習内容 レーザー走査型共焦点顕微鏡を用いた画像取得の際に設定するパラメータの意味を理解し，1 つのパラメータを変化させたときにどのような効果があるのかを検証する．また，標本に応じて最適なパラメータを設定する方法を学ぶ．

関連の講義 第 2 章「共焦点顕微鏡の基礎」

材料 蛍光ビーズ，蛍光染色標本

機材 レーザー走査型共焦点顕微鏡
Olympus FV1200-D，Zeiss LSM800，Nikon A1Rsi，Leica SP8 など

1 共焦点顕微鏡で設定するパラメータの理解

A. 励起レーザー（laser）

a. 種類

使用する蛍光色素に合わせて励起に用いるレーザーを決定し，発振させる．ガスレーザーを用

いるときは，安定化させるために，点灯後 30 分程度してから本格的に使用する．水銀ランプと同様に，消灯後に再点灯するときは 30 分以上冷却させる．

b. レーザー出力（output，beam power setting）

用いるレーザーによっては，その出力を調節できる（とくに，458 nm，488 nm，514 nm などを発振するマルチ Ar レーザーなど）．出力を抑えたほうがレーザーの寿命は長持ちする．通常のイメージングには（安定に発振する範囲で）低い出力でも問題ないが，FRAP などのブリーチ実験には，高めの出力に設定するのが望ましい．また，電源部のつまみでアナログ的に出力を調整するようなタイプのものは，常に同じ出力が得られるように，電流計により計測するか，最大出力付近で使用する．

c. 透過率（%；transmission %）

通常，上記のレーザー出力は一定に設定されているので，レーザー強度の調整は，レーザーの透過率を変えることで行われる．レーザー透過率は，ND フィルターもしくは音響光学変調器（AOM；acoustic optical modulator，または AOTF；acoustic optical tunable filter）によって調節される．したがって，レーザー強度は最大出力に対するパーセントとして表示されることが多い*1．

B. スキャン（scan）

レーザーによるスキャンは，X と Y 方向のガルバノミラーにより行われる．ガルバノミラーの振り方は自由度が高く，さまざまなスキャンができる．

a. 画素数（frame size；size；format；steps）

解像度（ピクセルサイズ）は，視野の画素数とズーム倍率で決まる．たとえば，ズーム倍率 1，画素数 1,024×1,024 の設定と，ズーム倍率 2，画素数 512×512 の設定では，原則として同じ解像度の画像が得られる．もちろん，前者の視野は広く，後者は中央部分だけとなる（図 7）．広い視野を高い解像度で撮る場合は，画素数を大きくとったほうがよいが，1 枚を撮るのに時間がかかるのが難点である．

共焦点顕微鏡の画像は，X 方向へのスキャン→Y 方向への移動→X 方向へのスキャン→Y 方向への移動，をくり返すことで形成される．X 方向のスキャンに比べて Y 方向への移動は時間がかかるため，長方形の画像を取得するときは横長にしたほうが画像の取得時間を短縮できる．

b. ズーム倍率（zoom x；scan zoom；field zoom）

画素数が一定のとき，ズーム倍率を大きくすると解像度は高くなる（ピクセルサイズは小さくなる）．したがって，ズーム倍率を大きくすることで，より目の細かい画像を取得できる（図 7）．ズーム倍率を大きくすると微小領域に光が集中するので，退色に注意しなければならない（詳細は，第 2 章「共焦点顕微鏡の基礎」を参照）．

＊1　通常のレーザー強度の表示は，あくまでも最大出力に対する相対的なものである．したがって，出力の異なるレーザー出力波長の間での透過率（パーセント）の比較はほとんど意味をもたない．たとえば，出力 2 mW の HeNe レーザー（543 nm）は透過率 50% で使用してもあまり問題ないが，出力 20 mW の Ar レーザー（488 nm）を 50% で使用するのは強すぎて現実的ではない（退色が著しい）．なお，公称出力はレーザー管からの出力であり，サンプル面に当たる光はその数十%程度である．レンズからの出力を定期的にレーザーパワーメーターで測っておくと，レーザーの寿命に伴う劣化などを検知できる．

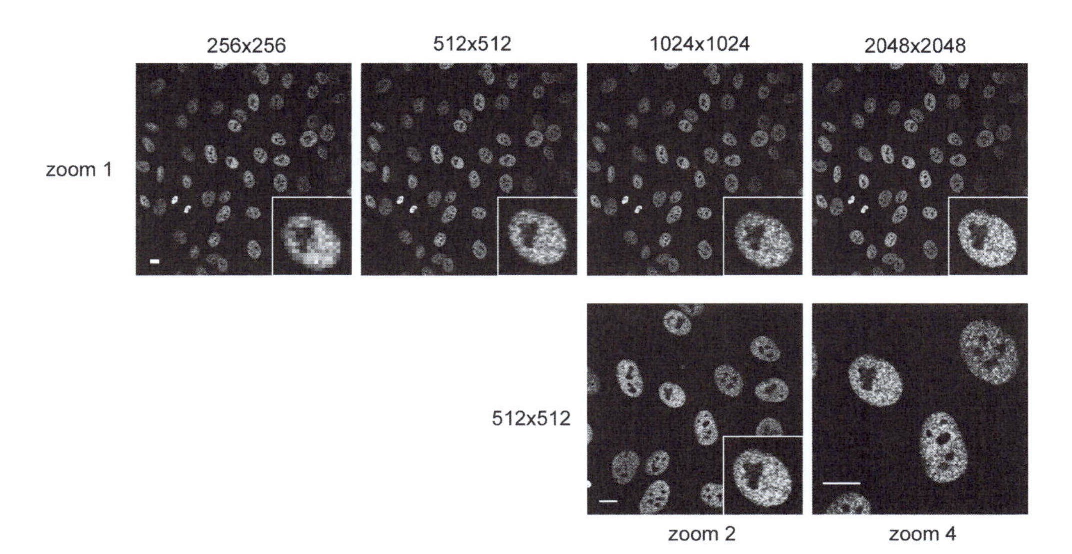

図 7　画素数の違いと解像度

画素数が大きいと，画像を拡大してもピクセルが目立たない．全体像が必要で，かつ解像度を高くしたいときは，画素数の大きい画像を取得する（1,024×1,024，2,048×2,048）．ただし，画素数を大きくすると画像取得時間，ファイルサイズ，蛍光退色，明るさなどの面で不利にはたらく．全体像が必要ない場合は，ズーム倍率を高くすると同じ解像度の画像が得られ，画像取得時間とファイルサイズの問題は改善できる（512×512，zoom 2），C-Apochromat 40×/NA 1.2，W，Corr，pixel dwell time 1.6 マイクロ秒，Kalman 8．スケールバー：10 μm．

c. スキャン速度（scan speed；pixel dwell time；μs/pixel；frame rate）

スキャン速度の表示法はさまざまであるが，最も重要な情報は，1 ピクセルあたりの測定時間（pixel dwell time）である．この値は画素数が変化しても変わらないので，スキャン条件の目安となる．通常，1 ピクセルあたりマイクロ秒オーダーで走査する（10 マイクロ秒程度だと比較的きれいな絵が撮れる）．一方，現実的には，1 枚撮る時間が何秒かかるかという単位（frame rate）のほうが親しみやすい．frame rate は画素数に依存するが，通常，1 枚あたり秒のオーダーでスキャンする．ただ，生細胞観察の際などは 0.1 秒以下でスキャンすることもある．スキャン速度が遅いほどノイズの少ない情報が得られるが，退色しやすくなる．

d. スキャン方法（mode；scan direction；normal directional and bidirectional scan）

通常のイメージングでは，一方向にスキャンする．つまり，左から右へスキャンしたのち，もう一度左へ戻り，次のラインを再び左からスキャンするのが一般的である．機種によっては，双方向スキャンを使うことができる．この方法では，左から右へスキャンしたのち，次のラインを右から左へスキャンするため，画像取得の時間が半分になる．そのため，とくに高速の画像取得が必要なときに双方向スキャンが有効である．しかし，左からのスキャンと右からのスキャンで位置を調整する必要がある（図 8）．

e. 平均化（Kalman；scan average；averaging；average）

共焦点顕微鏡の画像は，PMT が 1 ピクセルあたり数マイクロ秒で受光することで作られる．そのため，走査速度が速いほど，また PMT のゲイン（電圧）を上げて検出感度を高くするほど（後述），ノイズが多くなる．このノイズはランダムに現れるため，同じ領域を複数回スキャンし

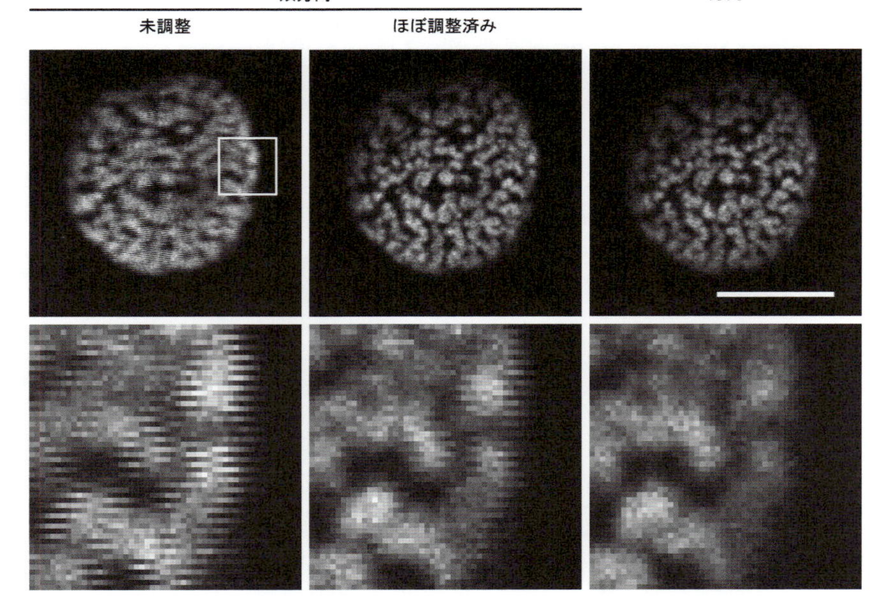

図8　双方向スキャン

双方向スキャンモードで，行きと帰りのスキャンがずれていると1ラインおきにジグザグの画像が得られる（左）．調整をうまく行うと，ほぼ問題のない像が得られる（中央）．ただし，画像の端の部分では若干のずれが生じることがある（中央下）．一方向スキャンでは，その点は考慮しなくてよい（右）．C-Apochromat 40×/NA 1.2，W，Corr，256×256 pixels，pixel dwell time 2.56 マイクロ秒，ズーム 10×，平均化なし．スケールバー：10 μm.

たときに同一のピクセルにノイズが複数回出現する確率は低い．そこで，複数回スキャンをくり返し，平均化する[*2]ことで，画像の質を向上させることができる（図9）．

＜平均化設定のヒント＞

- スキャン速度が十分に遅いとノイズの影響が軽減されるので，平均化する必要はなくなる（平均化しても画質の向上はみられなくなる）．
- スキャン速度が速いときは，ある程度までは平均化に用いる枚数（n）を多くするにしたがって画質が向上する．
- 退色しやすいサンプル（条件）のときに，n を増やしすぎると画像がだんだん暗くなる．
- 速いスキャンで n の多い画像は，遅いスキャンで n の少ない画像に比べて，解像度が劣ることがある．
- 生細胞観察では，一度に1点にあたる光量を抑えたほうがよい．遅いスキャンで $n=1$ よりも，速いスキャンで $n=2$ のほうが細胞に与える毒性が少ない．

＊2　通常，平均（average）は，n 個の値を積算して，n で割ることによって算出される．しかし，この方法では，n 個の画像情報（ピクセルごとの蛍光強度）をすべて記憶していなければならない．そこで，実際は，n 回目の画像まで平均蛍光強度 $I_{av}(n)$ は，

$$I_{av}(n) = I_{av}(n-1) \times \{(n-1)/n\} + In \times (1/n)$$

という演算を用いて処理されている．ここで，$I_{av}(n-1)$ は，1つ前の画像までの平均蛍光強度，In は n 回目の画像の蛍光強度である．したがって，順次平均化された画像は残るが，個々の画像は残らない．

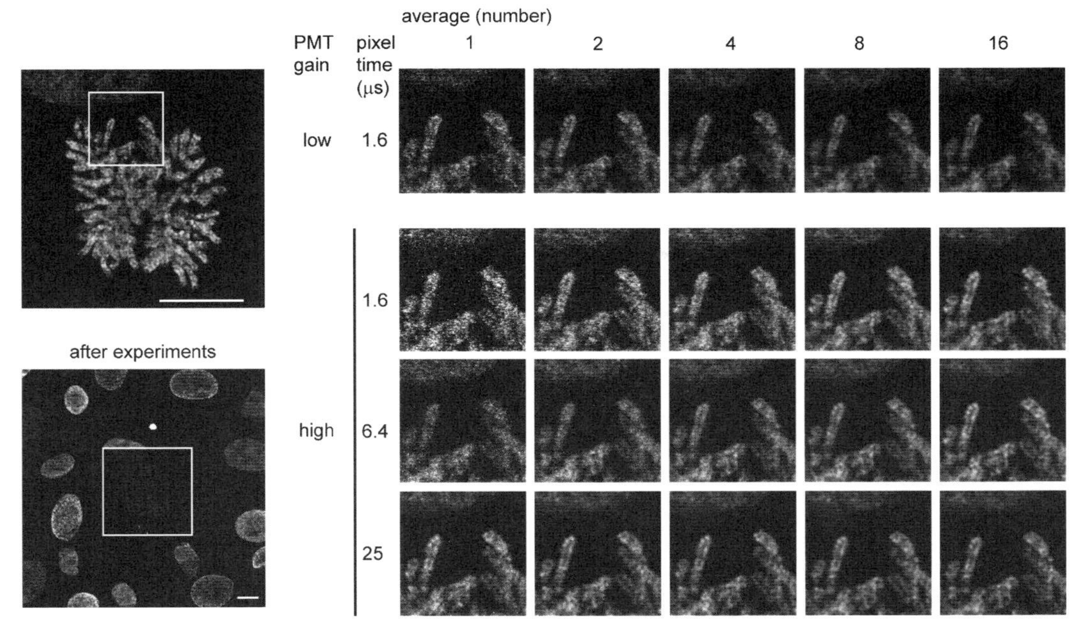

図 9　スキャン速度，平均化，PMT ゲイン

スキャン速度や平均化の回数，あるいは PMT ゲインを変えて，画像取得した．左上の図で白枠で囲んだ部分の画像を示す．pixel dwell time 1.6 マイクロ秒では，平均化の回数を増やすことで画像の質が向上するが，25 マイクロ秒では，4 回以上の平均化であまり変化は見られない．また，PMT のゲインを小さくして（レーザー強度を上げて）ノイズを減らすと，同じ pixel dwell time でも S/N 比の高い像が得られる．また，条件検討のために何回もスキャンするとブリーチしてしまうことがあり，その具体例を左下に示した．スキャンされた領域を四角で示した．C-Apochromat 40×/NA 1.2，W，Corr，512×512 pixels．スケールバー：10 μm.

C. 分光

a. メインダイクロイックミラー

励起光と蛍光は通常，ダイクロイックミラーを介して分けられる．電動式のものでは，色素を選ぶと自動的に最適なダイクロイックミラーが選ばれるようになっている．その場合でも，目的に応じたものが正しく選ばれているか，光路図や設定を見て確認すること．単波長励起用と多波長励起用のものなど，ダイクロイックミラーが複数用意されている場合は，それぞれを比較してうまく使いわけるとよい．マルチカラー観察のときは，多波長励起用のものを使用すること．新規蛍光色素や複数のレーザーを使う場合などで，もし適切なダイクロイックミラーが見当たらないときは，ハーフミラー（すべての波長の光を一定の割合で反射するもの）を使ってもよい（ほとんどの共焦点顕微鏡に備え付けられている）．ライカの AOBS（acoustic optical beam splitter；音響光学ビームスプリッター）を使ったシステムでは，ダイクロイックミラーを使わずにレーザー光を分光している．

b. 分光フィルター・プリズム

標本から発せられた蛍光は，メインダイクロイックミラーを透過し，受光器（PMT）に達する．通常，PMT は複数個存在するので，蛍光が PMT に入る前に，ダイクロイックミラーとバリアフィルターを組み合わせて（あるいは，プリズムにより分光して），特定の波長の光を 1 つ

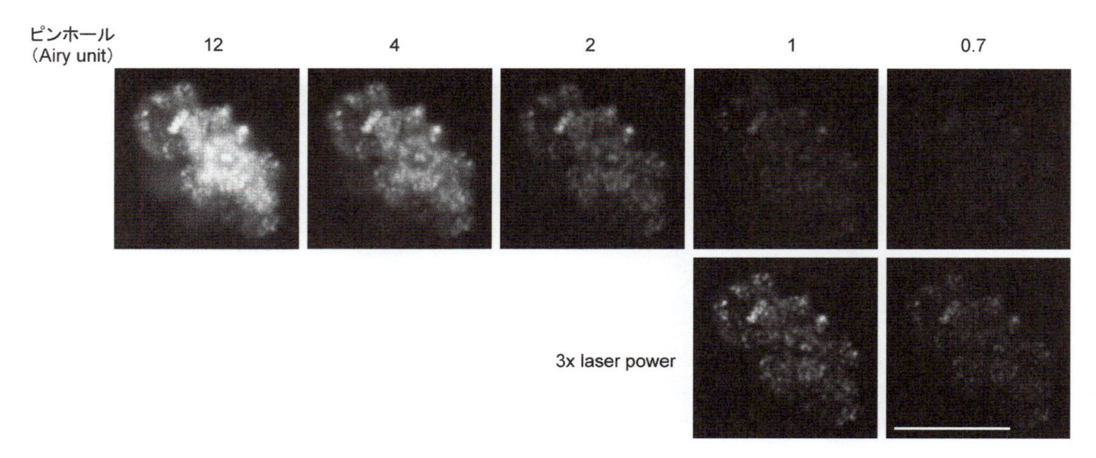

図 10　ピンホール径を変えて，解像度や明るさを比較した例

C–Apochromat 40×/NA 1.2，W，Corr，512×512 pixels，pixel dwell time 12.8 マイクロ秒，ズーム 9×，Kalman 4．スケールバー：10 μm．ピンホールを広げると明るい像が撮れるが，解像度は低くなる．

の PMT に受光させることができる．電動式のものでは，このフィルターシステムも蛍光を選ぶと自動的に選択されるが，やはり，どのようなフィルターを使っているか確認すること．マルチカラー観察のときは，フィルターの選択の余地はほとんどないが，単波長観察のときはバンドパスとロングパスを選択できる場合があるので，標本に適したものを選ぶ（第 1 章「蛍光顕微鏡の基礎」，第 12 章「蛍光色素・蛍光タンパク質」参照）．また，プリズムや回折格子を用いて自由に波長を選ぶことができるタイプのものもある．

D. ピンホール［C.A.(μm)；Airy unit；pinhole (μm)］

共焦点顕微鏡では，ピンホールを通った光のみを計測することで光学切片像を得ることができる．ピンホールが分光フィルターの前に 1 つだけ存在するタイプのものと，分光されてから PMT に入る前に複数（PMT の数だけ）存在するタイプのものがある．ピンホールサイズの絶対値（μm）そのものよりも，何 Airy unit に相当するかに着目する．1 Airy unit 相当に設定するのが標準的である（第 2 章「共焦点顕微鏡の基礎」参照）．1 Airy unit 以下にすると光学的解像度は向上するが，シグナルは極端に弱くなる（図 10）．蛍光が弱いときは，1 Airy unit にこだわらず，目的（*Z* 方向解像度がどれだけ重要か）に応じて，ピンホールを広げることも考慮する．ピンホールを広げると *Z* 方向の解像度は犠牲になるが，受光量が大きくなるので，退色を防ぐことや S/N 比を向上させることができる．2〜4 Airy unit でも，全視野顕微鏡に比べると，現実的に *Z* 方向の分解能は優れている．また，生細胞観察では，レーザー強度を弱くすることが最重要となるので，ピンホールを大きく開けることを考える．

E. PMT

共焦点顕微鏡では，受光器としておもに PMT を用いる．蛍光強度に応じて PMT の設定を変更して対応する．最近は，アバランシェフォトダイオード（avalanche photodiode；APD）やガリウムヒ素リン（GaAsP）検出器などの高感度検出器が装備された装置も市販されている．その場合，設定するパラメータが異なることもある．

a. オフセット（offset；amplifier offset）

PMTのベースラインの設定がオフセットである．このベースラインが低すぎるとバックグラウンド（シグナルがない部分）でも明るくなるため，相対的なダイナミックレンジが低下する．ベースラインが高すぎると，バックグラウンドのシグナルがまったくなくなるばかりか，弱いシグナルが検出できなくなる．そのため，オフセットは，バックグラウンドがぎりぎり検出できるレベルに設定する（後述「最適パラメータの設定」）．

b. ゲイン（電圧）（HV；detector gain；gain）

PMTの電圧を可変にして，感度を調節することができる．電圧を高くする（感度を上げる）とノイズも増えるので，ノイズが目立たない程度に設定する．

c. 増幅（gain；amplifier gain）

機種によっては，PMTのアナログシグナルをデジタルに変換したあとで，増幅をかけることができる．通常はほとんど使用しないが，微弱なシグナルの際に，電圧を抑えてノイズを減らし増幅をかけることで，シグナルが改善できる場合がある．

d. 階調（data depth；bit depth）

PMTからのシグナルは，8 bit（256階調）や12 bit（4,096階調）にデジタル変換される．この階調は機種によって異なる（階調を選択できる機種もある）．一般的に，階調が大きいほうがダイナミックレンジを広くとれると考えられる．そのため，オリジナル画像はできるだけ高階調で取得し，必要に応じて8 bitに変換する．

2 焦点合わせ

- 共焦点顕微鏡の電源を入れ，コンピュータを立ち上げる．
- 水銀ランプを点灯する．
- 標本（蛍光色素）に応じて，必要なレーザーを点灯する．
- 標本をステージに置き，目視（水銀ランプを光源とした蛍光）によりターゲットを見つける．
- システムを共焦点顕微鏡に変更する．
- 蛍光色素に応じて，ダイクロイックミラーやフィルターの設定を行う．電動式のものでは，蛍光を選ぶと適切な設定に切り替わる．その場合，光路やフィルターを確認する．
- 画素数512×512，レーザーの透過率を1〜10％程度，ピンホールAiry unit 1，PMTゲインを高めに設定して，比較的速くスキャンしてみる．目視による焦点と共焦点システムの焦点は必ずしも一致していないため，モニターを見ながら焦点をゆっくり変えてサンプルに合わせる．遅いスキャンだと焦点を合わせにくい．なんとなく焦点のあった像が得られたら，一度遅いスキャンで確認し，各パラメータの設定を行う．

3 最適パラメータの設定

- 画像表示（look up table；LUT）を，階調の上限と下限がわかるような設定にする．たとえ

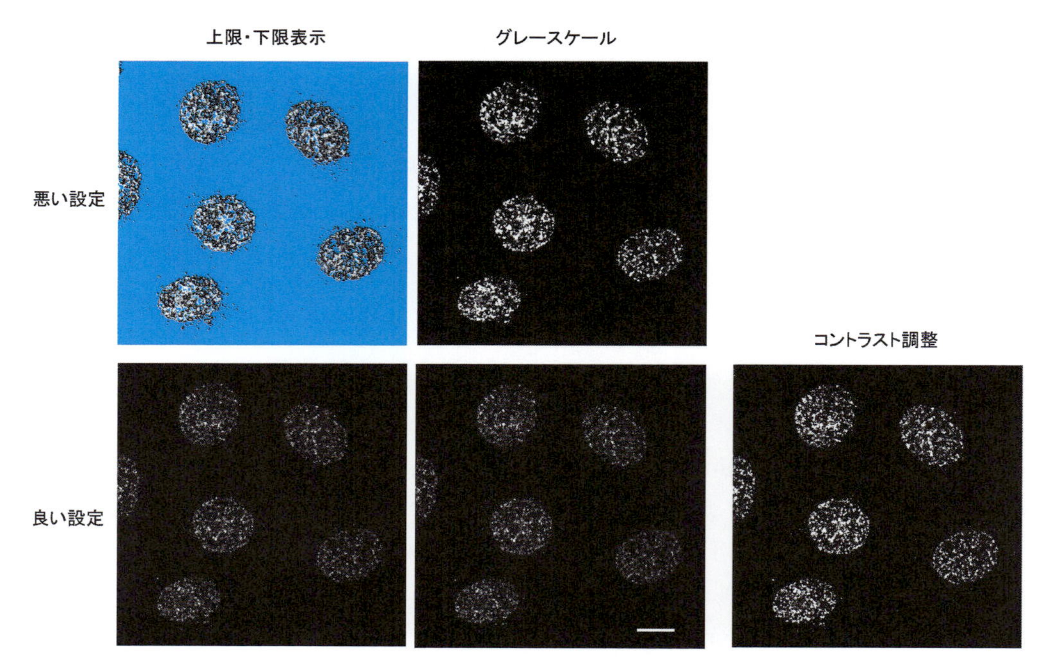

図 11　パラメータの設定例

階調の下限だと青，上限だと赤で表示されるような LUT を用いて，画像取得パラメータを設定する．ここでは，印刷の都合上，上限も青で表示する．上段のように，バックグラウンドを切った（青が出ている）条件やシグナルが飽和してしまった（青が出ている）条件では，コントラストは高いが，サンプルの情報がすべて得られているわけではない．下段のような画像取得の設定だと，微弱なシグナルも拾うことができ，またほとんど飽和していないので，定量的解析を行うこともできる．もし，高いコントラストの画像がどうしても必要である場合，画像処理により，高コントラストの画像を得られる（下段，右）．C–Apochromat 40×/NA 1.2，W，Corr，512×512 pixels，pixel dwell time 6.4 マイクロ秒，ズーム 3×，Kalman 2．スケールバー：10 μm．⇒口絵 9 参照

ば，4,096 階調のとき，階調の下限（0）だと青，上限（4,095）だと赤で表示されるようにする（Hi–Lo，range indicator など）．この表示法だと，バックグラウンドを切りすぎると青，シグナルが強くて飽和してしまうと赤が表示される（図 11）．青と赤の色がちょうど見えなくなるような設定だと，ダイナミックレンジを広く使える．実際，強いシグナルが飽和して赤が見えているような条件では定量解析ができない．また，バックグラウンドを切りすぎた図は，論文に採用されないこともありうる．

- 青が出なくなるようにオフセットを設定する．
- 赤がほとんど出なくなるように，PMT ゲインとレーザー透過率を設定する．実際は，ノイズが多少出る程度に PMT ゲインを設定し，レーザー透過率を変えて，赤がほとんど出ない程度に調節する．レーザーはできるだけ弱く当てるほうが退色の防止にもなり，また，S/N 比も向上する．
- スキャン速度を少し遅くして画像を取得する．退色が激しい場合は，レーザー透過率を小さくし，PMT ゲインを高くしてみる．また，スキャン速度が速いまま平均化を行うことで，退色を抑えて画質を改善できる．退色が見られないようなら，そのレーザー透過率はそのままで，PMT ゲインを小さくすると S/N 比が向上する．また，さらにスキャン速度を遅くすることもできる．

- 目的に応じて，ズーム倍率，画素数，ピンホール径などを再設定する．また，平均化の枚数なども調整し，最適の条件を検討する．設定の変更を行うたびに，レーザー透過率，PMT ゲインを微調整する（通常，PMT オフセットは，一度設定するとほとんど変更しなくてよい）．

注：以上の操作は連続してスキャンしながら行わなければいけない．したがって，スキャン中に退色してしまうことがある（図 9）ので，ときどき視野を変えて別の領域の標本をスキャンする．

4 各パラメータを変更したときの影響

各パラメータ設定を変えたときに，解像度，S/N 比，退色などにどのように影響するか調べる．

- 画素数（512×512 から，1,024×1,024，256×256 などへ）（図 7）
- ズーム倍率（1×から，2×，4×，8×へ）（図 7）
- スキャン速度（図 9）
- 異なるスキャン速度で，平均化に用いる枚数（2，4，8）（図 9）
- レーザー透過率を小さくして PMT ゲインを大きくする．また，レーザー透過率を大きくして PMT ゲインを小さくする．（図 9）
- ピンホール径（図 10）

5 マルチカラー観察

共焦点顕微鏡では，PMT が複数存在し，また励起レーザーも自由に組み合わせることができるので，複数の色素の同時励起，同時観察が可能である．しかし，複数の色素の同時観察は，クロストークの問題があるため，特殊な場合（高速な生細胞観察など）を除いて避けるべきである．したがって，複数の蛍光色素は，順次取得することを基本とする．同時励起・観察するときはクロストークが起こらないような設定を検討する．

実習では，同時励起，同時観察したときのクロストークについて調べる（図 12）．

6 透過（微分干渉）像

共焦点顕微鏡には，透過像を検出するための PMT が付随している．そのため，蛍光像と透過（微分干渉）像の同時取得が可能である．しかし，微分干渉スライダーを光路に入れると，蛍光像がぼやけたり二重に見えたりするので，注意が必要である．微分干渉スライダーの影響は，低解像度で観察する場合はほとんど問題にならない．しかし，高解像度の蛍光観察が目的である場合は，微分干渉スライダーは光路から外したほうがよい．

実習では，微分干渉スライダーの蛍光像に与える影響を調べる（図 13）．

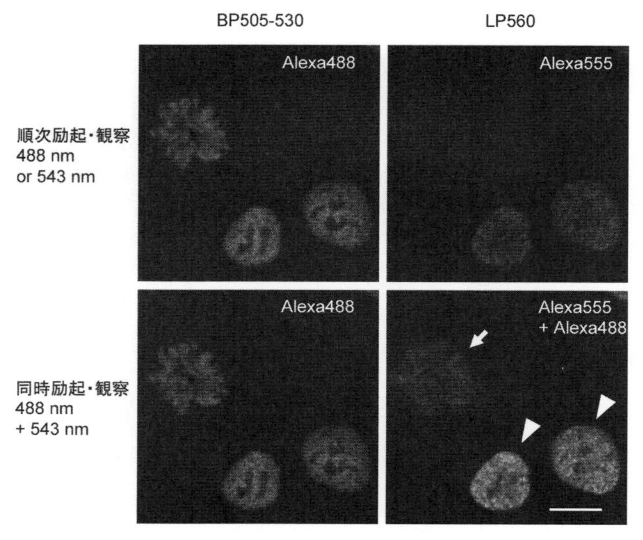

図 12　同時取得したときのクロストーク

Alexa 488 と Alexa 555 で染色されたサンプルを用いて，2 つの蛍光の順次取得（上）と同時取得（下）を行った．右下図で矢印で示したサンプルは，本来 Alexa 555 ではほとんど染色されない（右上）が，同時取得では Alexa 488 のシグナルが Alexa 555 の検出器にもれこんでくる．また，矢頭で示したサンプルの蛍光強度も同時取得では高くなっている．C-Apochromat 40×/NA 1.2，W，Corr，512×512 pixels，pixel dwell time 6.4 マイクロ秒，ズーム 5×，Kalman 2．スケールバー：10 μm.

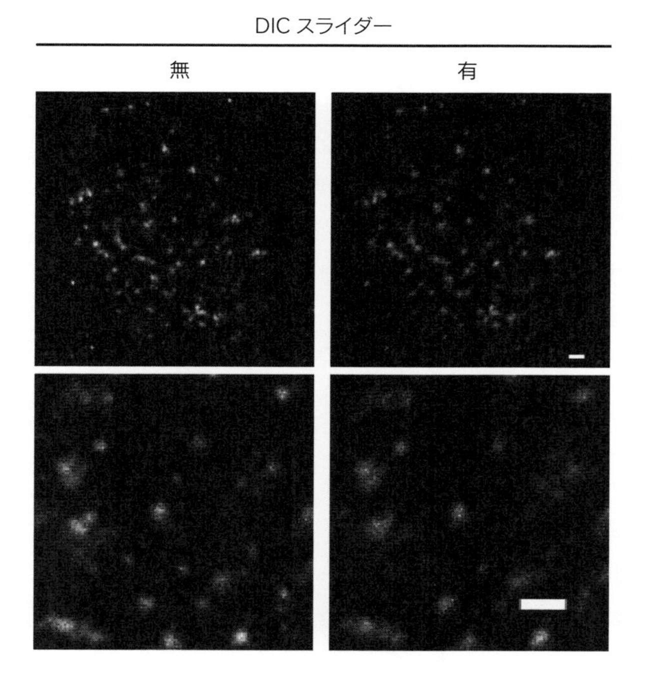

図 13　微分干渉スライダーの影響

微分干渉スライダーが入った場合，全体的にぼけてみえる（上段）．この条件では，蛍光像が左下から右上へ尾を引いたように見える（下段）．PlanApo 60×/NA 1.4，oil，512×512 pixels，pixel dwell time 24.4 マイクロ秒，ズーム 5×，Kalman 2．スケールバー：1 μm.

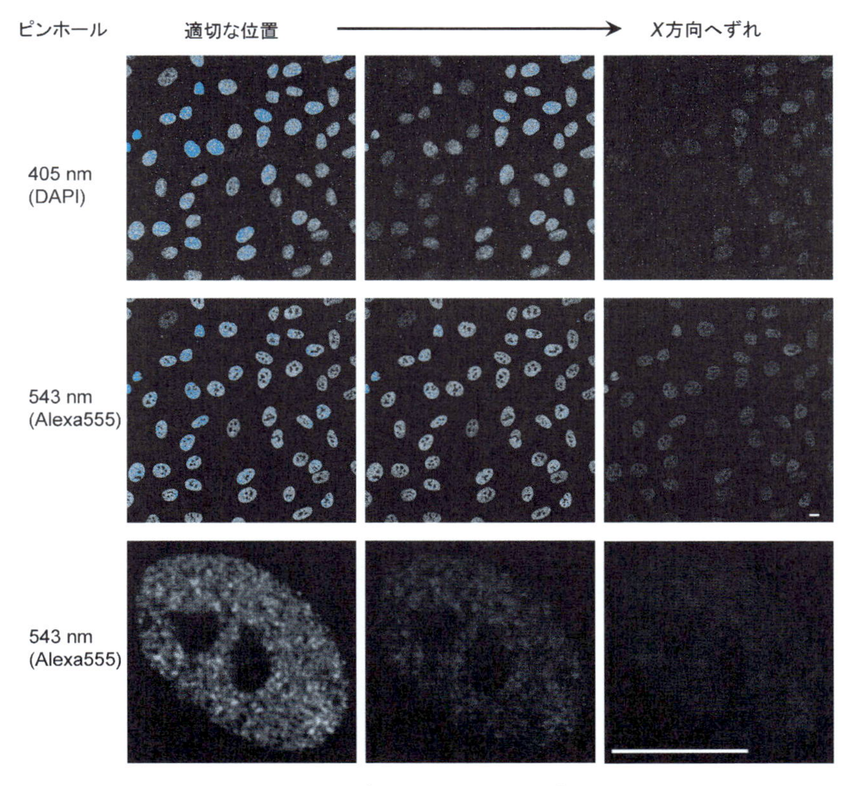

図 14　ピンホールの位置調整

ピンホールの調整は，多少飽和が出る条件で行うとわかりやすい（ここでは青で表示）．ピンホールの位置がずれると蛍光強度が弱くなるが，とくにずれている方向が明るくなる場合もある（上）．また，ピンホールがずれている場合，蛍光強度が弱くなるばかりか，解像度の劣化も招く（下）．C-Apochromat 40×/NA 1.2，W, Corr，512×512 pixels，pixel dwell time 6.4 マイクロ秒，ズーム 1×（上段と中段）または 8×（下段），Kalman 4（下段）．スケールバー：10 μm．⇒口絵 10 参照

7 ピンホールの位置調整

ピンホールは光路上の共役の位置に正しく配置されていることで，その効力がある（第 2 章「共焦点顕微鏡」）．ピンホールの位置がずれていると，検出できる光量や解像度の低下を招く．また，検出器ごとにピンホールが設置されているタイプのものでは，異なる波長の蛍光画像の位置ずれの原因にもなりうる．一般に，ピンホールの位置調整はユーザーレベルで行う必要がないといわれているが，顕微鏡の使用環境（温度の変動）などによってピンホール位置がずれることもある．また，ダイクロイックミラーが変わると，ピンホールの最適位置は変わる（コンピュータ制御のものでは自動的に調整される）．

機種によって，ユーザーレベルでのピンホールへのアクセス方法は異なり，1) ユーザーでは調節できないもの，2) 手動（ネジ回し）で行うもの，3) コンピュータから制御するもの，の 3 通りである．実習では，あえてピンホールの位置を変えて，画像がどのように変化するのかを確認する．（図 14）

［木村 宏］

実習 2

光学顕微鏡の組み立て

実習2－1　単レンズを組み合わせた光学顕微鏡の組み立て

目　　的

- 明視野顕微鏡の光学系を理解する.
- 明視野顕微鏡の結像特性を理解する.
- レンズのフーリエ変換効果と空間周波数フィルタリングを理解する.

実習内容

- 明視野顕微鏡の原理を理解し，その光学系を作製する.
- 視野絞り，照明の開口絞りおよび対物／結像レンズの開口数を変えたときに明視野像がどのように変化するかを観察し，明視野顕微鏡の結像特性を理解する.
- 空間分解能評価用試料としてグリッドパターンを用い，回折像を観察することで，レンズのフーリエ変換効果を理解する.
- グリッドパターンの回折光または透過光を遮り，空間周波数フィルタリング効果を理解する.

関連の講義

第 1 章　蛍光顕微鏡の基礎
第 8 章　光学顕微鏡の基礎

材　　料

空間分解能評価用のグリッドパターン（Micrometer Objective，図 1）

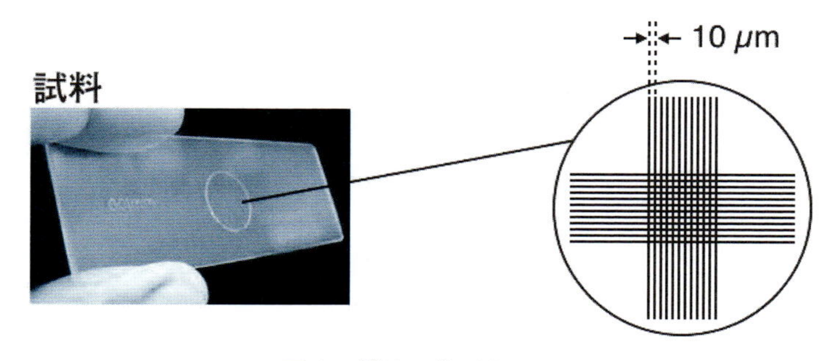

図 1　グリッドパターン

図 2　単レンズなどの光学部品，レール，CCD カメラ，およびモニタ

機　　材　単レンズなどの光学部品をレール上に配置した装置（図 2，受講生 4–5 人に 1 台）

（ハロゲンランプ，単レンズ（焦点距離 35 mm）3 枚，単レンズ（焦点距離 350 mm）1 枚，レンズマウント，サンプルホルダ，光源固定用ホルダ，カメラマウント，CCD カメラ，モニター，レール）

手　　順

① 明視野顕微鏡の光学系を作製

目的

明視野顕微鏡の光学系を理解する．

ハロゲンランプ，単レンズ，CCD カメラをレール上に配置し，明視野顕微鏡を組む．

明視野顕微鏡でグリッドサンプルを観察し，明視野像が撮れることを確認する．

手順

図 3 に明視野顕微鏡の光学系と作製手順を示す．図 3 に記載の手順にそって，レール上に光学部品を配置し，明視野顕微鏡を作製する．

② 明視野顕微鏡の結像特性 1—照明の開口絞りの役割と効果を確認

目的

明視野顕微鏡の照明系に開口絞りを設置し，その役割と効果を確認する．

手順

図 4 に示すように，明視野顕微鏡のレンズ間に絞り（開口絞り）を設置する．開口絞りの絞りサイズを変更した際に試料の明視野像がどのように変化するかを観察する．異なる開口絞りサイズでグリッドパターンを観察した例を図 5 に示してあるので，そちらも参考に実習を進めること．

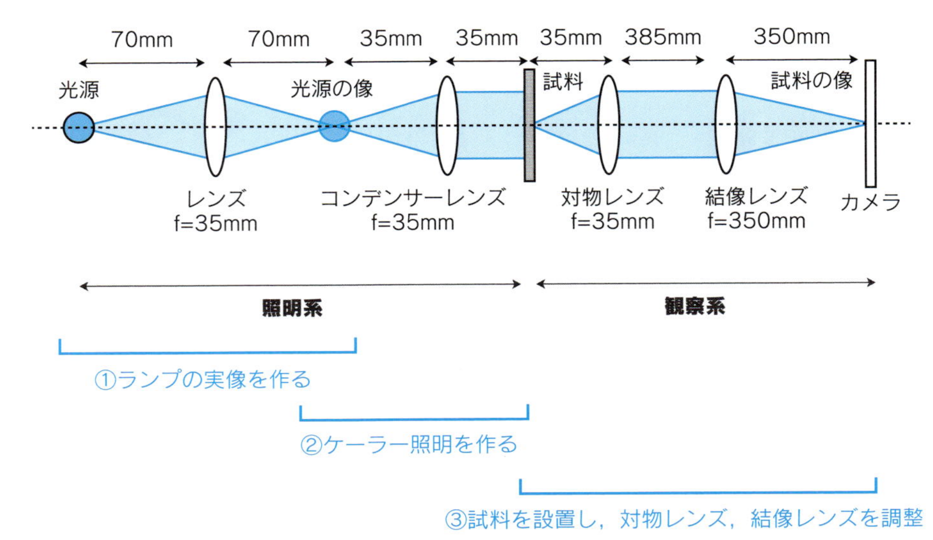

図 3　明視野顕微鏡の光学部品配置図と作製手順

1) ハロゲンランプを図 3 中の光源の位置に設置する．その後，図 3 の①のように，焦点距離 35 mm の単レンズを配置し，ランプの実像が見えることを確認する．
2) 図 3 の②のように，焦点距離 35 mm の単レンズ（コンデンサーレンズ）を配置し，ケーラー照明の光学系を作製する．
3) 2)で設置した単レンズから 35 mm の位置に試料ホルダーを設置し，ホルダーに試料を取り付ける．
4) 図 3 の③のように，試料から 35 mm の位置に焦点距離 35 mm の単レンズ（対物レンズ）を，対物レンズから 385 mm の位置に焦点距離 350 mm の単レンズ（結像レンズ）を設置する．その後，結像レンズから 350 mm の位置に CCD カメラを設置する．
5) ハロゲンランプと CCD カメラの電源を入れ，試料の明視野像がモニターで観察できていることを確認する．

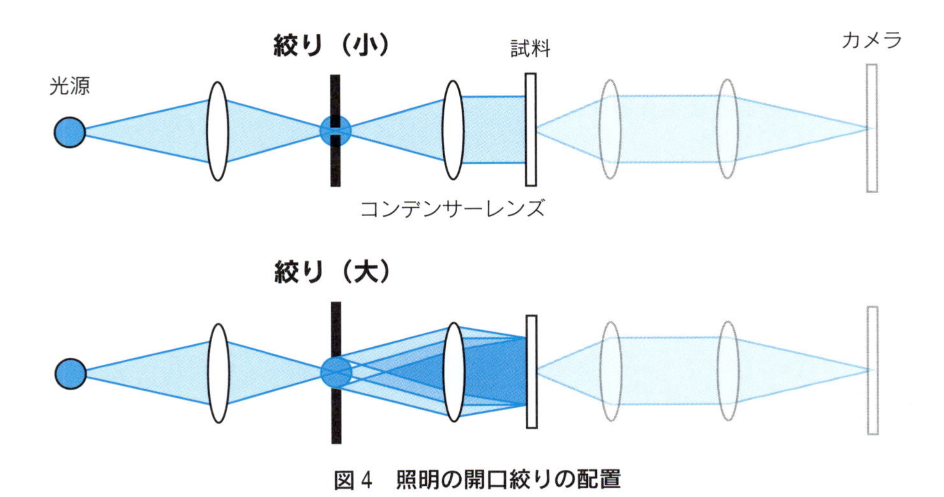

図 4　照明の開口絞りの配置

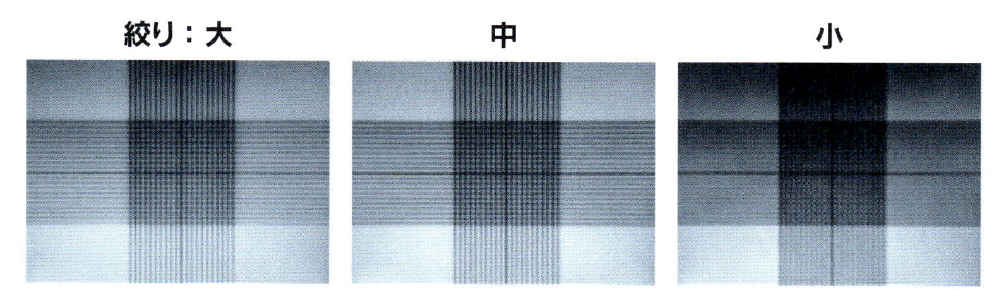

図5　グリッドパターンの観察例

③ 明視野顕微鏡の結像特性 2－視野絞りの役割と効果を確認

目的

明視野顕微鏡の照明系に視野絞りを設置し，その役割と効果を確認する．

手順

図6に示すようにハロゲンランプとレンズの間に絞り（視野絞り）を設置する．視野絞りの絞りサイズを変更した際に明視野像がどのように変化するかを観察する．

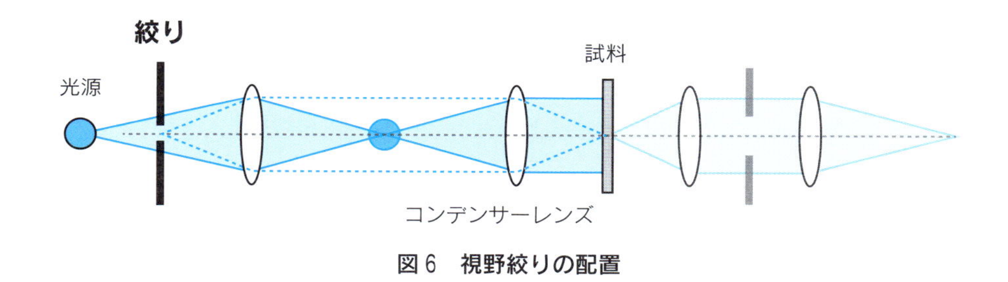

図6　視野絞りの配置

④ 明視野顕微鏡の結像特性 3－対物／結像レンズの開口絞りの役割と効果を確認

目的

明視野顕微鏡の対物レンズと結像レンズ間に開口絞りを設置し，その役割と効果を確認する．

手順

図7に示すように対物レンズと結像レンズの間に絞り（開口絞り）を設置する．開口絞りの絞りサイズを変更した際に明視野像がどのように変化するかを観察する．開口絞りを調整し，異なる対物レンズ NA でグリッドパターンを観察した例を図8に示す．

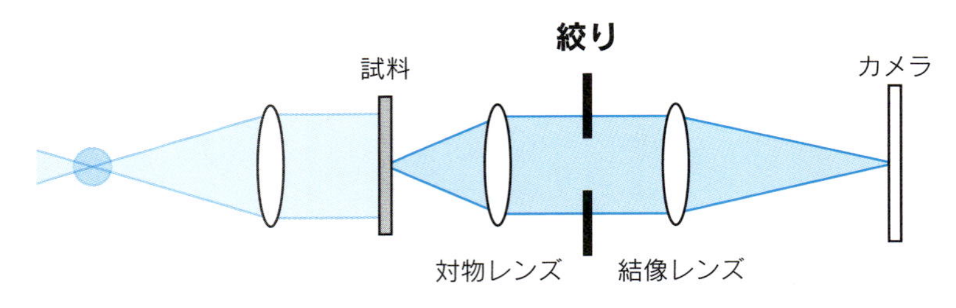

図 7　視野絞りの配置

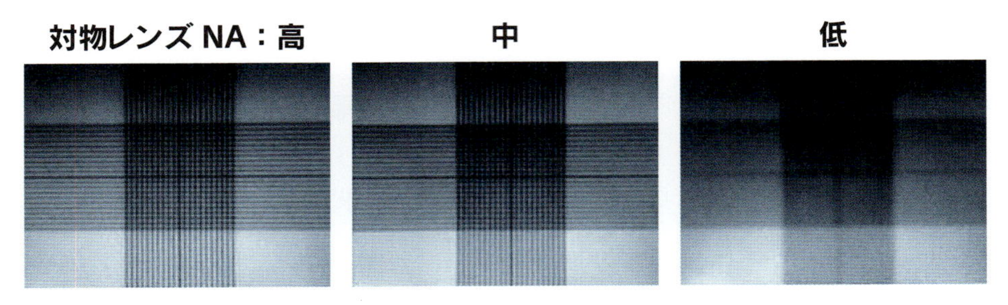

図 8　異なる対物レンズ NA でのグリッドパターン観察例

5 レンズのフーリエ変換効果を確認

目的

照明の開口絞りを小さくした状態でグリッドパターンの回折像を観察し，レンズのフーリエ変換効果を観察する．

手順

図 9 に示すように照明の開口絞りを小さく絞った状態で，グリッドパターンの回折像の回折パターンがどのようになっているかを観察する．

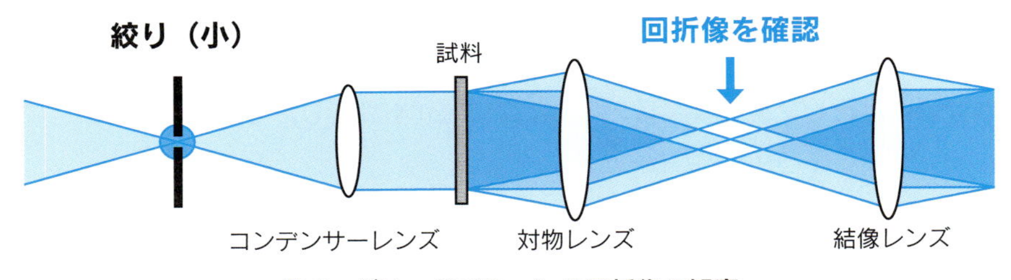

図 9　グリッドパターンの回折像の観察

6 空間周波数フィルタリング効果を確認

目的

図 9 の回折像の観察で観察した回折光や透過光を遮った状態で明視野像を観察し，空間周波数フィルタリング効果を観察する．

手順

図 10 a と b に示すように，光を通さない厚紙などを対物レンズ後の焦点面（フーリエ面）に設置し，グリッドパターンの回折光または透過光を遮る．その場合に明視野像がどのように変化するかを観察する．また，回折光の遮り方を変えたときに，明視野像がどのように変化するかも観察する．スリット状の紙で縦または横のグリッドパターンの回折光を遮った際の明視野像を図 11 に示す．

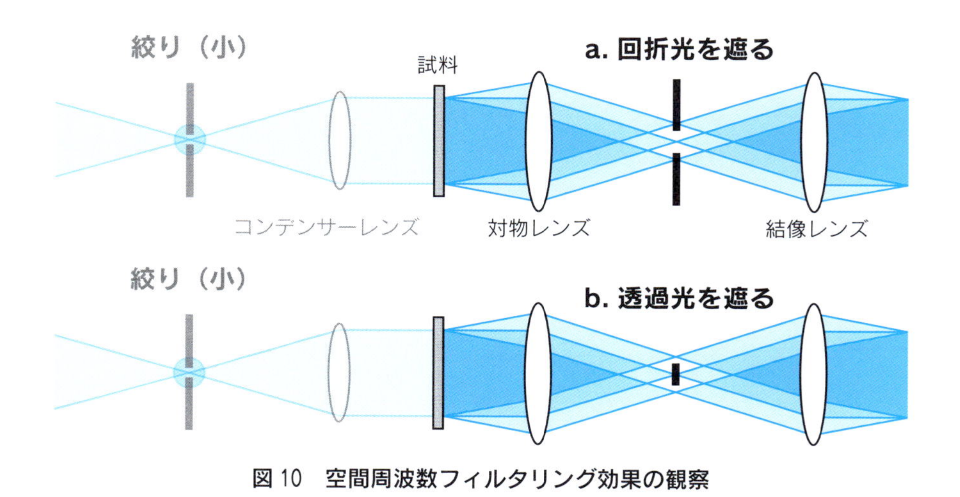

図 10　空間周波数フィルタリング効果の観察

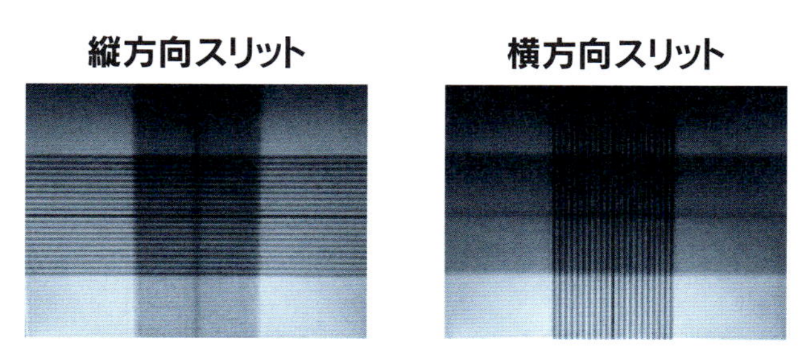

図 11　縦または横スリットで回折光を遮った場合に得られるグリッドパターンの明視野像

［山中真仁・谷 知己・藤田克昌・永井健治］

実習3

3次元マルチカラー（全視野顕微鏡）

実習3－1　点像分布関数（PSF）の測定

目　的

- 顕微鏡の3次元結像特性を実感する．
- 球面収差，色収差を実感する．
- 顕微鏡の観察条件を最適化することを学ぶ．

実習内容

蛍光ビーズを用いて点像分布関数（point-spread function；PSF）を測定する．焦点を段階的に移動させながら，微小な（直径0.1 μm）の4色蛍光ビーズの3次元画像を取得し，顕微鏡の3次元結像特性PSFを測定する．この蛍光ビーズは回折限界より小さいので，点光源と見なすことができる．

関連の講義

第1章　蛍光顕微鏡の基礎
第4章　3次元イメージング
第5章　マルチカラータイムラプス蛍光顕微鏡
第8章　光学顕微鏡の基礎

材　料

- 4色蛍光ビーズ（直径0.1 μm）
  Molecular Probes社　TetraSpeck microspheres（Catalog T-7279）
  励起波長/蛍光波長（nm）は，365/430（blue），505/515（green），560/580（orange），660/680（dark red）
- 4色蛍光ビーズをあらかじめスライドガラスに封入したものも市販されている．
  Molecular Probes社　TetraSpeck microspheres（Catalog T14792）

機　材

- 全視野蛍光顕微鏡DeltaVision，Leica AS-MDWなど3次元顕微鏡システム

手　順

❶ ビーズ試料の用意

- 蒸留水で適宜希釈した蛍光ビーズの溶液5 μlをカバーガラス（22×22 mm，0.17 mm厚）に乗せて，乾燥固着させる．

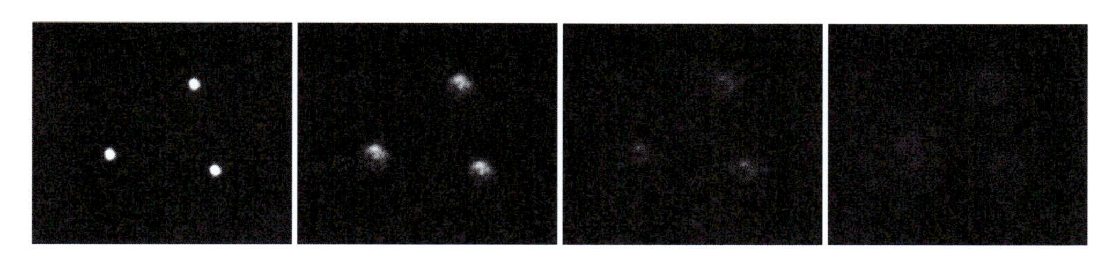

図1　焦点を移動させたときの蛍光ビーズの像

- スライドガラスにグリセリン（spectroscopy grade）約 4 μl を乗せて，蛍光ビーズが固着したカバーガラスをかぶせる（ビーズ固着面を内側に）.
- カバーガラスの周囲をネイルエナメル（マニキュア）で封じる.
- ビーズの濃度は，焦点ずれとともに 3 次元 PSF が広がっても互いに重ならない程度にまばらになるようにカバーグラスに固着させる（図 1）.

❷ 3 次元 PSF の測定

- 用意した蛍光ビーズ試料を蛍光顕微鏡にセットする.
- 3 次元マルチカラー像を取得するために，対物レンズを試料から最も遠い位置に移動する．焦点範囲は焦点面の上下約 6 μm（OTF を計算するときは，焦点間隔 0.1 μm で 128 枚．収差のチェックの場合は，0.2 μm 間隔で 64 枚でも可）.
- 同じ焦点面で 4 色の画像を撮った後，試料に向かって一方向に焦点を移動しながら*1，4 色画像の取得をくり返す.

❸ 3 次元 PSF の形状の検討

- 得られた画像を画面に表示し，焦点面を上下させながら形状を観察する（図 1）.
- 同心円を描いて，焦点面の上下で対称に広がるのが理想的な形状．円が変形していたり，焦点面の上下で非対称なのは，収差の影響（図 2）.
- 光軸に沿った断面図を表示すると，焦点面の上下での対称性が見やすい.

微小なビーズでなければ PSF の計測はできないが，大きくて明るい蛍光ビーズを使うと点像の広がりを実感できる（図 3）．接眼レンズで見ながら焦点を上下させれば，像が広がるのが見える．見慣れれば，実際に観察している試料で像の広がり方を見て，球面収差の程度を感じることができる.

＊1　試料から離れる方向に移動すると，油浸オイルの張力でカバーガラスがたわみ，焦点移動が不正確になることがある．正立型顕微鏡の場合，対物レンズがスライドガラスを突き破るおそれがあるため，通常，対物レンズは試料から離れる方向に移動するようにと習うと思うが，倒立型顕微鏡の場合は，対物レンズがステージを行き過ぎても，スライドガラスを持ち上げるだけで，まず割れることはない.

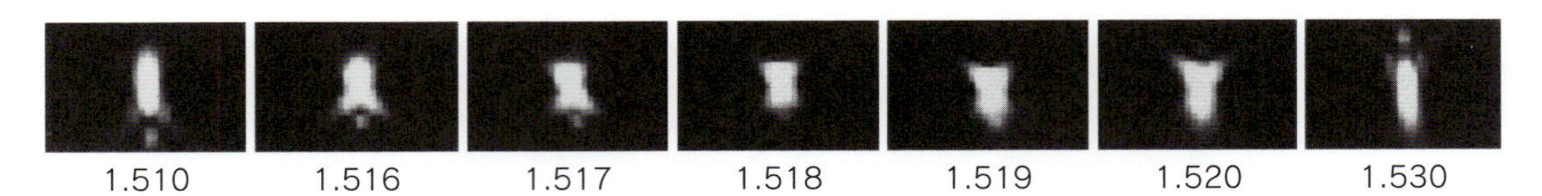

図 2　収差のある PSF

さまざまな屈折率のオイルで PSF を計測し，*X*–*Z* 断面図を作成．屈折率 1.518 のとき，球面収差がなく，焦点面の上下で対称．屈折率をミスマッチさせて球面収差を作ると，PSF が焦点面に対して非対称になる．
[全視野顕微鏡 DeltaVision，Olympus PlanApo 60×/NA 1.4，4 色蛍光ビーズ（0.1 μm)]

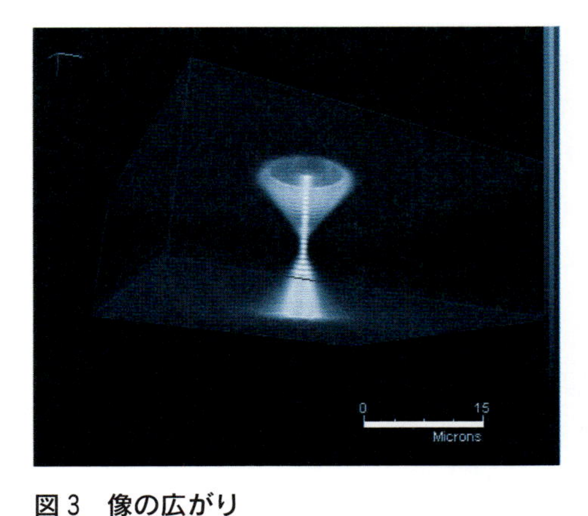

図 3　像の広がり

[蛍光ビーズ（直径 1 μm）全視野顕微鏡 Leica FW400–TZ，PlanApo 63×/NA 1.3，Gly]
⇒口絵 11 参照

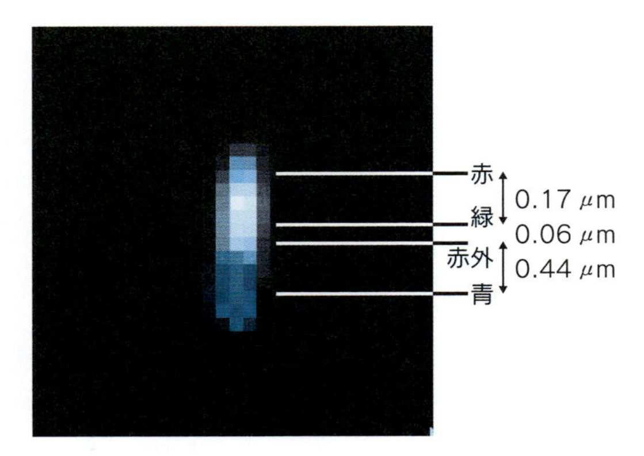

図 4　4 色蛍光ビーズの像の *X*–*Z* 断面図

⇒口絵 12 参照

❹ 蛍光波長による結像位置のずれを検討

- 色ごとに光軸に沿った断面図を作成して，表示する（図 4)．
- 色ごとに焦点位置がどれくらいずれるか，比較する．

考察のポイント

- 対物レンズの NA は PSF にどのように影響するか．
- 球面収差があると（油浸オイルの屈折率や補正環をミスマッチさせたとき)，PSF はどのような影響を受けるか．
- 回折限界より大きな蛍光ビーズで PSF は計測できるだろうか．

［平岡　泰］

実習3－2 固定細胞の3次元イメージング

目的

- デコンボルーション（deconvolution）演算で非焦点情報を除去し，分解能への効果を検討する．
- 共焦点顕微鏡で得られる3次元画像との比較を行うことにより，双方の利点と欠点を理解する．

実習内容

固定細胞の3次元マルチカラー画像の取得と画像処理．
顕微鏡焦点を段階的に移動させながら，多重染色した固定細胞の3次元画像を取得する．実習3－1で実測した顕微鏡結像特性を用いて，デコンボルーション演算により非焦点情報を除去する．

関連の講義

第4章　3次元イメージング
第5章　マルチカラータイムラプス蛍光顕微鏡

材料

- HeLa固定細胞　3重染色
  DNA特異的蛍光色素DAPI（染色体）
  抗ラミンBレセプター抗体/Alexa 488標識2次抗体（核膜）
  抗チューブリン抗体/Alexa 594標識2次抗体（微小管）
- ガラスボトムディッシュで培養して，固定，染色しておく．

機材

- 全視野蛍光顕微鏡DeltaVision，Leica AS-MDWなど3次元顕微鏡システム
- 実習3－1でPSFを実測したのと同じ対物レンズ
- デコンボルーションソフトウェア

手順

❶ 3次元マルチカラー画像の取得

- 用意したガラスボトムディッシュを蛍光顕微鏡にセットする．
- 焦点を移動しながら，細胞などの3次元の試料を接眼レンズ（またはカメラ）で見て，試料の焦点方向の深さを見積もる．取得する3次元データは，細胞の上下の領域を焦点方向に約3 μm程度余分に含むことが目安（デコンボルーションのために余分な焦点領域が必要）．
- 3次元マルチカラー像を取得するために，対物レンズを試料から最も遠い位置に移動する．
- 同じ焦点面で3色の画像を撮った後，試料に向かって一方向に焦点を移動しながら，画像の取得をくり返す．デコンボルーションが有効にはたらくためには，焦点間隔は0.5 μm以下にする必要がある．高分解能を

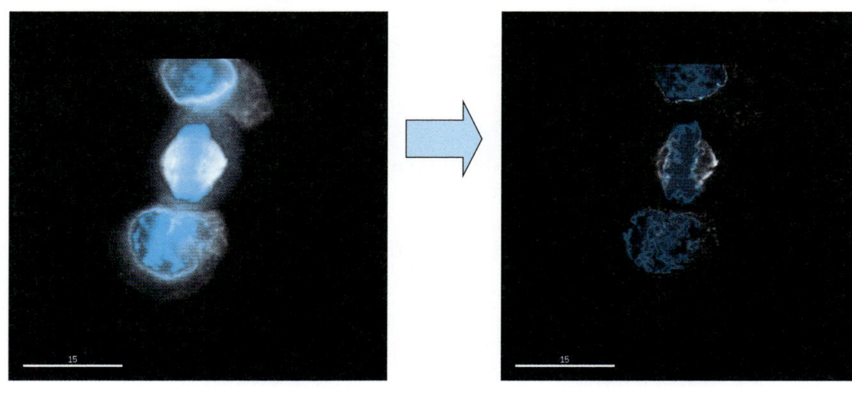

図5　HeLa 固定細胞（画像処理前・処理後）

3重染色：染色体（青），微小管（赤），核膜（緑）．
［全視野顕微鏡 DeltaVision，Olympus PlanApo 60×/NA 1.4，oil］
⇒口絵13参照

得るには0.2 μmが望ましいが，退色などの問題で画像数を減らしたいときは0.5 μmでもよい．

❷ コンピューター画像処理

- デコンボルーション演算で非焦点ボケを除去し，処理前と処理後を比較する（図5）．
- 断面像や3次元画像の回転，投影像，ステレオ表示など，3次元画像表示の手法を学ぶ．

❸ 波長による色収差の検討

- 3次元マルチカラー画像で，実際に結像位置のずれが起こっているか検討する．

考察のポイント

- デコンボルーションの前後で画像の分解能はどの程度か．
- 色収差があるとき，多色の3次元画像を重ねるにはどうすればよいか．
- 収差がひどいと，デコンボルーションの効果にどのように影響するか．

［平岡　泰］

実習 4

3 次元マルチカラー（共焦点顕微鏡）

実習 4－1　点像分布関数（PSF）の測定

目　　的

- 共焦点顕微鏡の 3 次元結像特性を実感する．
- 全視野顕微鏡の PSF と比較し，結像特性の違いを実感する．

実習内容

蛍光ビーズを用いて点像分布関数（point–spread function；PSF）を測定する．焦点を段階的に移動させながら，微小な（直径 0.2 μm）4 色蛍光ビーズの 3 次元画像を取得し，顕微鏡の 3 次元結像特性 PSF を測定する．

関連の講義

第 2 章　共焦点顕微鏡の基礎
第 4 章　3 次元イメージング
第 8 章　光学顕微鏡の基礎

材　　料

- 4 色蛍光ビーズ（直径 0.2 μm）
  Molecular Probes 社 TetraSpeck microspheres（Catalog T–7280）
  励起波長/蛍光波長（nm）は，365/430（blue），505/515（green），560/580（orange），660/680（dark red）

実習 3－1 で用いた 4 色蛍光ビーズと同じ蛍光を発するが，ここでは直径 0.2 μm のものを用いる（図 1）．共焦点顕微鏡の場合は，直径 0.1 μm の蛍光ビーズでは暗すぎるためである．

図 1　蛍光ビーズの *X–Z* 断面図
［4 色蛍光ビーズ（0.2 μm）　Leica PlanApo 63×/NA 1.4，oil，スケールバー：1 μm］
⇒口絵 14 参照

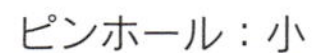

ピンホール：大

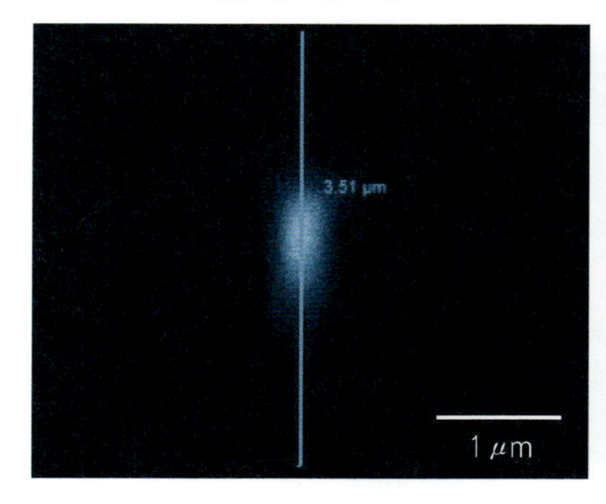

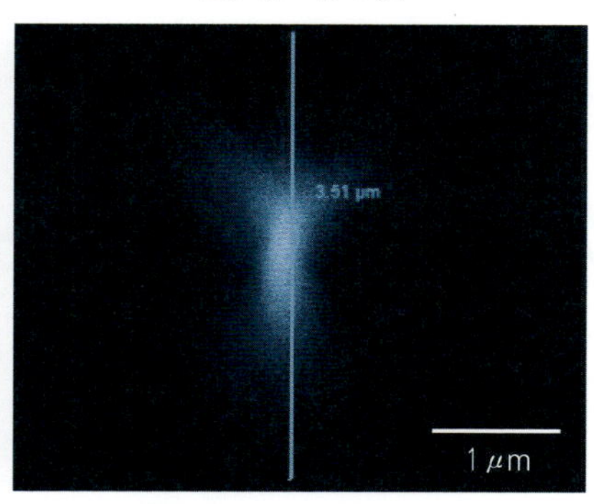

図 2　ピンホールの大きさと PSF

⇒口絵 15 参照

機　　材

- 共焦点蛍光顕微鏡 各種

手　　順

❶ 3 次元 PSF の測定

- ［実習 3－1］と同様に蛍光ビーズ試料をセットし，［実習 1－2］に示した手順で共焦点顕微鏡のパラメータを設定する．
- ズーム倍率を 1 ピクセルあたり 50 nm 程度になるように，ピンホール径を最適な解像度（Airy unit 1）になるように調整する．
- 焦点面をずらしながら，ビーズの上下 2 μm 程度の画像を取得する．焦点移動のステップサイズは，ナイキストのサンプリング定理によると，光軸上の分解能の約半分の値が最適である．ほとんどの共焦点顕微鏡では，使用するレンズと設定したピンホール径から最適ステップサイズが自動的に計算される．
- 同じ焦点面で 4 色の画像を撮った後，試料に向かって一方向に焦点を移動しながら，4 色画像の取得をくり返す．

❷ 3 次元 PSF の形状の検討（実習 3－1 と同じ）

❸ 蛍光波長による結像位置のずれを検討（実習 3－1 と同じ）

考察のポイント

- PSF の形状を全視野顕微鏡と比較する．
- ピンホールの大きさを変えて PSF を比較する（図 2）．
- PSF から面内（X–Y）および光軸上（Z）の分解能を計測する．

［平岡 泰］

実習4－2 固定細胞の3次元イメージング

目　的

• 全視野顕微鏡で得られる3次元画像との比較を行うことにより，双方の利点と欠点を理解する．

実習内容

固定細胞の3次元マルチカラー画像の取得．
顕微鏡焦点を段階的に移動させながら，多重染色した固定細胞の3次元画像を取得する．

関連の講義

第2章　共焦点顕微鏡の基礎
第4章　3次元イメージング

材　料

• HeLa 固定細胞　二重染色
　　ヒストン H2B-GFP（染色体）
　　抗チューブリン抗体/Alexa 594 標識2次抗体（微小管）
　または
　　ヒストン H2B-GFP（染色体）
　　抗ラミンBレセプター抗体/Alexa 594 標識2次抗体（核膜）
• ガラスボトムディッシュで培養して，固定，染色しておく．

機　材

• 共焦点蛍光顕微鏡 各種
　実習4－1でPSFを実測したのと同じ対物レンズを用いる．

手　順

❶ 3次元マルチカラー画像の取得

• 用意したガラスボトムディッシュを蛍光顕微鏡にセットする．
• 同じ焦点面で2色の画像を撮った後，試料に向かって一方向に焦点を移動しながら，画像の取得をくり返す（図3）．
• データの焦点範囲は，細胞を含む必要な領域だけあればよい．デコンボルーションの場合と異なり，余分な領域の画像を取る必要はない．
• 最適な焦点のステップサイズは，光軸上の分解能の半分の値が目安となる．これはピンホール径によって決まり，ほとんどの共焦点顕微鏡では使用するレンズと設定したピンホール径から最適ステップサイズが自動的に計算される．
• ピンホール径を Airy unit 1に調整し，最適な焦点ステップで3次元画像を撮ったときに最高の分解能が得られるが，必要に応じて，ピンホール径を大きくしたり（試料が暗いときなど），焦点間隔を粗くする（励起を

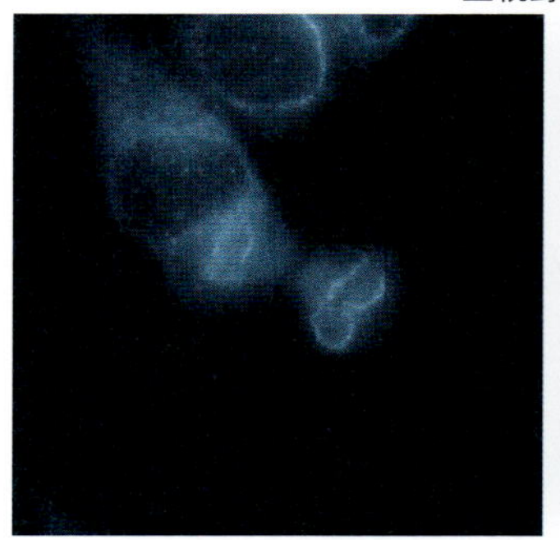
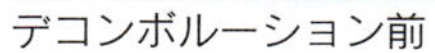

図 3　HeLa 固定細胞（二重染色）

染色体ヒストン H2B-GFP（緑），核膜抗ラミン B レセプター抗体/Alexa 594 標識 2 次抗体（赤）
［全視野顕微鏡 DeltaVision　Olympus PlanApo　40×/NA 1.35，oil］［共焦点顕微鏡 Zeiss LSM510，C-Apochromat　40×/NA 1.2，W，Corr］⇒口絵 16 参照

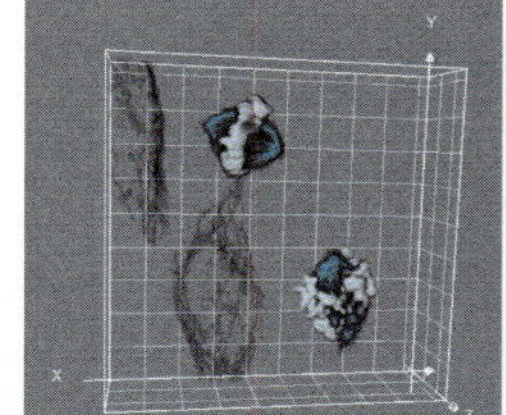
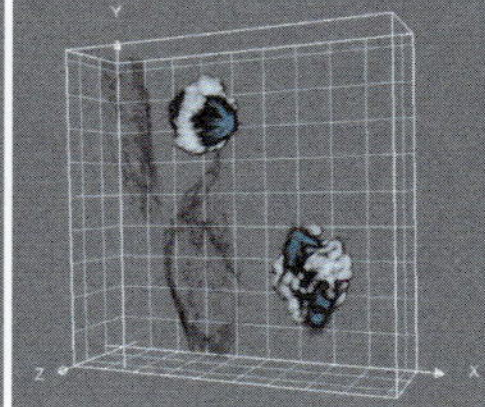
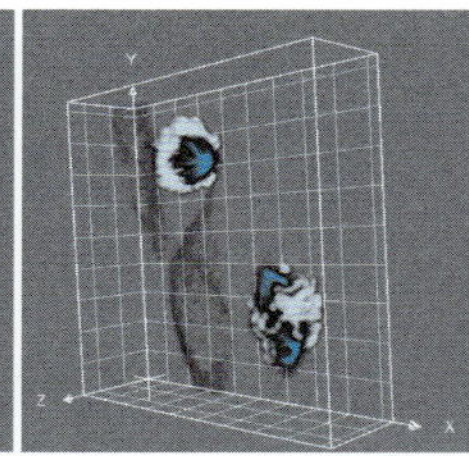
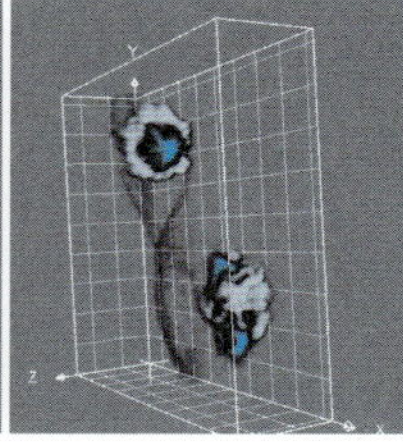
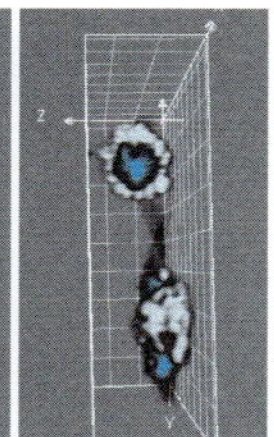

図 4　共焦点顕微鏡画像の 3 次元表示

減らしたい場合など）．

❷ 3 次元像の再構築・表示

- 断面像や 3 次元画像の回転，投影像，ステレオ表示など，3 次元画像表示の手法を学ぶ（図 4）．

考察のポイント

- 全視野顕微鏡と共焦点顕微鏡の分解能を比較する．
- 全視野顕微鏡と共焦点顕微鏡の長所・短所を考える．

［平岡 泰］

実習5

生細胞タイムラプス

実習5－1　全視野顕微鏡によるタイムラプスイメージング

目　　的　マルチカラータイムラプス観察を成功させるポイントを理解する．

- マルチカラータイムラプス装置の仕組みの理解
- 温度制御についての理解
- 生細胞観察に適するDNAトランスフェクション（一過的発現）法についての理解
- 細胞周期の見分け方
- 観察すべき細胞の選び方
- 露光時間（蛍光強度）の選び方（S/N比）
- 時間間隔の設定の仕方（時間分解能）
- 3次元画像取得時の注意（空間分解能）

実習内容　2色の蛍光色素で，2つの異なる細胞構造を染色したHeLa生細胞のマルチカラー（3次元）タイムラプス画像を取得する．実際には，ヘキスト33342で染色体DNAを染色し，GFP–チューブリンまたはラミンBレセプター–GFPで，それぞれ微小管または核膜を染色した細胞を用いて，細胞分裂の様子を観察する．融合タンパク質を一過的に発現させた細胞を使う場合と，融合DNAがゲノムDNAに挿入された細胞株を使う場合を比較し，それぞれの方法の利点，問題点を検討する．

関連の講義

第5章　マルチカラータイムラプス蛍光顕微鏡
第11章　生細胞試料の準備
第12章　蛍光色素・蛍光タンパク質

背　　景　高等動物細胞の細胞分裂の過程では，時々刻々と，細胞構造に大きな変化が起こる．細胞形態は，平たく広がった状態から球状になり，染色体分離の後はアレー型になり，間期になると平たい形に戻る．染色体は，間期ではゆるんでいるが，分裂期になると高度に凝縮し，染色体分離したのち核膜が形成されると，またゆるんだ状態に戻る．微小管は，分裂期には束化してスピンドルを形成し，間期に戻ると再び微小管に戻る．核膜は，分裂期前期に崩壊し，染色体分離の後に，染色体の周りに速やかに再形成される．

生きた細胞の染色体を特異的に染色する蛍光色素としてヘキスト 33342 があるが，この色素は，DNA のマイナーグルーブに結合することが知られている．塩基特異性としては AT rich な領域に結合しやすい．生きた細胞での染色体（DNA）のタイムラプス観察に使うことができるが，蛍光観察による細胞毒性が強く，M 期での増殖停止が起こりやすい．そのため，励起が強すぎると細胞分裂が進行しなくなる．

材　料

ガラスボトムディッシュで培養されている HeLa 生細胞

- GFP–チューブリン（または，ラミン B レセプター–GFP）を一過的に発現させることにより，それぞれ微小管（または核膜）を染色し，ヘキスト 33342 で DNA を染色した HeLa 細胞
- GFP–チューブリンを恒常的に発現させることにより微小管を染色し，ヘキスト 33342 で DNA を染色した HeLa 細胞株

機　材

DeltaVision システム（温度制御室内に設置；図 1 A，B）

- 顕微鏡：Olympus IX70
- 対物レンズ：Olympus UApo 40×/NA 1.35，oil
- 焦点制御：ステッピングモーター
- カメラ：インターライン CCD（CoolSNAP HQ^2）

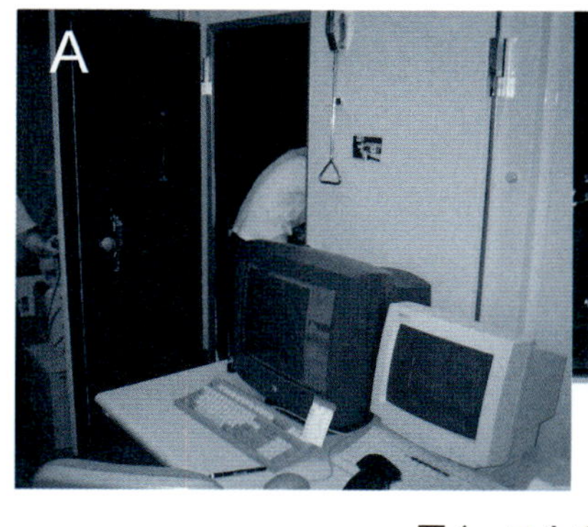

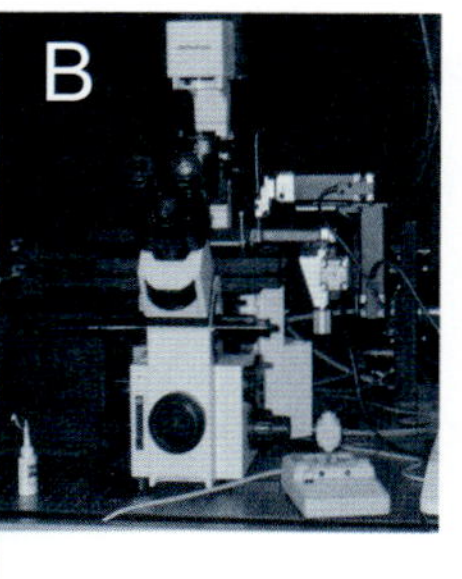

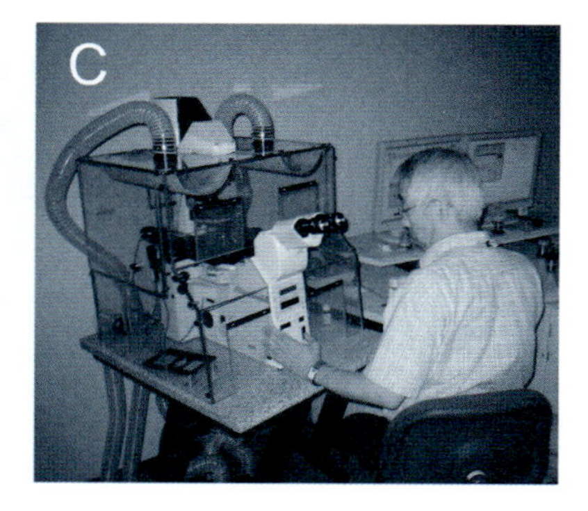

図 1　マルチカラータイムラプス顕微鏡システム

(A) DeltaVision を入れている温度制御室．顕微鏡全体が温度制御されるために，観察温度が安定している．
(B) DeltaVision.
(C) Leica AS–MDW．専用の温度制御チャンバーを使用．

Leica AS-MDW or AF6000 システム（温度制御装置付き）（図1C）

- 顕微鏡：Leica DMI4000B（6000B）
- 対物レンズ：Leica HCX PL APO 63×/NA1.3, Gly, Corr（0.14〜0.18 mm），37℃対応
- カメラ：CCD（DFC350FX）
- 焦点制御：ピエゾ素子

手　順

❶ 細胞の準備

- ガラスボトムディッシュ培養器で培養したHeLa細胞（または，GFP-チューブリンなど，蛍光タンパク質融合タンパク質を発現する細胞株）を用意する．融合タンパク質を一過的に発現させる場合は，観察の1〜2日前にDNAトランスフェクションを行っておく（細胞を弱らせないトランスフェクション条件を検討すること）．観察当日に，細胞をヘキスト33342（100 ng/ml，10〜30分処理後，培地で3回洗う）で染色する．
- 背景光の上昇を防ぐため，フェノールレッドを含まない培地を用いる．通常の培地はCO_2インキュベータ外ではpHを保てないため，20〜25 mM HEPES（pH7.3）を加える．

❷ 顕微鏡による蛍光観察

- 蛍光観察の前に，位相差対物レンズを用いて細胞を観察し，ディッシュ全体にわたって細胞の健康状態が良好であることを確認する．
- 水銀ランプを観察30分前にONにする．ダイクロイックミラー，フィルターなどを，観察する蛍光色素に合わせて選択する．
- ディッシュを顕微鏡[*1]にセットする．できれば，焦点ズレをなくすため，観察する環境に30分程度置いてから観察を開始する．
- 培地のpH変化と乾燥を防ぐために，観察直前にミネラルオイルを培地に重層する（培養器のふたを開けっ放しにできる）．
- 透過光（明視野）観察により対物レンズの焦点を細胞に合わせる．
- 双眼鏡筒（ビノキュラ）で覗きながら，蛍光観察を行い，細胞内局在，蛍光染色の度合いを判断する．この細胞をタイムラプス観察する場合は，この操作は最小限に行う．目視による蛍光観察を長時間行った場合は，ディッシュを取り替えて，新しいディッシュの細胞でタイムラプス観察を行う．
- 明視野観察と短時間の蛍光観察をした細胞の中から，タイムラプス観察する細胞を選ぶ．

＊1　顕微鏡の温度管理のために，温度制御室の温度を使用前日にONにしておく．温度制御室の場合は，温度制御している空間が大きいのであまり問題にならないが，温度制御箱のように一部を加温する場合は，装置を全部立ち上げた状態で，2〜3時間前にONにするとよい．水銀ランプやレーザーなど，装置をONにすると温度が上昇するため．

❸ データ取得

- 顕微鏡コントロール用のコンピュータに載せられている画像取得ソフトを使って，CCDカメラで画像を撮影してみる．その結果を見て，露光時間，NDフィルターを選択する．染色体は，間期と分裂期で明るさが約5倍に，微小管は，間期と分裂期で約10倍に蛍光強度が変化する．蛍光強度が大きく変化する場合には，最も明るい場合を想定して全体の蛍光強度（またはS/N比）を選ぶ必要がある．
- まずは，画像は多少きたなくても（S/N比が悪くても），最小限，見たいものが見える画像が撮れる条件を選ぶ．S/N比の高いきれいな画像を撮りながらタイムラプス観察を続けても，細胞分裂が起こらないことが多い．
- 時間間隔は広めに，3次元データは少なめに（初めは1枚だけで）データを撮る．
- 上の条件がうまくいったら，条件を厳しく（S/N比を高くする，3次元データを取得する，時間間隔を短くするなど）していくとよい．図2に，細胞分裂の過程をタイムラプス観察した例を示す．

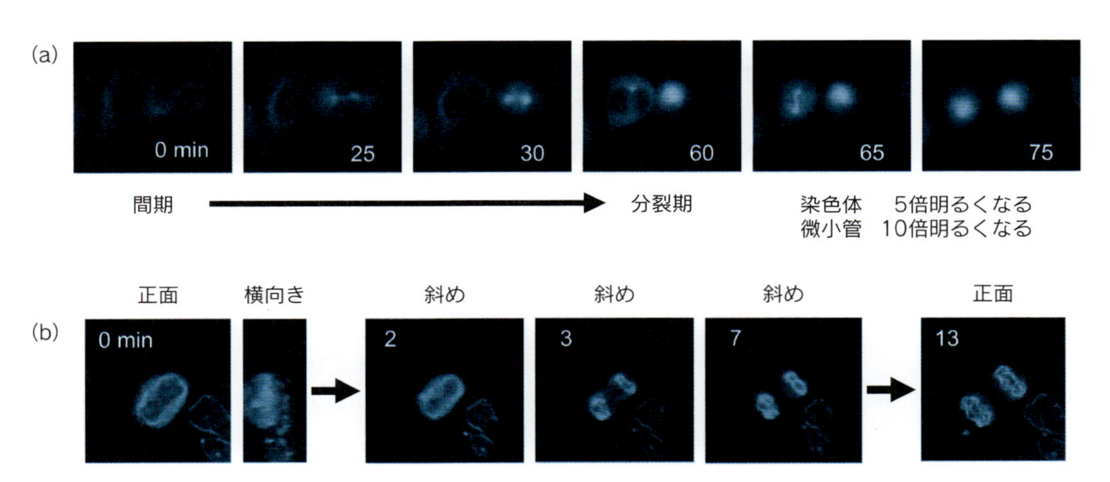

図2　細胞分裂過程のタイムラプス観察

(A) DeltaVisionを用いて分裂期前期から中期まで撮影．マゼンタは染色体(ヘキスト33342)，緑は微小管(GFP-チューブリン)．画像は，1色ずつ2つの波長を連続して撮り，それを1分ごとにくり返したものである．撮影開始点を0分としたときの時間経過を右下に示した．分裂期には，染色体と微小管の形態と蛍光強度が変化することがわかる．

(B) Leica AS-MDWを用いて分裂後期から終期まで撮影．青は染色体（ヘキスト33342），緑は核膜（ラミンB受容体-GFP）．画像は，一揃いの3次元スタック（1 μm×29枚）を1分ごとに撮影．ピエゾ素子を用いて焦点移動しているために，3次元画像の取得が速い．撮影開始点を0分としたときの時間を左上に示した．左から，0分の正面像と横向き像，斜めから見たときの2分，3分，7分後と，13分後の正面図を示した．

⇒口絵17参照

考察のポイント

- 蛍光色素による染色やトランスフェクションが細胞にどのような影響を与えるか.
- 蛍光観察が，細胞にどのような影響を与えるか．蛍光発光に使われなかった励起光のエネルギーは，細胞にどのような影響を及ぼすか.
- 蛍光観察の細胞毒性を減らす方法は？
- 観察期間中に，どのくらい蛍光強度が変化するか（カメラのダイナミックレンジを考える）.
- 観察期間中に，どのくらい焦点位置が変化するか.
- 2色の蛍光色素を3次元観察する場合，波長シリーズ（W）を一揃い撮影して焦点移動（Z）を繰り返す方法（W–Z）と，1つの波長で焦点シリーズ（Z）を一揃い撮影したのち，波長（W）を変えて焦点シリーズを撮る方法（Z–W）とで，それぞれ利点と問題点を考える.

［原口徳子］

実習5－2　レーザー走査型共焦点顕微鏡によるタイムラプスイメージング

目　的

- レーザー走査型共焦点顕微鏡を用いたマルチカラー3次元タイムラプス観察のポイントを理解する.
- タイムラプス観察の際のパラメータ設定に関する注意点を理解する.

実習内容

2色の蛍光色素で染色されているHeLa生細胞のタイムラプス画像の取得

材　料

ヒストンH2B–mRFPを発現するHeLa生細胞を，$DiOC_6(3)$で染色して用いる.

関連の講義

第2章　共焦点顕微鏡
第4章　3次元イメージング
第11章　生細胞試料の準備
第12章　蛍光色素・蛍光タンパク質

背　景

ヒストンH2BはDNAに結合してヒストンオクタマーを形成するヒストンタンパク質の1つで，それとmRFP（赤色蛍光タンパク質）との融合タンパク質は，細胞内で発現するとヌクレオソームに取り込まれてクロマチン（染色体）を染色する．$DiOC_6(3)$は，生きた細胞に加えるとミトコンドリア膜に取り込まれる.

材　料　ガラスボトムディッシュで培養されている HeLa 生細胞

- ヒストン H2B-mRFP を恒常的に発現する HeLa 細胞株を，$DiOC_6(3)$（培地に添加，15 分，培地で 3 回洗う）で染色したもの．

機　材　レーザー走査型共焦点顕微鏡

- Leica SP8，HCX PL APO 63×/NA 1.4，oil
- Nikon A1Rsi VC Plan Apo 60×/NA 1.4，oil,
- Olympus FV1200-D，UPlanSApo 60×/NA 1.35，oil
- Zeiss LSM800，C-Apochromat 40×/NA 1.2，W，Corr

手　順

❶ 細胞の準備

実習 5-1 と同様に細胞を用意する．

❷ 顕微鏡による蛍光観察

実習 5-1 と同様．

❸ データ取得

1) 典型的な細胞を選んで，共焦点顕微鏡のパラメータを設定する．パラメータの設定に使用した細胞は何度もスキャンされ弱っていることが多いので，タイムラプス観察には使用しない．生細胞観察の際は，レーザーによる退色（図 3）や細胞へのダメージを最小減に抑えるために，以下の点に留意する（第 2 章「共焦点顕微鏡の基礎」，実習 1「蛍光顕微鏡の調整・基本操作」参照）．
   - レーザーの強さをできるだけ抑える（Ar レーザーの透過率は 2％以下程度）．
   - ズーム倍率をあまり大きくしない．
   - スキャン速度を速くする（対象の動きが遅ければ，平均化してもよい）．
   - ピンホールは大きく開ける．
2) 顕微鏡ソフトウェアの設定を，$DiOC_6(3)$（488 nm レーザー励起）と H2B-mRFP（543 nm 励起）を順次取得するモードにする．
3) 透過ディテクターを用いて，透過像を同時に取得するように設定する．このとき，微分干渉スライダーを挿入することによる画像劣化が起こるかどうか確認する．画像劣化が起こる場合は，蛍光画像の質を優先し微分干渉スライダーを外す．
4) まずは，画像は多少きたなくても（S/N 比が悪くても），最小限，見たいものが見える画像が撮れる条件を選ぶ．S/N 比の高いきれいな画像を撮りながらタイムラプス観察を続けても，細胞分裂が起こらないことが多い．
5) 透過光観察と短時間の蛍光観察をした細胞の中から，タイムラプス観察

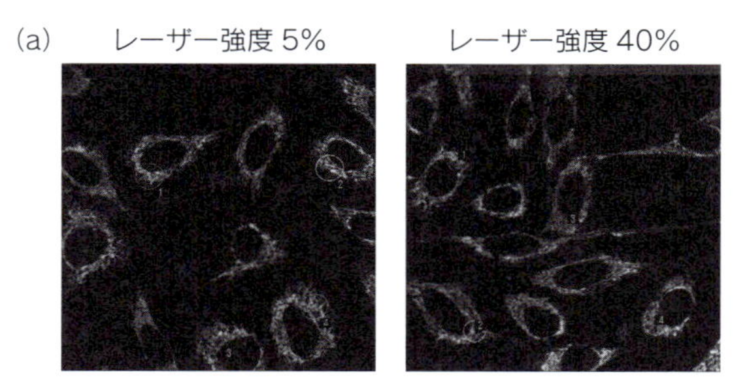

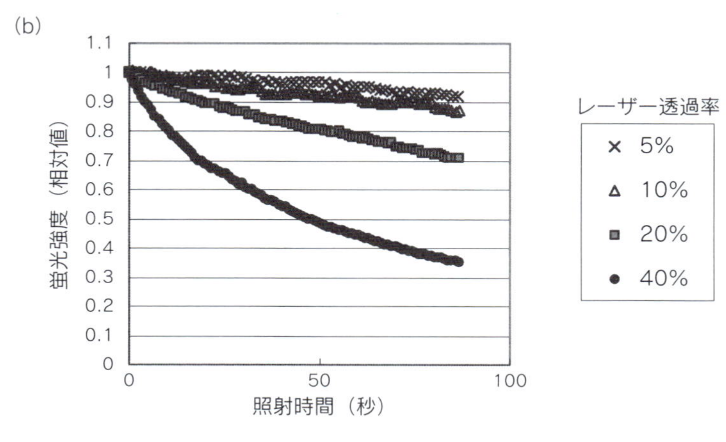

図 3　レーザーによる蛍光退色

(a) スポット走査型共焦点顕微鏡を用いて撮影したミトコンドリア膜（$DiOC_6$）の画像．左は 5 %，右は 40% のレーザー透過率を用いて励起した画像．この場合には，レーザー強度を上げても画像の質には変化がない．
(b) レーザー強度の変化による蛍光の退色．横軸はレーザー照射時間（秒），縦軸は相対的な蛍光強度を示す．レーザー強度を上げると退色が著しいのがわかる．

する細胞を選ぶ．

6) 時間間隔は広めに，3 次元データは少なめに（初めは 1 枚だけで）データをとる．
7) 焦点を合わせ，タイムラプス観察を開始する．
8) 上の条件がうまくいったら，条件を厳しく（解像度や S/N 比を高くする，3 次元データを取得する，ピンホールを小さくし光学切片を薄くする，時間間隔を短くするなど）していくとよい．

考察のポイント

- レーザー走査型共焦点顕微鏡を用いてタイムラプス観察を行うときにとくに気をつけなければいけないことは何か．
- 2 つの色素からの蛍光を，同時取得ではなく，順次取得するのはなぜか．
- 透過像を取得するのはなぜか．

［木村 宏］

実習5－3 ニポーディスク共焦点顕微鏡によるタイムラプスイメージング

目的

生細胞観察におけるニポーディスク共焦点顕微鏡の特徴を理解する．

- 通常のレーザー（スポット）走査型との相違（時間分解能，蛍光退色，細胞へのダメージ）
- 全視野顕微鏡との相違（空間分解能）

材料

ヒストン H2B–mRFP を発現する HeLa 生細胞を，$DiOC_6(3)$で染色して用いる．

関連の講義

第 3 章　ニポーディスク共焦点顕微鏡
第 4 章　3 次元イメージング
第 11 章　生細胞試料の準備
第 12 章　蛍光色素・蛍光タンパク質

背景

実習 5－2 参照

材料

実習 5－2 参照

機材

顕微鏡：Olympus IX81，PlanApo 60×/NA 1.4，oil
共焦点システム：多点走査型共焦点ユニット CSU21（横河電機）
励起光源：488 nm Ar レーザー
カメラ：EM–CCD カメラ（浜松ホトニクス）

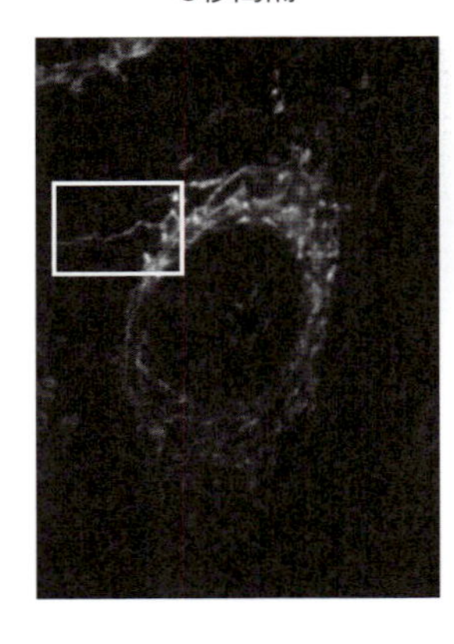

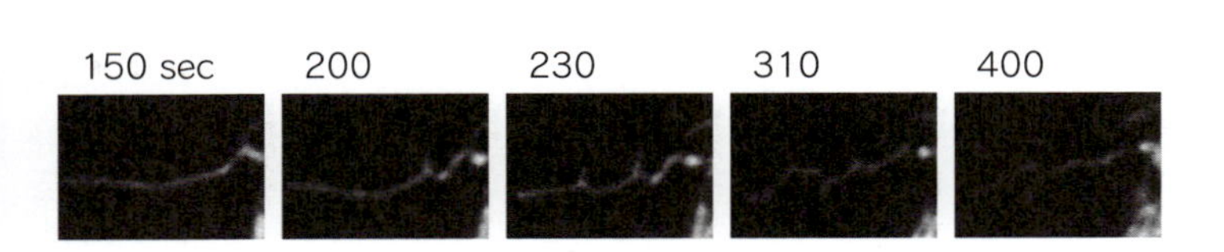

図 4　ニポーディスク共焦点顕微鏡の画像

$DiOC_6$ で染色されたミトコンドリア膜の画像．高分解能の画像の高速撮影が可能．5 秒ごとに撮られた画像のうちの 1 枚（左；全体像）と，時間経過による形態の変化の様子（右）．右図は，左図内の白枠部分の拡大．

画像取得および解析ソフト：AQUACOSMOS（浜松ホトニクス）

手　順

- 基本的には，実習 5－1 参照．
- 高感度カメラ（EM–CCD）と CSU21 の特徴を生かして，高速イメージング（1 秒間に 30 フレーム）を行い，ミトコンドリアの動きを観察する（図 4）．

考察のポイント

- 蛍光退色と細胞へのダメージについて，レーザー走査型共焦点顕微鏡と比較せよ．
- 時間分解能，空間分解能について，全視野顕微鏡，レーザー走査型共焦点顕微鏡と比較せよ．
- 3 次元像を取得するために，他に必要な装置は何か（第 4 章「3 次元イメージング」を参照）．

[原口徳子]

実習6
FRAP・FLIP

実習6－1 FRAP による拡散速度の計測

目的

高速スキャン・ブリーチングが可能なレーザー走査型共焦点顕微鏡を用いて，FRAP により蛍光タンパク質の拡散係数を求める方法を学ぶ．とくに以下の点について理解を深める．

- FRAP 実験の注意点
- FRAP で得られたデータの解析法
- Axelrod のモデルを用いた拡散係数の求め方

実習内容

GFP 単体，GFP 融合転写因子（CREB–GFP），GFP 融合ヒストン（H2B–GFP）をそれぞれ発現する細胞を用いて，それらのタンパク質の動きやすさを FRAP により解析する．また，CREB–GFP の拡散係数を求める．

関連の講義

第 16 章　FRAP の基礎
第 17 章　FRAP の定量的解析
第 18 章　光退色と光刺激

生物学的背景

CREB（cAMP–responsive element binding protein）は 35 kD の転写因子であり，2 量体を形成して DNA に結合すると考えられている．一方，ヒストン H2B は他のコアヒストンとともにヌクレオソームのコアを形成する．

材料

- GFP 発現 HeLa 細胞
- CREB–GFP 発現 HeLa 細胞
- H2B–GFP 発現 HeLa 細胞

それぞれ，ガラスボトムディッシュに培養したもの．生きた細胞，およびホルムアルデヒドを用いて化学固定した細胞[*1]．

＊1　GFP 単体は化学固定されにくいため，4％ホルムアルデヒド（250 mM Hepes，pH 7.4）で 2〜3 時間（室温）処理してしっかり固定する．固定後は PBS で 3 回洗浄し，4℃ で数週間保存できる．

機　材

488 nm レーザーを搭載したレーザー走査型共焦点顕微鏡

Zeiss-LSM800（C-Apochromat 40×/NA 1.2，W，Corr；Plan Neofluar 40×/NA 1.35, oil など），Olympus-FV1000（UPlanSApo 40×/NA 1.3 など）など．速いスキャンスピードを得るためには，（ガルバノミラーの振り幅を小さくする必要があるため）ズーム倍率をある程度大きくしなければならない（機種にもよるが，5〜8 倍程度）．そのため，動物培養細胞の大きさが対象であれば，100 倍などの大きな倍率のレンズの使用はあまり推奨できない（40 倍程度のレンズが最適である）．

手　順

❶ 画像取得パラメーターの設定

化学固定した細胞（GFP，CREB-GFP）と生細胞（CREB-GFP）を用いて，スキャニングおよびブリーチングの条件を適切に設定する．スキャニングの条件は，高速，蛍光強度をダイナミックレンジの最大まで飽和させない，イメージングのときにブリーチさせない，などの点に留意する．拡散の速さを測定するための FRAP では，‘きれいな絵’を取ることが目的ではなく，蛍光を高速・高感度で測定することが重要である．1 秒あたり 20 枚（50 ミリ秒/フレーム）程度の画像を取得する．

スキャニングで設定するパラメータは，以下の項目を含む．

- スキャンするライン数（画素数；128，64，32 ラインなど）
- スキャンスピード（できるだけ速く）
- ズーム倍率
- スキャン方法（一方向，または双方向）
- レーザーパワー，透過率
- ピンホールサイズ（基本的には，最大；迷光などの影響により，S/N 比が低下する場合は，少し絞る）
- PMT のゲイン，オフセットなど

ブリーチは，できるだけ素早く，かつ十分量がブリーチできるように設定する．生細胞でも固定細胞と同程度ブリーチできる条件を見つけることが望ましい．ブリーチ時間が長すぎると，その間に蛍光分子が動いてしまうからである（第 16 章「FRAP の基礎」，第 17 章「FRAP の定量的解析」を参照）．ブリーチで設定するパラメータは，以下の項目を含む．

- ブリーチのためのスキャンの回数
- ブリーチ用レーザーの種類とパワー，透過率（最大）
- ブリーチする領域の大きさ*2（半径 1 μm 程度の円）

また，全スキャン時間（回数）も設定する．ブリーチは，可逆的蛍光退色*3

＊2　ブリーチ領域が小さすぎると FRAP の回復が速過ぎて測定できないが，大きすぎるとブリーチに時間がかかるためやはり正確な測定ができない．

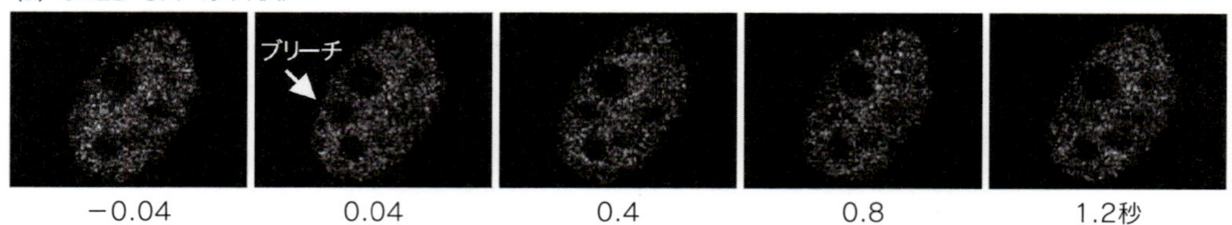

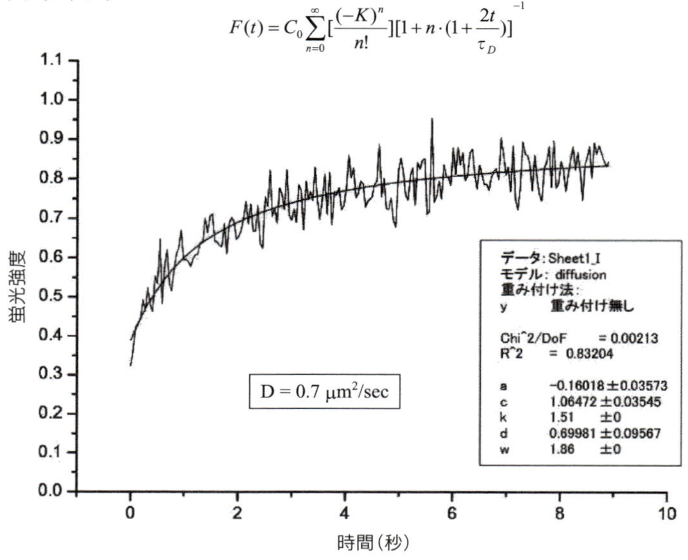

図1　CREB-GFP の FRAP 解析例

(a) CREB-GFP の FRAP（Zeiss LSM510META, C-Apochromat 40×/NA 1.2, W, Corr；38 ミリ秒/フレーム）．(b) カーブフィッティング．Axelrod のモデル式（上）を用いてフィッティングした（下）．この条件では，拡散係数が 0.7 μm^2/秒となった．

が安定したのち（数秒後）に行う．50 ミリ秒/フレームで画像取得するときは，ブリーチ前 100 フレーム，ブリーチ後 100 フレーム程度を設定する．

❷ データ取得

CREB-GFP，GFP，H2B-GFP に関して FRAP を行い，データを取得する（図 1 a）．

❸ 化学固定した細胞を用いたデータ取得

化学固定した GFP 発現細胞を用いて，同様の条件でデータを取得する（図 2 a，b）．このデータは，解析のためのパラメータ（ブリーチ定数，実効ブリーチ半径）を求めるために用いられる．

❹ <オプション>3 次元像の構築によるブリーチ形状の観察

固定した細胞を用いて，ブリーチ前後で 3 次元画像を取得して，*X*–*Z* 断面

＊3　三重項状態の生成や光異性化などによる一過性の蛍光退色．

(a) 化学固定した GFP 発現細胞のブリーチ　(b) 蛍光強度の測定

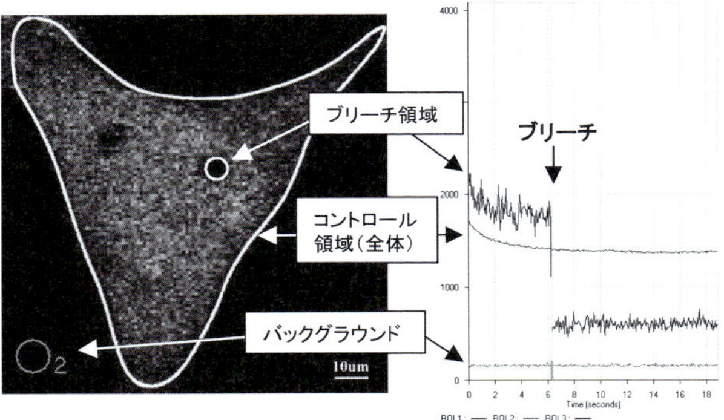

(c) ブリーチ特性の計測　(d) カーブフィッティング

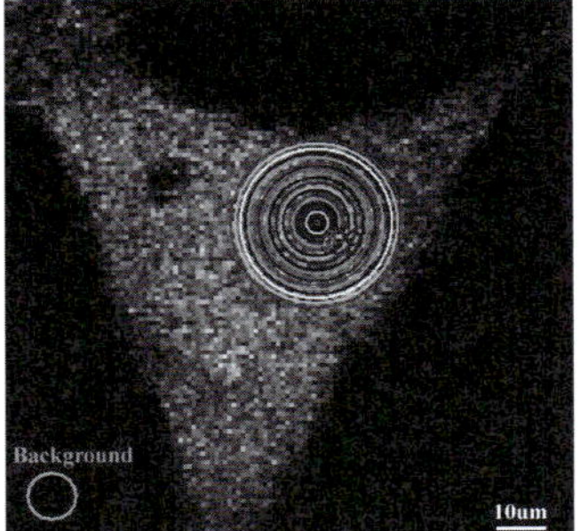

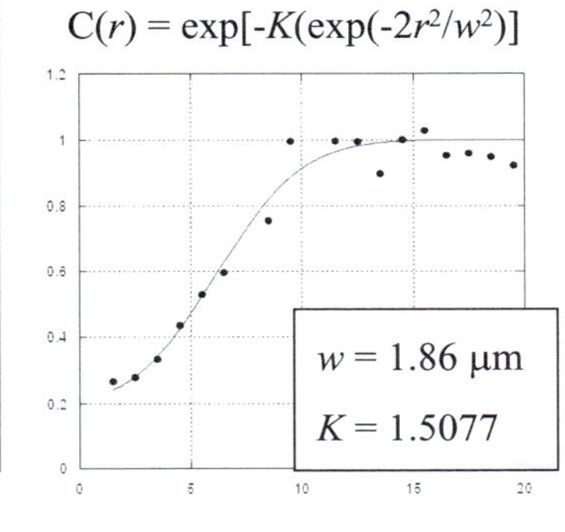

図 2　化学固定した細胞を用いたブリーチ特性の解析例

(a) ホルムアルデヒドで化学固定したGFP発現細胞のブリーチ（Zeiss LSM510META, C-Apochromat 40×/NA 1.2, W, Corr；38ミリ秒/フレーム）.
(b) 蛍光強度の測定
(c) ブリーチ特性の計測．ブリーチ中心からの距離と蛍光強度との関係を測定する．
(d) カーブフィッティング．Axelrod のモデル式（上）に従って，実効ブリーチ半径（w）とブリーチ定数（K）をカーブフィッティングにより求めた（下）.

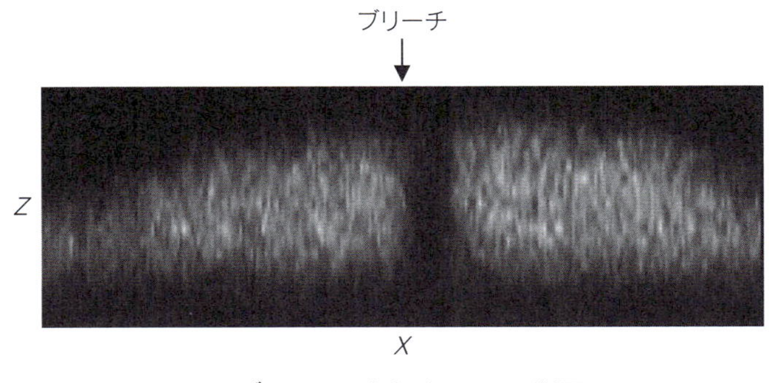

図 3　ブリーチした細胞の X–Z 断面図

化学固定したGFP発現細胞をブリーチしたのち，3次元像を取得し，X–Z 断面図を作成した（Zeiss LSM510 META, C-Apochromat 40×/NA 1.2, W, Corr）.

を再構成し，Z 方向にどのようにブリーチされているのかを確認する（図 3）.

❺ 蛍光強度の測定

ImageJ を用いて，ブリーチ領域，コントロール領域，バックグラウンド領域の蛍光強度を測定し，GFP 単体，CREB-GFP，H2B-GFP の FRAP 曲線を比較する．

❻ カーブフィッティング

FRAPの回復曲線をAxelrodまたはSoumpasisのモデル式（第17章「FRAPの定量的解析」）を用いてカーブフィッティングし，拡散係数を求める（図1b）．その際，ブリーチ定数（K）と実効ブリーチ半径（w）も変数にすることもできるが，一般的には，化学固定した細胞をブリーチして得られたデータを用いる（図2c，d）*4．

❼ <オプション>他のモデルを用いたフィッティング

FRAPデータをJacobsonなど他のモデル式（第17章「FRAPの定量的解析」）を用いてカーブフィッティングし，差異を検討する．

考察のポイント

- FRAPにより速く動く蛍光分子の拡散速度を測定するために注意しなければいけない点は何か．
- Axelrodをはじめとした多くのFRAPモデルで前提となっているブリーチの条件は何か．
- ピンホールを大きく空けるのは何のためか．
- 指定したブリーチ領域と実際にブリーチされる領域の大きさは同じか．
- 使用するレンズの開口数を変えるとブリーチの形状と効率はどのように変わると考えられるか．
- 細胞内の蛍光タンパク質の拡散係数は，分子量から計算される値と同じか．それが違うとすればどのような要因がその違いをもたらすと考えられるか．
- 蛍光が100%まで回復しない場合，どのようなことが考えられるか．

［木村 宏］

＊4 ブリーチ定数（K）と実効ブリーチ半径の求め方
レーザー強度が正規分布するレーザーを用いてブリーチしたとき，ブリーチ中心から距離（r）離れた場所におけるブリーチ後の蛍光強度の割合（Cr）は，以下の式で表される．

$$Cr = \exp(-K^{*}I(r))/I(0)$$

ここで，Kはブリーチ定数，$I(r)$は，ブリーチ中心からの距離（r）離れた場所における蛍光強度，$I(0)$は，ブリーチ中心における蛍光強度，である．
$I(r)$，$I(0)$は，いずれもレーザー強度（P_0）と半径（w）の関数，$I(r) = (2P_0/\pi w^2)^{*}\exp(-2r^2/w^2)$，$I(0) = (2P_0/\pi w^2)$，であるため，最終的に上記の式は，

$$Cr = \exp[-K^{*}(\exp(-2r^2/w^2))]$$

となる．
相対蛍光強度（Cr）をブリーチ中心からの距離（r）に対してプロットし，数値グラフ解析ソフト（Origin, Prismなど）を用いて，この式にカーブフィッティングさせる（図2d）．

実習6－2　FRAPによる結合・解離速度の計測

目　的　レーザー走査型共焦点顕微鏡を用いて，比較的安定に細胞構造と結合するタンパク質の動態を解析する方法を理解する．とくに，計測にあたっての注意点と結合・解離定数の一般的な算出方法を学ぶ．

実習内容　Sec23-GFPとヒストンH1-GFPの動態をFRAPにより解析し，それらの細胞構造との結合時間を測定する．

関連の講義　第16章　FRAPの基礎
第17章　FRAPの定量的解析
第18章　光退色と光刺激

背　景

❶ Sec23

小胞体から分泌タンパクが輸送される出口であるERES（ER exit sites）には，COP IIコートが結合している．この構造はきわめて動きが少ないため，一見，安定なマイクロドメインであるように見える．しかし実際には，COP IIコートの構成成分は，細胞質に存在する分子と素早い交換をくり返している．Sec23はCOP IIコートの成分であり，そのERESへの滞在時間をFRAPにより知ることができる．

❷ ヒストンH1

ヒストンH1は，ヌクレオソーム構造の形成には必要ないが，DNAに結合するタンパク質であり，細胞核に局在する．生化学的には，0.5～0.6 Mの塩でクロマチンから抽出される．その機能は，ヌクレオソーム間のリンカーとして，染色体凝縮や遺伝子発現制御に関与すると考えられている．H1-GFPは，コアヒストンと異なり，頻繁にDNAとの結合・解離をくり返している．この実習では，練習のため拡散速度が十分に速いと仮定して結合速度を解析する．しかし，実際はH1-GFPのDNAへの結合速度は拡散速度と同じオーダーであるため，ここで用いるような単純な結合・解離のモデルは適用できない．

材　料

- Sec23-GFP発現NRK細胞
- ヒストンH1-GFP発現HeLa細胞

それぞれ，ガラスボトムディッシュに培養したもの．生きた細胞，およびホルムアルデヒドを用いて化学固定した細胞（実習6－1参照）．

機　材　488 nm レーザーを搭載したレーザー走査型共焦点顕微鏡
Leica SP8，Nikon A1Rsi など

手　順

❶ Sec23-GFP の FRAP

1) Sec23-GFP の FRAP を行うための画像取得パラメータの設定

化学固定した細胞と生細胞を用いてスキャニングおよびブリーチングの条件を適切に設定する．スキャニングとブリーチの条件を設定する．蛍光分子の細胞構造との結合・解離は単純拡散ほど速くないと予想されるので，ミリ〜数十ミリ秒の単位での解析をする必要はない．むしろ重要なのは，多少スキャンスピードを遅くして S/N 比を向上させ，蛍光分子の局在をはっきりと画像化させることである．Sec23-GFP の場合，1 秒あたり 1〜5 枚程度の画像を取得する程度で十分である．スキャニングで設定するパラメータは，以下の項目を含む．

- スキャンするライン数（画素数 256×256，512×512 など）
- ズーム率
- スキャンスピード（拡散速度の測定に比べて遅く設定する；回復速度による）
- スキャン方法（一方向；画像の質を向上させる）
- アベレージング（使用可能）
- レーザーパワー，透過率
- ピンホールサイズ（絞ってもよい）
- PMT のゲイン，オフセットなど

ブリーチは，できるだけ素早く，かつ十分量がブリーチできるように設定する．生細胞でも固定細胞と同程度ブリーチできる条件を見つけることが望ましい．ブリーチで設定するパラメータは，以下の項目を含む．

- ブリーチのためのスキャンの回数
- ブリーチ用レーザーの種類とパワー，透過率（最大）
- ブリーチする領域の大きさ[*5]

また，全スキャン時間（回数）も設定する．スキャンスピードが遅いと可逆的蛍光退色はほとんど問題にならないので，ブリーチ前のスキャンは 3 フレーム程度で十分である，ブリーチ後 100 フレーム程度を設定する．

2) データ取得

Sec23-GFP が局在する細胞核の一部をブリーチし，データを取得する（図 4 a）．

3) 化学固定した細胞を用いたデータ取得

＊5　拡散に比べて結合・解離の速さが十分に遅いときは，蛍光回復の速さはブリーチした領域の大きさに依存しない

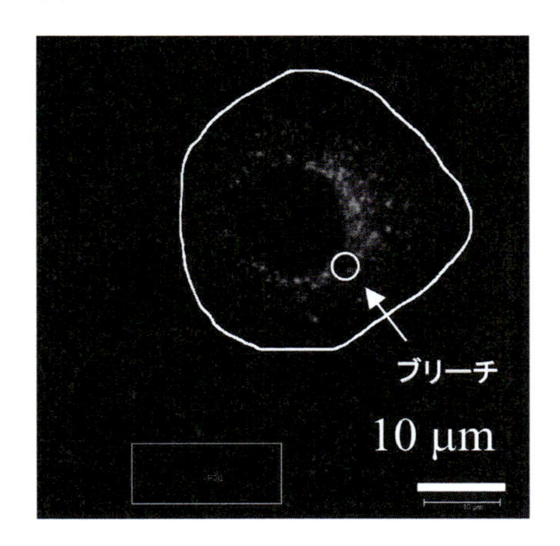

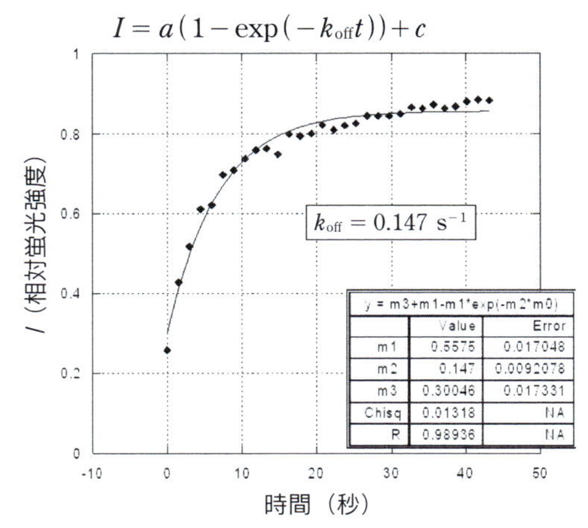

図 4　Sec23-GFP の FRAP 解析例

(a) Sec23-GFP の局在と FRAP（Leica SP5，HCX PL APO　40×/NA 1.25，oil；1.489 秒/フレーム）
(b) カーブフィッティング．exponential association の式（上）を用いてフィッティングした（下）．

化学固定された細胞を用いて同一の条件で実験を行い，蛍光回復が起こらないことを確認する．

4) 蛍光強度の測定

Image J を用いて，ブリーチ領域，コントロール領域，バックグラウンド領域の蛍光強度を測定し，時間に対してプロットする．

5) FRAP の回復曲線を exponential association の式（第 17 章「FRAP の定量的解析」）を用いてカーブフィッティングし，解離定数（k_{off}），滞在時間，滞在時間の $t_{1/2}$ などを求める（図 4 b）．

❷ H1-GFP の FRAP

基本的に，「❶ Sec23-GFP の FRAP」と同様に行う（図 5）．ただし，局在性や結合・解離速度は異なるので，H1-GFP に合わせた設定が必要である．ブリーチ領域は半径 1 μm 程度の円，幅 1 μm 程度のストリップ，あるいは，核細胞の半分など．

考察のポイント

- 結合・解離（exponential association）のモデルと拡散のモデルで大きく異なる点は何か．それぞれの単位（exponential association は s^{-1}，拡散は $\mu\mathrm{m}^2\mathrm{s}^{-1}$）を基に考える．
- 結合・解離の測定のための FRAP の条件設定は拡散の測定とどのように異なるか？
- 蛍光が 100% まで回復しないときは，どのようなことが考えられるか？

(a) H1-GFP の FRAP　ブリーチ

−5　5　100　200　300 秒

(b) カーブフィッティング

$$I = a(1 - \exp(-k_{\mathrm{off}}t)) + c$$

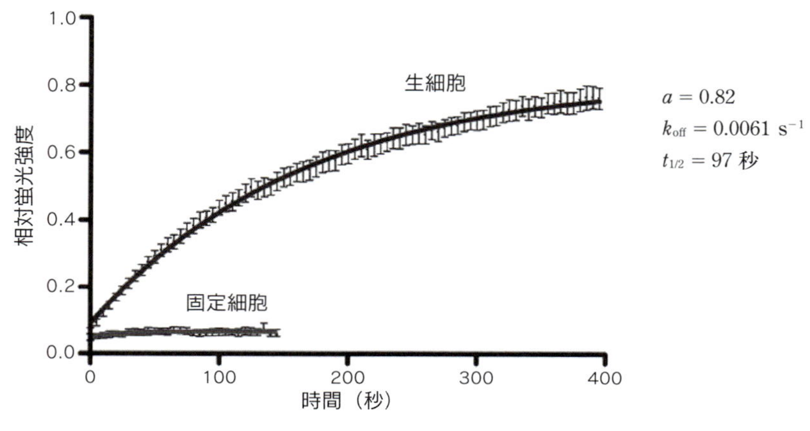

図 5　H1-GFP の FRAP 解析例

(a) H1-GFP の FRAP.
(b) カーブフィッティング．exponential association の式（上）を用いてフィッティングした（下）．この例では，mobile な成分(a)が 82%，k_{off} が 0.0061 s^{-1} となった．その値から $t_{1/2}$ を計算すると 97 秒になった．

- FRAP の回復が拡散に依存しない（拡散速度が十分に速い）ことはどのように示すことができるか？

［木村 宏］

実習6－3　光退色蛍光減衰測定法 (FLIP)

目　的　レーザー走査型共焦点顕微鏡を用いて，FLIP により細胞レベルでの拡散と細胞内構造の連続性を解析する方法を学ぶ．

実習内容 GFP 発現細胞の細胞質を連続的にブリーチし，ブリーチした領域以外の蛍光がどのように減衰するのかを解析する．

関連の講義 第 16 章　FRAP の基礎
第 17 章　FRAP の定量的解析
第 18 章　光退色と光刺激

背　景 細胞核は，細胞質と核膜で隔てられているが，核膜孔を通して分子が流通している．28 kD の GFP は核膜孔を拡散により通過できるため，GFP の安定発現株では，GFP は細胞全体（細胞質と核）に比較的均質に局在する．GFP は細胞中で速く拡散しているため，細胞質の一部をブリーチし続けると，核に比べて細胞質の蛍光が速やかに減衰する．このことから，核膜が拡散の障壁になっていることがわかる．

ERp72 は，小胞体に局在するタンパク質である．小胞体の一部をブリーチしたときに，小胞体全体の蛍光が消失することから，小胞体は連続した構造であることがわかる．

材　料
- GFP 発現 HeLa 細胞
- ERp72–GFP 発現 COS 細胞

それぞれ，ガラスボトムディッシュに培養したもの．

機　材 488 nm レーザーを搭載したレーザー走査型共焦点顕微鏡
Leica SP8，Nikon A1Rsi，Zeiss LSM800，Olympus FV1200 など

手　順

❶ GFP の FLIP

1) FLIP 条件の設定

FLIP の実験条件は多様に設定可能である．一般的には，細胞の構造がはっきり見える程度のスキャンスピードや解像度を用いる．スキャン条件の設定については，実習 7–2 を参照．初めは，1 秒/frame，100 frame 程度に設定する．2 つの細胞を視野に入れ，片方の細胞をブリーチし，もう 1 つの細胞はコントロールとして用いる．ブリーチの仕方は使用機種によって異なる（第 18 章「光退色と光刺激」参照）．細胞質の 1/10 程度をブリーチ領域として設定する．

2) FLIP 実験

ブリーチ領域を設定し，FLIP を行う（図 6 a）．

3) 蛍光強度の測定

共焦点顕微鏡のオペレーティングソフトウェアを用いて，ブリーチした細胞内のいくつかの領域，コントロール細胞，バックグラウンドなど

(a) GFP の FLIP　　　　　　　　(b) 蛍光の減衰曲線

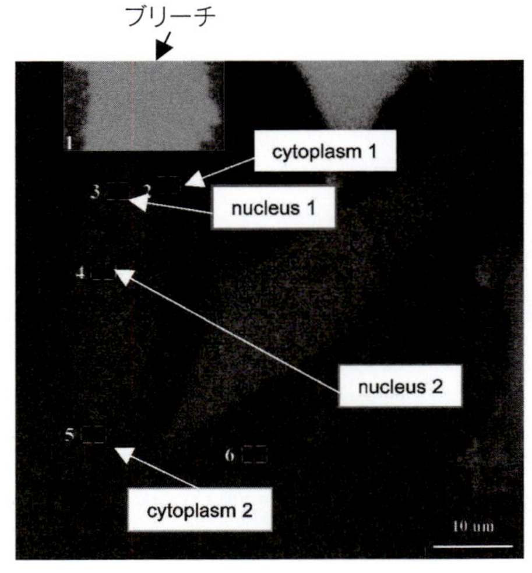

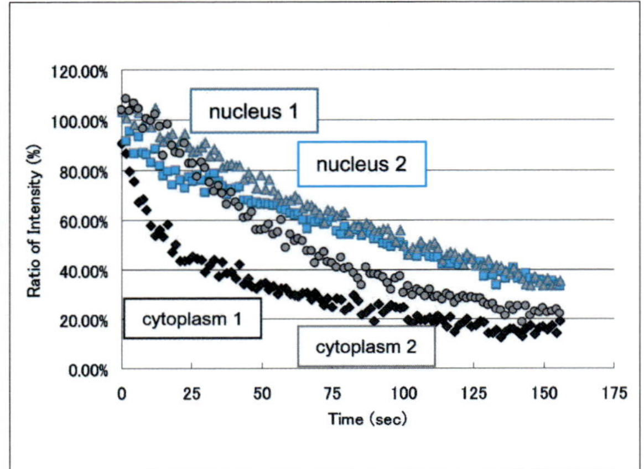

図 6　GFP の FLIP 解析例

(a) GFP の FLIP．細胞質の一部をブリーチしながら，スキャンをくり返した（Leica SP5，HCX PL APO 40×/NA 1.25，oil；1.489 秒/フレーム）．
(b) 蛍光の減衰曲線．ブリーチした領域からみてほぼ等距離にある核と細胞質を比較すると，細胞質の減衰が速いことがわかる．

の蛍光強度を測定し，時間に対してプロットする（図 6 b）．

4) 条件の変更

以下の条件を変更して，FLIP 実験を行い，蛍光が退色する様子の違いを検討する．

- スキャンスピード（速く，あるいは遅くする）
- ブリーチ領域（大きく，あるいは小さくする）

❷ ERp72-GFP の FLIP

基本的に，「❶ GFP の FLIP」と同様に行う．ただし，局在性や拡散速度は異なるので，ERp72-GFP に合わせた設定が必要である．ERp72-GFP の局在する小胞体の一部をブリーチ領域に設定する．

考察のポイント

- FRAP に比べて FLIP が優れている点は何か．
- 逆に，FLIP の弱点は何か．
- スキャンスピードの違いやブリーチ領域の大きさ（手順①-4）によって蛍光退色の速さが異なるのはなぜか．
- 細胞質の GFP をブリーチしたときに，核の蛍光の減衰が遅くなるのはなぜか．
- GFP について，細胞質ではなく核をブリーチして同様の実験を行うこともできる．しかし，核をブリーチするときは結果の解釈に注意が必要である．1光子励起と多光子励起のブリーチ形状を考えよ．

［木村 宏］

実習6－4 フォトアクティベーション

目的　photoactivatable GFP(PA–GFP)を用いて，特定の場所に局在するタンパク質の動態を解析する方法を学ぶ．また，405～408 nm のレーザーを用いた光刺激の手法について理解する．

実習内容　PA–GFP 発現細胞の細胞質を刺激し，蛍光がどのように拡散するのかを解析する．

関連の講義　第13章　改変型蛍光タンパク質の利用
第18章　光退色と光刺激

背景　PA–GFP は，紫外から紫の光を受けると，100倍程度明るい蛍光を発するようになる．この性質を利用して，刺激した場所に存在した分子の動態を直接可視化できる．

材料　PA–GFP 発現 HeLa 細胞

ガラスボトムディッシュに培養したもの．生きた細胞，およびホルムアルデヒドを用いて化学固定した細胞（実習5－1参照）．

機材　オリンパス FV1200–D（ツインスキャナー仕様）
ニコン Ti–E＋C1（刺激用）＋［横河 CSU21＋CCD］(画像取得用)

上記の機種は，刺激と観察の光学系が独立しているので，刺激しながら観察できる．そのため，速い動きに対応できる（刺激に限らずブリーチでも威力を発揮する）．しかし，通常の共焦点顕微鏡でも，実習6－1，6－2の FRAP とまったく同様な操作で刺激実験を行うことができる（使用するレーザーとそのパワーが異なるだけである）．また，全視野顕微鏡でも，水銀光源と UV 励起フィルター，視野絞りを用いた刺激が可能である．

手順　❶ **刺激条件の設定**

化学固定した細胞（PA–GFP の発現によりわずかに蛍光を発する細胞）

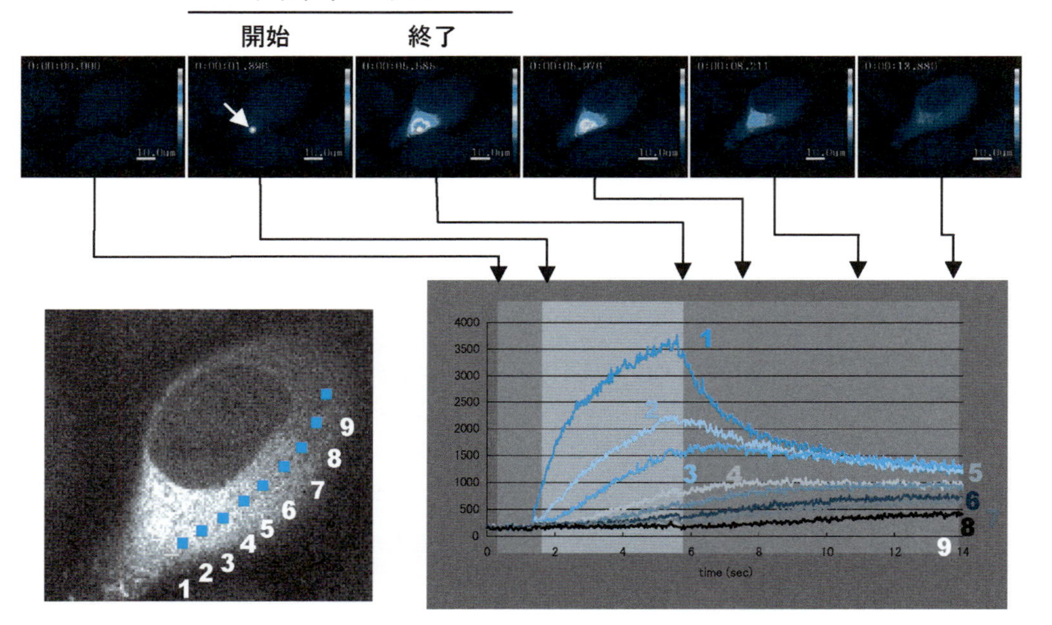

図7　フォトアクティベーションの例

paGFPを発現する細胞を観察しながら，細胞質の一点を405 nmレーザーで刺激した（ニコンTE2000，Plan Apochromat VC　100×/NA 1.40，oil；横河電気CSU21；28ミリ秒/frame）．光刺激に伴い，その領域の蛍光強度が増加することがわかる．また，活性化されたPA-GFPが拡散していく様子もわかる．⇒口絵18参照

を用いて，刺激の条件（405 nmレーザーの強度，時間）を検討する．ブリーチと対照的に，わずかの光で刺激されるので，過剰な光を当てないように注意する．

❷ 生細胞観察

PA-GFPを発現する細胞の細胞質の一部に405 nmレーザーを照射し，その広がりを観察する（図7）．

❸ 蛍光強度の測定

細胞内のいくつかの場所の蛍光強度の時間経過に伴う変化を測定する（図7）．

考察のポイント

- ブリーチに比べてアクティベーションが優れている点は何か．
- 逆に，アクティベーションの弱点は何か．
- どのような場合にアクティベーションを使うことが効果的か考えてみよ．

［木村　宏］

実習 7

FRET

実習7－1 スペクトルイメージングによる FRET の検出

目　的　FRET によって蛍光スペクトルが変化することを理解する．

実習内容　FRET 有無での蛍光スペクトル変化を測定する．

- SECFP（CFP のバリアント）と Venus（YFP のバリアント），それぞれ単独の蛍光スペクトルをスペクトル顕微鏡で測定
- SCAT3.1（SECFP–Venus 連結，FRET 状態）の蛍光スペクトル測定
- スペクトル分解によるクロストークの除去
- 分断された SCAT3.1（SECFP と Venus が分断，FRET がない状態）の蛍光スペクトルを測定し，FRET 状態と比較

関連の講義

第 6 章　スペクトルイメージング
第 13 章　蛍光タンパク質の利用
第 19 章　共鳴エネルギー移動（FRET）の基礎
第 20 章　FRET の測定法と評価

背　景　caspase3 の指示薬である SCAT3.1（SECFP–DEVD–Venus）[1] は，SECFP と Venus の間に caspase3 で切断されるアミノ酸配列をもっている．そのため，アポトーシスによって caspase3 が活性化されると，SECFP–Venus ペア間に FRET が起こっている状態から，FRET が解除された状態へと移行する（図 1）．アポトーシスは，細胞培養液にシクロヘキシミド（10 μg/m*l*）と抗 Fas 抗体（500 ng/m*l*）を添加後，4〜5 時間で起こる．

材　料

- SCAT3.1 を一過的に発現する HeLa–S3 細胞（生細胞）
- アポトーシスを誘導した SCAT3.1 発現細胞（生細胞でもよいが，ホルムアルデヒドで固定したものでもよい．固定した細胞は，PBS で 3 回洗い，PBS 中に保存する）

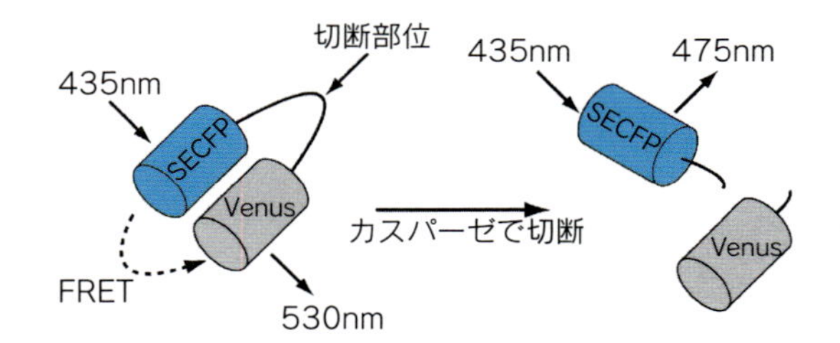

図1 caspase3指示薬としてのSCAT3.1の分子構造の模式図

SCAT3.1は，SECFPとVenusの間にcaspase3で切断を受けるDEVD配列をもつ．細胞で発現したSCAT3.1は，生理的な環境ではSECFPとVenusの間にFRETが起こるが，アポトーシスが誘導されるとcaspase3が活性化し，SECFPとVenusの間で切断を受けてFRETが解消される．

- SECFPを発現するHeLa-S3細胞（生細胞）
- Venusを発現するHeLa-S3細胞（生細胞）

機　材

レーザー走査型共焦点顕微鏡（スペクトル蛍光顕微鏡）（第6章参照）

- Leica SP8，HCX PL APO 63×/NA 1.4，oil
- Nikon A1Rsi VC Plan Apo 60×/NA 1.4，oil
- Olympus FV1200，UPlanSApo 60×/NA 1.35，oil
- Zeiss LSM880，C-Apochromat 40×/NA 1.2，W，Corr
- SECFP励起用レーザーとして，半導体レーザー（405 nm，430 nm，440 nm 各種レーザー），ガスレーザー（413 nm Kr）などが必要

手　順

❶ 細胞の準備

- ガラスボトムディッシュで培養したHeLa細胞に，観察の1〜2日前にSCAT3.1遺伝子をコードするDNAプラスミドをトランスフェクションし，SCAT3.1を発現させる．
- 観察前に，通常の培地を，（背景光を減らすため）フェノールレッド不含培地に取り換える．通常の培地はCO_2インキュベータ外ではpHを保てないため，20〜25 mM HEPES（pH 7.3）を加える．観察前に，培地の乾燥を防ぐためミネラルオイルを重層する．

❷ 顕微鏡によるスペクトル観察

- サンプルを顕微鏡にセットし，透過光観察により対物レンズのピントを細胞に合わせる．
- Hgランプによる励起光を用いて蛍光観察を目視で行い，観察すべき細胞を選ぶ．
- 観察したい蛍光スペクトルの範囲（たとえば，SCAT3.1の場合は450〜580 nm程度）を決め，その観察に必要なダイクロイックミラーとレーザーを選択する．
- SCAT3.1（SECFP-VenusがFRETを起こしている）発現細胞，SECFP発現細胞，Venus発現細胞，アポトーシスを起こしたSCAT3.1発現細胞

(FRETは解除している)を，順次観察する．使用する各装置によって，蛍光スペクトルを測定する仕組み，方法，時間が異なるので，その仕様に合わせて測定する．

❸ コンピュータへのデータ取り込み

- 最も明るい（蛍光強度が高い）波長でもシグナルが計測レンジを超えないように，レーザーパワー，ピンホールサイズ，PMTのゲイン（感度），スキャンスピードなどのパラメータを調節する．12ビット（4,096階調）でデータを取る場合は，シグナルは2,000カウント程度を目安とすると，多少増減してもレンジ内に収まり，かつ高いS/N比が確保できる．
- パラメータの設定時に行った励起により，細胞が弱るか，蛍光が退色しているおそれがある．そのため実際のデータ取りは，パラメータの設定に使ったのとは別の細胞を使う．または別の培養器の細胞を用いるとよい．

❹ データ解析

- まず蛍光スペクトルのreferenceを作るためにSECFP単独，Venus単独の蛍光スペクトルデータを取り，コンピュータに記憶させる．
- SCAT3.1の蛍光スペクトルを取り，上のreferenceデータを用いて，各顕微鏡装置に付随するコンピュータソフトでlinear unmixingを行い，それぞれSECFP，Venus単独の蛍光スペクトルに分解する．

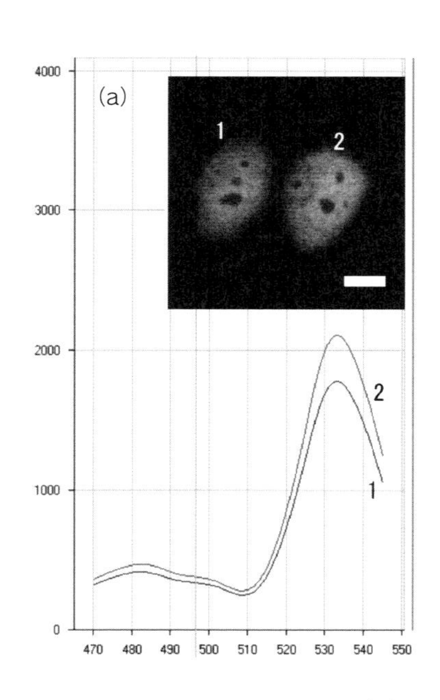

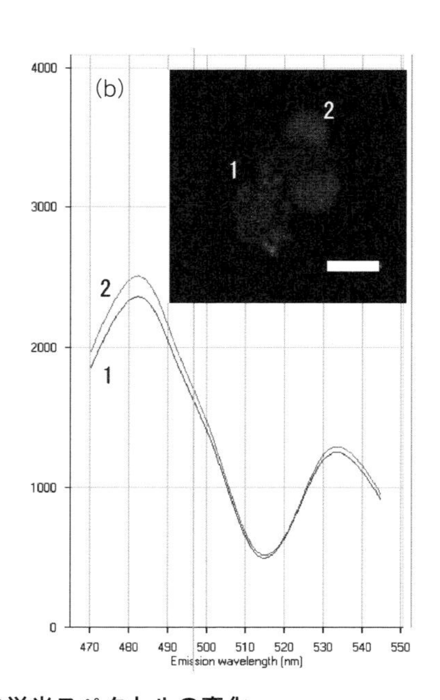

図2　FRETの有無での蛍光スペクトルの変化

413 nmのレーザーを使ってCFPを励起したときの画像と蛍光スペクトル．
(a) 正常な細胞（FRET），(b) アポトーシスを起こした細胞（FRET解除）．

- アポトーシスによって SCAT3.1 が切断され FRET が解除されたサンプルに対しても，同様のデータ取得と linear unmixing を行う．
- アポトーシスなし（FRET あり）とアポトーシスあり（FRET なし）の SECFP と Venus の蛍光強度の比から，FRET の有無を検討する（図 2）．

考察のポイント

- スペクトルイメージングによる観察が威力を発揮するのはどういう状況か？
- スペクトル顕微鏡はどのような仕組みで蛍光スペクトルを取得するのか？
- linear unmixing ではどうやって異なる蛍光物質から発せられる蛍光をスペクトル分解するのか？
- FRET とはどういう現象か？（なぜ，アポトーシスありの細胞となしの細胞で蛍光が変化したのか？）

［原口徳子・永井健治・松田知己］

実習 7－2　アクセプターブリーチングによる FRET の検出

目　的　アクセプターブリーチングによるドナーの蛍光回復から FRET の真偽判定を行う．測定データから FRET 効率を算出する方法を理解する．

実習内容

1) アクセプターの蛍光色素をブリーチする前後における，ドナーの蛍光強度を顕微鏡下で測定する．
2) 得られた蛍光強度データを基に FRET 効率を算出する．

関連の講義

第 19 章　共鳴エネルギー移動（FRET）の基礎
第 20 章　FRET の測定法と評価

材　料

SCAT3.1 を発現する HeLa-S3 細胞（実習 7－1）
SECFP と Venus を共発現する HeLa-S3 細胞

機　材

レーザー走査型共焦点顕微鏡

- Leica SP8，HCX PL APO 63×/NA 1.4，oil
- Nikon A1Rsi VC Plan Apo 60×/NA 1.4，oil
- Olympus FV1200，UPlanSApo 60×/NA 1.35，oil

- Zeiss LSM880，C-Apochromat 40×/NA 1.2，W，Corr
- SECFP 励起用レーザーとして，半導体レーザ（405 nm，430 nm，440 nm 各種レーザー），ガスレーザー（413 nm Kr）などが必要

手　順

❶ 細胞の準備

実習 7-1 と同じ．

❷ 顕微鏡による蛍光観察とブリーチング

1) サンプルを顕微鏡にセットし，透過光観察により対物レンズのピントを細胞に合わせる．
2) 水銀ランプ（あるいはキセノンランプ）を用い目視による蛍光観察を行い，SCAT3.1 が発現している細胞を選ぶ．
3) FRET 観察および Venus のブリーチングに必要なダイクロイックミラー，フィルター，レーザーを選択する（蛍光スペクトルを取る場合も，それに必要なダイクロイックミラー，フィルター，レーザーを選択する）．

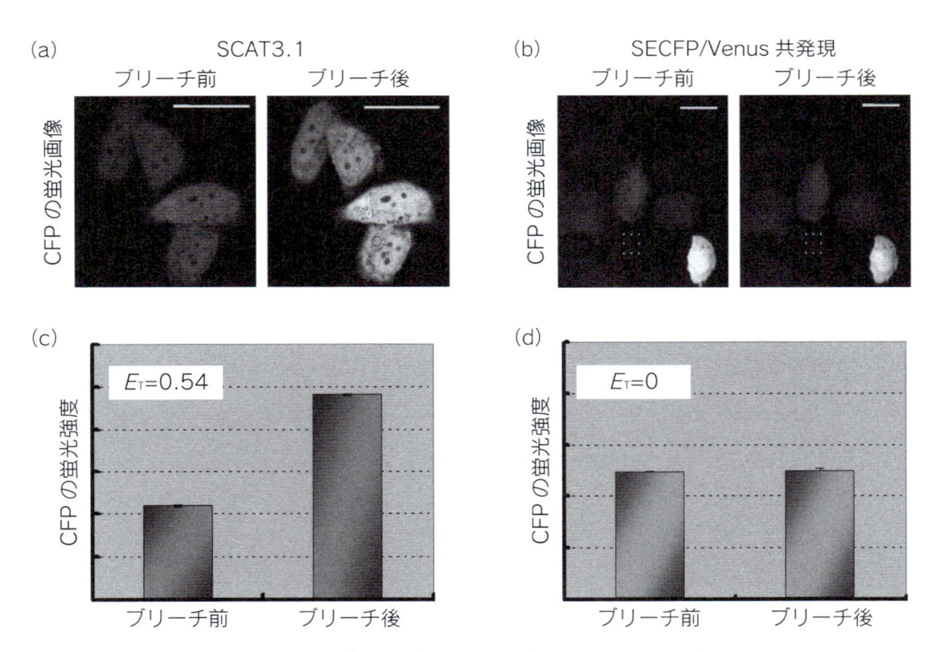

図 3　アクセプターブリーチングによる FRET の検証

(a) アクセプターブリーチング前後の SCAT3.1 を発現する HeLa 細胞のドナー蛍光画像．
(b) アクセプターブリーチング前後の Venus と SECFP を発現する HeLa 細胞のドナー蛍光画像．
(c) (a) の細胞におけるアクセプターブリーチング前後でのドナーの蛍光強度変化．
(d) (b) の細胞におけるアクセプターブリーチング前後でのドナーの蛍光強度変化．
(a)，(c) に示すように，アクセプターブリーチング後には SCAT3.1 内のドナーである SECFP の蛍光強度が増加しているのがわかる．一方，SECFP と Venus を共発現する細胞においては，SECFP の蛍光強度増加は見られなかった．また，ドナーの蛍光強度変化から FRET 効率を求めたところ，SCAT3.1 では 0.54，SECFP と Venus では 0 という値が得られた．以上から，これらの細胞では SCAT3.1 では効率よく FRET が起こっているのに対し，それを構成している蛍光タンパク質が共発現しただけでは FRET が起こらないことが示された．

FRET観察時のSECFPの励起には405 nm半導体レーザー（413 nm，430 nm，440 nmのレーザーでもよい）を使用する．Venusのブリーチングは Ar レーザーの515 nmを使用する．

4) 励起光強度などの測定条件を適当な細胞を用いて検討する．アクセプターブリーチング後はドナーの蛍光強度が増加するので，それを考慮して励起光強度などを決める必要がある．測定には条件検討で使用した以外の細胞を用いる．
5) SCAT3.1を発現する細胞に対して，SECFPとVenusそれぞれの蛍光強度を測定する（蛍光スペクトルを取得してもよい）．
6) アクセプターであるVenusに対して，515 nmのレーザーパワーを最大にし，細胞全体をスキャンして完全にブリーチする．
7) ブリーチング後，SCAT3.1のSECFPとVenusそれぞれの蛍光強度を，上と同じ条件で測定する（蛍光スペクトルでもよい）（図3）．
8) SECFPとVenusを共発現するHeLa-S3細胞に対しても，上と同様の測定を行う．発現量が違う細胞を選び，再吸収機構による“偽FRET”の有無を検討する（図3，図4，図5）．

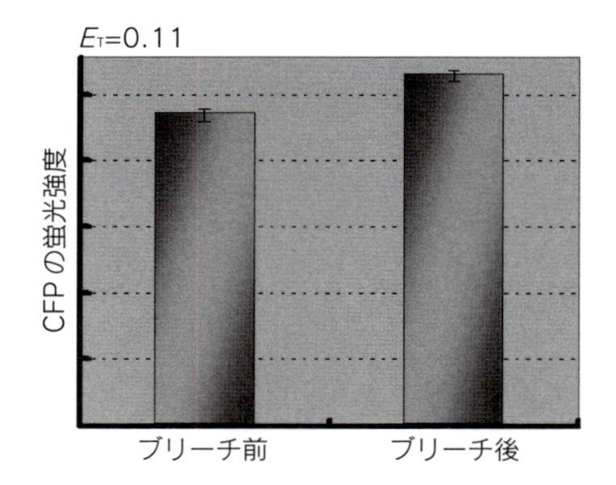

図4　蛍光再吸収による偽FRET

SECFPとVenusを共発現する細胞の中でも，比較的明るい細胞をアクセプターブリーチするとドナーの蛍光強度が有意に増加する．また，その強度変化からFRET効率を算出すると0.11であった．本結果は，アクセプターが大量に発現する細胞を測定していることから，再吸収機構（図5，および第20章「FRETの測定法と評価」参照）が起こっているものと考えられた．

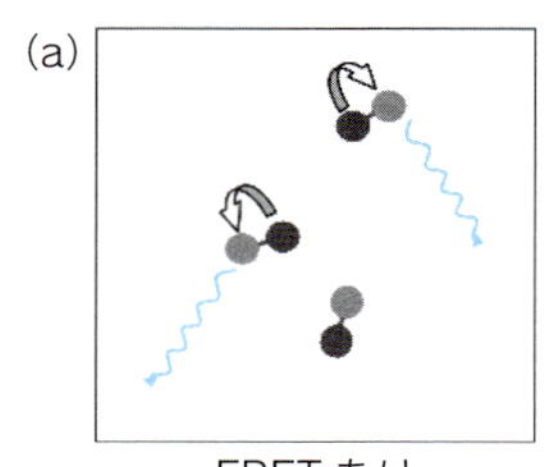

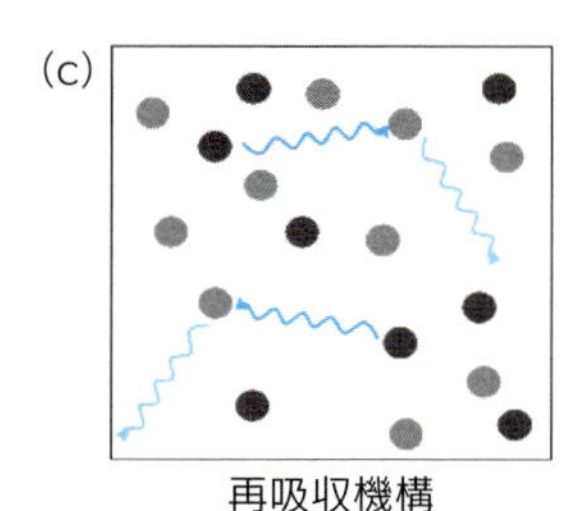

図5　再吸収機構

(a) FRETが起きている場合，ドナー（濃いグレー）からアクセプター（薄いグレー）にエネルギーが移動し，アクセプターから蛍光が放出される．
(b) FRETが起きていないときは，ドナーから蛍光が放出される．
(c) FRETが起きていないときでも，アクセプターが過剰に存在すると，そのアクセプターがドナーから放射された蛍光を吸収してしまうため，アクセプターからの蛍光が観察される．

❸ データ解析と FRET 効率の計算

1) 細胞全体（または特定領域）について，ブリーチング前後での SECFP（ドナー）の蛍光強度を求める．

2) その値を，第 19 章「共鳴エネルギー移動（FRET）の基礎」，式 (12) に代入し，FRET 効率を計算する．

考察のポイント

- SECFP と Venus の吸収・蛍光スペクトルと，選択したフィルター・ダイクロイックミラーには関係があるか？
- アクセプターブリーチングによりドナーの蛍光強度の回復が起こっていれば「真」，ドナーの蛍光強度の回復が起こっていなければ「偽」と判定してよいか？
- アクセプターブリーチングで FRET の真偽が見分けられないのはどのような場合か？　また，その場合どのような方法を用いれば FRET の真偽を確かめられるか？
- アクセプターが完全にブリーチできていない場合，FRET 効率はどのように見積もられるのか？（小さく見積もられるか，大きく見積もられるか？）
- FRET 効率から言えること，推測できることは何か？

［齊藤健太・永井健治］

実習 7－3　レシオイメージングによる FRET の検出

目　的

レシオイメージングによる FRET の検出についての原理と方法を理解する．

実習内容

細胞内 Ca^{2+} 濃度変化を分子内 FRET の変化として検出する．細胞培養液にヒスタミンを添加することで生じる Ca^{2+} 波を，Cameleon YC3.60 の蛍光変化として高速撮影で捉える．

関連の講義

第 19 章　共鳴エネルギー移動（FRET）の基礎
第 20 章　FRET の測定法と評価

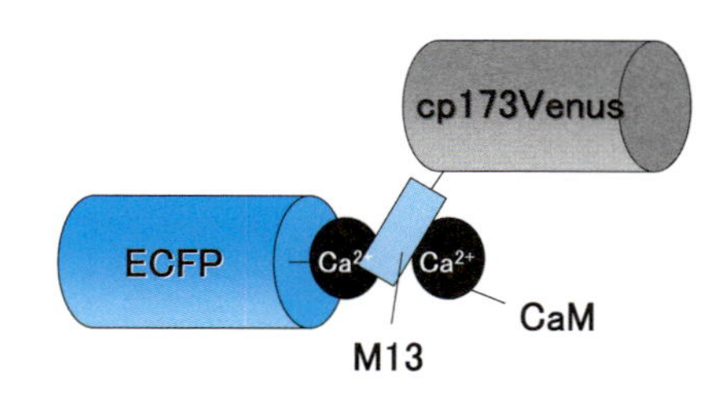

図6　カルシウム濃度指示薬としてのCameleon CY3.60の分子構造の模式図

ECFPと円順列変異cp173Venusの間にカルシウムと結合するサイトをもつ．カルシウムが結合しない状態ではFRETが起こらないが，カルシウムが結合するとFRETを起こす．そのために，カルシウム濃度を測定する指示薬として使われている．

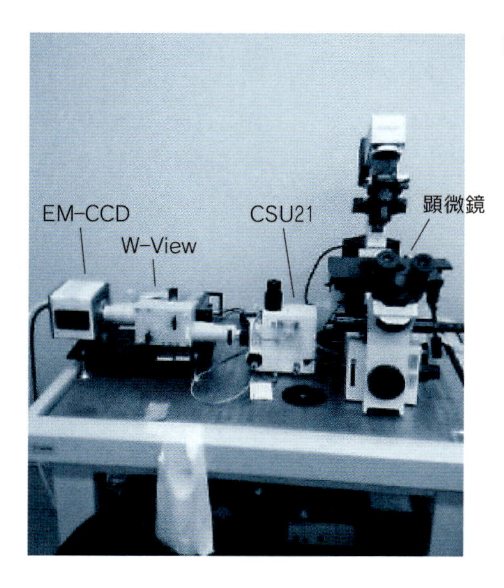

図7　高速FRET観察システム

背　　景

Cameleon YC3.60 [2] は Ca^{2+}結合タンパク質であるカルモジュリン（CaM）と Ca^{2+}-CaM結合ペプチドM13をタンデムに連結したペプチド鎖をCFPとYFPでサンドイッチした構造をもつ（図6）．Ca^{2+}の濃度に応じてFRET効率が変化するので，Ca^{2+}指示薬として使われる．

材　　料

Cameleon YC3.60を発現するHeLa細胞（生細胞）
ヒスタミン200 μM溶液
ハンクス緩衝液カルシウム入り（HBSS＋）

機　　材

ニポーディスク共焦点顕微鏡（下記を組み合わせたシステム）（図7）

- 顕微鏡：Olympus IX81，PlanApo 60×/NA 1.4
- 共焦点システム：ニポーディスク共焦点ユニットCSU21（横河電機）
- 励起光源：440 nm半導体レーザー
- 観察光学系＆カメラ：W-View＋EM-CCDカメラ（またはAshura 3CCD）（浜松ホトニクス）（第20章「FRETの測定法と評価」参照）
- 画像取得および解析ソフト：AQUACOSMOS（浜松ホトニクス）

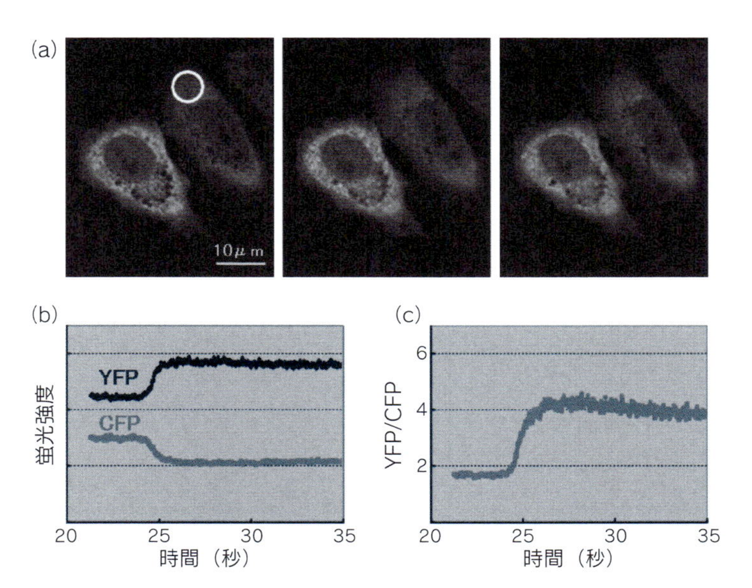

図 8　HeLa 細胞をヒスタミン刺激したときの Ca^{2+}濃度変化

(a) 共焦点蛍光レシオ画像.
(b) YFP と CFP チャネルの蛍光強度変化.
(c) YFP/CFP レシオ値の変化.
ヒスタミン刺激による小胞体からの Ca^{2+}動員の様子をビデオレート共焦点観察した．画像取得後，バックグラウンドの画像を減算し，AQUA COSMOS のレシオ表示・Ca^{2+}濃度計算機能を用いて，"アクセプター画像とドナー画像の比" の表示と Ca^{2+}濃度の計算を行った.

手　　順

❶ 細胞の準備

- ガラスボトムディッシュで培養した HeLa 細胞に，観察の 1 日前に Cameleon YC3.60 遺伝子をコードする DNA プラスミドをトランスフェクションし，Cameleon YC3.60 を発現させる.

❷ 顕微鏡による蛍光観察

- トランスフェクション済み培養細胞ディッシュをインキュベータから取り出す.
- 観察前に，培地を HBSS＋に換える.
- 顕微鏡ステージの上に培養細胞ディッシュを設置する.
- 水銀ランプを光源として用いて，蛍光性細胞を探す.
- 励起光を遮断する.
- カメラによる画像取得開始.
- CSU のシャッターを開け，励起レーザーを照射する.
- 観察細胞の蛍光強度に合わせ，カメラの露光時間やビニングなどをセッティングする.
- カメラのセッティングが終了したら，すぐに CSU のシャッターを閉じる.
- 画像取り込み（バースト）開始.

- 刺激薬剤（ヒスタミンなど）を培養液に加える．
- 画像取得続行．
- 画像取得終了．
- 画像解析（図 8）．

考察のポイント

- フィルター交換方式，W-View 光学系，および 3CCD で FRET 観察するときの相違点は何か？
- 観察対象に応じて，適切に画像取得間隔を設定する必要がある．どのような観点で設定を行うべきか？

文 献

［1］Nagai, T. *et al*.: *Biochem. Biophys. Res. Commun*., **319**, 72–77, 2004
［2］Nagai, T. *et al*.: *Proc. Natl. Acad. Sci. USA*, **101**, 10554–10559, 2004

［永井健治］

実習8

FCS

実習8－1 FCSによる溶液中での蛍光分子の拡散係数計測

目的

FCSの基本的な測定方法と，FCS測定から得られる測定値（相関関数強度，相関時間）と解析値（分子数，拡散時間，拡散係数など）の関係を理解する．

実習内容

- 粘度の異なる溶媒においてローダミン6G（Rho6G）のFCS測定を行い，ストークス—アインシュタイン関係式*1を理解する．
- 濃度の異なるEGFPを用いてFCS測定を行い，相関強度の変化とその意味を理解する．

関連の講義

第21章　蛍光相関分光法（FCS）の基礎
第22章　FCS解析の実際

背景

FCS測定で得られる結果は，相関関数または相関曲線とよばれる単純な曲線である．曲線の左右のシフトでは拡散の速さ（拡散係数）という分子の動きやすさを，また，上下のシフトからは分子数（実際には分子数の逆数）を知ることができる．実際の細胞測定を行う前に，溶液系で測定法と解析法を十分に理解することが重要である．相関関数の強度と分子数との関係，相関時間と拡散時間，拡散の速さの相互の関係，拡散係数（定数）を理解することが，測定結果を評価するうえで重要である．

材料

- Rho6G水溶液（10^{-7} M）
- Alexa Fluor® 488水溶液（Alexa 488）

＊1　ストークス—アインシュタイン関係式

$$D_i = \frac{k_B T}{6\pi\eta r_h}$$

ここでk_Bはボルツマン定数(1.38×10^{-23}JK^{-1})，Tはケルビン温度(K)，ηは溶媒の粘性（water in 20℃，1.005 mPa・s；water in 25℃，0.894 mPa・s），r_hは球状分子の半径（hydrodynamic radius：溶媒と分子の形の効果を含む半径）を示す．

- EGFP 溶液
- スクロース溶液（10，20，30，40，50% w/w）*2
- Lab-Tek chambered coverglass（Thermo Scientific/nunc 社）
- 水浸対物レンズ用の純水（MilliQ）

機　材　Carl Zeiss ConfoCor2 または ConfoCor3（および簡易版マニュアル 3.0）

手　順

❶ Rho6G の拡散速度の測定

1）FCS の測定準備（ConfoCor2 マニュアル 3.0 を参照）

2）Rho6G の測定

100 nM の Rho6G（約 10 μL）を chambered coverglass に載せ，FCS 測定を行う．Rho6G の計測は，FCS 測定する日ごとにメンテナンスとして行い，結果を記録に残す．計測は，カバーガラス表面に吸着した Rho6G の影響を抑えるため，カバーガラス表面から 200 μm 離れた位置で行う．以降の計測も，とくに指定が無ければこの位置で行う．Rho6G の結果は，使用する機材により変化するが，ConfoCor2 を使用した場合，拡散時間で 19～21 マイクロ秒，structure parameter（SP）として 4～6 という値が目安となる．ここで得られた SP はあとの解析操作では固定値として扱う．

3）得られた拡散時間と SP から，観察領域の大きさ（半径 w，長さ $2z$，体積 V）を求める*3．

❷ 分子量の異なる試料の FCS 測定

1）100 nM に調整した EGFP 溶液の FCS 計測を行う．

2）❶で得られた Rho6G の自己相関関数と，EGFP の自己相関関数を重ねてプロットし，形状を比較する．

3）❶で得られた観察領域の大きさを用いて，EGFP の並進拡散係数を求める．

4）EGFP の分子量を計算する．

❸ 溶液中における濃度の異なる EGFP の FCS 計測

1）EGFP 溶液を各濃度（1 μM～1 nM）に調整し，ブロッキング試薬 N101

---

*2　スクロースの粘度　（単位；mPa・s）

濃度（% w/w）	10℃	20℃	30℃
0	1.31	1.00	0.80
10	1.77	1.38	1.06
20	2.65	1.96	1.50
30	4.50	3.17	2.35
40	9.80	6.20	4.38
50	26	15.5	10.0

※　日本化学会編，化学便覧 基礎編 改定第 4 版，丸善より抜粋

（日油）でブロッキング処理をしたchambered coverglassの各ウェルに載せ，FCS計測を行う．

2) 1)で得られた各濃度における自己相関関数を重ねてプロットし，自己相関関数の形状を比較する．

3) フィッティング解析を行い，測定領域内の平均分子数を求める．また，❶で求めた観察領域の大きさを用いて各試料のEGFP濃度を求める．

4) 既知の試料濃度とFCS測定から得られた濃度を比較する．

❹ 粘度の異なる溶液中におけるAlexa 488のFCS測定

1) 0，10，20，30，40，50%のスクロース溶液中で，最終濃度が100 nMになるようにAlexa 488溶液を調整しchambered coverglassの各ウェルに載せる．

2) 各試料のFCS計測を行う．このとき，スクロースによる溶液の屈折率変化がレーザーの集光に与える影響を最小限に留めるため，カバーガラス表面から15 μm離れた位置で計測を行う．

3) 2)で得られた各濃度における自己相関関数を重ねてプロットし，自己相関関数の形状を比較する．

4) データの解析とグラフの作成を行う（操作画面は図1を参照）．フィッティング解析を行い，溶媒粘度*2（スクロース濃度）対拡散係数のグラフを作成する．

＊3　観察領域の大きさの求め方とサンプルの濃度計算
Rho6Gを用いて，観察領域（confocal volume；V_0）の大きさを測定することもできる．FCS測定により，その拡散時間が20マイクロ秒，SP（structure parameter）= 5を得たとする．観察領域の半径（w）と拡散時間（τ）との関係式

$$\tau = w^2/4D$$

から，半径wの値を求めることができる．Rho6Gの拡散係数が$D = 414\,\mu m^2/sec$と知られていることから，

$$\begin{aligned} w^2 &= 4 \times 414\,[\mu m^2/sec] \times 20 \times 10^{-6}\,[sec] \\ &= 4 \times 414 \times 10^{-12}\,[m^2/sec] \times 20 \times 10^{-6}\,[sec] \\ &= 33120 \times 10^{-18}\,[m^2] \\ &= 0.033 \times 10^{-12}\,[m^2] \end{aligned}$$

となり，$w = 0.18 \times 10^{-6}$ m（0.18 μm）の半径が導き出される．これから，観察領域を求めるためには，次に$SP = z/w = 5$より長軸方向を求める．

$$z = 5 \times w$$
$$z = 5 \times 0.15 \times 10^{-6}\,[m]$$

zは，定義から長軸の半分の長さである．比較的単純に観察視野（confocal volume；V_0）を円柱形と仮定すると

$$V_0 = w^2 \times \pi \times 2z \text{ から}$$
$$V_0 = (0.18 \times 10^{-6}\,m)^2 \times 3.14 \times 2 \times 5 \times 0.18 \times 10^{-6}\,[m] = 0.11 \times 10^{-18}\,[m^3]$$

となる．$10^{-3}\,m^3 = 1\,L$なので，$V_0 = 0.18 \times 10^{-15}\,L = 0.18\,fL$の観察領域が得られる．このように観察視野の大きさがわかると，FCS測定から観察領域内に含まれている分子の数が得られるため，サンプル試料の濃度（C）も以下の関係式から計算可能である．

$$C = N/(N_A \times V_0)$$

N_Aはアボガドロ数；6.02×10^{23}/molである．ここでは円柱形の観察領域を例として取りあげたが，厳密には計測系の点像分布関数を3次元ガウス関数とした場合の実効体積（$\pi^{3/2} w^2 z$）を使う場合もある．

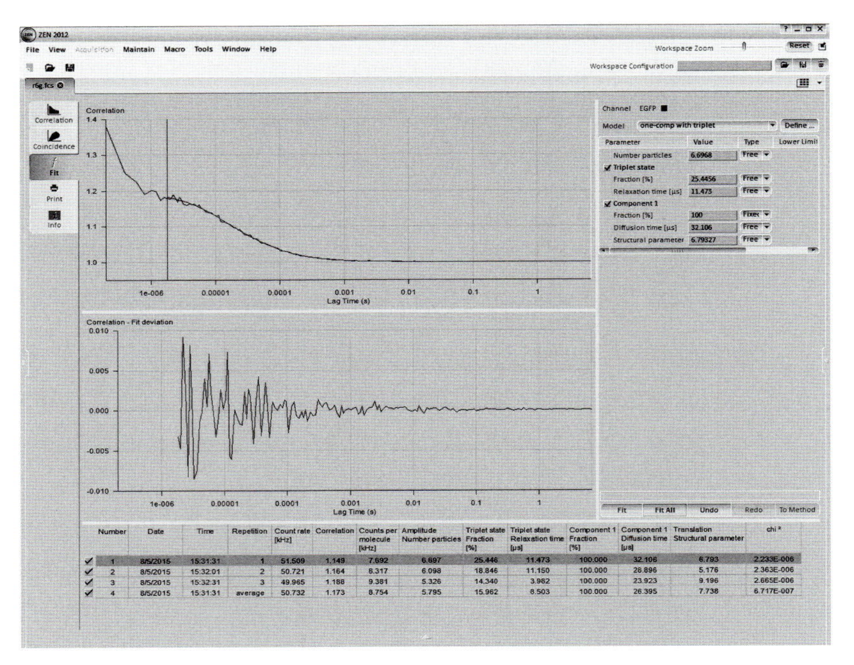

Number	Date	Time	Repetition	Count rate [kHz]	Correlation	Counts per molecule [kHz]	Amplitude Number particles	Triplet state Fraction [%]	Triplet state Relaxation time [µs]	Component 1 Fraction [%]	Component 1 Diffusion time [µs]	Translation Structural parameter	chi ²
1	8/5/2015	15:31:31	1	51.509	1.149	7.692	6.697	25.446	11.473	100.000	32.106	6.793	2.233E-006
2	8/5/2015	15:32:01	2	50.721	1.164	8.317	6.098	18.846	11.150	100.000	28.896	5.176	2.363E-006
3	8/5/2015	15:32:31	3	49.965	1.188	9.381	5.326	14.340	3.982	100.000	23.923	9.196	2.665E-006
4	8/5/2015	15:31:31	average	50.732	1.173	8.754	5.795	15.962	8.503	100.000	26.395	7.738	6.717E-007

図1　FCSの操作画面

高度な課題

FCS測定に対する励起光強度が与える影響を調べる．

1) Rho6G溶液，Alexa 488溶液またはEGFP溶液（10^{-8}M）をchambered coverglassに載せ，励起光の強さを変えて測定を行う．ただし，励起光の強さはConfoCor2のNDフィルター（レーザー透過率）設定を変えることで行う．
2) データの解析とグラフの作成
   - 励起光の強さ（NDフィルターの%）対 蛍光強度
   - 励起光の強さ（NDフィルターの%）対 拡散係数
   - 励起光の強さ（NDフィルターの%）対 一分子当たりの蛍光強度[*4]

実験上の注意点

❶ カバーガラスと蛍光色素の吸着

FCSで用いるカバーガラスの厚さはNo.1またはNo.1Sであることを前提とする．

＊4　1分子あたりの蛍光強度（count per molecule；CPM（kHz））
光子は観察領域内に局在する蛍光分子から検出されるので，蛍光強度（count rate）を平均分子数（number particle）で割り算すれば，蛍光分子1個が発する蛍光の強さが得られる（第22章「FCS解析の実際」Ⅳ節参照）．FCSにおいて，CPM値は高ければ高いほど短い測定時間でも形のいい相関関数がとれるので，解析のエラーは小さくなる（FCSの解析はフィッティングを用いるため，相関関数の形が重要である）．当然ながらCPMは励起光の強さにも依存し，同じ蛍光分子でも励起光によってCPM値は変わってくる．たとえばRho6Gの場合，488 nmで励起するより，514 nmで励起したほうがCPMは高くなる．タンパク質の2量体化や複合体形成などによって生じるCPMの変化は分子間相互作用の解析にも応用できる．

FCS 測定に使われるカバーガラスはいくつかのメーカーから発売されている．FCS の測定では測定の再現性などいくつか利点があるため，おもに Lab–Tek chambered coverglass が使われているが，glass bottom dish などでも構わない．ただし，カバーガラスの厚さによって FCS 計測の S/N 比が変わるので，異なる種類のカバーガラスを使うときは，対物レンズの補正環を調整するなどの注意が必要である．細胞を培養するにあたってはカバーガラスの種類によって細胞の育成が異なる場合もあるので，あらかじめメーカーの資料を確認しておくとよい．たとえば Lab–Tek chambered coverglass の場合，一般的に用いられている細胞培養のプラスチックデッシュに比べ，細胞を播いてから接着するまでに時間がかかる．また HEK 293 のような接着性が弱く，かたまりやすい細胞は時間が経つにつれ，はがれやすくなるのでポリリジンなどでコートする必要がある．また，溶液中での測定では，蛍光分子や試料の種類によってカバーガラスへの吸着が激しい場合があるので，濃度解析する際には吸着の有無をチェックすることが必要である．たとえば，チャンバーに入れたサンプルの濃度を段階的に 2 倍，4 倍と薄めて実際に FCS 測定し，得られる蛍光強度や分子数がおおよそ一致しているかを指標にするとよい．

❷ FCS の測定エラーを減らす方法のまとめ

1) 可能であれば各自の蛍光プローブ（色素）に対して CPM が高く，かつ蛍光退色の少ない条件を探す．カバーガラスの厚みにあわせて対物レンズの補正環を調整したり，拡散時間や分子数が大きく変化しない範囲内で励起光を上げたりして，最適な条件下での測定を心がける．
2) サンプル濃度は 0.1 nM～0.1 μM の範囲内で行う．ただし，濃度が低い場合は測定時間を十分に長くし，観察視野内への分子の出入りの回数を稼ぐ．
3) 色素や蛍光標識をした試料がカバーガラスに吸着するかどうかの検討をする．
4) 溶媒の粘性が一定な条件で測定しているかを確認する．
5) Rho6G などの標準色素をコントロールとして測定し，観察視野が基準値（たとえば structure parameter が 5～10 以内）より大きくずれていないかをチェックする．レンズやカバーガラスが汚れていないかも重要なチェックポイントである．
6) 細胞測定の場合は LSM 画像と FCS 測定ポイントが正しく設定されているかどうかの確認が必要である．観察視野は縦軸が長い（1～2 μm）ので，細胞内の小器官などの微小な領域を区別して測定したい場合はさらなる注意が必要である．

考察のポイント

- 相関関数のモデル式とストークス—アインシュタイン関係式の理解
- 観察視野のSPサイズ決定の必要性
- 相関関数からプローブ分子のサイズと濃度を計算する仕組みを理解
- 励起光の強さとFCSから得られるパラメータのうち，変化するものと変化しないものの比較
- どんな応用が可能か考察

［山本条太郎・白燦基・金城政孝］

実習8－2 FCSによる細胞内での拡散速度計測

目的　細胞内でFCS測定をする場合の注意点を理解し，細胞内における分子の拡散速度の変化から，多量体化や分子間相互作用状態について調べる．

実習内容　大きさ（分子量）の異なるタンデム型GFP，あるいは核局在化シグナル融合GFP（GFP–NLS）を発現する細胞の共焦点顕微鏡（LSM）観察と，FCSによる拡散速度計測

関連の講義　第21章　蛍光相関分光法（FCS）の基礎
第22章　FCS解析の実際

背景　FCS測定によって，GFPは，培養細胞内でも溶液中とほぼ同じような自由な拡散運動をしていることが分かった*5．これはGFPと相互作用する内在性分子がほとんどないことを示しており，GFPの蛍光タグとしての有用性が明らかになった．一方，この結果は，FCS測定によってはじめて得られたものであり，細胞内分子の多量性や分子間相互作用因子の有無を計測する手段としてのFCS測定の有用性を示すものである．細胞内分子間相互作用を計測する実習として，核局在化シグナル（nuclear localization signal；NLS）*6と融合したGFP（GFP–NLS）を観察する．NLS–GFPは，核輸送タンパク質（インポーティンα/β）と結合することによって核内へと運ばれる．したがって，NLS–GFPの観察によって，内在性の核輸送タンパク質とNLS–GFPとのダイナミックな相互作用が分かる可能性がある*7．

＊5　細胞培養に用いたものと同じガラスボトムディッシュにRh6G溶液を滴下し，ピンホール位置調整と対物レンズのコレクションリング調整をあらかじめ行っておくこと．
＊6　その他の実験条件に合わせて適切な培地を選ぶ．
＊7　水銀ランプ光による励起により目視で蛍光を確認してもよい．

材料

- 標準色素溶液としてRho6G溶液（10^{-7} M）
- 単量体GFP（GFP_1）を発現するHeLa細胞[*5]
- タンデム3量体GFP（GFP_3）を発現するHeLa細胞[*5]
- 核局在化シグナルを融合したGFP（GFP–NLS）を発現するHeLa細胞[*7]
- ガラスボトムディッシュNo.1（IWAKI）
- 水浸対物レンズ用の純水（MilliQ）

機材

Carl Zeiss ConfoCor2またはConfoCor3（＋LSM510）

手順

❶ GFP_1，GFP_3，GFP–NLS発現細胞を用意する．

1) 培地をFCS測定直前[*5]にフェノールレッドを含まないOpti–MEM® Iなどに置き換える[*6]．次にそれぞれに対し，以下の測定を行う．
2) LSMで共焦点蛍光画像を取得し，FCS測定に適した細胞を探す[*7]．
3) 得られたLSM画像から細胞質，核質，核小体を判別し，FCS測定点とする[*8]．
4) 各測定点につき5秒，7回測定を行う．
5) 2)～4)をそれぞれ3細胞に対して行う．

❷ データの解析とグラフの作成

1) GFP_1とGFP_3の相関関数（濃度の比較）について，分子数で規格化した相関関数（動き易さの比較）のグラフを作成する（第22章「FCS解析の実際」図6参照）．同様に，GFP_1とGFP–NLSについても作成し，それぞれ比較する．
2) 各相関関数に対し，カーブフィッティングを用いて，細胞質，核質，核小体におけるGFP_1，GFP_3の拡散係数およびCPMを求める．
3) 得られた拡散係数を基に，ストークス—アインシュタイン関係式を適用することで球状仮定の分子量を計算する[*8,9]．
4) 横軸に理論分子量[*9]，縦軸に得られた拡散係数をプロットする．
5) GFP_1の溶液中（実習8－1）と細胞内における拡散係数の比から細胞内（細胞質，核質）の粘性を推定する．

実験上の注意点

❶ LSM画像におけるFCS測定ポジションの調整

FCS測定はLSM画像を取り込んだ後，画像から測定ポイントを選び，FCS測定をするわけだが，光学系・装置によって，LSM画像とFCS測定ポイン

＊8　GFP_1は細胞質・核質・核小体，GFP_3は細胞質と核質，GFP–NLSは核質と核小体を測定する．

＊9　アミノ酸組成から計算された理論分子量はそれぞれ，GFP_1＝27 kDa，GFP_3＝81 kDa，GFP–NLS＝32 kDaである．

トは完全に一致しないことがある．その場合，LSM画像とFCS測定ポイントが合っていることを確認し，ずれている場合は調整が必要であるる*10．とくに，細胞内小器官などのさらに局所的な部分での測定をする場合は注意しなければならない．LSM画像とFCS測定ポイントが一致しているか，どの程度ずれているかは，カバーガラスにRho6Gなどの蛍光色素を塗布し乾燥させたものを利用すると，簡便に行えるし調整も可能である．詳しくは装置のマニュアル等を参考にすること．

❷ 細胞内では，均一な溶液での計測と異なり，細胞の事情で起こるさまざまな要因（細胞内の構造が不均一なことや，細胞が動くことなど）によって，計測点の環境が変動しうるので，解釈しやすい相関関数が得られないことがある．図2に良い例と悪い例を示す．

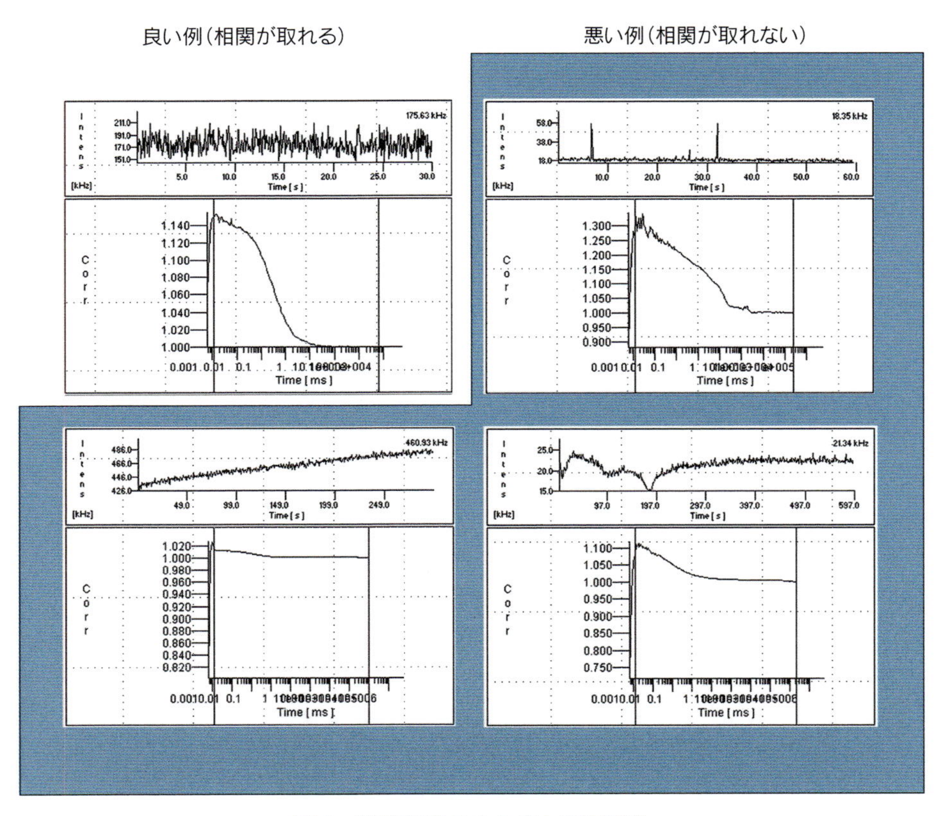

図2　蛍光強度のゆらぎと相関関数

---

*10　Zeiss製の場合，ConfoCor2ではこの確認と調整は必須である．ConfoCor3，LSM780/880において，FCS測定点をLSM共通のガルバノスキャナーによって設定している場合は，このような調整は必要ない．

考察のポイント

- 1 成分 fitting 解析と 2 成分 fitting 解析を行い，相違点を考察する．
- 溶液と細胞内の測定における共通点，または相違点について，GFP_1 の解析結果を基に考察する．
- 細胞内の見かけ上の平均粘性が溶液系と比べて上昇する理由について考察する．
- 細胞質，核質，核小体における拡散運動の違いについて原因を考察する．
- 得られた拡散係数と CPM，それら 2 つの値から，細胞内における GFP 分子の会合状態・相互作用状態について考察する*11．
- FCS 測定で推奨される GFP の発現量と LSM 観測における GFP の発現量の違いについて考察を行う．
- 図 2 のような悪い例は，どのような原因が考えられるか．

文 献

[1] Pack, C. *et al*.: *Biophys. J.,* **91**, 3921–3936, 2006
[2] Iain, W. *et al*.: *Annu. Rev. Biochem.,* **67**, 265–306, 1998
[3] Kitamura, A. *et al*.: *Biochem. Biophys. Res. Commun.,* **463**, 401–406, 2015
[4] Kitamura, A. *et al.*: *Genes Cells*, **19**, 209–224, 2014
[5] Morito, D. *et al.*: *Scientific Reports*, **24**, 4442, 2014

[北村朗・白燦基・金城政孝]

*11 理論分子量との比較も重要となる．典型的な考察内容として，引用文献 4 ならびに 5 も参照されたし．

実習 9

FCCS

実習9－1 FCCS による溶液中での相互相関計測

目　　的

- 両末端蛍光標識 DNA が制限酵素により切断されていく過程を FCCS 測定で追跡することで，FCCS 測定と相互相関関数の特徴と FCS との違いを理解する．
- 分子間相互作用の目安となる relative cross–correlation amplitude（RCA）の概念を理解し，算出方法を学ぶ．

関連の講義

第 23 章　蛍光相互相関分光法（FCCS）

背　　景

FCCS 測定では 2 色の蛍光色素を利用する．そこから得られる結果は，2 本の自己相関関数と 1 本の相互相関関数である．いずれの曲線も左右のシフトは拡散時間（拡散速度）の変化であり，分子や複合体の大きさの変化を示す．一方，曲線の振幅の大きさは自己相関関数では分子数の逆数であるが，相互相関関数は相互作用している分子の割合を直接示す．したがって，両末端に蛍光色素を標識した DNA は比較的高い相互相関関数の値を示すが，制限酵素を用いて中央部に切断を入れると相互相関関数の低下として観察されることが期待できる（図 1）．このモデルを用いて理想的な系と実際の測定系の相違についても理解することができる．

材　　料

- Atto488 標識オリゴヌクレオチド
- Atto647N 標識オリゴヌクレオチド
- 両末端を Atto488，Atto647N のそれぞれで標識した二本鎖 DNA（500 bp）[*1]
- 制限酵素 *Sau*3AI[*2]
- ブロッキング試薬 N101（日油）でブロッキング処理した Lab–Tek chambered

＊1　500 bp の DNA は，蛍光標識されたオリゴヌクレオチドをプライマーとして PCR 法によって作製し，スピンカラム精製を 2 度繰り返したものを用いる．

＊2　制限酵素 *Sau*3AI による切断配列は DNA（500 bp）の中央付近に 1 ヶ所存在する．

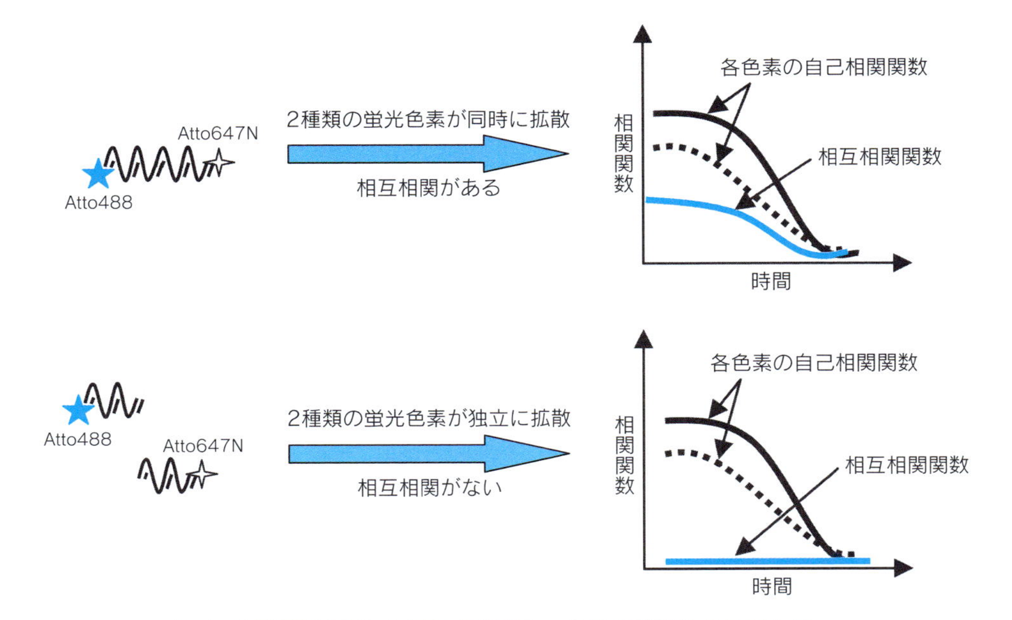

図1　2重標識DNAと相互相関関数，自己相関関数のモデル図

coverglass（Thermo Scientific/nunc社）
- 水浸対物レンズ用の純水（MilliQ）

機　材

Carl Zeiss LSM510 META＋ConfoCor2 または LSM510 META＋ConfoCor3
Atto488（ex501/em523）は488 nm（Ar^+レーザー）で励起し，蛍光はバンドパスフィルター505–610を通して検出する．Atto647N（ex644/em669）は633 nmのレーザーを用いて励起し，ロングパスフィルター655を通して検出する（2波長励起）．対物レンズはC-Apo×40，水浸NA1.2を用いる．

手　順

❶ Atto488標識オリゴヌクレオチドとAtto647N標識オリゴヌクレオチドの混合液をFCCS測定し，ネガティブコントロールとする．
❷ 両末端をAtto488，Atto647Nのそれぞれで標識した二本鎖DNA（500 bp）溶液をFCCS測定する（あとの制限酵素処理のため，1×Hバッファーとしておく）．蛍光強度として30 kcps（または30 kHz）付近を目安に試料の濃度とレーザーパワー（透過率）を調整する．また，クロストークを最小限にするために，長波長側の蛍光色素Atto647Nの蛍光強度がやや強くなるようにするとよい．
❸ 上記のDNA溶液に制限酵素*Sau*3AIを加え，FCCS測定（10秒）を60回程度繰り返す．DNAが切断されると相互相関関数が時間とともに低下してくる．測定回数はその変化を見ながら適宜判断すること．

解析

❶ 手順❶–❸の各測定で得られた相互相関関数・自己相関関数の振幅（Y 軸の切片の高さ）を求める．

❷ 相互相関関数およびAtto488とAtto647Nの蛍光の自己相関関数の振幅から relative cross-correlation amplitude（RCA）を算出する*3．

❸ 算出したRCAを測定時間に対してプロットし，切断反応の時間経過を求める．

高度な課題

❶ 制限酵素による切断の速度について考察する．

❷ FCSから得られるパラメーターとFCCSから得られるパラメーターの比較をする．

1) Atto488，Atto647Nを励起した各波長における観察領域の大きさを求める（あらかじめ得られているRho6GとCy5のstructure parameterと拡散時間を用いて計算する．このときRho6GとCy5の拡散係数はそれぞれ414，360 $\mu m^2/s$ とする）．

2) Atto488，Atto647Nの自己相関関数から得られる拡散係数を求める．

3) 制限酵素添加後の拡散係数の変化を測定時間に対してプロットする．

考察のポイント

- 自己相関関数と相互相関関数に用いるフィッティング式の違い（トリプレットの影響）と，得られるパラメーターの理解．
- 理想的な装置条件下で得られると期待されるデータと，実測データの相違点．
- FCSによる分子間相互作用検出やFRETとの違い，メリットとデメリット．
- 相互相関関数の Y 軸切片の値ではなく，RCAを相互作用のパラメーターとして示す理由を理解する．
- Atto488のRCAではなくAtto647NのRCAを利用する理由．

［三國新太郎・佐々木章・金城政孝］

＊3　ここでrelative cross-correlation amplitude（RCA）はAtto647Nの自己相関関数の振幅を基に以下の式を用いて算出する．

$$\mathrm{RCA} = \frac{G_{\mathrm{cross}}(0) - 1}{G_{\mathrm{Atto647N}}(0) - 1}$$

実習9－2 FCCSによる細胞内での相互相関計測

目的

- 相互作用することが知られている2種類のタンパク質（NF–κBのサブユニットp50とp65の相互作用ドメイン）を共発現した細胞のFCCS測定を通して，細胞内でのタンパク質間相互作用を解離定数（Kd）として定量する．
- 細胞内FCCS測定における注意点を学ぶ．とくにFCSや他の蛍光イメージング法との違いを理解する．

関連の講義

第23章　蛍光相互相関分光法（FCCS）

背景

NF–κBは生細胞内で炎症に関与する遺伝子の転写を制御している転写因子の1つであり，2つのサブユニットp50とp65で構成されている．また，これらのタンパク質はp50–p65のヘテロダイマーだけでなく，それぞれp50–p50，p65–p65ホモダイマーを形成することも知られている．本実習では，p50の相互作用ドメインとp65の相互作用ドメインを，それぞれ蛍光タンパク質融合体としてHeLa細胞に共発現させ，FCCS測定を行う．その結果から，p50–p65ヘテロダイマーとp50–p50ホモダイマーの解離定数（dissociation constant：Kd）を算出し，比較する．FCCSでは，相互作用している分子の数だけでなく，各色（この場合，mCherryとEGFPとの融合）でラベルされたタンパク質それぞれの分子数を算出することができる．つまり，相互作用している分子と相互作用していない分子の濃度を容易に算出することができるため，生細胞内でのKdを直接的に求めることができる．

蛍光タンパク質は，プラスミドを細胞内に導入することで細胞内にさまざまな蛍光標識タンパク質を発現させることが可能であり，よく利用されている．しかし一方で，1つ1つの蛍光タンパク質の発光波長が比較的ブロードに広がっていることから，蛍光観察においては発光のクロストークという問題を常に意識しなければならない．FCCS測定においても，タンパク質相互作用の定量化にはその点を理解することが重要である．

材料

- 標準色素溶液としてRho6G溶液（10^{-6}M）とAlexa fluor® 594溶液（10^{-9}M）
- 2色の蛍光タンパク質を発現したHeLa細胞[*4]
  1) EGFPと2量体化mCherryの共発現（$eG+mCh_2$）
  2) EGFPと2量体化mCherryのタンデム融合タンパク質（mCh_2–eG）

＊4　TransfectionはFCCS測定の12～24時間前を目安に行う．また，共発現の場合は，用いるそれぞれのDNA量比などFCCS測定に適した条件を検討しなければならない．

3) EGFP融合p65相互作用ドメインと2量体化mCherry融合p50相互作用ドメインの共発現（p50–mCh_2＋p65–eG）

4) EGFP融合p50相互作用ドメインと2量体化mCherry融合p50相互作用ドメインの共発現（p50–mCh_2＋p50–eG）

- Transfection試薬（Lipofectamine2000，Life technologies社）
- Lab–Tek chambered coverglass（Thermo Scientific/nunc社）
- 蛍光観察用培地としてOpti–MEM（GIBCO社）
- 水浸レンズ用の純水（MilliQ）

機材

- Carl Zeiss LSM510 META＋ConfoCor2
  EGFPは488 nm（Ar^+Laser）で励起し，蛍光はバンドパスフィルター505–530を通して検出．mCherryは543 nm（HeNe Laser）で励起し，蛍光はバンドパスフィルター600–650を通して検出する．
- LSM510 META＋ConfoCor3
  EGFPは488 nm（Ar^+Laser）で励起し，蛍光はバンドパスフィルター505–540を通して検出．mCherryは594 nm（HeNe Laser）で励起し，蛍光はバンドパスフィルター615–680を通して検出する．

手順

FCCS測定はフェノールレッドフリーの培地（Opti–MEM）に交換した後，以下の順序で行う．

❶ 水銀ランプによる落射照明でFCCS測定に適した細胞を選ぶ．
- EGFPよりmCherryの発現量が高い細胞が望ましい[*5]．ただし，クロストークについて理解を深める目的で，mCherryよりEGFPの蛍光が強い細胞も測定する．
- 1分子あたりの蛍光強度（CPM）が1以上の細胞が望ましい．
- Kdの算出のため，発現量が高い細胞から低い細胞まで，発現量がなるべく広い範囲にわたり，下記に示すように10細胞程度を測定するとよい．

❷ 共焦点蛍光画像を取得する．

❸ 細胞内の任意の測定点を決め（できれば細胞質がよい），1点につき2秒，10回[*6]のFCCS測定を行う（図2A）．材料3)，4)について，それぞれ10細胞を目安にデータを取得する．

＊5　EGFPよりmCherryの発現量が高い細胞を選ぶことで，クロストークの寄与（第23章「蛍光相互相関分光法（FCCS)」を参照）を最小限にすることができる．

＊6　生細胞における蛍光タンパク質の測定（とくにmCherryを用いる場合）では蛍光タンパク質の退色に起因して自己相関関数の遅い時間領域（秒オーダー）における減衰が現れ，しばしばフィッティング解析の妨げとなる．この場合，FCCS（あるいはFCS）1回あたりの測定時間を短くすることで，この遅い時間領域での減衰の寄与を少なくすることができる．

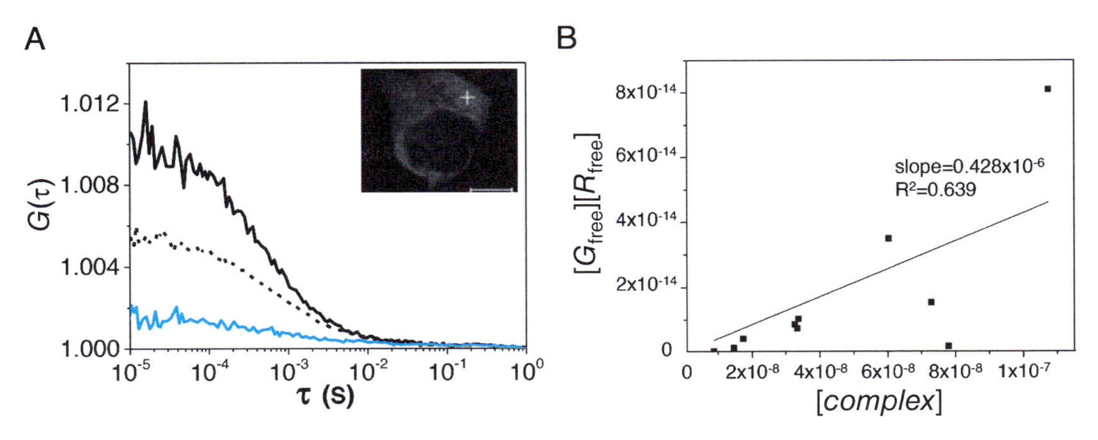

図 2　生細胞内 FCCS 測定と解離定数（Kd）の算出

A：p50–eG と p50–mCh$_2$ を共発現した細胞の FCCS 測定例．黒線，黒点線はそれぞれ p50–eG，p50–mCh$_2$ の自己相関関数，青線は相互相関関数を示す．挿入図は細胞の共焦点蛍光画像（スケールバーは 10 μm）．細胞質の白十字が FCCS 測定点を示す．B：Kd の算出例．横軸に [*complex*]，縦軸に [G_{free}][R_{free}] をプロットし（$n=10$），回帰直線を引くとその傾きが Kd となる．この場合，Kd = 0.428 μM となった．

解　　析

解離定数（Kd）の算出［1］

❶ 各色の標準色素（Rho6G と Alexa fluor® 594）の自己相関関数から得られた拡散時間とストラクチャーパラメーターの値を用いて各色の測定領域の短軸半径（w_G，w_R），長軸半径（z_G，z_R），および体積（confocal volume）を算出する（実習 8「FCS」を参照）．ただし，Rho6G，Alexa fluor® 594 の拡散定数はそれぞれ 414，330 μm²/s とする［2, 3］．

❷ 相互相関の測定領域（二色の測定領域の重なり）の体積（V_C）は以下の式(1)から算出する［4］．

$$V_C = \left(\frac{\pi}{2}\right)^{3/2} \left(w_G^2 + w_R^2\right)\left(z_G^2 + z_R^2\right)^{1/2} \tag{1}$$

ここで w_G，z_G はそれぞれ 488 nm 励起（Green）の測定領域の短軸，長軸半径，w_R，z_R は 594 nm 励起（Red）の測定領域の短軸，長軸半径を示す．

❸ 各分子の濃度を測定領域内の分子の数（N）と測定領域の体積（V）から求める．

$$\begin{aligned} [G_{\mathrm{total}}] &= \frac{N_G}{N_A \times V_G} \\ [R_{\mathrm{total}}] &= \frac{N_R}{N_A \times V_R} \\ [complex] &= \frac{N_C}{N_A \times V_C} \end{aligned} \tag{2}$$

ここで N_G，N_R は各色の自己相関関数から得られる N の値，N_C は相互相関関数から得られる N の値，N_A はアボガドロ数を示す．

❹ 相互作用していないフリーの分子濃度$[G_{free}]$, $[R_{free}]$を求める.
ヘテロダイマー相互作用の場合,

$$[G_{free}]=[G_{total}]-[complex]$$
$$[R_{free}]=[R_{total}]-[complex] \tag{3}$$

ホモダイマー相互作用の場合,

$$[G_{free}]=[G_{total}]-2\times[complex]$$
$$[R_{free}]=[R_{total}]-2\times[complex] \tag{3'}$$

❺ 解離定数（Kd）を以下の式から算出する.

$$\mathrm{Kd}=\frac{[G_{free}]\times[R_{free}]}{[complex]} \tag{4}$$

図2Bのように，各細胞から得られた$[complex]$と$[G_{free}][R_{free}]$の値をそれぞれ横軸，縦軸にプロットし，回帰直線を引くことにより，その傾きKdを求める.

考察のポイント

- 材料1）と2）の細胞の測定から，クロストークによって生じる相互相関関数について学び，ネガティブコントロールとポジティブコントロールを測定する意義を理解する.
- 材料3）からp50–p65ヘテロダイマー相互作用，材料4）からp50–p50ホモダイマー相互作用のKdを算出し，比較する．発現量の異なる細胞について測定を行ってタンパク質濃度とKdの関係を考察する.
- FCSおよびFRETと比較した，FCCSによる細胞内分子間相互作用計測のメリット，デメリットは何か.

文 献

[1] Tiwari, M. *et al*.: *Biochem. Biophys. Res. Comm.*, **436**, 430–435, 2013
[2] Muller, C. B. *et al*.: *EPL*, **83**, 46001, 2008
[3] Heyman, N. S. *et al*.: *Biophysical Journal*, **94**, 840–854, 2008
[4] Schwille, P. *et al*.: *Biophysical Journal*, **72**, 1878–1886, 1997

［三國新太郎・金城政孝］

実習 10

全反射顕微鏡

実習10－1 全反射顕微鏡による１分子動態観察

目 的　全反射顕微鏡の使い方と１分子計測法を学ぶ．

実習内容　受容体へ結合したローダミン標識 EGF の細胞膜上での拡散運動について，全反射顕微鏡を用いて１分子レベルでリアルタイム観察する．コンピュータにデータを取り込み，画像解析ソフトを用いて蛍光輝点の輝度重心の運動軌跡を求める．拡散速度の分布，拡散速度と輝点の蛍光強度との相関について解析する．

関連の講義　第 25 章　全反射顕微鏡と１分子計測

背 景　上皮成長因子（epidermal growth factor；EGF）は，上皮細胞・線維芽細胞など種々の細胞に対して増殖作用を及ぼすペプチドホルモンである．増殖応答は細胞外からやってきた EGF 分子が細胞膜上の受容体に結合することによって開始されるが，細胞質内への情報伝達には，EGF–受容体複合体が２量体を形成し，受容体分子同士が相手の細胞質ドメインのチロシン残基を相互にリン酸化することが必要である．

EGF 受容体は細胞膜を１回貫通した膜タンパク質であり，細胞膜には単量体として存在する他に，EGF の結合以前から２分子あるいは数分子の会合体を形成していることが明らかになってきた．細胞膜は脂質二重層を基本構造とする２次元の液体であり，EGF 受容体は細胞膜内を熱拡散でランダムに運動している．受容体の一部は膜骨格への結合などにより，運動が抑制されている．

EGF–受容体複合体の２量体形成は，受容体会合体に２分子の EGF が順に結合していく場合と，２つの EGF–受容体複合体が熱運動しながら衝突し，結合して起こる場合がある．

ローダミン標識した EGF を細胞に結合させ，それを全反射顕微鏡で観察すると，個々の分子が蛍光輝点として検出される．輝点の運動は，EGF–受容体複合体の熱拡散運動を表す．輝点の蛍光強度はその場所に存在する分子数に関係している．

材　料

- HeLa 細胞
- ローダミン標識 EGF

機　材

- YAG レーザー（532 nm）全反射顕微鏡システム（オリンパス，ニコンなど）
- EM-CCD カメラ（アンドール，浜松ホトニクス，ローパーサイエンティフィックなど）
- 1 分子追跡ソフトウェア（オリンパス，浜松ホトニクスなどから販売されている）

手　順

❶ 細胞の準備

- 超音波洗浄したカバーガラス上に培養した HeLa 細胞を観察用チャンバーにセットする．
- 背景光の上昇を防ぐため，フェノールレッド，血清を含まない培地を用いる．高分子浸透圧を保つため，1％の BSA を加える．また，通常の培地は CO_2 インキュベータ外では pH を保てないため，5 mM PIPES（pH 7.2〜7.4）を加える．

❷ 全反射顕微鏡によるローダミン標識 EGF の蛍光 1 分子観察

- コンピュータに搭載されているイメージングツールを起動し，CCD カメラによる観察像をディスプレイに表示させる．
- チャンバーを顕微鏡にセットし，透過光観察により対物レンズのピントを細胞底面に合わせる．
- YAG レーザー光励起による全反射顕微鏡に切り替える．
- 最終濃度が 1〜10 nM になるようにローダミン EGF を加える．
- 光路調整つまみを操作して，対物レンズからの YAG レーザー射出角度を全反射励起になるように調節し，細胞基底膜に結合したローダミン EGF

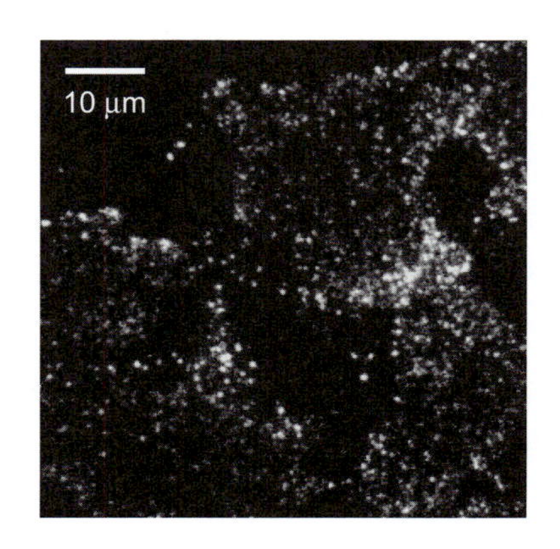

図 1　ローダミン標識 EGF の全反射蛍光顕微鏡像

を1分子レベルで検出できるようにする（図1）．レーザー射出角度をレンズの中央部から周辺部に移動させていくと，全反射角に達したところで背景光が急激に減少し，ローダミンEGF 1分子が高コントラストで観察できるようになる．

- 焦点を上下して，全反射になったときに細胞内や細胞上面からの蛍光信号が観察されなくなることを確認する．また，入射角の違いによる見え方の違いを見る．

❸ コンピュータへのデータ取り込みの準備

- ディスプレイを見ながら，S/N比と蛍光退色の度合いのバランスが適当になるように，入射角，レーザーパワーとカメラの感度のパラメータを調節する（運動を時間分解能よく観察するため，1秒あたり10〜30枚程度の積算時間にする）．

❹ データ取得

- 上記パラメータが決まったら，データ取得用に新たな細胞を準備する．（時間が経つとEGFは細胞内に取り込まれる．）
- ローダミン標識EGFを投与し，リアルタイム観察像を1つの視野で数十秒間取得する．
- 各人がそれぞれ2ないし3の視野の動画を撮る．

❺ データ解析

- 取得した連続画像を1分子追跡ソフトウェアで読み込み，S/N比の良さそうな輝点を選んで動態追跡を行う（図2）．グループ全体で1秒間以上の輝点追跡データを数百個集める．
- 解析結果のデータを出力し，平均2乗変位から拡散係数を求める（図3）．
- 同時に，各輝点の蛍光強度を求める．

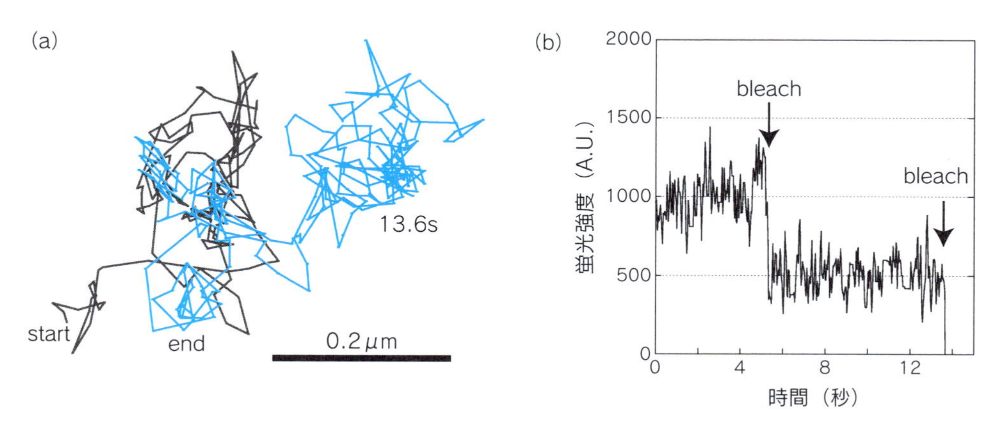

図2　運動軌跡（a）と蛍光強度変化（b）の例

1段階目の退色の前後の軌跡をそれぞれグレー，青で示している．A.U.：任意の単位．

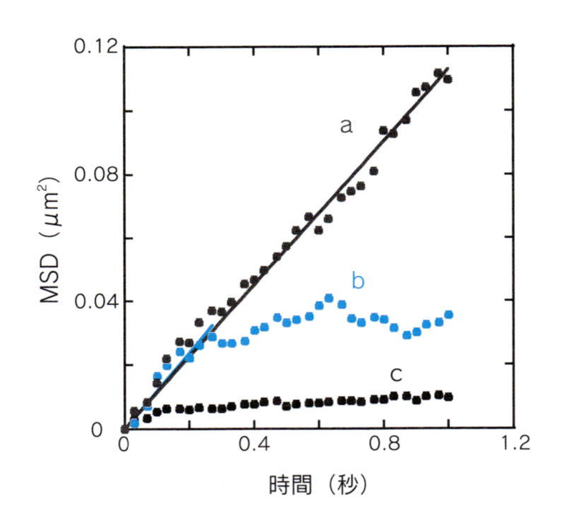

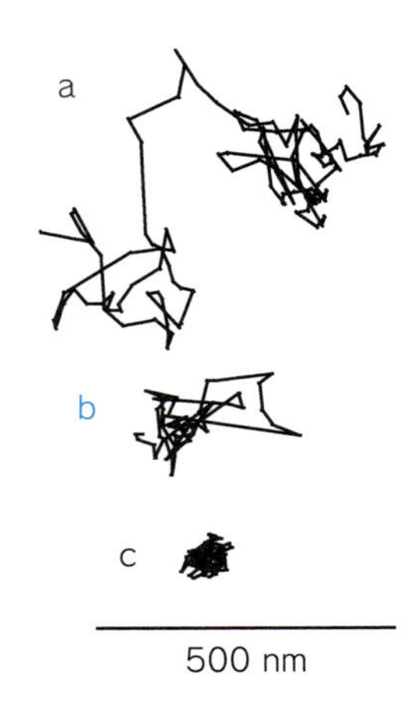

図 3　平均 2 乗変位の時間発展（左）と運動軌跡（右）

GFP を融合した EGF 受容体の例．EGF は結合していない．短時間領域（30〜170 ミリ秒）と長時間領域（170〜670 ミリ秒）の見かけの 1 分子拡散係数から，個々の粒子の運動を a〜c の 3 つに分類し，各々 40〜50 粒子の平均 2 乗変位（MSD：この場合は多数粒子平均）をプロットしたのが左図．右図は a〜c に分類された粒子の運動軌跡の例．

考察のポイント

- 全反射画像と，レーザー光が光軸上にあるときの落射蛍光画像，その中間にある斜光照明画像を比較する．
- どこが全反射の臨界角かわかるか．
- 1 分子運動軌跡には，どのような特徴があるか．運動軌跡をいくつかのパターンに分類することができるか．各々のパターンで平均 2 乗変位の時間発展はどのようになっているか．
- 蛍光強度変化から，光退色の様子を観察せよ．退色から会合体数を求めることができるか．退色するまでの時間分布はどうなっているか（EGF と受容体の解離は 10^4 秒程度と遅いので，輝点の消失が EGF の解離で起こる可能性はほとんどない．しかし，受容体のエンドサイトーシスは分のオーダーで起こるので，細胞内への取り込みによる焦点面からの輝点の消失は見える可能性がある．退色と取り込みを区別できるだろうか）．
- 輝点の蛍光強度はローダミン EGF の数に比例し，EGF 受容体の会合数に関係しているが，1 分子蛍光強度のゆらぎは大きいので個々の輝点の会合数を求めるのはむずかしい．しかし，多数粒子の蛍光強度分布として，EGF 数の分布を求めることはできる．蛍光強度と拡散係数や運動パターンの間に相関があるか．

［日比野佳代・佐甲靖志］

実習10－2 分光光度計でのスペクトル測定と１分子 FRET

目　　的

分光光度計によるスペクトル測定を用いた FRET 観察法と１分子 FRET 観察法を学ぶ．

実習内容

蛍光色素間のフェルスター共鳴エネルギー移動（FRET）により，色素間の微細な距離変化を可視化することができる．一方の蛍光色素（ドナー）を励起したときに，もう一方の蛍光色素（アクセプター）が近傍に存在すると，無輻射的にエネルギーがドナーからアクセプターに移動し，アクセプターから蛍光が発せられる．このときのエネルギー移動効率は，ドナー―アクセプター間の距離の６乗に反比例し，かつ蛍光色素の双極子モーメントの配向に依存するため，色素間のわずかな距離の変化を検出することができる．しかし通常の計測では，非常に多くの色素の蛍光を十把一からげに観測するため，個々に振る舞う分子の集合体としての平均値しか測定できない．FRET を１分子観察することにより，分子の複雑な振る舞いを動的にかつ詳細に可視化するのが本手法のねらいである．

関連の講義

- 第 19 章　FRET の基礎
- 第 20 章　FRET の測定法と評価
- 第 25 章　全反射顕微鏡と１分子計測

背　　景

本実習では，両端にドナーとアクセプターを共有結合させたテロメア DNA を用いる．テロメア DNA は TTAGGG のくり返し配列であるが，陽イオン存在下で G-quadruplex と呼ばれる４本鎖構造をとる．陽イオンの添加によるテロメア DNA の高次構造変化を DNA 両端につないだ蛍光色素間の FRET 効率の変化として捉え，分子動態の観察を行う．

材　　料

Potassium Sensing Oligonucleotide
（Alexa 488–GGGTTAGGGTTAGGGTTAGGG–TAMRA）

機　　材

蛍光分光光度計：日立 F–2500
顕微鏡：TE2000E＋パーフェクトフォーカスシステム＋全反射照明系
（いずれも Nikon）
分光光学系：W–VIEW システム（浜松ホトニクス）
カメラ：Cascade II EM–CCD（日本ローパー）
画像取得・解析ソフト：MetaMorph（日本モレキュラーデバイス）

手　順

❶ バルクでの FRET 計測

- 10 mM Tris-HCl（pH 8.0）に終濃度が 0〜100 mM の NaCl と 0.1 μM の Alexa 488-PSO-TAMRA が溶解したサンプルを用意する．
- サンプルを石英キュベットに移し，蛍光分光光度計にセットする．
- 励起光を 470 nm に設定し，500〜650 nm の蛍光スペクトルをそれぞれのサンプルについて計測する（図 4）．
- 得られたスペクトルから FRET 効率を求め，重なり積分とフェルスター距離から蛍光色素間の距離を求める．
- ＜オプション＞それぞれのサンプルに UV を照射し，FRET 効率の変化を肉眼で観察する（図 4）．

❷ 1 分子 FRET 計測

- アルカリ洗剤とメタノールで洗浄したカバーガラスを全反射顕微鏡にセットする．
- ガラス表面の蛍光性のゴミを手がかりに，ガラス表面にピントを合わせる．
- 励起光源（488 nm）の ND フィルターをすべて外し，ガラス表面に付着している蛍光性のゴミを退色させる．
- Nikon パーフェクトフォーカスを作動させ，バーストモードによる取り込みを開始する．
- 10 mM Tris-HCl（pH 8.0）に溶解させた Alexa 488-PSO-TAMRA（ピコモル程度）10 μl をカバーガラス表面に静かに載せる．
- 観察を開始し，5 秒ほど経過してから 600 mM の NaCl を 2 μl 添加する．
- W-View システムで，ドナーとアクセプターの蛍光量を同時に取得し，FRET の起こっている輝点を抽出する．
- 画像解析を行い，蛍光強度の変化を測定する（図 5）．

考察のポイント

- 1 分子 FRET 観察とバルク FRET 観察で得られたデータのそれぞれの本質を考察する．
- データから計算される蛍光色素間の距離にはどれほどの妥当性があるか考察する．
- 蛍光スペクトルの等発光点とは何か？　カチオン濃度を変化させたときに生じた等発光点は何を意味するのか？
- ガラス表面上で 1 分子 FRET 観察を行う際の問題点を考察する．

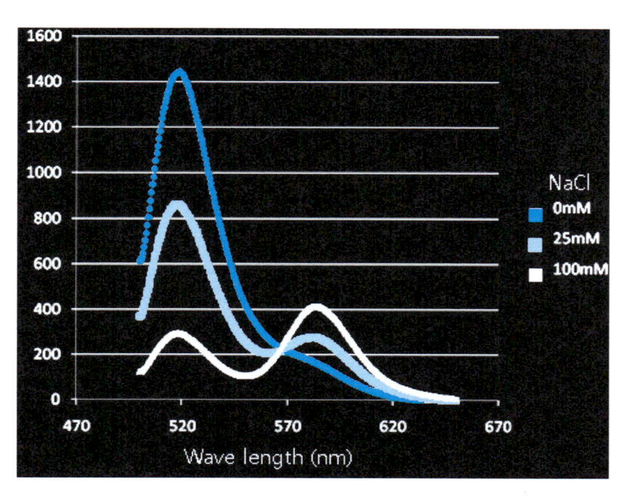

図 4　バルク FRET 計測の結果

（左）バルク FRET 計測による蛍光スペクトル．カチオン濃度の上昇に伴い FRET 効率が上昇する様子がわかる．また 570 nm 付近に等発光点が存在する．

（右）0 mM と 100 mM の NaCl が含まれたサンプルに UV を照射すると FRET 効率の変化が肉眼で観察できた．⇒口絵 19 参照

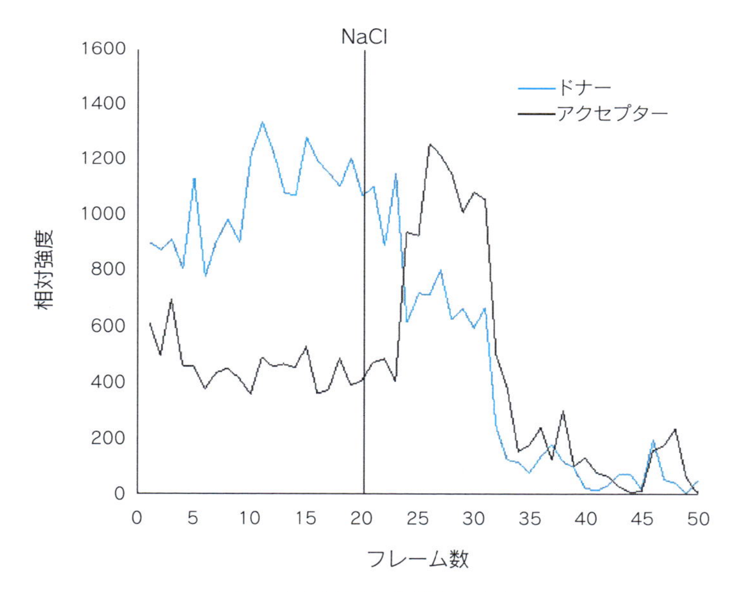

図 5　1 分子 FRET 観察の結果

NaCl 添加後にドナーの蛍光は減少し，アクセプターの蛍光は増加している．その後，同時刻にドナーとアクセプターの蛍光が消失する．1 分子 FRET の観察から，ドナーとアクセプターの強度が同時期に対照的に変化する輝点が得られた．

［小寺一平・谷 知己・永井健治］

索　引

● 数字・欧字

●あ 行

●か 行

● さ 行

●た 行

● な 行

● は 行

●ま 行

●や 行

●ら行

●編者紹介●

原口徳子（はらぐち　とくこ）

［略歴］1977 年 お茶の水女子大学家政学部卒業．1979 年 お茶の水女子大学大学院修士課程修了．1985 年 東京大学医学博士．1985～1991 年 カリフォルニア大学研究員．1992～2009 年 情報通信研究機構主任研究員．2009～2015 年 情報通信研究機構上席研究員．1996 年より大阪大学大学院理学研究科教授併任．2008 年より大阪大学大学院生命機能研究科教授併任．2015 年から現職．

［現職］情報通信研究機構主任研究員，大阪大学大学院理学研究科教授（招聘），大阪大学大学院生命機能研究科特任教授（招聘）

［専攻］細胞生物学

［主著］『ビジュアルバイオロジー』（平岡泰と共著，サイエンス社，2006）

木村　宏（きむら　ひろし）

［略歴］1987 年 北海道大学理学部卒業．1996 年 北海道大学理学博士．1991 年 北海道大学教務職員．1996 年 オックスフォード大学博士研究員．2002 年 東京医科歯科大学助教授．2003 年 京都大学特任教授．2007 年 大阪大学准教授．2014 年から現職．

［現職］東京工業大学大学院生命理工学研究科教授

［専攻］分子細胞生物学，エピジェネティクス

平岡　泰（ひらおか　やすし）

［略歴］1980 年 京都大学理学部卒業．1985 年 京都大学大学院理学研究科生物物理学専攻博士課程修了，理学博士．1985 年 カリフォルニア大学サンフランシスコ校．1991 年 情報通信研究機構．2007 年から現職．

［現職］大阪大学大学院生命機能研究科名誉教授，情報通信研究機構招聘専門員（併任）

［専攻］細胞生物学，生物物理学

［主著］『ビジュアルバイオロジー』（原口徳子と共著，サイエンス社，2006）

新・生細胞蛍光イメージング

Fluorescence Live-Cell Imaging new edition

2007 年 10 月 25 日　初版 1 刷発行
2008 年 9 月 1 日　初版 2 刷発行
2015 年 11 月 25 日　新版 1 刷発行
2023 年 9 月 10 日　新版 3 刷発行

検印廃止
NDC 460.75

ISBN 978-4-320-05779-1

編　者　原口徳子
木村　宏　©2015
平岡　泰

発行者　南條光章

発行所　**共立出版株式会社**
〒112-0006
東京都文京区小日向 4-6-19
電話　03-3947-2511（代表）
振替口座　00110-2-57035
www.kyoritsu-pub.co.jp

印　刷　加藤文明社
製　本　協栄製本

一般社団法人
自然科学書協会
会員

Printed in Japan

JCOPY ＜出版者著作権管理機構委託出版物＞

本書の無断複製は著作権法上での例外を除き禁じられています．複製される場合は，そのつど事前に，出版者著作権管理機構（TEL：03-5244-5088，FAX：03-5244-5089，e-mail：info@jcopy.or.jp）の許諾を得てください．

■生物学・生物科学関連書

www.kyoritsu-pub.co.jp **共立出版**

バイオインフォマティクス事典 日本バイオインフォマティクス学会編集

進化学事典……日本進化学会編

ワイン用 葡萄品種大事典 1,368品種の完全ガイド 後藤奈美監訳

日本産ミジンコ図鑑……田中正明他著

日本の海産プランクトン図鑑 第2版 岩国市立ミクロ生物館監修

現代菌類学大鑑……堀越孝雄他訳

大学生のための考えて学ぶ基礎生物学……堂本光子著

適応と自然選択 近代進化論批評……辻 和希訳

SDGsに向けた生物生産学入門……三本木至宏監修

理論生物学概論……望月敦史著

生命科学の新しい潮流 理論生物学……望月敦史編

生命科学 生命の星と人類の将来のために……津田基之著

生命・食・環境のサイエンス……江坂宗春監修

Pythonによるバイオインフォマティクス 原著第2版 樋口千洋監訳

数理生物学 個体群動態の数理モデリング入門……瀬野裕美著

数理生物学講義 基礎編 数理モデル解析の初歩……瀬野裕美著

数理生物学講義 展開編 数理モデル解析の講究……齋藤保久他著

数理生物学入門 生物社会のダイナミックスを探る……巌佐 庸著

一般線形モデルによる生物科学のための現代統計学 野間口謙太郎他訳

分子系統学への統計的アプローチ 計算分子進化学 藤 博幸他訳

システム生物学入門 生物回路の設計原理……倉田博之他訳

細胞のシステム生物学……江口至洋著

遺伝子とタンパク質のバイオサイエンス 杉山政則編著

せめぎ合う遺伝子 利己的な遺伝因子の生物学……藤原晴彦監訳

タンパク質計算科学 基礎と創薬への応用……神谷成敏他著

神経インパルス物語 ガルヴァーニの火花からイオンチャネルの分子構造まで……酒井正樹他訳

生物学と医学のための物理学 原著第4版 曽我部正博監訳

細胞の物理生物学……笹井理生他訳

生命の数理……巌佐 庸著

大学生のための生態学入門……原 登志彦監修

景観生態学……日本景観生態学会編

環境DNA 生態系の真の姿を読み解く……土居秀幸他編

生物群集の理論 4つのルールで読み解く生物多様性 松岡俊将他訳

植物バイオサイエンス……川満芳信他編著

森の根の生態学……平野恭弘他編

木本植物の被食防衛 変動環境下でゆらぐ植食者との関係 小池孝良他編

木本植物の生理生態……小池孝良他編

落葉広葉樹図譜 机上版／フィールド版……斎藤新一郎著

寄生虫進化生態学……片平浩孝他訳

デイビス・クレブス・ウェスト行動生態学 原著第4版 野間口眞太郎他訳

野生生物の生息適地と分布モデリング 久保田康裕監訳

Rによる数値生態学 群集の多様度・類似度・空間パターンの分析と種組成の多変量解析 原著第2版 吉原 佑他訳

生態学のための標本抽出法……深谷肇一訳

生態学のための階層モデリング RとBUGSによる分布・個体数量・種の豊かさの統計解析 深谷肇一他監訳

BUGSで学ぶ階層モデリング入門 個体群のベイズ解析 飯島勇人他訳

生物数学入門 差分方程式・微分方程式の基礎からのアプローチ……竹内康博他監訳

生態学のためのベイズ法……野間口眞太郎訳

湖の科学……占部城太郎訳

湖沼近過去調査法 より良い湖沼環境と保全目標設定のために……占部城太郎編

生き物の進化ゲーム 進化生態学最前線：生物の不思議を解く 大改訂版……酒井聡樹他著

これからの進化生態学 生態学と進化学の融合 江副日出夫他訳

ゲノム進化学……斎藤成也著

ゲノム進化学入門……斎藤成也著

ニッチ構築 忘れられていた進化過程……佐倉 統他訳

アーキア生物学……日本Archaea研究会監修

細菌の栄養科学 環境適応の戦略……石田昭夫他著

基礎から学べる菌類生態学……大園享司著

菌類の生物学 分類・系統・生態・環境・利用……日本菌学会企画

新・生細胞蛍光イメージング……原口徳子他編

SOFIX物質循環型農業 有機農業・減農薬・減化学肥料への指標……久保 幹著